SUPERSENTIDOS

EMMA YOUNG

SUPERSENTIDOS
A CIÊNCIA POR TRÁS DOS NOSSOS 32 SENTIDOS E COMO UTILIZÁ-LOS

TRADUÇÃO
CAROLINA SIMMER

1ª EDIÇÃO

RIO DE JANEIRO | 2021

CIP-BRASIL. CATALOGAÇÃO NA PUBLICAÇÃO
SINDICATO NACIONAL DOS EDITORES DE LIVROS, RJ

Y67s

Young, Emma
Supersentidos: a ciência por trás dos nossos 32 sentidos e como utilizá-los / Emma Young; tradução Carolina Simmer. - 1. ed. - Rio de Janeiro: BestSeller, 2021.

Tradução de: Super senses : the science of your 32 senses and how to use them
ISBN 978-65-5712-056-9

1. Neurociência cognitiva. 2. Sentidos e sensações. 3. Receptores sensoriais. I. Simmer, Carolina. II. Título.

21-70541

CDD: 152.1
CDU: 159.93

Camila Donis Hartmann – Bibliotecária – CRB-7/6472

Texto revisado segundo o novo Acordo Ortográfico da Língua Portuguesa.

Título original
Super Senses: The Science of Your 32 Senses and How to Use Them

Copyright © Emma Young 2021
The right of Emma Young to be identified as the Author of the Work has been asserted by her in accordance with the Copyright, Designs and Patents Act 1988.
Copyright da tradução © 2021 by Editora Best Seller Ltda.

Editoração eletrônica: Abreu's System

Revisão técnica: Rodrigo Austregésilo

Todos os direitos reservados. Proibida a reprodução, no todo ou em parte, sem autorização prévia por escrito da editora, sejam quais forem os meios empregados.

Direitos exclusivos de publicação em língua portuguesa para o Brasil adquiridos pela
EDITORA BEST SELLER LTDA.
Rua Argentina, 171 – Rio de Janeiro, RJ – 20921-380 – Tel.: (21) 2585-2000, que se reserva a propriedade literária desta tradução.

Impresso no Brasil

ISBN 978-65-5712-056-9

Seja um leitor preferencial Record.
Cadastre-se e receba informações sobre nossos lançamentos e nossas promoções.

Atendimento e venda direta ao leitor
sac@record.com.br ou (21) 2585-2002

Para os meus pais, Peter e Joy
— por meu amor pela ciência e pelos livros

Sumário

Introdução   9

Parte um: Os cinco sentidos de Aristóteles

1. Visão: Nosso sentido mais dominante — porém falho   25
2. Audição: Por que "Dancing Queen" soa diferente na Bolívia   61
3. Olfato: Como sentir o cheiro de pessoas perigosas —
   e melhorar a sua vida sexual   89
4. Paladar: Ele vai além da boca   120
5. Tato: Como escalar uma montanha com a língua   144

Parte dois: Os "novos" sentidos

6. Mapeamento corporal: Como virar uma primeira bailarina   165
7. Gravidade e mapeamento de corpo inteiro:
   Como virar um dervixe rodopiante (sem cair)   185
8. Sensibilidade interior: Mergulhe em águas profundas
   usando apenas o seu fôlego   200
9. Temperatura: Por que gatos e cachorros nos deixam felizes   215
10. Dor: Por que corações partidos doem   234
11. Frio na barriga: Aprenda a tomar decisões melhores   250

Parte três: Uma sinfonia de sensações

12. Senso de direção: Por que eu vivo me perdendo?   269
13. A lacuna entre os sexos: Como homens
    e mulheres sentem o mundo de formas diferentes   288

14. A sensação da emoção: Como os sentidos
moldam as emoções 299
15. Sensibilidade: O que realmente significa
ser uma pessoa "sensível" 328
16. Senso de mudança 357

Agradecimentos 367
Notas 369

Introdução

Caso você já tenha lido um livro de ciência popular antes, imagino que espere encontrar uma narrativa impressionante logo no começo; uma história breve, porém tão intrigante e sedutora que faz você se perder no encanto do texto. Se for o caso, vou lhe decepcionar com o relato a seguir:

Hoje de manhã, precisei me arrastar para fora da minha cama quentinha. Eu estava um pouco ansiosa, porque tinha uma ligação de trabalho difícil para fazer às nove, e desci a escada cambaleando e fui até a cozinha. Enquanto ligava a chaleira elétrica, estiquei a outra mão para pegar uma xícara na prateleira. Normalmente eu como mingau no café da manhã. Mas eu estava morrendo de fome! Hoje, o cardápio seria ovos e torrada. Porém, primeiro o café. Joguei a água fervendo da chaleira na prensa francesa — e, *ai!* Eu devia ter tomado mais cuidado.

No quesito histórias de introdução, essa que contei não podia ter sido mais corriqueira. Porém, parafraseando Lewis Carroll, fiz seis coisas impossíveis antes do café da manhã. Quer dizer, impossíveis se você aceitar uma crença que está tão entranhada em nossa cultura que é ensinada a todas as crianças no primário, e também foi ensinada a mim. Estou falando do dogma de que temos cinco — e *apenas* cinco — sentidos.

Esse modelo nos foi oferecido pelo filósofo grego Aristóteles. Em *De anima* (geralmente traduzido como *Da alma*), escrito em algum momento por volta de 335 a.C., Aristóteles determina que visão, audição, olfato, paladar e tato são *os* sentidos. Ele se preocupou em associar órgãos sensoriais (como olhos, nariz e língua) com as experiências de enxergar, cheirar e assim por diante. Pelo que ele conseguiu determinar, nós tínhamos cinco desses órgãos — apesar de

INTRODUÇÃO

ele acreditar que a pele era o "instrumento" do tato, com o órgão sensorial principal sendo "algo interior" — e cinco tipos diferentes de percepção sensorial. "É possível afirmar com segurança que não existem outros sentidos além dos cinco", escreveu ele.

Foi uma conclusão impressionante — para alguém que viveu há mais de dois mil anos. Aristóteles era um biólogo incrível, além de filósofo, mas era um homem de seu tempo. A fisiologia ainda estava nos seus primórdios. A compreensão do cérebro era, no mínimo, básica (o próprio Aristóteles acreditava que o cérebro existia para esfriar o sangue). Desde então, séculos de pesquisa mostraram que ele foi muito mais perceptivo quando se tratava dos nossos sentidos do que dos nossos cérebros. Mesmo assim, hoje em dia não existe um cientista estudioso dos fenômenos sensoriais que defenda que temos cinco sentidos — ou até um número próximo de cinco.

Talvez você esteja pensando: bem, se nós temos outros sentidos, mas eles não são amplamente reconhecidos, não devem ser importantes — então pode ser que este livro seja como aqueles guias de viagem irritantes que destacam todos os pontos turísticos pouco conhecidos, mas "imperdíveis" — quando, na verdade, existe um bom motivo para ninguém conhecê-los.

Vamos voltar ao parágrafo sobre o começo completamente normal da minha manhã. Observemos esses eventos rotineiros, prestando atenção se os sentidos relevantes são obscuros ou não.

Seis coisas impossíveis? Aqui vão elas:

- Senti calor. Isso aconteceu porque eu, assim como você, tenho receptores na pele e dentro do corpo que reagem a variações de temperatura. Esse sentido se chama "termorrecepção" e não tem conexão alguma com o tato.
- Senti ansiedade. Em boa parte, isso aconteceu porque meu cérebro processava sinais sensoriais que indicavam que eu enfrentava uma ameaça. Minha capacidade de sentir meus próprios batimentos cardíacos ("interocepção cardíaca") foi crucial para isso.
- Desci a escada cambaleando, sem precisar olhar para os meus pés e sem cair. Consegui fazer isso porque tenho a) senso da posição das partes do meu corpo no espaço — como uma localização dos meus

membros ou um sentido de "mapeamento corporal" (cujo nome correto é "propriocepção") — e b) senso da direção da gravidade e senso de quando estou me movendo na horizontal (graças ao aparelho vestibular, dentro do ouvido interno).

- Enquanto eu ligava a chaleira elétrica, também estiquei o braço para pegar uma xícara na prateleira. Isso aconteceu graças à localização de membros.

- Eu estava faminta... Minha capacidade de sentir que meu estômago estava "vazio" alimentou minha percepção de fome.

- Quando derrubei um pouco de água fervendo na mão, senti dor. Isso aconteceu porque tenho sensores de lesões ("nociceptores") na pele (na verdade, não só na pele). Seus sinais em reação à queimadura causaram uma percepção de dor.

Ninguém argumentaria que dor, emoções ou fome são sensações sutis. Nem, é claro, a capacidade de descer uma escada. Mesmo assim, tudo isso depende de sentidos que não existem no modelo aristoteliano. E, apesar de descobertas surpreendentes sobre os sentidos certamente terem sido feitas na última década, alguns desses "novos sentidos" são tão inovadores para a ciência quanto os raios X ou a pasteurização.

Sim, neste livro eu argumento que o modelo de Aristóteles está errado, porém a mesma alegação poderia ser feita cem anos atrás (na verdade, foi — mas, como veremos no Capítulo 6, ninguém fora do meio acadêmico levou essa teoria a sério).

Então quantos sentidos nós temos *de verdade*? E *por que* ainda ensinamos às crianças que são cinco? ("Eu preciso escrever sobre os meus cinco sentidos", me explicou meu filho de 8 anos quando chegou da escola com um trabalho para casa. "Cinco, mamãe, cinco!")

Para responder à primeira pergunta — quantos sentidos temos? —, é útil nos localizarmos biologicamente. Aristóteles acreditava que as pessoas eram especiais, feitas de matéria diferente das que compunham os animais e as plantas. Agora, é claro, sabemos que não é assim. E sabemos que as origens dos sentidos humanos podem ser rastreadas até o começo da vida em si...

INTRODUÇÃO

É difícil determinar onde estamos, ou quando, ou o que exatamente saiu da sopa primordial. Porém, em algum momento entre 3,7 e 4,2 bilhões de anos atrás, talvez em passagens hidrotermais no fundo do relevo oceânico, ou em lagos vulcânicos quentes, os primeiros seres autorreplicantes entraram em cena. Há pelo menos 3,5 bilhões de anos, os organismos unicelulares apareciam na pré-história.[1]

Esses primeiros organismos não passavam de bolsas de material replicante. Mas *eram* bolsas. Eles apresentavam um conceito de meio interno e meio externo.

O que realmente os diferenciava de objetos inanimados era o fato de conseguirem detectar e reagir a mudanças em seu ambiente. E foi nas suas frágeis membranas externas — sua interface com o mundo exterior — que as sensações surgiram.[2]

As mutações evolutivas responsáveis pela capacidade desses seres de detectar mudanças desejáveis e indesejáveis aumentaram suas chances de sobrevivência, é claro, permitindo que prosperassem em seus nichos específicos ou até que se deslocassem para outros. A detecção de mudanças químicas e mecânicas veio primeiro. Alimentos, toxinas e material excretado de outros seres são formados por substâncias químicas, então senti-los tinha um valor obviamente inestimável. Reconhecer o impacto mecânico contra algo — registrar quando você toca em alguma coisa ou é tocado — também era fundamental.

Levando em consideração sua extrema importância, não é de surpreender que essas classes iniciais de sensações químicas e de contato tenham persistido pelo tempo evolutivo. Assim como a bactéria *E. coli*,[3] a planta no vasinho sobre a sua escrivaninha[4] ou o seu cachorro, você também percebe contatos físicos e detecta substâncias químicas relevantes. O contato, ou a "pressão", é, na realidade, apenas uma parte do tato; conforme iremos descobrir, ele vai além disso. E, quando se trata de substâncias químicas "boas" ou "ruins", você pode senti-las com os receptores de olfato dentro do seu nariz e com os receptores de paladar na sua língua — e, como descobriremos, também com várias outras partes do corpo.

No começo, quando a vida era simples, as sensibilidades química e tátil eram perfeitamente adequadas para a sobrevivência. Porém, conforme os organismos foram se tornando mais complexos, os tipos de perguntas que faziam sobre o mundo exterior e sobre seu ambiente interior, corpóreo, também ficaram mais complicados. Questões como "Onde estão outros seres parecidos comigo?", "Há comida perto de mim?" e "Estou encostando em alguma coisa?" logo foram acompanhadas por "Onde é 'para cima'?", "Onde está a luz?", "Onde me machuquei?", "Quando devo respirar de novo?", "Estou caindo?", "Onde exatamente estão meus membros, em comparação com o meu tronco?", "As formas de vida ao meu redor estão contentes ou assustadas?", "Seria mesmo uma boa ideia fazer sexo com *ele*?".

Conforme iremos descobrir, para todas essas perguntas existe pelo menos uma opção biológica para chegar à resposta: um sentido. À medida que esses novos sentidos surgiram em espécies ancestrais, foram se mostrando tão imprescindíveis que persistiram, ao mesmo tempo que eram refinados e expandidos, chegando à era moderna. Assim como uma água-viva gelatinosa vagando pelo oceano profundo,[5] ou uma roseira,[6] você consegue sentir a gravidade. Assim como uma fuinha exposta em terreno aberto no deserto do Calaári, você é capaz de perceber o sinal da onda sonora que resulta de um grito de medo.

Para entender de verdade o que é um sentido e quantos deles podemos ter, é útil separar a percepção em etapas. Primeiro, você — ou qualquer outra espécie — precisa de um "sensor" acionado por uma mudança específica. Por exemplo, se você sair de casa em uma madrugada nublada pouco antes do nascer do sol, quando os primeiríssimos fótons de luz aparecem, as moléculas dentro dos cerca de cem milhões de bastonetes na sua retina mudam de forma. Seus bastonetes são sensores de luz extraordinários.[7]

Assim, a detecção da mudança precisa ser capaz de acionar uma resposta. Para nós, humanos, isso costuma significar que os sinais do sensor devem chegar ao sistema nervoso central; na maioria dos casos, eles precisam chegar ao cérebro. Seguindo o exemplo dos bastonetes, a mudança molecular faz com que os sinais percorram neurônios associados pelo nervo óptico, indo direto para o seu cérebro.

INTRODUÇÃO

Esse processo de receber e processar um sinal sensorial externo pode levar a uma percepção consciente. Suponha que você não tenha saído de madrugada, mas durante uma tarde ensolarada. Talvez você se torne imediatamente ciente de um pássaro empoleirado em um galho, ou das cócegas de uma brisa no seu braço. No entanto, a percepção consciente não é um componente obrigatório da sensibilidade. É perfeitamente possível sentir algo — detectar uma mudança importante e até preparar uma resposta — sem jamais se tornar consciente disso. Na verdade, como veremos, alguns dos efeitos mais fascinantes e reveladores dos nossos sentidos não são detectados por nosso radar consciente ou são murmúrios fracos, de fundo, difíceis de detectar e fáceis de ignorar — mas que modificam o seu mundo da mesma maneira.

Para Aristóteles, o estado de consciência sensorial associado aos sentidos era importante. A visão, a audição, o olfato, o paladar e o tato envolvem tipos completamente diferentes de percepções conscientes. Esse é um dos motivos pelos quais o seu modelo permanece forte após tanto tempo. Claro, uma criança de 4 anos diria que sabe exatamente como é *ver* seu irmão se contorcer depois de ser cutucado, e é óbvio que *ouvi-lo* gritar é uma experiência diferente. E há outro fator importante sobre os cinco sentidos de Aristóteles — seus órgãos associados realmente se destacam. Essa mesma criança de 4 anos consegue conectar a visão com seus olhos, a audição com seus ouvidos, e assim por diante. Isso também faz com que seja fácil ensinar que temos cinco sentidos — sem corrigir essa questão.

Outro motivo para o modelo de Aristóteles ter persistido, apesar de todas as evidências contra ele, é que, no Ocidente, menosprezamos a forma como outras culturas encaram a sensibilidade humana. Para o povo anlo-ewe, do sudeste de Gana, por exemplo, as noções de *azɔlizɔzɔ* (cinestesia, uma sensação de movimento, baseada na sensibilidade da localização dos membros) e *agbagbaɖoɖo* (um sentido vestibular, associado ao equilíbrio) são tão integradas à compreensão rotineira dos sentidos quanto a visão ou a audição.[8]

Se o modelo de Aristóteles é tão obviamente errado, você pode estar se perguntando por que os cientistas não nos contam sobre a

SUPERSENTIDOS

quantidade de sentidos que nós *temos*. O motivo é sem graça, na verdade: filósofos e cientistas ainda debatem sobre como individualizar "um" sentido. É verdade, infelizmente, que não existe uma forma incontestável e racional de delinear nossos sentidos individuais. Isso faz com que seja muito difícil criar um modelo novo para substituir o antigo. Mas não justifica a propagação contínua do que agora sabemos ser um equívoco. Porém, "equívoco" é um termo generoso. Ele é errado, na verdade.

Já está mais do que na hora de deixar as discussões acadêmicas de lado em prol de uma visão muito mais científica sobre quantos sentidos nós temos de verdade. E há muitos motivos pelos quais isso é necessário — e por que precisa acontecer agora.

Para saber o que significa ser humano, simplesmente precisamos saber do que somos capazes. Nós nos orgulhamos da nossa capacidade de raciocínio, e com razão. Mas a função central até mesmo do nosso impressionante cérebro humano é receber, integrar e interpretar, e então reagir a informações sensoriais.[9] De fato, apesar de percepções conscientes não serem um resultado inevitável disso tudo, existe um argumento convincente de que a consciência evoluiu *porque* se beneficia desse processo.

Se não compreendermos nossos sentidos, não compreenderemos a forma fundamental como reagimos aos mundos exterior e interior. A sensibilidade passou muito tempo evoluindo antes de o raciocínio entrar em cena. Nós continuamos sentindo primeiro e pensando depois. E isso explica muito sobre as nossas preferências — e até por que metáforas sensoriais são tão convincentes. Sim, você pode aconselhar seu amigo a ficar mais atento ou a prestar atenção a alguma situação, mas é muito mais direto e imediatamente compreensível dizer a ele que "abra os olhos". Da mesma forma, você pode declarar que a mensagem carinhosa de um amigo foi muito importante, mas isso não seria tão comovente quanto dizer que você ficou "tocado".

A verdade é que muitos dos nossos sentidos possibilitam boa parte da nossa experiência mental e física. Sim, eles permitem que a gente saia da cama e desça uma escada. Eles também nos permitem identificar quem é nosso amigo e fugir do perigo. Comer aquilo de

INTRODUÇÃO

que precisamos e evitar o que não precisamos. Pegar um livro — ou agarrar uma oportunidade. Andar por uma cidade. Sentir pavor e amor. Ter a sensação de que estamos *dentro* de um corpo. E até acreditar que possuímos um "eu" singular.

Este livro vai levar você por uma jornada através de todos os nossos sentidos e as coisas surpreendentes que eles podem fazer por nós. Também ficará nítido que ninguém sente o mundo da mesma forma — e essas diferenças podem moldar preferências e personalidades, relacionamentos, saúde e carreiras.

Em alguns casos, as diferenças são extremas, com impactos compatíveis. Imagine não ter noção alguma do seu estado corporal interior e ser incapaz de sentir amor ou alegria. Ou conseguir sentir o cheiro da doença de Parkinson em uma pessoa antes de os sintomas aparecerem. Imagine ser capaz de passar horas girando, sem qualquer sinal de tontura. Ou de sentir a dor de outra pessoa de forma tão aguda que chega a ser angustiante. Visualize a si mesmo tão conectado com o próprio corpo quanto a primeira bailarina de um balé — sem conseguir enxergar nada. Ou ouvir um amigo tocando "Yesterday", dos Beatles, no violão e, mesmo sendo sua primeira vez escutando a música, imediatamente conseguir tocá-la por conta própria.

Essa é a realidade de algumas pessoas. Porém, mesmo para o restante de nós, está claro que nossos sentidos não apenas nos informam como nos *formam*. Como uma jornalista da área da ciência que passou 25 anos escrevendo com frequência sobre psicologia, já falei muitas vezes sobre os sentidos. E fico fascinada com as novas pesquisas que revelam que nosso comportamento, nossos relacionamentos, nossos pensamentos e nossas crenças são afetados e até direcionados por experiências sensoriais.

Aristóteles só podia relatar uma visão sensorial digna de seu tempo. A história verdadeira é muito mais ampla e ousada, com reviravoltas chocantes e surpresas surreais. Ela também precisa ser contada *agora*, em parte porque nossos sentidos estão sendo ameaçados.

Descobrir nosso repertório sensorial impressionante é quase como pular de uma poça na praia para um recife de corais — e descobrir que ele sofreu branqueamento. A maioria das pessoas vive em um mundo radicalmente diferente daquele em que seus sentidos se desenvolveram. A vida moderna cria desafios sem precedentes. Nossa capacidade de enxergar, ouvir e cheirar está sendo afetada. Mas os "novos" sentidos com que contamos todos os dias também sofrem; eles estão sumindo antes de conseguirem entrar em foco — com consequências potencialmente terríveis para nossa saúde mental e física.

A boa notícia é que também existem amplos indícios de que não apenas somos capazes de proteger nossos sentidos até certo ponto como também de aprimorá-los. É possível melhorar um sentido sem saber que ele existe; os bebês e as crianças pequenas fazem isso o tempo todo. Porém, no seu caso, enquanto adulto, é indiscutivelmente útil estar ciente não apenas daquilo que você tem, mas do nível de flexibilidade desses sentidos. De certa forma, você está no controle do seu próprio destino sensorial — e, sempre que possível neste livro, descreverei como assumir esse controle e, assim, influenciar praticamente todos os aspectos da sua vida. Vamos descobrir como aprender a nos conectar e aprimorar nossos muitos sentidos para melhorar a vida sexual e o desempenho nos esportes, o processo de tomada de decisão e o bem-estar emocional, hábitos alimentares e relacionamentos (e, sim, a lista é interminável...).

O primeiro passo é entender o que você possui. Então, a seguir, fiz uma lista. Talvez alguns itens não pareçam muito impressionantes. Porém, como espero já ter deixado claro, quando se trata dos nossos sentidos, as aparências enganam de verdade.

Os sentidos humanos

Na cultura popular, alguém com um "sexto sentido" consegue enxergar pessoas mortas ou tem alguma outra percepção supernatural do mundo. Indo além dos sentidos humanos documentados, seria mais correto, apesar de soar menos bonito, falar sobre um 33º sentido "místico"...

INTRODUÇÃO

Visão

1. Visão, graças aos bastonetes, células ligadas à percepção da luminosidade, e também aos cones, células do olho responsáveis pela percepção das cores.
2. Sensação da luz, para determinar o momento do dia. Se todos os seus bastonetes e cones fossem subitamente removidos, você ainda seria capaz de detectar a luz, devido a esse sistema sensorial independente, mas não enxergaria nada. Mesmo assim, aqui é o lugar certo para colocar esse sentido.

Audição

3. Audição, graças à detecção de ondas "sonoras" pela cóclea, no ouvido interior.

Olfato

4. Olfato, para o qual temos uma série de receptores diferentes, que, juntos, formam um sistema unificado que detecta substâncias químicas "aromáticas". (Sei que parece um argumento que não leva a lugar algum; tudo vai ficar mais claro no Capítulo 3.)

Paladar

Como temos cinco tipos de receptores diferentes para detectar cinco grupos fundamentalmente distintos de substâncias químicas que afetam nossa capacidade de sobreviver e prosperar, e como esses receptores não estão presentes apenas na boca e não servem apenas para sentir comidas e bebidas, é melhor pensar no "paladar" de Aristóteles como cinco sentidos relacionados. Por enquanto, é mais fácil distingui-los pelas percepções de gosto que eles costumam gerar. São elas:

5. Salgado
6. Doce
7. Amargo

SUPERSENTIDOS

8. Azedo
9. *Umami*

Tato

O tato é nosso sentido de "contato" — mas, na verdade, se trata de um grupo de três sentidos, cada um com seus próprios sensores, envolvendo reações diferentes. Eles são:

10. Pressão
11. Vibração
12. Contato suave, lento (do tipo que você recebe de outra pessoa)

Coceira (prurido)

13. Coceira. Não é tato, não é dor... é coceira. Ou prurido, como é seu nome correto.

Dor (nocicepção)

Nós temos a tendência a pensar na dor como "um sentido", mas somos capazes de registrar três tipos distintos de danos físicos ou danos potenciais, e cada um gera percepções de dor diferentes. Eles são:

14. Temperaturas perigosas
15. Substâncias químicas perigosas
16. Danos mecânicos (beliscões, rasgos, incisões, cortes)

No entanto, como o Capítulo 11 explica, a dor vai além desses três itens.

Temperatura (termocepção)

17. Frio
18. Calor

Por que não temos um único "sentido de temperatura"? Em parte porque temos receptores de "calor" e "frio" diferentes, mas também porque seus sinais criam reações diferentes. Elas podem ser fí-

19

INTRODUÇÃO

sicas (se você sente calor demais, pode tirar seu casaco, por exemplo) ou psicológicas (falaremos mais sobre isso no Capítulo 10).

Mapeamento do corpo (propriocepção)

19. O mapeamento do corpo, para o qual temos três classes de receptores, é nosso senso fundamental e intuitivo de localização dos membros, ou a posição de nossas várias partes do corpo no espaço. Descer uma escada, tomar uma taça de champanhe, jogar tênis, andar vendado sobre uma corda bamba... seria letal tentar fazer qualquer uma dessas coisas sem esse sentido.

Sentidos de orientação, navegação e equilíbrio (os sentidos vestibulares)

20. Rotação da cabeça em três dimensões
21. Movimento vertical (como em um elevador) — e gravidade
22. Movimento horizontal (como em um carro)

Se esses três parecem um pouco sem graça, é só porque são extremamente subestimados. Quando eles saem dos prumos, não apenas você corre o risco de ficar andando em círculos mortais, igual aos adolescentes desesperados do filme *A bruxa de Blair*, mas também pode acabar passando por experiências extracorpóreas. Não é à toa que os dervixes rodopiantes priorizam o sistema vestibular (Capítulo 7).

Sensação interior (interocepção)

Alguns destes sentidos são vitais não apenas para a nossa sobrevivência, mas também para sentirmos emoções (como o Capítulo 14 irá revelar).

23. Batimentos cardíacos
24. Pressão sanguínea
25. Dióxido de carbono no sangue
26. Oxigênio no sangue
27. Estiramento pulmonar
28. pH do líquido cefalorraquidiano

Sentidos viscerais: fome e sede — e fezes

29. Pressão osmótica coloidal (um indicador de quanta água preciosa existe no seu corpo)
30. Preenchimento do estômago
31. Preenchimento da bexiga
32. Preenchimento do reto

32 sentidos... É um número bem maior do que cinco. Mas cada um deles tem um impacto fundamental na forma como vivemos e — como espero que você descubra — sua própria história extraordinária.

Parte um

Os cinco sentidos de Aristóteles

I
Visão

Nosso sentido mais dominante — porém falho

> Por natureza, todos os homens desejam saber. Uma indicação disso é o prazer que nossos sentidos nos dão; pois, mesmo sem levar em conta seus benefícios, eles são amados; e, acima de todos, está o sentido da visão.
>
> Aristóteles, *Metafísica*, Volume 1

Para os humanos, assim como para outros primatas, há tempos que a visão é considerada o sentido dominante. Ela nos dá, com um só olhar, a compreensão instantânea de onde nos localizamos e daquilo que estamos prestes a enfrentar — seja bom ou ruim. De certa forma, ela meio que age como um "braço comprido", nos permitindo sondar um ambiente, porém a uma distância segura.

A detecção da luz, a base da visão, é um sentido antigo, presente na maioria dos organismos vivos. Um carvalho no parque perto da sua casa é dotado dessa capacidade. As bactérias fotossintetizantes simples em um lago também. Desde a sua evolução, talvez 3,5 bilhões de anos atrás, as cianobactérias (que você pode conhecer como algas azuis-esverdeadas) usam a luz para produzir energia.

Uma das formas como as cianobactérias modernas localizam a luz de que precisam só foi esclarecida em 2016, com uma descoberta inesperada envolvendo um gênero da bactéria chamado *Synechocystis*. Quando Conrad Mullineaux, na Universidade Queen Mary de Londres, e sua equipe iluminaram um grupo de *Synechocystis* sob o microscópio, notaram pontos brilhantes concentrados nos lados opostos das membranas celulares. Experimentos posteriores confirmaram que a célula inteira funciona quase como um globo ocular.

VISÃO

E, quando a *Synechocystis* determina de onde vem a luz local, ela pode se guiar nessa direção, movendo os minúsculos pelos sensíveis ao toque no exterior de sua membrana celular.[1]

Tanto para as cianobactérias antigas quanto para as modernas, a detecção de luz é uma questão de assegurar energia para sobrevivência. Enquanto sentido, ela se mostrou tão útil que cerca de 96% das espécies animais a possuem de alguma forma. Os fósseis de olhos mais antigos de que se tem notícia datam de cerca de 520 milhões de anos atrás. E um tipo de "corrida armamentista" de aperfeiçoamentos visuais até chegou a ser sugerido como o motivador da explosão Cambriana — que aconteceu há cerca de 550 milhões de anos —, durante a qual entraram em cena todos os principais grupos animais que existem atualmente.

O desenvolvimento do olho, o órgão da visão, teria ajudado nossos ancestrais aquáticos a aprimorar sua capacidade de encontrar comida e uns aos outros, e de fugir dos predadores. Essas melhorias podem até ter permitido que eles realmente enxergassem um novo futuro para si mesmos — em terra firme.

Ainda não foi determinado por qual motivo exato nossos antepassados vertebrados decidiram dar esse importante passo em direção à costa, cerca de 385 milhões de anos atrás. Porém, em 2017, após um estudo detalhado dos registros de fósseis, uma equipe de biólogos e engenheiros relatou que houve um aumento enorme na capacidade visual dos vertebrados pouco antes dessa transição. Antecedendo a mudança para a terra, os olhos quase triplicaram de tamanho e passaram da lateral da cabeça para o topo. Isso tornaria bem mais fácil, em teoria, dar uma espiada sobre a superfície da água — e encontrar um mundo novinho em folha. Talvez, segundo hipótese de pesquisadores, a visão de uma variedade de alimentos não exploradas em terra — miriópodes, centípedes, aracnídeos e mais — tenha motivado a evolução a transformar barbatanas em patas.[2]

Milhões de anos depois, variações relativamente discretas na evolução da visão podem ajudar a explicar outro passo importantíssimo: como nossa espécie acabou se tornando o hominídeo vencedor. O último ancestral em comum entre o *Homo sapiens* e nossa espécie-

SUPERSENTIDOS

-irmã, os neandertais, viveu há cerca de 500 mil anos. Não se sabe exatamente o que aconteceu depois disso, já que um turbilhão de descobertas recentes de fósseis complicou o que parecia ser uma teoria evolucionária simples. Porém, por volta de 430 mil anos atrás, os neandertais evoluíram na Europa, e alguns migraram para partes da Ásia. Cerca de 300 mil anos atrás, o *H. sapiens* surgiu na África. Por volta de 50 a 60 mil anos atrás, grupos de *sapiens* se miscigenavam com neandertais no Oriente Médio. Cerca de 45 mil anos atrás, povos desses humanos modernos chegaram à Europa, onde análises de DNA mostram que eles também não achavam ruim fazer pelo menos um pouco de sexo com neandertais. Porém, apenas cinco mil anos depois, a espécie dos neandertais foi extinta.

As análises de crânios mostram que o cérebro dos neandertais era quase do mesmo tamanho que o nosso. Eles tinham porte alto e robusto. E órbitas oculares maiores, o que aparentemente significa olhos maiores. Então por que eles morreram, e não nossos ancestrais menos favorecidos nos quesitos físico e visual?

É provável que os neandertais tivessem olhos maiores porque se desenvolveram em latitudes mais altas, onde os níveis de luz são baixos. Para enxergar bem, especialmente ao nascer e ao pôr do sol, eles precisavam de olhos maiores do que nossos ancestrais *sapiens* da África. Seus corpos mais fortes também deviam ser uma adaptação — nesse caso, contra o frio. Mas, por outro lado, coisas que, à primeira vista, podem parecer vantajosas têm um preço oculto. Uma equipe de pesquisadores de Oxford realizou pesquisas que sugerem que o cérebro dos neandertais precisava se dedicar mais à visão e ao controle corporal do que o nosso. Isso, segundo eles, significava menos espaço cerebral para funções cognitivas — para raciocínio e pensamento, para estabelecer e manter redes sociais complexas e para inovação.[3]

A visão do *H. sapiens* imigrante podia ser menos aguçada. Mas, de acordo com a teoria, essa desvantagem era mais do que compensada por sua capacidade cognitiva extra. No fim das contas, os olhudos (e parrudos) neandertais podem ter tido mais dificuldade para lidar com os climas severos da Eurásia do que o *H. sapiens*, nos permitindo passar na frente. Seu destino evolucionário era, dessa forma, nítido.

VISÃO

Apesar da existência de outras teorias sobre por que o *sapiens* triunfou, parece certo afirmar que os neandertais viam o mundo de forma um pouco diferente da nossa. Mas também vale afirmar que você deve ver o mundo de forma um pouco diferente de mim — e, talvez, até de forma radicalmente diferente.

A base da visão surge no início da gestação.[4] Para que ela se desenvolva completamente, um bebê precisa praticar o ato de enxergar.* A acuidade visual de um recém-nascido é apenas 5% da de um adulto, e ele não consegue enxergar muito além de 30 centímetros (mais ou menos a distância que seus pais estariam ao aninhá-lo nos braços). No entanto, ele é capaz de distinguir tons muito escuros e claros e ver manchas de vermelho intenso. Com cerca de dois meses, um bebê consegue diferenciar um verde vibrante de um vermelho vívido. Algumas semanas depois, o mesmo acontece com tons fortes de azul e vermelho.[5]

Vermelho, verde e azul são algumas das primeiras cores que um bebê aprende a enxergar, porque, junto com os bastonetes, que permitem nossa visão em luzes fracas, as retinas estão cheias de três tipos de cones. Milhões desses cones lotam a fóvea que fica no centro da retina.

Os bastonetes "azuis" contêm um tipo de opsina (uma proteína sensível à luz) que tem mais facilidade para absorver a luz na parte azul/violeta e de ondas curtas do espectro visível. A opsina em cones "verdes" reage melhor à luz verde com ondas médias, enquanto a opsina em cones "vermelhos" é mais sensível à luz na parte verde--clara/amarela/laranja do espectro, apesar de também detectar ondas de luz muito longas, que enxergamos como vermelho.

Cogita-se que nossa opsina sensível ao azul tenha começado como um detector de luz ultravioleta, mudando de papel em algum momento no começo da evolução dos mamíferos. Mesmo assim, não foi uma mudança completa; apesar de, normalmente, nós não

---

* Na verdade, de acordo com pesquisas recentes da Universidade de Durham, alguns elementos do processamento visual, como a percepção de profundidade, somente se tornam "iguais aos de um adulto" entre os 10 e os 12 anos de idade.

conseguirmos enxergar a luz ultravioleta, nossa opsina azul ainda é capaz de detectá-la.[6] A córnea e o cristalino do olho absorvem essa luz antes de ela alcançar a retina, mas pessoas que passaram por operações de remoção do cristalino por causa de catarata às vezes relatam ver desenhos estampados em flores e enxergar objetos que antes pareciam pretos com um tom arroxeado. Especula-se que seja por isso que os últimos quadros de Claude Monet, que passou por uma cirurgia de catarata no olho esquerdo aos 82 anos, sejam cheios de tons de violeta e azul.

Até determinado momento entre 30 e 45 milhões de anos atrás, nossa espécie ancestral só tinha opsinas vermelhas e azuis. Então, o gene da opsina vermelha foi duplicado, e as mutações a tornaram sensível às ondas "verdes". O que motivou essa mudança? Alguns pesquisadores acreditam que ela ajudava a localizar frutas avermelhadas entre folhas verdes. Mas, independentemente do motivo, a mudança foi importante, fazendo com que a quantidade de cores diferentes que podiam ser detectadas passasse de dez mil para cerca de um milhão. Graças aos padrões de sinais de todos os três tipos de cone, você consegue enxergar uma incrível variedade de cores, do marfim mais claro, passando pelo magenta, até o preto-azeviche.[7]

Como possuímos três tipos de cones, nós, humanos, somos "tricromáticos". Bem, a maioria dos humanos. Mas o daltonismo, causado por um defeito no gene de opsina, é comum.[8] Embora a cegueira completa para cores seja rara, o daltonismo de vermelho e verde afeta um a cada 12 homens e uma a cada duzentas mulheres com ancestralidade norte-europeia (ele é menos comum na maioria das outras populações estudadas). Isso significa que tons de vermelho e verde podem ser confusos. Na verdade, é por esse motivo que a cor característica da logomarca do Facebook é azul. Seu fundador, Mark Zuckerberg, disse que seu daltonismo para vermelho e verde faz com que o azul seja a cor que ele enxerga de forma mais vívida.[9]

Embora ninguém com visão típica saiba exatamente como uma pessoa sem cones vermelhos enxerga o mundo, acredita-se que os tons variem de azul para branco e para amarelo, sem vermelhos ou verdes. As pessoas sem o gene para a opsina verde provavelmente têm uma experiência visual semelhante, apesar de objetos vermelhos parecerem mais destacados.

Uma das primeiras referências conhecidas sobre qualquer tipo de daltonismo é uma palestra dada pelo químico britânico John Dalton, datada de 1794. "Muitas vezes, falando sério, perguntei a alguém se uma flor era azul ou cor-de-rosa, mas sempre achavam que eu estava brincando", contou Dalton para seus ouvintes. Ele suspeitava que seu humor vítreo — o fluido dentro dos globos oculares — podia ser manchado de azul. Com a sua permissão, os olhos dele foram abertos e examinados depois de sua morte. O humor vítreo estava perfeito. Foi apenas na década de 1990 que analisaram o DNA de Dalton, e a ausência do gene da opsina verde foi descoberta.[10]

A falta de cones azuis, que causa problemas na visualização de azul e amarelo, é menos comum, afetando apenas uma a cada dez mil pessoas. Acredita-se que o mundo delas exista em tons de vermelho, branco e verde.

Apesar de a visão tricromática de três cones ser o padrão, há casos de mulheres com um quarto tipo de cone.* Nem sempre isso significa diferentes percepções de cores. Porém, se o quarto tipo de cone for muito diferente em termos de reações à luz quando comparado aos outros três, pode acontecer. Por exemplo, a pesquisadora Gabriele Jordan, da Universidade de Newcastle, identificou uma mulher com um quarto tipo de cone na zona do espectro amarelo/laranja de ondas longas. Esse cone "amarelo" extra significava que, durante testes, sua capacidade de diferenciar entre uma mistura de vermelho/verde e o laranja era muito superior. Ela conseguia detectar nuances de tons que eram simplesmente invisíveis para a maioria das pessoas.[11]

Porém, mesmo para aqueles que enxergam cores de forma típica, nem todos os tons são vistos da mesma forma. Uma equipe de cientistas norte-americanos encontrou uma variação enorme no gene da opsina vermelha. Quando os pesquisadores estudaram esse gene em 236 pessoas do mundo todo, descobriram um total de 85 variações, ou versões. Essas variações provavelmente afetam as per-

---

* Sempre são mulheres devido ao padrão de herança dos genes de cone.

cepções reais de vermelho e laranja, o que significa que eu e você provavelmente temos uma visão um pouco diferente de uma mesma maçã "vermelha".[12]

Bastonetes para visão em luz fraca, e cones para cores... Até mesmo em tempos tão recentes quanto minha época de estudante, o que se sabia sobre a sensibilidade da retina parecia se resumir a isso. Nossos olhos serviam para enxergar — e esses eram os únicos sensores que permitiam a visão.

Bem, no fim das contas, isso era só uma parte da história do olho.

Sem dúvida, você já ouviu falar do seu "relógio biológico". Na verdade, nós temos vários relógios, que ajudam a coordenar tudo, desde o despertar até a digestão. Mas o relógio principal fica no cérebro, no hipotálamo, uma região fundamental para nossas funções básicas. Para funcionar de forma eficiente, esse relógio precisa saber quando o dia nasce e quando a noite cai, e essas informações são captadas através do olho — mas não pelas proteínas sensoriais que nos permitem enxergar.

Em 1998, o neurocientista alemão Ignacio Provencio descobriu a "melanopsina", um pigmento sensível à luz completamente diferente, na pele da rã-de-unhas-africana.[13] Em um intervalo de dois anos, ele provou que ela também está presente na retina humana.

Experimentos revelaram que animais cegos e que não possuem bastonetes e cones ainda detectam níveis de luz com a ajuda da melanopsina em suas retinas, e usam essa informação para regular seus ritmos biológicos diários. Sabe-se que esse controle não apenas é importante para o sono, mas também para a saúde física e mental — como mostram, por exemplo, pesquisas com pessoas que trabalham à noite. Uma mutação no nosso gene dessa proteína chegou a ser associada ao transtorno afetivo sazonal.[14] Pessoas que sofrem desse transtorno são acometidas por desânimo e depressão durante os meses escuros de inverno, em especial nos países do hemisfério Norte.

Para ajudar o hipotálamo a compreender quando o dia começa e termina, é importante expor nossos olhos a luzes fortes durante a manhã, mas não à noite. Michael Terman, chefe do Centro de Tratamento com Luz e Ritmos Biológicos da Universidade de

VISÃO

Columbia, oferece várias dicas para ajudar esse sistema a funcionar da melhor maneira possível. Se puder, vá a pé para o trabalho — e tente evitar o uso de óculos escuros. Em casa, use muitas luzes fortes —, mas instale um dimmer para que sua intensidade possa ser diminuída conforme a noite cai. Segundo Terman, aumentar a exposição à luz durante o dia pode ajudar a reduzir o cansaço do meio da tarde ou do começo da noite que afeta tantas pessoas, e, quando acompanhado da iluminação fraca à noite, pode melhorar a qualidade do sono.[15] Isso também vale para muitas pessoas cegas; a descoberta da melanopsina levou à contraindicação de óculos escuros.

O olho, então, não é apenas um órgão que nos faz enxergar. Ele também é um órgão que sente uma das mudanças ambientais mais importantes que nós, assim como uma grande variedade de outros organismos, precisamos detectar para sobreviver e prosperar: o ciclo do dia e da noite.

Embora o olho, como observou Aristóteles, seja o órgão sensorial da visão, não enxergamos com os nossos olhos, mas com o cérebro. E algumas das diferenças mais impressionantes sobre como nós, humanos, vemos o mundo são definidas pelas variações com que o cérebro lida com informações visuais.

Vamos examinar essa jornada. Você acabou de acordar e abrir as cortinas, e a luz inunda o seu quarto. Conforme a luz estimula seus bastonetes e cones, sinais elétricos percorrem o nervo óptico até o cérebro. Sua primeira parada é o tálamo, a pequena estrutura que fica bem acima da haste do cérebro que funciona como nosso centro de transmissões sensoriais. Um dos principais trabalhos do tálamo é enviar as informações sensoriais que chegam (com exceção de sinais olfativos) para as partes certas do córtex, para serem ainda mais processadas.[16]

Os sinais da retina são enviados direto para o V_1 — um tecido fino como uma folha que constitui nosso córtex visual primário.[17] Populações de neurônios diferentes dentro do V_1 reagem a coisas específicas. Algumas, por exemplo, reagem a bordas ou linhas em determinados ângulos — a verticalidade das cortinas ou o ângulo reto da cabeceira da cama ou do guarda-roupa. Do V_1, a informação visual segue para outras regiões do córtex visual para, entre outras coisas, o processamento de cor, movimento, formas e rostos.[18] Se você se virar agora e vir sua filha, por exemplo, e não o seu parceiro, sorrindo deitada sob as cobertas, sua "área fusiforme da face" recebeu uma informação visual já parcialmente processada. Essa pequena área do córtex visual lida com o reconhecimento de um "rosto" — mesmo que não seja humano, já que ela reagirá a faces de animais e até de desenhos animados.[19] (Alguns animais, como os cachorros, possuem regiões que também reagem a rostos humanos.)[20]

As pessoas cujos olhos funcionam de forma perfeita, mas que, devido a genes, lesões ou doenças, apresentam falhas em partes do córtex visual podem ser cegas para objetos imóveis, mas capazes de detectar movimento; ou conseguem identificar um nariz em uma foto como um nariz, mas não detectar rostos. Porém, diferenças bem menos dramáticas na forma como nossos cérebros individuais processam sinais visuais podem criar variações relativamente sutis, mas não menos impressionantes, da nossa visão do mundo, tanto no sentido literal quanto no metafórico.

Para algumas pessoas, as cores dos objetos sempre parecem menos fortes — menos "saturadas" — do que para outras. Pessoas que sofrem de casos graves de depressão entram nessa categoria. Variações de personalidade também já foram correlacionadas a discrepâncias na visão. Em específico, um alto nível de abertura para experiências — um traço de personalidade que vem acompanhado de curiosidade e mente aberta, e que também é frequentemente associado à criatividade[21] — é associado a uma peculiaridade na forma como o cérebro lida com as imagens vindas de cada um dos olhos. Os psicólogos que desenvolveram o popular modelo de personalidade com cinco fatores — com simpatia (basicamente o quanto você é legal), escrupulosidade, neuroticismo (estabilidade emocional, diferente de alto neuroticismo, quando a pessoa é mais propensa ao mau humor, ansiedade e depressão) e extroversão (com a introversão ocupando a outra extremidade desse espectro) completando o conjunto — escreveram que a abertura para experiências é associada à tolerância e à ambiguidade. E isso parece englobar a percepção sensorial.

VISÃO

Um estudo relativo à rivalidade binocular oferece provas dessa teoria. Imagine que um círculo com listras vermelhas horizontais esteja diante do seu olho esquerdo, enquanto um círculo com linhas verdes verticais é exibido para o outro. Tipicamente, o cérebro alterna a percepção, suprimindo a primeira imagem e depois a outra, de forma que você as vê se transformando. No entanto, às vezes as imagens se confundem, criando uma mistura das duas. Quando Anna Antinori, da Universidade de Melbourne, fez esse experimento com um grupo de estudantes que também completou testes de personalidade, ela descobriu que aqueles com maiores índices de abertura para experiências viam uma imagem misturada com mais frequência do que aqueles com notas menores. A equipe concluiu que pessoas mais abertas realmente enxergam o mundo de forma diferente.[22]

Esse trabalho, publicado em 2017, foi o primeiro a conectar variações fundamentais na percepção visual a um aspecto da personalidade. Ele pode representar uma prova de que o cérebro de pessoas mais abertas funciona de forma um pouco diferente: os processos neurais por trás da maior quantidade de visões misturadas também podem, de alguma forma, estar relacionados à capacidade superior que as pessoas abertas têm quando se trata de pensamentos divergentes. Esse talento, junto com a capacidade de encontrar mais soluções possíveis para um problema, já foi diretamente conectado com a criatividade.

Outras disparidades na forma como nós, humanos, enxergamos também são comuns entre grupos de pessoas. No entanto, elas não têm conexão com genes de opsina, personalidade ou circunstâncias socioeconômicas, mas com algo completamente diferente. Pesquisas mostram que, surpreendentemente, grupos inteiros de pessoas conseguem enxergar o mundo de forma diferente não por causa de seus genes, mas por uma questão de cultura (as diferenças não são deficiências, e esse ponto deve ser enfatizado).

Após largar a carreira de agente de viagens, Debi Roberson entrou no meio acadêmico relativamente tarde. Aos 44 anos, ela deixou os filhos adolescentes no Reino Unido, onde a família vive, e

SUPERSENTIDOS

seguiu para uma investigação antropológica em uma região remota no norte de Papua-Nova Guiné ("Não foi *porque* eu tinha filhos adolescentes em casa", insiste ela). Roberson pretendia que seu estudo formasse a base de uma futura tese de doutorado. O que ela descobriu abalou o âmago da compreensão acadêmica sobre como enxergamos as cores.

Roberson esperava encontrar dados que apoiassem a teoria dominante de que pessoas do mundo todo tinham basicamente a mesma definição do "espaço de cores". Dessa forma, existe uma série de tons diferentes que eu ou qualquer outra pessoa classificaria, e veria, como "vermelho", e outros que todos nós consideraríamos como algo diferente, mas parecido — e sempre "verde", por exemplo.

Considera-se que a língua inglesa tenha oito termos básicos referentes a cores — palavras que todos usam e imediatamente compreendem, que em português são vermelho, rosa, marrom, laranja, amarelo, verde, azul, roxo; além de branco, preto e cinza. Roberson queria estudar a percepção de cores entre pessoas cujo idioma tivesse menos termos. Ela não sabia direito aonde ir para encontrá-las, mas, durante uma conversa com um casal de atores que morava perto de sua casa em Suffolk, os dois lhe deram uma ideia. Eles disseram que tinham ido ao norte de Papua-Nova Guiné para fazer shows de mímica e incentivar a população local a usar redes de mosquito. E não tinham escutado as pessoas falando muito sobre cores.

Isso bastou para Roberson. Em 1997, ela pegou um voo para Porto Moresby, seguiu para o norte do país em um avião de missionários e depois foi de canoa até os vilarejos onde vivia um povo de caçadores-coletores até então não estudado, chamado berinmo. Ela levou seu saco de dormir, estoque de comida, remédios de emergência, querosene — e uma luminária solar, além de 160 fichas coloridas.

Usando as fichas, Roberson explorou os termos básicos que esse povo usava para as cores. Ela descobriu que, em contraste com os oito termos do inglês, os locais tinham cinco. Eles não usavam palavras diferentes para azul e verde, como no inglês. Mas basicamente diferenciavam dois tipos daquilo que eu chamaria de verde, que dividiam em *nol* e *wor*. Esses termos correspondiam às cores de folhas

VISÃO

frescas e velhas de tulipas, que eram consideradas apetitosas ou não, respectivamente. "Pense na diferença entre um verde vibrante e forte, e um cáqui", diz Roberson. É claro que, como falante de inglês, eu consigo entender a diferença entre verde-*nol* e verde-*wor*, mas, para o povo berinmo, qualquer coisa que eu simplesmente chamaria de "verde" devia ser *nol* ou *wor*. Não existe um termo único que englobe as duas coisas. O azul de um lago ou de um céu claro, no entanto, se enquadram na categoria do *nol*.

Então, Roberson fez um experimento. Ela mostrou aos voluntários do povo uma ficha colorida, guardou-a, depois voltou a mostrar um par de fichas, pedindo que escolhessem a original. Para cada par, o grau de diferença entre os tons era igual. Porém, às vezes tanto a ficha original quanto a alternativa pertenciam *apenas* à categoria *nol* ou *wor*, ou faziam parte daquilo que um falante de inglês classificaria como "azul" ou "verde". Em algumas ocasiões elas eram de categorias diferentes em inglês, mas não no idioma dos berinmos (por exemplo, se a original fosse azul, a outra ficha da dupla seria verde), ou de categorias diferentes no idioma deles, mas não em inglês (caso a ficha apresentada fosse *nol*, a outra era *wor*).

Roberson descobriu que, quando as categorias de cores eram diferentes no idioma berinmo, os voluntários se saíam melhor do que quando elas eram diferentes em inglês. Eles achavam mais fácil identificar uma ficha *nol* quando lhes era oferecida a opção entre uma ficha *nol* e uma *wor* do que quando precisavam escolher entre uma azul e uma verde. Os falantes de inglês, testados posteriormente por Roberson na Goldsmiths College, na Universidade de Londres, apresentaram o comportamento oposto.

Se as cores universais existem, e nós estamos o tempo todo dividindo o espaço de cores da mesma forma, o idioma não devia fazer diferença. Mas fez. O trabalho resultante, publicado no periódico *Nature* em 1999,[23] causou um abalo sísmico na comunidade acadêmica.

Roberson e seu orientador de doutorado, Jules Davidoff, junto com Ian Davies, da Universidade de Surrey, começaram a testar a percepção de cores de forma mais direta. Em parte porque seria mais

36

SUPERSENTIDOS

fácil em termos de logística, dessa vez eles se voltaram para uma sociedade mais próxima e seminômade; os himba, da Namíbia.

Assim como os berinmo, o povo himba possui um único termo que engloba azul e verde. Desta vez com o uso de testes computadorizados, Roberson e seus colegas descobriram que, quando lhes mostravam rapidamente cores dispostas em um círculo, os voluntários locais tinham dificuldade em distinguir um trecho que, para mim, seria obviamente "azul" de outros que eram "verdes". No entanto, não havia dificuldade alguma em identificar cores discrepantes que se enquadravam em uma categoria diferente no seu idioma.[24]

Desde então, outras equipes de pesquisadores reuniram uma quantidade incrível de dados que apoiam a ideia de que o idioma influencia as cores que enxergamos. Alguns desses estudos envolveram línguas em que o azul é fundamentalmente dividido. Em russo ou grego, por exemplo, um objeto não pode ser simplesmente "azul" — ele *precisa* entrar na categoria "azul-claro" ou "azul-escuro", para as quais esses idiomas apresentam palavras específicas.[25]

Ninguém está sugerindo que, ao olhar mais de perto, a capacidade de uma pessoa para distinguir cores e tons seja determinada pela língua que ela fala, seja lá qual for. O grego antigo podia não ter uma palavra para "azul", e Homero pode ter notoriamente descrito o mar como "vinho-escuro", mas isso com certeza não significa que ele fosse incapaz de *ver* aquilo que chamamos de azul. (Os falantes de grego antigo simplesmente não viam a necessidade de descrever qualquer coisa azul como azul, enquanto as categorias *nol* e *wor* existem não porque o povo berinmo goste muito de verde, mas porque os dois termos são úteis para distinguir um alimento nutritivo de um velho. De fato, acredita-se que muitos dos termos para cores em inglês tenham surgido de forma semelhante.)

A própria Roberson se lembra de uma mulher idosa do povo berinmo que ofereceu provas ranzinzas, mas também divertidas, de que conseguia distinguir uma grande variedade de cores com facilidade. "Ela analisou todas as minhas 160 fichas e usou cada uma para ofender pessoas diferentes do vilarejo", conta Roberson. "Ela olhava

VISÃO

para uma e dizia algo do tipo 'Ah, essa cor é de doente, parece a pele da minha nora!'."

No entanto, ao fornecer provas de que a cultura, por meio do idioma, influencia percepções visuais, o estudo desafiou ideias consolidadas sobre como enxergamos. Outras pesquisas, como um simples teste de formatos geométricos, também apoiam essa teoria. Por exemplo, Yoshiyuki Ueda, da Universidade de Tóquio, no Japão, e seus colegas estudaram grupos de pessoas do Canadá, dos Estados Unidos e do Japão, mostrando formas geométricas simples, como linhas retas, e pedindo a elas para definirem a que não combinava. Às vezes uma linha era mais curta, ou mais comprida, do que as outras — ou uma era reta, enquanto as outras estavam levemente inclinadas. Os pesquisadores descobriram que os norte-americanos demoravam mais para identificar a figura discrepante se ela fosse mais curta que as outras. Esse não foi o caso dos japoneses. Mas os voluntários japoneses precisaram prestar mais atenção do que os norte-americanos para conseguir identificar uma linha reta no meio das inclinadas. Por quê?

A equipe acredita que isso pode ter relação com as diferenças nos idiomas escritos. Na escrita da Ásia Oriental, muitos caracteres são diferenciados por discrepâncias sutis no comprimento do traço, enquanto em alfabetos ocidentais leves alterações angulares nas letras são importantes. Parece que as experiências treinam nosso cérebro para lidar com os tipos de informação visual que geralmente encontramos. Quando esse treinamento é consistente em uma cultura, os efeitos podem ser vistos em nível populacional.

Ainda existem alguns impasses na discussão sobre os impactos do idioma naquilo que vemos. Nem todos os pesquisadores acreditam que foi indisputavelmente provado que o idioma — um processo de "alto nível" no cérebro — afeta "de cima para baixo" nossas percepções sensoriais. Mas a teoria se encaixa perfeitamente em um modelo muito persuasivo de como vivenciamos o mundo. Estou falando da teoria da percepção de "processamento preditivo".

De acordo com esse modelo, aquilo que você vê, escuta, cheira e assim por diante representa o "melhor palpite" atual do seu cére-

SUPERSENTIDOS

bro sobre o que está acontecendo. Ao gerar esse melhor palpite, o cérebro usa dados transmitidos pelos órgãos sensoriais, mas também expectativas, com base em experiências passadas. Se a informação sensorial parecer confusa ou incerta, o cérebro pode tentar incentivar você a coletar dados melhores (virar um pouquinho a cabeça, por exemplo, ou se aproximar de um objeto). Se você não for capaz de fazer isso, o cérebro dará mais peso às próprias previsões ao gerar uma percepção. Em alguns casos, ele até mentirá para você, para o seu próprio bem.

"O objetivo da percepção visual não é nos dar uma imagem exata do ambiente ao nosso redor, mas a imagem mais útil", explicou o neurocientista Duje Tadin, do Centro de Ciências Visuais da Universidade de Rochester, nos Estados Unidos. "E a mais útil e a mais exata nem sempre são iguais."[26]

De fato, muitas ilusões de ótica famosas estão relacionadas à forma construtiva com que nossos cérebros geram a imagem "mais útil", em vez da "mais exata", do mundo ao nosso redor.

Uma das mais conhecidas em relação à percepção de cores foi criada pelo neurocientista norte-americano Edward Adelson, em 1985. Adelson gerou no computador a imagem de um cilindro verde no canto de um tabuleiro de xadrez composto por quadrados cinza-claros e cinza-escuros. Um quadrado "claro" no caminho do que parece ser a sombra do cilindro é, na verdade, do mesmo tom de cinza que um quadrado "escuro" fora da sombra.[27] O cérebro, acostumado com a escuridão das sombras, faz um ajuste ao gerar seu "melhor palpite" (sua percepção) sobre as cores dos quadrados. Se o seu cérebro normalmente não levasse em consideração a intensidade da luz, você logo ficaria confuso. Um ônibus passando pela rua mudaria de cor sempre que entrasse e saísse de uma sombra. Um pedaço de papel teria uma cor completamente diferente ao pôr do sol quando comparado ao meio-dia. Em uma situação em que todos esperamos ver uma sombra, o cérebro logo trata de fazer as mesmas suposições. Por esse motivo, a ilusão da sombra no tabuleiro de xadrez engana todo mundo do mesmo jeito.

VISÃO

Outra ilusão, uma das mais famosas na psicologia, ajuda a revelar como nossa percepção sensorial pode ser ativa, e não passiva. Ela é conhecida como o efeito McGurk, em homenagem a Harry McGurk, um psicólogo escocês. Na década de 1970, McGurk e seu assistente de pesquisa acidentalmente descobriram que, quando a maioria das pessoas vê os lábios de alguém articulando o som "ba", mas alguém emite o som "ga" ao mesmo tempo, o que se escuta não é nenhum desses sons — mas "da". Esse efeito demonstra primorosamente que, ao processar a fala, nós misturamos informações visuais e auditivas para construir uma percepção que não é um simples reflexo das duas coisas.

O grande psicólogo norte-americano William James escreveu em seu livro *Princípios de psicologia*, de 1890: "enquanto parte daquilo que detectamos é adquirido pelo que sentimos sobre os objetos diante de nós, outra parte (que talvez seja a maior parte) sempre sai da nossa própria cabeça." Anil Seth, professor de neurociência cognitiva e computacional na Universidade de Sussex, na Inglaterra, resume tudo: "O mundo que vivenciamos vem tanto, se não mais, de dentro para fora quanto de fora para dentro."[28]

Na pesquisa do próprio Seth, ele descobriu que isso é válido para a visão periférica. As representações de objetos no centro do nosso campo visual, onde o olhar está focado, costumam ser precisas e detalhadas. Esse não é o caso dos objetos nos arredores. De fato, boa parte dos indícios sensoriais que temos do mundo é vaga — e, mesmo assim, tendemos a acreditar que vemos tudo ao nosso redor com nitidez. Seth e seus colegas descobriram que essa visão periférica aparentemente detalhada é, em parte, alucinada. Nós usamos aquilo que está na região central da nossa visão (os sinais em que podemos confiar) para construir percepções sobre o que existe nos arredores (cujas informações são mais confusas).[29]

Às vezes nós deixamos de ver até mesmo aquilo que está diante dos nossos olhos. A prova mais conhecida disso saiu de um experimento discutido com tanta frequência que, hoje em dia, os psicólogos se referem a ele simplesmente como o "estudo do gorila". Foi solicitado aos participantes que assistissem a um vídeo de dois times

SUPERSENTIDOS

jogando basquete. Um time usava camisas brancas, e o outro, pretas. Os espectadores precisavam contar o número de passes entre os jogadores de branco. Em determinado momento, um pesquisador fantasiado de gorila entrou no jogo. A maioria dos espectadores não percebeu.

A explicação? Nossa capacidade de atenção consciente é limitada. Há um limite de quanto conseguimos perceber por vez. Quando chegamos ao nosso limite, podemos vivenciar algo conhecido como "cegueira por desatenção" e deixar de perceber até uma informação sensorial extremamente inesperada. Nesse caso, as retinas dos participantes do estudo reagiram à aparição de uma pessoa fantasiada de gorila, mas seus cérebros não consideraram a informação importante o suficiente para torná-la consciente.

Este último ponto é importante. Se você estivesse participando do experimento ao vivo, e não observando os jogadores através de uma tela, e um gorila *de verdade* surgisse na quadra, aposto a minha casa que seu cérebro lhe alertaria. Várias coisas não ameaçadoras podem acontecer nos arredores, e tudo bem. Mas um animal perigoso — ou alguém olhando para você — vai chamar sua atenção. Essa sensação meio assustadora de virar a cabeça, quase sem pensar, e encontrar o olhar de alguém que lhe observava sem você se dar conta — acontece porque o cérebro continuamente monitora muito mais dados sensoriais do que você é capaz (ou precisa) de ter consciência. Se ele nota na periferia uma potencial ameaça à sobrevivência — um gorila, talvez, ou o que imagina ser um par de olhos observadores —, bem, isso *exige* informações melhores e é algo com que a atenção consciente pode ajudar, então, *pá!*, sua atenção se foca naquilo.

A maioria das ilusões de ótica e de outros erros, construções ou omissões de percepção é comum a todos nós. Mas, como nossas experiências de vida não são iguais, nossas expectativas também não são. E isso pode gerar diferenças individuais naquilo que é percebido em situações rotineiras.

Sem dúvida você já passou por uma experiência na qual suas alucinações personalizadas foram totalmente desconstruídas pela realidade. Sei que isso já aconteceu comigo. Em uma manhã de domingo,

VISÃO

no verão, acordei por volta das quatro e meia, com calor. Levantei para ligar o ventilador. Quando voltei para a cama, sob a luz fraca que entrava na fresta entre as cortinas, vi a mão do meu marido para fora das cobertas amassadas. Cinco minutos depois, ele entrou no quarto, explicando que tinha caído no sono no sofá e acabara de acordar. Não é como se eu visse a mão dele naquela posição todas as manhãs. Isso aconteceu porque eu não tinha dúvida de que ele estava ali, e, quando não enxerguei seu cabelo escuro, a penumbra (que criou informações sensoriais "confusas" e, portanto, uma dependência maior sobre a expectativa) me ajudou a alucinar uma parte do corpo dele que tem uma cor bem mais parecida com a da nossa roupa de cama. Se houvesse outra pessoa parada no quarto, ela não veria a mesma coisa que eu vi.

Na maior parte do tempo, não sofremos esse tipo de alucinação personalizada extrema e podemos entrar em consenso sobre aquilo que vemos. Como nós temos basicamente os mesmos órgãos sensoriais e cérebros, e vivemos no mesmo planeta, a realidade de uma pessoa costuma estar mais ou menos alinhada com a das outras. Você pode enxergar uma mesa em um tom mais avermelhado do que eu. Mas nós dois concordamos que se trata de uma mesa. Porém, às vezes, enxergamos as coisas de um jeito tão diferente que surge um alvoroço.

Um exemplo disso foi o meme da cor do vestido. Cientistas especializados em visão e psicólogos discutiram amplamente sobre a foto de um vestido que viralizou nas redes sociais porque algumas pessoas o enxergavam como azul e preto, enquanto outras insistiam — com frequência de forma veemente, às vezes até raivosa — que ele era obviamente branco e dourado. Antes disso, a maioria deles presumia que as pessoas com uma percepção saudável de cores viam basicamente tudo igual. Uma edição especial do *Journal of Vision*, publicada em 2017, foi dedicada a esse estudo.[30] A explicação para o impasse, pelo que parece, é que os cérebros das pessoas que enxergavam o vestido como azul e preto automaticamente presumiam que ele estava sendo exibido em um ambiente fechado, enquanto o subconsciente das outras acreditava que era um ambiente a céu aberto.

SUPERSENTIDOS

Por que o cérebro de alguém chegaria a determinada conclusão, enquanto o de outra pessoa concluiria algo diferente? Acredita-se que talvez o grupo do "ambiente fechado" tenha passado mais tempo dentro de casa na infância, época em que o sistema de processamento visual é bastante plástico, enquanto as pessoas do "céu aberto" tenham passado mais tempo fora, e essa experiência inicial influenciaria suas percepções na vida adulta.

Essa abordagem ativa, construtiva e flexível à percepção fez com que alguns pesquisadores, entre eles Seth, denominassem nossa vivência da realidade uma "alucinação controlada", termo que ele escutou sendo usado pela primeira vez pelo eminente cientista cognitivo Chris Frith.[31] Cada um de nós está absorto em nossa própria alucinação controlada e vive na nossa própria "bolha perceptiva", frequentemente presumindo que todo mundo enxerga as coisas da mesma maneira — a menos e até que nos deparemos com alguém em uma realidade muito diferente.

É a hora do almoço em um dia tempestuoso de inverno, e entro o mais rápido possível na catedral católica de Liverpool, Inglaterra. Imediatamente, escuto um som. Alguém está afinando o órgão. Notas graves altas, baixas, lentas são seguidas pela ascensão de oitavas, parando e recomeçando, até chegar ao 4.565º tubo. Após alguns momentos de silêncio ecoante, o interior cavernoso da catedral é preenchido por sons estridentes. De repente, o organista vai diminuindo as oitavas.

Para mim, a falta de melodia — sem mencionar a frequência grave do som dos tubos — faz com que o barulho seja confrontante, até perturbador. Para Fiona Torrance, que mora em Liverpool e escolheu este lugar para o nosso encontro, a experiência sonora é muito diferente: "Consigo visualizar o som na minha cabeça. Ele tem forma, se move. Seu formato é tubular, e as cores mudam. Era vermelho, mas, conforme se aprofunda, se torna roxo."

Quando tinha cerca de 7 anos de idade, Fiona já sabia que não via o mundo da mesma forma que a maioria das pessoas. Porém, foi só aos 30 e poucos, quando um amigo sugeriu a hipótese de sinestesia,

VISÃO

que ela passou por uma avaliação profissional — que confirmou que, de fato, Fiona apresentava uma coleção de sinestesias.

Sinestesia é uma demonstração vívida do papel significativo que o cérebro tem na criação da "realidade" ao nosso redor. Ela costuma ser descrita como uma "mistura" dos sentidos. Mas os termos originais em grego — *syn* (junção) e *aisthesis* (sensação) — são mais precisos. Para Fiona, o som das notas musicais automaticamente gera imagens de formas e cores, um caso claro de percepções com um sentido (visão) acionando percepções em outro (audição). Para ela, as cores em si também geram sensações individuais de tato, paladar e temperatura. Porém, além disso, Fiona tem uma das formas mais comuns de sinestesia. Ela se chama grafema-cor e envolve apenas a visão: "Eu vejo cores nas letras e nos números", explica ela. "Mas também nas palavras que saem da boca das pessoas..."

Não é claro exatamente quantos tipos de sinestesia existem, mas dezenas já foram documentados.[32] Eles incluem de tudo, desde letras/números e cores (a sinestesia grafema-cor também é a mais estudada) até palavras e gostos (para sinestesias léxico-gustativas, as associações podem ser muito específicas; por exemplo, a palavra "cadeia" pode gerar o gosto de bacon frio e duro, enquanto "tamborim" é um biscoito farelento).[33]

Para ser qualificada como sinestésica, uma pessoa precisa demonstrar associações consistentes. Por exemplo, alguém que afirma que, para ela, a letra P é azul-clara, enquanto a S é marrom, deve ser consistente ao associar azul-claro ao P e marrom ao S em vários testes, em pelo menos 80% das vezes. Pessoas que não vivem com sinestesia não chegam nem perto de alcançar esse nível de consistência quando alguém lhes pede para criar pares. Outra marca da sinestesia é que as associações são automáticas, e também, em geral, específicas para cada pessoa.

Antes considerada rara, hoje em dia sabe-se que a sinestesia é relativamente comum. Um estudo recente sugere que ela afeta pelo menos 4,5% das pessoas, o que significa que podem existir 307 milhões de sinestésicos no mundo[34] — o equivalente à população total dos Estados Unidos.

SUPERSENTIDOS

Então como a sinestesia se desenvolve? Por que Fiona enxerga coisas que eu não enxergo?

Desde o começo do século XIX, sabe-se que a sinestesia possui um aspecto hereditário. Pesquisas recentes confirmaram que não se herda uma sinestesia específica, mas a propensão a desenvolver algum tipo dela.[35] Também se tornou claro que a sinestesia se desenvolve no início da vida. Julia Simner, da Universidade de Sussex, descobriu que, em crianças pequenas sinestésicas, as associações tendem a ser um tanto caóticas, e apenas se acomodam com o passar dos anos.[36]

Os dados mostram que crianças com sinestesia provavelmente vão conviver com isso pelo resto da vida. Existem provas contundentes de que associações sinestésicas podem sobreviver até a supressões temporárias. Kevin Mitchell, neurocientista da Trinity College, em Dublin, Irlanda, estudou duas pessoas que perderam a sinestesia em determinados momentos.[37] Uma delas era uma moça azarada cuja sinestesia foi temporariamente suprimida por, entre outras coisas, um episódio de meningite viral, uma concussão e após ser atingida por um raio.

Para Mitchell, a lição principal nesses estudos de caso é a de que, depois que a sinestesia se estabelece, embora possa ser temporariamente afetada por mudanças bioquímicas no cérebro, ela apresenta uma estabilidade impressionante mesmo com o passar do tempo. Isso sugere que, após as associações sinestésicas se estabelecerem e consolidarem, provavelmente na infância, elas permanecem "programadas". Então como elas surgem? E há algum benefício em ser capaz de enxergar cores que não existem ou sentir o gosto das palavras?

Uma teoria é que, para os sinestésicos, partes vizinhas do córtex que normalmente não se comunicam acabam dialogando, ou têm mais contato do que o normal. Essa "hiperconexão" pode motivar as percepções cruzadas incomuns. As variações individuais que acontecem no desenvolvimento do cérebro e no ambiente podem determinar que tipos de linhas cruzadas e sinestesias ocorrem.

No entanto, Jamie Ward, outro pesquisador de sinestesia de destaque, baseado na Universidade de Sussex, não está convencido dessa teoria. Em 2017, uma equipe liderada por Ward relatou que, assim

VISÃO

como ocorre com pessoas diagnosticadas com autismo, os sinestésicos são mais propensos a sensibilidades sensoriais: quando comparados a outras pessoas, eles tendem a enxergar luzes mais brilhantes, por exemplo, ou ouvir sons em maior volume.[38] E, quanto mais sinestesias alguém possui, maior é a sua pontuação na escala de sensibilidade sensorial: "Se você possui dois tipos de sinestesia, vai ter uma pontuação menor na escala do que uma pessoa com três, não importa quais sejam esses tipos", explica Ward.

Ward acredita que a teoria de que as sinestesias são resultado de peculiaridades de um cérebro anormal esteja errada. Em vez disso, ele acha que elas surgem do impulso, comum a todos os cérebros em desenvolvimento, de maximizar a sensibilidade a mudanças em sinais sensoriais — de ter a melhor compreensão possível das transformações no ambiente. Porém alguns cérebros jovens são mais "plásticos" do que outros. Neles, esse impulso gera maiores sensibilidades sensoriais, mas também certo nível de instabilidade no sistema, permitindo conexões neuronais entre regiões que geralmente não se comunicam.[39] Na infância, esse padrão de conversa cruzada é instável. Porém, o cérebro vai perdendo plasticidade com o tempo, e conforme isso ocorre, os pares sinestésicos se "estabelecem".

Para apoiar essa teoria, Ward cita vários tipos de evidências, incluindo o resultado dos seus próprios experimentos de modelos computacionais e um estudo de 2018 sobre pessoas com sinestesia grafema-cor.[40] Esse estudo revelou conexões incomuns na massa cinzenta, não apenas nas regiões que processam letras e nas que processam cores, mas também entre outras partes do cérebro. "Muitas coisas não estão onde esperávamos encontrá-las", comenta Ward.

O melhor desempenho de memória dos sinestésicos grafema--cor[41] pode ter relação com uma maior plasticidade do cérebro, que facilita o aprendizado, acredita ele. Vejamos a sinestésica com o histórico médico extremamente azarado, que mencionei antes. Ela não sabe ler partituras. No entanto, consegue tocar flauta irlandesa, flauta, *glockenspiel*, marimba e piano só de ouvido. Sua sinestesia favorece essa capacidade, relata Mitchell, porque cores "erradas" mostram notas incorretas. Fiona Torrance está aprendendo a tocar harpa e diz

46

que se beneficia do mesmo fenômeno: ver as cores dos tons saindo do instrumento a ajuda a aprender músicas novas.

Pessoas com mais sinestesias também tendem a pontuar mais alto no Quociente do Espectro do Autismo, uma ferramenta de avaliação que calcula características autistas. Em geral, os sinestésicos não apresentam as dificuldades de comunicação social tão recorrentes no autismo; o fator em comum entre os grupos parece ser uma característica chamada "atenção exagerada a detalhes". Isso sugere que, assim como para os autistas, as representações perceptivas do mundo criadas nos cérebros dos sinestésicos se concentram mais nos alicerces de uma cena sensorial (que pode ser um quadro, uma rua, uma sonata ou as palavras saindo da boca de alguém) do que na "visão global" do significado de todos aqueles detalhes juntos. Essa sensibilidade aos detalhes pode ajudar a explicar por que pessoas com sinestesia conseguem desenvolver habilidades impressionantes.

Cerca de uma em cada dez pessoas com autismo também possui alguma capacidade extraordinária. Darold Treffert, um psiquiatra norte-americano especializado no estudo da "síndrome do sábio", mostrou que uma variedade de habilidades formidáveis — inclusive a capacidade de instantaneamente fazer multiplicações, identificar números primos, calcular datas do calendário e criar desenhos com perspectiva perfeita, ou ter ouvido absoluto ou uma memória fora do comum para fatos — é bem mais comum entre pessoas dentro do espectro do autismo.[42] Um dos casos modernos mais conhecidos na Grã--Bretanha é de um homem chamado Daniel Tammet, que consegue se lembrar dos dígitos do número Pi até mais de 22 mil casas decimais.

Simon Baron-Cohen, agora chefe do Centro de Pesquisas sobre Autismo da Universidade de Cambridge, na Inglaterra, foi quem diagnosticou o autismo de Tammet, então com 26 anos. Junto com o autismo, ele apresentava uma série de sinestesias. Os números ocupam locais específicos em sua mente. Mas eles também têm cores, texturas e formatos característicos.[43] Pela descrição de Tammet, as sequências de números criam "paisagens" mentais, que ele percorre com facilidade. Quando ele executa um cálculo, as formas dos números se misturam para criar um formato — a resposta.

VISÃO

Será que o autismo conectado à sinestesia pode ajudar a explicar o savantismo, pelo menos em alguns casos? Parecia plausível para Baron-Cohen. Após estudar Tammet, ele fez novas pesquisas e descobriu que a sinestesia é quase três vezes mais comum em pessoas com autismo quando comparado à população geral.

Julia Simner e Jamie Ward trabalharam em um estudo de acompanhamento com Baron-Cohen, Treffert e James Hughes, em Sussex. Eles observaram a prevalência de grafema-cor em pessoas com autismo e savantismo, pessoas com autismo sem savantismo, e pessoas que não se enquadravam em nenhuma dessas categorias. A equipe descobriu uma porcentagem significativamente maior de sinestesia apenas entre pessoas com autismo e savantismo. A sinestesia, então, não é mais comum em pessoas autistas — na verdade, ela é mais comum em pessoas autistas que desenvolvem um talento prodigioso.[44]

Existem algumas explicações possíveis para isso, acredita a equipe. Primeiro, a grafema-cor pode ter o efeito de aprimorar a memória, tornando mais possíveis os feitos extraordinários que exijam recordação de informações. Como alternativa, a resposta pode ser algo mais básico.

A capacidade elevada de identificar padrões e detectar regularidades compartilhadas entre conjuntos diferentes de informações é uma característica que pode ser desenvolvida a partir de outras, incluindo uma hipersensibilidade sensorial e atenção excelente a detalhes. Talvez essa habilidade contribua tanto para o savantismo quanto, de forma independente, para a sinestesia. Que lições, então, podemos aprender com essas capacidades impressionantes? Até que ponto nossa própria visão e nossa capacidade de reconhecer padrões podem ser treinadas?

Agora já está claro que, se existe uma parte do córtex visual que reage a algo específico — como a rostos ou a orientação de linhas, ou até, para adultos que passaram muito tempo na infância inconsciente estabelecendo uma região dedicada por meio de muitos jogos de videogame ou personagens de Pokémon[45] — a partir de experiências repetidas, ela pode ser treinada para se tornar ainda mais ágil e específica.

SUPERSENTIDOS

Nós também aprendemos rápido a identificar outros tipos de objeto. Regiões diferentes do cérebro, incluindo o córtex pré-frontal, parecem ser capazes de lidar com o reconhecimento hábil de objetos que não possuem uma região de reação visual dedicada — sejam carros ou vasos de porcelana da dinastia Qianlong. Mas só porque você não tem uma região visual dedicada não significa que não pode aprender a acelerar o processamento e o reconhecimento de vários tipos de imagens.

Durante a Segunda Guerra Mundial, as vidas de soldados aliados foram salvas graças a uma técnica para fazer exatamente isso. Antes dos computadores, os psicólogos que queriam mostrar a voluntários uma imagem por períodos muito curtos, até mesmo subliminares, usavam um objeto chamado taquistoscópio — do grego *tachys* (rápido) e *skopion* (um instrumento para visualizar). Um psicólogo norte-americano e especialista em visão chamado Samuel Renshaw percebeu que poderia usar taquistoscópios para treinar pilotos a reconhecer navios e aeronaves de inimigos mais rapidamente.[46] Ao serem repetidamente expostos a imagens dessas embarcações por períodos muito breves, eles se tornavam cada vez melhores em identificá-los após um mero vislumbre. A técnica deu tão certo que, em 1955, Renshaw recebeu o Prêmio de Serviço Público Importante da Marinha norte-americana.

O reconhecimento de padrões é bem mais fácil quando seus olhos funcionam bem. Pessoalmente, eu continuo fingindo que não preciso de óculos de leitura. Abro documentos no meu computador com zoom de 125%, seguro livros o mais longe possível e uso o zoom da câmera do celular ou peço a amigos mais jovens para me ajudarem com cardápios irritantes com letras minúsculas. O que eu deveria fazer, é claro, é ir ao oftalmologista.

O motivo para, aos 46 anos — uma idade muito típica para a presbiopia, a diminuição da qualidade ocular em decorrência do avanço da idade, se tornar evidente —, eu ter dificuldade para me concentrar em objetos próximos está relacionado, obviamente, com os cristalinos dos meus olhos. O cristalino se desenvolve de forma

VISÃO

estranha: ao longo de nossa vida, conforme novas células se formam nas extremidades, as antigas são empurradas para o meio, tornando a região central mais densa e rígida.[47] Quanto mais rígida ela se torna, mais difícil fica para o músculo ao redor apertar o cristalino no formato redondo necessário para se concentrar em objetos próximos. Com o avanço da idade, esses músculos também vão enfraquecendo, piorando o problema. Apesar de algumas pessoas apresentarem o endurecimento do cristalino aos 20 e poucos anos, a maioria só precisa se preocupar de verdade com isso após décadas de acúmulo de células.[48]

O maior fator de risco para a presbiopia é apenas o envelhecimento. Qualquer pessoa com mais de 35 anos está sujeita. Mas há outros tipos de problemas de visão que não foram diretamente conectados à idade, mas ao estilo de vida, e até crianças pequenas são afetadas.

A Escola Primária Experimental do Condado de Yangxi, localizada na costa sudoeste da província de Cantão, no sul da China, recentemente foi cenário de uma sala de aula experimental sem igual.[49] Ela foi posicionada em um local claro, longe de árvores e prédios altos, e, assim, de sombras. Os pilares de apoio e as vigas eram feitas de aço. Mas as quatro paredes e o telhado eram de vidro — transparente no metro inferior de cada parede, com painéis difusores de luz no topo, cortando a claridade e exibindo imagens do mundo exterior para proteger as crianças de distrações em potencial. A ideia por trás do projeto era permitir a maior quantidade de luz natural possível. O objetivo era proteger a visão das crianças.

Pessoas no mundo todo passam por um estado de incompatibilidade entre a forma como nossos sentidos evoluíram e nossos ambientes atuais, argumenta Kara Hoover, antropóloga da Universidade de Alaska Fairbanks. E, quando se trata da visão, essa incompatibilidade não podia ser mais evidente. Antes animais que passavam todas as suas horas despertas do lado de fora, muitos de nós agora vivem confinados em casas e escritórios, lendo telas e livros, sob luz artificial.

Provas de que essa mudança no estilo de vida está cobrando seu preço são aparentes nos níveis exorbitantes de miopia. Os míopes enxergam objetos distantes embaçados. Isso é causado por um leve

SUPERSENTIDOS

alongamento do globo ocular, o que significa que a luz de objetos distantes se concentra ligeiramente na frente da retina, e não nela.

De acordo com estimativas, os níveis de miopia nos Estados Unidos e na Europa dobraram nos últimos cinquenta anos.[50] Na Ásia Oriental, é estimado que 70% a 90% dos adolescentes e jovens adultos sofram de miopia. Em alguns países, as taxas de miopia são simplesmente extraordinárias. Se você for um homem de 19 anos em Seul, na Coreia do Sul, que não é míope, faz parte de uma minoria insignificante — apenas 3,5% da população local tem essa sorte. Na China, entre 600 e 700 milhões de pessoas na população total de cerca de 1,4 bilhão são míopes e precisam de óculos — mas muitas não os utilizam, especialmente em zonas rurais.

Sabe-se que a miopia possui um componente genético. Mas o aumento estratosférico recente nos casos ocorreu rápido demais para ser explicado por mudanças genéticas. É nítido que existe relação com algum problema ambiental. A pergunta tem sido: qual, *exatamente*? É normal culpar os longos períodos passados analisando livros-texto e se concentrando em telas. As associações com certeza parecem convincentes. Crianças que moram na Europa hoje passam muito mais tempo estudando do que passavam em 1920, por exemplo. Em Xangai, um adolescente médio de 15 anos passa 14 horas por semana fazendo deveres de casa, quando comparado com cinco horas nos Estados Unidos e seis no Reino Unido. Porém, quando se trata de telas, segundo o pesquisador de miopia Ian Morgan, da Universidade Nacional da Austrália, locais como Taiwan, Hong Kong e Cingapura já sofriam epidemias de miopia na década de 1980, quando o uso de telas era mínimo.

Na verdade, trabalhos cuidadosos que acompanham crianças nos Estados Unidos e na Austrália sugerem que o aumento da miopia não se deve à quantidade de horas que uma criança passa encarando livros ou telas, mas simplesmente quanto tempo ela passa em ambientes fechados.[51] O tempo passado do lado de fora, sob luzes fortes, é fundamental, afirma um número cada vez maior de pesquisadores, inclusive Morgan. Para se proteger contra a miopia, Morgan estima que as crianças precisem passar pelo menos três horas por dia em fluxos luminosos de no mínimo dez mil lux.

VISÃO

Para muitas crianças que vivem na ensolarada Austrália, onde apenas uma média de 30% de adolescentes de 17 anos são míopes, isso não é problema. Em um dia ensolarado, a intensidade da luz pode variar para algo entre 100 mil a 200 mil lux.

Dez mil lux é a média do que alguém na sombra, usando óculos escuros, em um dia ensolarado em Brisbane, Austrália — ou em Londres — encontraria. Por outro lado, em um dia nublado, os fluxos luminosos podem cair para algo entre mil e dois mil lux. Porém até essa quantidade pequena ainda é melhor que as condições em uma sala de aula, que tipicamente apresenta entre 300 e 500 lux no mundo todo.

Morgan esteve envolvido no projeto da sala de aula de vidro da Escola Primária Experimental do Condado de Yangxi. Esse projeto preliminar mostrou que a sala era prática — alunos e professores gostavam de estar nela e conseguiam ler tranquilamente com aquele esquema de iluminação.

O próximo passo é descobrir se salas de aula de vidro são capazes de fazer uma diferença real nas taxas de miopia, e Morgan faz parte do planejamento desse estudo. Enquanto isso não acontece, o melhor conselho parece ser deixar as crianças ao ar livre pelo máximo de tempo possível. Isso pode não eliminar o risco de miopia, sem afetar qualquer propensão genética que elas possam ter, mas estudos preliminares na China e em Taiwan sugerem que o simples fato de permitir que crianças em idade escolar passem o recreio do lado de fora, não em ambientes fechados, pode fazer diferença.[52] De sua parte, Morgan argumenta que os primeiros anos de escola primária devem ocorrer em salas de aula na metade do tempo, com a outra metade sendo dedicada a atividades externas.

O que mais você pode fazer para proteger a sua visão? Exercícios físicos regulares reduzem o risco de catarata (cristalinos embaçados), especialmente conforme envelhecemos.[53] Atividade física também diminui o risco de degeneração macular — a perda de células na região do centro e ao redor da fóvea —, a principal causa de cegueira em países desenvolvidos.

A alimentação também é importante. A ideia de que se empanturrar de cenoura faria você enxergar melhor no escuro é, de fato, uma

SUPERSENTIDOS

*des*informação muitíssimo bem-sucedida, promovida pelo Ministério da Informação britânico durante a Segunda Guerra Mundial.[54] Em uma tentativa de esconder a criação de um novo radar aéreo, a capacidade dos pilotos britânicos de derrubar aviões de bombardeio alemães durante apagões noturnos foi publicamente atribuída ao consumo excessivo de cenouras... E a ideia colou. No entanto, a ingestão de alimentos que são uma fonte adequada de vitamina A, como cenouras, brócolis, espinafre e couve, é essencial para a formação da rodopsina, a proteína sensível à luz nos bastonetes, e para o funcionamento normal dos cones.

Em casos extremos, no entanto, uma dieta inadequada pode causar cegueira. Em 2019, um estudo de caso sobre um adolescente britânico que passou por essa situação foi parar nos jornais. A dieta cheia de besteiras do rapaz, consistindo em "biscoitos industrializados, batatas fritas, farinha branca e um pouco de carne de porco processada", essencialmente fez com que seu nervo óptico se degenerasse tanto que, aos 17 anos, ele perdeu a visão.[55] Os oftalmologistas da Faculdade de Medicina de Bristol que o examinaram notaram que um dos muitos nutrientes extremamente deficientes no organismo do rapaz era a vitamina B12. As pessoas que seguem uma dieta vegana e não fazem suplementações adequadas também sofrem esse risco, alertaram eles.

Tempo ao ar livre, exercícios regulares e alimentação saudável são cuidados que podem proteger a sua visão. Mas também existem evidências de que uma visão perfeitamente aceitável pode ser modificada e aprimorada.

Em 1999, o ano em que o trabalho de Debi Roberson sobre a percepção de cores no povo berinmo foi publicado, uma bióloga especialista em visão chamada Anna Gislén, da Universidade de Lund, na Suécia, foi para a Tailândia com a filha de 6 anos para fazer uma pesquisa de campo. Ela queria estudar as crianças dos "ciganos do mar", que moram nas costas e nas ilhas da Tailândia ocidental. Embora os olhos humanos sejam pouco adaptados à visão embaixo d'água, Gislén fora informada de que essas crianças tinham facilidade para coletar pequenos objetos, como moluscos, conchas

VISÃO

e pepinos-do-mar, do solo oceânico. Se isso fosse verdade, como conseguiam fazer algo assim?

Gislén testou crianças de um grupo chamado moken. A bióloga colocou cartas com imagens diferentes embaixo da água e descobriu que elas eram duas vezes melhores do que crianças europeias em diferenciar essas imagens. Em terra, os dois grupos tinham um desempenho praticamente igual.[56] Estava claro que havia algo especial na visão subaquática das crianças moken, mas essa vantagem não era perceptível fora da água.

Gislén concluiu que essas crianças poderiam aprimorar sua visão no mar de duas maneiras. Elas podiam diminuir o máximo possível suas pupilas, aumentando sua profundidade de campo. Ou podiam estar superando a falha típica do cérebro de não se dar ao trabalho de mudar o formato do cristalino sob a água (porque tudo é tão embaçado), permitindo que fossem capazes de enfocar os desenhos. Ela descobriu que, na verdade, as crianças faziam as duas coisas.

Em um estudo complementar, Gislén determinou que as crianças europeias seriam capazes de alcançar o nível das crianças moken após apenas onze sessões de treinamento em uma piscina ao ar livre, ao longo de um mês. Inconscientemente, seus cérebros aprendiam a diminuir as pupilas e mudar o formato dos cristalinos. Ao serem testadas de novo oito meses após a última sessão de treinamento, essas crianças mantinham a mesma visão aguda subaquática que os moken.[57]

Conforme envelhecemos, nossos cristalinos se tornam menos flexíveis. É provável que aprender a alterar automaticamente o formato deles embaixo da água seja possível apenas para crianças (os adultos moken não apresentam essa habilidade. Eles também tendem a pescar de fora da água). Mas a demonstração de que o estilo de vida é capaz de modificar algo tão básico quanto a nossa capacidade de enxergar com clareza foi também uma grande surpresa para os pesquisadores da visão.

Mesmo assim, não são apenas as crianças que se beneficiam do treinamento de visão. Para os adultos, existem formas de treinar não a maneira como o olho funciona, mas a forma como o cérebro

SUPERSENTIDOS

processa as informações visuais que recebe — com resultados impressionantes.

Sue Barry nasceu com uma condição que os médicos hoje chamam de "estrabismo", mas que na época era descrito como vesguice. Uma cirurgia nos músculos dos olhos durante a sua infância resolveu boa parte do problema. Mas, como ela não conseguia coordenar os olhos para trabalharem juntos, acabava não recebendo as leves diferenças de informação visual que permitem que a maioria das pessoas perceba a profundidade.

Para ela, o mundo parecia plano. "Eu me enxergava *no* vidro do espelho", explica Barry. "Se houvesse uma mancha na superfície, eu achava que ela estava em mim." Em uma demonstração extraordinária de como as nossas bolhas de percepção podem ser "cegas", foi apenas quando Barry participou de um curso de neurofisiologia na universidade que ela percebeu que as outras pessoas enxergavam de forma muito diferente.

É bem difícil para alguém que passou a vida enxergando em três dimensões entender como ela via as coisas. Simplesmente tapar um olho com a mão não mudaria muito (você pode tentar). "Sim, pode haver uma diferença muito sutil, mas o seu cérebro usa todas as experiências que teve para recriar um tipo de mundo em 3D — e, então, é uma situação muito diferente", diz Barry.

Quando ela compreendeu, tanto quanto era capaz, suas limitações, também se deu conta de outra coisa: ela nunca veria o mundo em três dimensões. A sabedoria adquirida foi que o período essencial de sensibilidade para desenvolver "neurônios binoculares" no córtex visual é encerrado após os primeiros anos de vida. O cérebro adulto, segundo especialistas, simplesmente não tem a plasticidade necessária para esse tipo de mudança radical.

E, mesmo assim... bem, aqui está o testemunho pessoal de Barry sobre uma transformação desse tipo.

Com mais de 40 anos, Barry tinha cada vez mais dificuldade de enxergar objetos distantes. Ela consultou um oftalmologista, que lhe informou que ela usava um olho de cada vez, alternando-os, para en-

VISÃO

xergar qualquer coisa mais longe. O médico prescreveu uma série de exercícios projetados para ajudá-la a usar os olhos em conjunto, com a esperança de que as imagens individuais começassem a se fundir em uma só. Após poucas semanas, ela notou mudanças extraordinárias na forma como enxergava a própria casa: as bordas do soquete de luz da sua cozinha pareciam mais redondas, e Barry sentia, pela primeira vez, que a lâmpada ocupava um espaço entre ela e o teto.

As experiências estranhas continuaram. Como Barry escreveu, toda animada, para o neurologista Oliver Sacks (que conheceu na festa de lançamento de um ônibus espacial), o volante do seu carro subitamente tinha "pulado" do painel. As folhas de arbustos pareciam se destacar em seus próprios espacinhos. A cabeça de um esqueleto completo de cavalo no porão do seu trabalho parecera tão proeminente que ela tinha dado um pulo e gritado.[58]

Avaliações da visão de Barry confirmaram que, sim, ela agora enxergava em 3D. E sua experiência não foi única. Desde então, ela reuniu relatos de transformações ainda mais rápidas. Nenhuma delas parece mais improvável do que o caso de Bruce Bridgeman, professor de psicologia e psicobiologia da Universidade da Califórnia, em Santa Cruz, nos Estados Unidos.

Assim como Berry, Bridgeman cresceu sem visão 3D. Em 2012, aos 67 anos, ele foi assistir ao filme *A invenção de Hugo Cabret* com essa tecnologia, e colocou os óculos adequados. No começo, como imaginara, o filme permaneceu plano. Porém, de repente, ele pareceu se destacar. Depois de sair do cinema, a nova habilidade de Bridgeman de enxergar profundidade permaneceu. Sua história não é uma exceção, diz Barry; outras pessoas alegam ter começado a enxergar em três dimensões do nada.

Em 2017, Barry e Bridgeman publicaram os resultados de um estudo baseado em questionários, nos quais perguntavam a outras pessoas que desenvolveram a visão em 3D na vida adulta como isso tinha acontecido.[59] Mais de um terço descreveu sua percepção de campo como "chocante". A nova visão deu a elas um sentido qualitativamente diferente, relata Barry: "um senso dos volumes de espaço entre as coisas."

Este campo ainda está sendo estudado, e não sabemos com exatidão o que aconteceu com o cérebro desses adultos. Barry suspeita que um "interruptor" para ver o mundo em 3D geralmente é ligado quando somos bebês, mas que isso também pode acontecer na vida adulta. No entanto, é possível que ela tenha tido algumas experiências em 3D no começo da vida — o suficiente para que alguns neurônios binoculares se desenvolvessem, permitindo o desenvolvimento de uma percepção de profundidade adequada mais tarde.

Sem dúvida, a ideia de que alguém que nunca tenha enxergado em 3D seja capaz de aprender a fazer isso na vida adulta é extremamente controversa. Alguns dias depois de me encontrar com Barry, eu me peguei conversando com uma oftalmologista em um churrasco na casa de um amigo. Ela faz cirurgias de correção para o tipo exato de problema que Barry tinha ao nascer, e foi muito enfática ao dizer que desejava, pelo bem de seus pacientes, que realmente fosse possível o desenvolvimento de uma visão em 3D na vida adulta em alguém que nunca a teve. No entanto, talvez, em um futuro próximo, transformações tão dramáticas quanto essa sejam possíveis para pessoas com visões mais dentro do padrão.

Em 2016, uma equipe de cientistas na Austrália relatou que tinha desenvolvido nanocristais capazes de receber e concentrar radiação infravermelha de calor e convertê-la em luz visível aos nossos olhos.[60] Na teoria, esses cristais podem ser incorporados a óculos, para criar equipamentos leves de visão noturna (a princípio para uso militar, apesar de a equipe também ter sugerido um potencial para jogar golfe à noite...). Em 2019, pesquisadores da escola de medicina da Universidade do Massachusetts, nos Estados Unidos, foram um pouco além, relatando que injetaram nanopartículas com basicamente a mesma função nas retinas de ratos.[61] As partículas converteram a luz infravermelha em luz verde com ondas mais curtas. A equipe usou mapeamentos de cérebro e testes de luz para confirmar que os ratos realmente conseguiam detectar e reagir à luz infravermelha. Mesmo durante o dia, eles eram capazes de detectar padrões infravermelhos.

VISÃO

A equipe especula sobre usos em animais: "Se tivéssemos um supercachorro com visão quase infravermelha, poderíamos projetar uma imagem no corpo de um criminoso de longe, e o cachorro seria capaz de pegá-lo sem perturbar outras pessoas", sugere Gang Han, o pesquisador principal. Mas não existe nenhum argumento teórico de que isso também não funcionaria em humanos. "Quando olhamos para o universo, enxergamos apenas a luz visível", observa Han. "Mas, se tivéssemos uma visão quase infravermelha, o veríamos de forma completamente diferente. Nós poderíamos estudar a astronomia infravermelha a olho nu, ou ter visão noturna sem uso de equipamentos pesados."[62]

A possibilidade de sermos capazes de trocar nossos olhos humanos por uma versão biônica, melhor, não é impossível. Em 2020, uma equipe da Universidade de Hong Kong apresentou um olho biônico em 3D que copia a estrutura do olho natural, mas que pode ser configurado para oferecer uma visão mais aguçada e funções extras, como visão noturna infravermelha.[63] Às vezes o olho é usado como um exemplo para rebater argumentos sobre o "desenho inteligente" (que ser onisciente projetaria o olho com fibras nervosas se agrupando pela retina, criando um ponto cego?). O novo olho, com seus sensores de luz com nanofios, não necessitaria disso, eliminando essa falha. Ele *seria* projetado de forma inteligente. Mas a tecnologia ainda está na fase inicial. Por enquanto, a equipe enfatiza que os olhos biônicos atuais não chegam nem perto de seus equivalentes naturais.

Para Aristóteles, a visão era o sentido que mais oferecia informações sobre o mundo exterior. Esta ideia foi expandida na nossa linguagem diária. Uma descoberta pode "lançar luz" sobre um assunto, ou "esclarecê-lo". Se, de repente, eu entender algo que alguém está tentando me explicar, posso dizer "já vi que você tem razão". É possível "perder de vista" um objetivo, e até ter pensamentos "obscuros" — mas, no fim das contas, "ver a luz". O que começou como um simples receptor para comparar o que era claro ou escuro acabou se tornando uma rota não apenas para reconhecer alimentos ou parentes, mas também para transmitir nossos pensamentos mais profundos. Além de se tornar, é claro, um canal do prazer estético. Para os humanos, a visão não tem apenas usos práticos. Nós pagamos uma fortuna — quantias exorbitantes, em alguns casos — só para olhar para algo bonito.

Ainda assim, no seu livro clássico de 1961, *Arte e ilusão*, o renomado historiador de arte Ernst Gombrich escreveu: "É o poder da expectativa... que molda aquilo que vemos na vida tanto quanto na arte."

O "poder da expectativa"... Com o passar dos anos, os discursos artístico e científico resistiram, ou pelo menos evitaram, essa tese. Como Anil Seth explorou em seu próprio trabalho,[64] a ideia de que é importante levar em consideração o que cada indivíduo agrega à percepção de uma obra de arte se tornou antiquada na área da história da arte. Na psicologia, enquanto isso, as pesquisas se concentram na neurociência básica da visão.

No entanto, como acabamos de ver, os estudos mais recentes sobre como o cérebro lida com os sinais que recebe dos olhos são — bem, com certeza são esclarecedores. Décadas atrás, Gombrich já sabia que a visão vai muito além de processar o que está "lá fora". Essa percepção agora ganha mais atenção acadêmica e marca uma mudança fundamental na nossa compreensão não apenas da visão, mas também dos outros sentidos.

No século XVII, o filósofo e cientista francês René Descartes argumentou que não podíamos confiar nos sentidos, que eram, no fim das contas, fontes de conhecimento não confiáveis sobre o mundo. Ao fazer isso, ele se colocou em oposição direta à instituição aristoteliana, que afirmava que os sentidos eram a única fonte exata de conhecimento. Mas está claro que, se existem informações completas, verdadeiras e objetivas sobre o mundo lá fora, elas não são o que vemos. E é igualmente claro que nosso cérebro não consegue lidar com a verdade.

Nossas motivações fundamentais são sobreviver, procriar e prosperar. Os sentidos lidam apenas com o tipo de informação que ajuda você — um ser humano no planeta Terra — a alcançar essas coisas,

VISÃO

e o cérebro, trancafiado no crânio, precisa usar todos os recursos com os quais conta para captar, o mais rápido possível, o significado do fluxo interminável de sinais sensoriais que recebe. Lembrar se o outro lado da cama costuma ser ocupado ou não, ou quais variações de intensidade de luz geralmente afetam as cores, são, no geral, excelentes recursos, acelerando o processo. Mas esses atalhos para a percepção rápida nos tornam vulneráveis. Como agora sabemos, é perfeitamente possível enxergar coisas que não existem — assim como não ver algo que está bem na nossa cara.

Como também descobrimos, as pesquisas para compreender melhor quando e como essas coisas ocorrem — e por que as percepções visuais de algumas pessoas são mais falíveis do que de outras — oferecem aprendizados para todos nós. Enquanto isso com certeza vale para a visão, também é o caso do sentido que veremos a seguir: a audição.

2

Audição

Por que "Dancing Queen" soa diferente na Bolívia

Aquilo que soa... é o que produz movimento no tal ar em
continuidade até chegar a um órgão auditivo.

Aristóteles, *Da alma*

Aristóteles tinha razão, é claro. Para você escutar algo, ondas sonoras
precisam fazer contato com seu órgão auditivo — o ouvido.

Todos os seres vivos, das plantas às minhocas, são capazes de sentir vibrações que nós entenderíamos como sons. Bem, as minhocas sentem algumas. Charles Darwin, que era notoriamente fascinado pelos sentidos das minhocas, fez experimentos com elas, gritando, soprando um apito de metal e pedindo ao filho para tocar alto seu fagote, observando-as o tempo todo. As minhocas não reagiam ao barulho — somente quando ele as punha, dentro de potes, em cima de um piano. Então, as vibrações poderosas do instrumento as faziam recuar instantaneamente para dentro de suas tocas, em busca de proteção.

As plantas também conseguem sentir aquilo que chamaríamos de som.[1] A pequena planta floral *Arabidopsis* é capaz até de distinguir entre gravações do som de vento, de uma lagarta mastigando folhas e da canção de acasalamento de um gafanhoto. A canção do gafanhoto foi escolhida para esses testes, executados na Universidade do Missouri, Estados Unidos, porque tem uma frequência muito parecida com os sons de mastigação da lagarta. Mas as plantas não caíram no truque. Elas só produziram mais óleo de mostarda, incômodo para as lagartas, quando escutaram o som da mastigação.[2] Foi uma demonstração incrível da sensibilidade das plantas. No entanto,

AUDIÇÃO

como nem as minhocas nem as plantas possuem ouvidos e cérebros, elas não "escutam".

Nossa audição é um sentido físico e está relacionada ao tato. Um movimento — seja o das cordas vocais de uma pessoa ou de uma manada de elefantes vindo a passos pesados na sua direção — aciona ondas de energia pelas moléculas circundantes de ar, líquidas ou até sólidas. Nós conseguimos detectar algumas dessas ondas usando mecanorreceptores, que reagem à força física, localizados em várias partes do nosso corpo. Pense em como você consegue *sentir* o som de um órgão de igreja no fundo do seu ser, ou como um contrabaixo especialmente alto faz pressão sobre o seu peito. Essas percepções dependem do estímulo dos receptores que serão discutidos no Capítulo 5, que fala do tato.

Porém, no ouvido interno, existe um órgão que contém um agrupamento específico de mecanorreceptores sintonizados, ao longo da evolução, para serem extremamente sensíveis às frequências de ondas produzidas pelos movimentos mais importantes para nós. Nossos cérebros alquímicos transformam essas ondas de energia básicas, físicas, em algo especial em termos fenomenológicos — sons. Nós não *detectamos* os sons. Nós detectamos vibrações; os sons são algo que criamos na nossa cabeça.

Dessa forma, aquele famoso experimento lógico, "Se uma árvore cair no meio de uma floresta e ninguém estiver perto para escutar, haverá barulho?", tem uma resposta muito clara: não. Bem, a não ser que exista outro animal nas redondezas cujo cérebro esteja configurado, como o nosso, para interpretar oscilações de ar como sons. E, é claro, existem muitos.

A audição nos permite interpretar nosso ambiente de longe. Ela fornece informações fundamentais sobre onde estamos e as coisas que nos cercam, mesmo que estejam longe demais para vermos, ou obscurecidas, ou quando é noite — ou quando estamos dormindo. Ela também permite uma forma de fácil comunicação entre nós mesmos e outros animais. Essas vantagens têm benefícios óbvios para a grande variedade de seres vivos que indubitavelmente têm ouvidos. Vejamos os tubarões.

SUPERSENTIDOS

As ondas sonoras se movem com facilidade pela água, tornando-a uma fonte de informações mais útil do que a luz. Embora os tubarões sejam conhecidos por sua percepção de impulsos elétricos e por seu olfato, eles também têm uma audição aguçada. Um tubarão é capaz de detectar sons de baixa frequência emitidos a centenas de metros de distância por animais doentes ou feridos, ou pelo movimento de nadadores. No entanto, ele faz isso com um ouvido bem diferente do nosso. De fato, o caminho evolucionário até nosso ouvido mamífero é tão improvável que quase parece saído de uma história em quadrinhos da Marvel.[3]

A linhagem dos tubarões e a nossa divergiram cerca de 420 milhões de anos atrás. O caminho até os tubarões seguiu um rumo diferente, a partir de outros peixes primitivos e cartilaginosos. O caminho até os mamíferos seguiu por meio de peixes com ossos e sinapsidas primitivos, um grupo de animais com algumas características semelhantes às dos mamíferos. Mais ou menos 230 milhões de anos atrás, nossos ancestrais sinapsidas desenvolveram um par de ossos extras na mandíbula. Ninguém sabe por quê.

No capítulo seguinte, ainda mais estranho da nossa história, dois ossos agora redundantes da mandíbula foram diminuindo e se deslocaram para o ouvido, onde se tornaram o *malleus* (martelo) e o *incus* (bigorna). Esses são dois dos três ossos minúsculos em nosso ouvido médio que amplificam as ondas sonoras recebidas. Os tubarões (assim como os répteis e os pássaros) possuem apenas um: o estribo. Como três ossos trabalhando juntos transmitem o som com mais eficiência do que apenas um, eles permitem uma audição mais aguçada e uma sensibilidade maior a sons agudos.[4] Desta forma, se um tubarão mordesse você, ele sentiria o seu corpo se debatendo em pânico, mas não escutaria os seus gritos.

O que você está escutando agora? Não importa se é o barulho dos freios do metrô ou o tamborilar da chuva sobre o telhado, isso acontece porque as ondas sonoras que chegam fazem vibrar a sua membrana timpânica (o tímpano), que separa a orelha, que afunila o som, do ouvido médio.

AUDIÇÃO

Conforme o tímpano vibra, ele envia tremores pelo tambor, bigorna e estribo, que então os transmitem como ondas de compressão para a cóclea cheia de líquido, no ouvido interno. A cóclea (do grego *kokliãs* — caracol) é uma cavidade em formato de espiral no osso, medindo, em média, 8,75 milímetros de comprimento e 3,26 milímetros de altura. Ela gira como um toboágua, com as membranas e as células fundamentais para a audição se enrolando pelo caminho.[5] Embutidas no topo da membrana basilar (nível de base) estão as células ciliadas do órgão de Corti. Seus estereocílios microscópicos, semelhantes a pelos, se erguem, o mais alto se projetando até outra membrana gelatinosa acima. As ondas de compressão que chegam fazem a membrana basilar vibrar. Algumas regiões dela reagem mais a determinadas frequências do que outras. A área mais rígida, perto da base dos movimentos da cóclea, se move mais em reação a sons de alta frequência — agudos —, como gritos estridentes. As regiões perto do topo respondem mais a sons de baixa frequência, como batidas em tambores.

Quando uma área da membrana basilar vibra, os estereocílios são impulsionados para cima e curvados contra a membrana gelatinosa acima. A força mecânica abre canais minúsculos, conhecidos como canais iônicos, nos filamentos que conectam os estereocílios. Íons potássio então entram por esses canais. Isso inicia um sinal elétrico, que é levado pelo nervo coclear até o cérebro — e o resultado é que você escuta um som.

Primeiro, o cérebro processa a frequência (o nível de agudo ou grave), a duração e a intensidade de um som. As informações sobre o som também passam para outras regiões do cérebro que nos permitem localizar o barulho e nos preparar para uma reação física, seja responder a um comentário ou correr para longe. Outros processamentos no córtex auditivo nos permitem compreender os sinais: reconhecer que o som de um arrulho vem de um pombo, por exemplo, ou que a música que está tocando é aquela que o seu ex vivia escutando nas semanas antes de vocês terminarem. Ou, para um recém-nascido, até o padrão de voz específico de sua mãe.

★ ★ ★

SUPERSENTIDOS

Antes de você nascer, sua audição já funciona. Por volta da vigésima semana de gestação, os fetos reagem a barulhos altos, apertando os olhos como reflexo (eles piscariam se pudessem, mas suas pálpebras só serão formadas dali a seis semanas). Mais ou menos na mesma época em que os canais auditivos se abrem, permitindo a entrada de sons, conexões são formadas entre o tálamo (aquela estação de transmissão de dados sensoriais que chegam) e as regiões de processamento sensorial do córtex. Mesmo antes do terceiro trimestre, então, a cóclea já está a todo vapor. Apesar de o útero, além do restante do corpo da mãe, abafar os ruídos, nós chegamos ao mundo já familiarizados com os sons de nossa casa e de vozes familiares.

Em parte, sabemos disso graças a um experimento conduzido em 1980 com dez mães de recém-nascidos.[6] Hoje em dia, o estudo é visto como pioneiro, mas, para aquelas mães, deve ter sido bem esquisito.

Pouco depois do parto, foi pedido às mulheres que gravassem uma história do personagem Dr. Seuss, *And to Think That I Saw it on Mulberry Street.** Em algum momento nas vinte e quatro horas seguintes, seus bebês recém-nascidos foram colocados no berço, com fones no ouvido e mamilos de plástico na boca que não liberavam leite. Os mamilos estavam conectados a um computador, que, por sua vez, estava conectado a uma caixa de som. Os psicólogos que lideraram o estudo montaram o equipamento de forma que, quando um bebê sugasse o mamilo de determinada forma (com pausas curtas ou demoradas entre as sucções, dependendo da preferência da pessoa que conduzia o experimento), a voz da sua mãe era tocada, enquanto outro ritmo de sucção acionava uma gravação feita por outra mulher.

Um dos bebês do estudo nitidamente preferia não escutar a voz da mãe, e outro aparentava não se importar com a voz que ouvia. Mas a maioria dos bebês sugava o mamilo de determinada forma que os possibilitasse escutar a voz de suas mães. Quando os psicólogos então reverteram a conexão entre ritmo de sucção e voz para cada bebê, alguns até aprenderam a trocar o estilo de sucção para voltar a escutar a mãe.

---

* "E só de pensar que vi você na rua Mulberry", em tradução livre. [*N. da T.*]

AUDIÇÃO

Antes desse experimento, poucos psicólogos se interessavam pelo comportamento de recém-nascidos. Mas esse trabalho realmente aguçou a curiosidade dos acadêmicos. Além da descoberta sobre a rapidez com que os bebês aprendem, ele deixou bem claro que chegamos ao mundo conhecendo a voz de nossas mães. Pesquisas futuras elaboradas pelos mesmos psicólogos confirmaram que isso é causado pela audição no útero, não nas horas após o nascimento. Em posse das informações que temos agora sobre a audição, isso não surpreende: quando os bebês nascem, já estão escutando a voz da mãe há meses.

No momento do parto, se todos esses bebês seguissem o padrão, suas cócleas continham cerca de 16 mil estereocílios sensoriais (pode parecer muito, mas compare esse número às cem milhões de células sensíveis à luz na retina.) Porém, mesmo se eu e você tivéssemos nascido com o mesmo número de estereocílios, é bem provável que não escutemos o mundo da mesma maneira.

A sensibilidade auditiva — se você não suporta uma batucada leve ou se sente muito confortável com a bateria nova do seu vizinho — com certeza é influenciada pelos nossos genes. Mutações em cerca de setenta genes foram associadas à diminuição da audição e à surdez, e, em comparação com a influência dos genes nas variações de outros tipos de sensibilidade, a transmissão genética da sensibilidade auditiva é alta. De acordo com um estudo conduzido com irmãos gêmeos finlandeses saudáveis, por exemplo, 40% da sensibilidade a variações de som observada no grupo podia ser atribuída a diferenças genéticas.[7]

Essa variação hereditária pode ajudar a explicar por que temos níveis de desconforto tão diferentes para barulhos rotineiros. Alguns sons simplesmente são horríveis, não importa seu volume. Um grito humano, por exemplo, ativa regiões do cérebro que lidam com aversão e dor (trabalhos recentes mostram que alterações rápidas, porém perceptíveis de volume, que caracterizam gritos e também outros sinais de alerta de animais, assim como sirenes policiais, impulsionam isso).[8] Mas quando se trata de barulho de trânsito ou de um cortador de grama, por exemplo, o volume costuma ser determinante para o som ser considerado suportável ou não. No entanto, a altura que as pessoas com audição saudável consideram "incômoda" pode apresentar variações de vinte decibéis.

Tenha em mente que a escala de decibéis é logarítmica. A maioria das pessoas acha que um som apenas dez decibéis acima de outro é duas vezes mais alto. Assim, o conceito de "alto demais" é extremamente subjetivo. Um cortador de grama, emitindo mais ou menos noventa decibéis de barulho, ou um soprador de folhas podem soar intrusivos e horríveis para uma pessoa, enquanto podem passar despercebidos para seu vizinho ou parceiro. Fico me perguntando quantas brigas entre vizinhos já foram causadas por discussões sobre o volume de alguma coisa, cada pessoa presa em sua própria bolha de percepção, convencida de que tem razão...

Porém, as diferenças do que e de como escutamos vão muito além do volume, como veremos — e nos levam a questões importantes sobre aquilo que nos torna humanos.

A composição musical é algo profundamente humano. Todas as culturas produzem música. E, quando comparado ao de outros primatas, nosso cérebro parece ser especialmente configurado para reagir a batidas musicais[9] e criar canções e discursos. Apesar de nosso cérebro e o cérebro de um macaco lidarem com a visão mais ou menos da mesma forma (o que sugere que a experiência visual dele deve ser semelhante à nossa), há regiões do nosso córtex auditivo que reagem especialmente a tons, mas não a barulhos sem tom. O cérebro do macaco não apresenta essa divisão.[10] "Esses resultados sugerem que o macaco pode entender a música e outros sons de forma diferente da nossa", diz Bevil Conway, neurocientista e especialista em sentidos dos Institutos Nacionais de Saúde dos Estados Unidos, que colaborou com o estudo. Ele acrescenta: "Os resultados sugerem a possibilidade de esses sons, que estão embutidos na fala e na música, terem moldado a organização básica do cérebro [humano]."

Apesar de, ao contrário de outros primatas, todos os seres humanos produzirem música, nós não a produzimos da mesma forma. Tradicionalmente, a música ocidental — seja a Quinta Sinfonia de

AUDIÇÃO

Beethoven ou "Dancing Queen" do ABBA — é baseada em oitavas. Dentro desse sistema, o agudo de uma nota dobra com oitavas crescentes. Assim, dentro da escala de dó maior, as notas com frequências de 27,5 hertz, 55 hertz, 110 hertz, e assim por diante, são todas notas lá, mas em oitavas diferentes. O seu alcance vocal pode ser muito maior que o meu, o que significa que, se alguém nos pedisse para cantar "Dancing Queen", nós começaríamos em oitavas diferentes, mas, partindo do princípio que seríamos capazes de manter as notas equivalentes, conseguiríamos cantar a música juntos.

A ideia de que essas notas, em oitavas diferentes, são equivalentes é tão dominante no Ocidente que é impossível ter certeza se ela é, na verdade, um produto da biologia — relacionada a regiões vibrantes específicas da cóclea — ou apenas muita experiência com músicas baseadas em oitavas. Para explorar esse tópico, seria preciso investigar as reações em uma cultura pouquíssimo exposta a músicas ocidentais. Isso não é fácil. Porém, em 2019, um estudo assim foi anunciado.[11]

Os pesquisadores estudaram os tsimane, um povo que vive em uma área florestal remota na Bolívia, em grande parte na região da Amazônia. Além de terem relativamente pouco contato com a cultura ocidental, os tsimane não usam o sistema de oitavas em suas músicas. A equipe executou testes simples e comparou as respostas do povo tsimane com as de um grupo de norte-americanos, os dois formados por músicos e não músicos. Cada participante ouvia músicas com apenas duas ou três notas e precisava cantá-las. Todas elas seguiam apenas uma das oito oitavas, variando de notas muito baixas a muito altas, mas o cantor, é claro, precisava reproduzi-las dentro do seu próprio alcance limitado.

Os resultados foram claros. Quando os norte-americanos — e, em especial, os músicos — ouviam as três notas lá-dó-lá, por exemplo, repetiam lá-dó-lá, mas na oitava apropriada para o seu alcance, que podia ser mais alta ou mais baixa. Quando os tsimane escutavam lá-dó-lá, eles cantavam a nota do meio em um tom apropriadamente diferente, comparado com os outros dois. Mas o tom absoluto dessas notas não tinha qualquer ligação com o tom absoluto das notas de estímulo. Então, enquanto eles podiam ter escutado o lá como a primeira nota, não cantavam o lá de volta. Seria o equivalente a você repetir o *"Oooh"* de abertura de "Dancing Queen" como dó sustenido-si-lá, mas eu começar com fá sustenido-mi-ré.[12]

Isso nitidamente sugere que a exposição a músicas ocidentais faz com que as pessoas escutem vários lás (e dós, e assim por diante) como sendo equivalentes — e não como algo relacionado a quais partes exatas da cóclea são estimuladas. Para mim ou para você, pode parecer intuitivamente óbvio que um lá em outra oitava continue sendo um lá. Mas esse estudo mostra que tal senso de equivalência é *aprendido* — ele é causado pela cultura, não por biologia. E é um exemplo poderoso de como a cultura afeta aquilo que escutamos.

Porém o que mais surpreende é isto: a forma como o cérebro processa a música não apenas é orientada por nossa experiência prévia com o som, mas também pelo idioma que falamos.

Existem diferenças culturais nas metáforas que usamos para nos referirmos a tons, e elas podem influenciar a maneira como pensamos. Usei as metáforas ocidentais de praxe nos parágrafos acima — descrevendo um lá em 110 hertz como "mais alto" do que um lá em 27,5 hertz, por exemplo, e me referindo a algumas extensões vocais como sendo "mais altas" que outras. Para um falante da língua inglesa, isso parece correto. Mas nem todos os idiomas falam sobre notas "altas" e "baixas". Falantes de farsi (que é mais utilizado no Irã) usam "finas" ou "grossas". O povo kpelle, da Libéria, usa "leves" ou "pesadas". Os suiás, na bacia amazônica, usam "jovens" ou "velhas".

Organizei essas alternativas conforme a ordem de "altas" e "baixas", mas tenho certeza de que isso não era necessário — as formas diferentes de se referir ao tom fazem sentido de um jeito instintivo, não fazem?

Mesmo assim, Asifa Majid, da Universidade de York, na Inglaterra, especialista no estudo de influências culturais nas percepções, descobriu que essas metáforas são capazes de afetar aquilo que escutamos. Até recentemente, Majid trabalhava em um laboratório na Holanda, onde são usados os termos "alto" e "baixo". Ela pediu a grupos de falantes de holandês e farsi para escutarem um tom e o reproduzirem. Ao mesmo tempo que ouviam o tom, eles assistiam a uma linha exibida em uma tela. Quando a linha subia, os falantes de holandês tendiam a cantar a mesma nota em um tom mais alto do que quando ela estava baixa — mas a altura da linha não fazia diferença alguma para os falantes de farsi. No entanto, para eles, a exibição de uma linha grossa ou fina influenciava o tom da nota que cantavam — mas isso não fazia diferença alguma para os falantes de holandês.[13]

Majid então tentou uma versão dessa tarefa com bebês holandeses de quatro meses. É claro que eles não conseguiam cantar as notas. Em vez disso, ela observou quanta atenção prestavam a notas que seguiam ou não a altura e a espessura das linhas. Ela notou que todos os bebês eram sensíveis tanto à altura quanto à espessura. Ao ouvir uma nota baixa (não consigo escapar dessa metáfora), os bebês preferiam ver uma linha baixa ou grossa, em vez de alta ou fina. O mesmo acontecia com notas altas e linhas altas ou finas.[14] Majid concluiu que nós nascemos com a sensibilidade para essas duas associações e metáforas sonoras/espaciais — e para outras também, sem dúvida —, mas, conforme crescemos, as associações que não são explícitas em nossa língua materna deixam de nos influenciar, mesmo que continuem fazendo sentido por instinto.

Por que deveria parecer óbvio que notas mais agudas seriam "leves" e não "pesadas"? Uma explicação é que animais mais pesados (homens em comparação com mulheres, elefantes em comparação com ratos, girafas em comparação com pôneis, e assim por diante) emitem sons mais graves quando se movem. Esse conhecimento com certeza influencia nosso julgamento sobre o tamanho de corpos — e pode ser adaptado, com resultados extraordinários.

Ana Tajadura-Jiménez largou a carreira de engenheira de telecomunicações para se tornar especialista em psicoacústica na University College London. Foi ela que criou o par de sandálias que batizou de "sapatos mágicos".

As sandálias são equipadas com microfones ligados a fones de ouvido. Quando alguém anda com elas, o som de seus pés batendo no chão é captado pelos microfones. Porém ele é filtrado antes de ser transmitido nos fones de ouvido, de forma que apenas a frequência mais alta seja tocada.

Isso faz com que o usuário *soe* fisicamente mais leve. E Tajadura-Jiménez descobriu que o cérebro da pessoa registra isso e ajusta a representação do corpo, fazendo com que ela se *sinta* mais leve e mais magra. Na verdade, os usuários dos sapatos mágicos também afirmam que se sentem mais felizes, relata ela, e caminham com um passo mais animado.[15] Tajadura-Jiménez espera que esse tipo de autoilusão tenha vantagens, já que talvez possa motivar as pessoas a praticar mais atividades físicas.

Pesquisas com o auxílio dos sapatos mágicos ajudam a mostrar como nossas experiências auditivas podem influenciar a percepção que temos de nós mesmos enquanto entidades físicas. Nesse caso, quando aquilo que ouvimos é manipulado, nossa autoimagem muda — e nos sentimos mais leves. Mas e se, em vez de sons sendo distorcidos externamente, o próprio cérebro não fosse capaz de processar sinais auditivos de forma correta? O que aconteceria com a sua autoimagem e aquilo que você vivencia?

Há muitas provas de que, assim como acontece com a visão — quando alucinei a mão do meu marido, por exemplo —, a confiança em expectativas pode nos fazer escutar coisas que não existem.

Um experimento de laboratório conduzido na Universidade de Yale, nos Estados Unidos, na década de 1890 demonstra isso de forma eficaz. Os participantes do estudo foram expostos repetidas vezes a uma imagem ao mesmo tempo que escutavam um tom musical. Em pouco tempo, eles relatavam escutar o tom sempre que viam a imagem, mesmo quando ele não era tocado. O grupo tinha se condicionado de tal forma a esperar pelo som — sua expectativa de que aquilo aconteceria era tão grande — que, mesmo na ausência dos sinais sensoriais apropriados do órgão de Corti, o tom musical era escutado. O cérebro preditivo dos participantes dava peso demais a expectativas passadas, passando por cima de indícios sensoriais.

Na sua vida, talvez a sua expectativa de escutar certos sons — como seu celular tocando — seja tão forte que seu cérebro os escute

AUDIÇÃO

de vez em quando. Se isso acontecesse o tempo todo, a vida seria muito confusa. Para compreender quais das nossas percepções de som são reais, precisamos ter a capacidade de atualizar e de, algumas vezes, baixar as expectativas. Porém isso, pelo que parece, é mais fácil para algumas pessoas do que para outras.

Em 2017, um psiquiatra de Yale, Philip Corlett, e seus colegas repetiram o velho experimento da imagem/tom musical, mas com quatro grupos de pessoas diferentes: pessoas saudáveis, pessoas que sofriam de psicose (que envolve uma perda de contato com a realidade) e não escutavam vozes, pessoas com esquizofrenia (uma forma de psicose) que escutavam vozes, e um quarto grupo, que ouvia vozes com regularidade mas não se incomodava com elas (grupo que incluía pessoas que se consideravam médiuns).[16]

Todos no estudo foram treinados para associar a imagem de tabuleiro de xadrez com um tom de um quilohertz por um segundo. Enquanto monitoravam o cérebro dos participantes, os pesquisadores então manipularam as apresentações, de forma que o tom nem sempre fosse tocado. Eles observaram que os "médiuns" e as pessoas com esquizofrenia apresentavam cinco vezes mais chances de relatar que escutaram um som que não existia quando comparados aos outros grupos. E mais, ao relatarem ter escutado um som inexistente, eles eram 28% mais confiantes daquilo que ouviram do que os outros ao fazerem a mesma alegação errônea.

O monitoramento do cérebro revelou que as pessoas com alucinações auditivas mais fortes tinham níveis alterados de atividade em algumas regiões diferentes, incluindo atividade reduzida no cerebelo. O cerebelo, uma estrutura protuberante na base do cérebro, participa da coordenação de movimentos físicos, um processo que requer atualizações constantes e precisas sobre o mundo exterior. As descobertas sugerem que o cerebelo tem um papel fundamental para garantir que dados sensoriais sejam registrados de forma adequada quando o cérebro gera suas percepções de som. Se isso não acontece corretamente, a realidade pode se transformar.

Na verdade, alguns pesquisadores acreditam que, para entender o fato de que algumas pessoas escutam vozes no geral, e a esquizo-

SUPERSENTIDOS

frenia em específico, precisamos prestar mais atenção em como o cérebro processa informações sobre som, assim como outros sinais sensoriais. Esse trabalho também oferece lições importantes para as demais pessoas. Nós temos o hábito de subestimar nossos sentidos, apesar de esses sistemas influenciarem tudo o que somos. Ao atentarmos para o que acontece quando as coisas dão errado, começamos a apreciar como eles são fundamentais para a nossa compreensão diária não apenas do mundo exterior, mas de nós mesmos.

★

Quando eu tinha cerca de 20 anos, comecei a escutar vozes de demônios gritando comigo, me dizendo que eu era amaldiçoado, que Deus me odiava, que eu ia para o inferno... As vozes eram tão assustadoras e perturbadoras que, na maior parte do tempo, eu não conseguia focar nem me concentrar em mais nada.

Até certo ponto, elas não costumam ser nada legais comigo. E podem ser brutalmente sarcásticas e invasivas.

Escuto uma mistura de homens e mulheres, mas não escuto crianças. Eles geralmente me mandam fazer coisas, nada perigoso. Tipo, para colocar o lixo na lixeira, verificar se a janela está fechada ou ligar para alguém. Às vezes, fazem comentários sobre o que eu faço e se estou fazendo um bom trabalho, ou o que posso melhorar.

Essas descrições de vozes que não existem foram tiradas de uma pesquisa feita por Charles Fernyhough, na Universidade de Durham, na Inglaterra.[17] Escutar vozes não é algo raro. Os números variam muito pelo mundo, mas uma média de 5% a 28% das pessoas já teve essa experiência em primeira mão. Ninguém precisa ser diagnosticado com esquizofrenia ou outra forma de psicose para escutar vozes ou outros sons, mas cerca de 80% de pessoas com esquizofrenia relatam alucinações auditivas.[18] Uma pesquisa feita em Yale com um tabuleiro de xadrez e os tons musicais sugere um motivo para isso

AUDIÇÃO

ocorrer. Porém, além da aparente pouca confiança em sinais senso-riais, por que isso acontece?

Quando você fala em voz alta, o cérebro imediatamente começa a suprimir o processamento auditivo da sua própria voz. É por isso que pode ser surpreendente ouvir sua voz verdadeira em uma grava-ção. Essa resposta automática ajuda o cérebro a determinar com mui-ta clareza quando é você que está falando ou quando é outra pessoa.

Há provas de que pessoas com esquizofrenia simplesmente não executam essa supressão da própria voz de forma eficiente.[19] Na teoria, observa o neurocientista John Foxe, da Universidade de Rochester, nos Estados Unidos, isso pode causar confusão: se o cére-bro comete o erro de acreditar que outra pessoa está falando, quan-do, na verdade, o falante é você, ou a voz vem de dentro da sua ca-beça, seu "melhor palpite" sobre o que está acontecendo — e, assim, aquilo que você vivencia — pode facilmente estar errado.

Cabe lembrar agora que, de acordo com o modelo de percep-ção preditiva, se os dados sensoriais não forem claros e precisos (e você não puder melhorá-los), o cérebro contará menos com eles, e suas previsões sobre o que está acontecendo serão consideradas mais importantes, distorcendo a percepção resultante em favor da expec-tativa. Isso pode ajudar a explicar as alucinações auditivas, além de muitas outras coisas.[20] Porque, para pessoas com esquizofrenia, há cada vez mais evidências de que seus dados sensoriais podem não ser absolutamente confiáveis.

Pessoas diagnosticadas com esquizofrenia não apenas apresentam um processamento de som atípico. Problemas com interocepção[21] (a sensação de estados corporais) e propriocepção[22] (a sensação da posição de partes do corpo), assim como equilíbrio, também são co-muns. Algumas pessoas com o distúrbio relatam ilusões sobre con-trole — sentem que alguém ou alguma coisa impulsiona seus atos. De acordo com a descrição de um indivíduo: "São a minha mão e o meu braço que se mexem, e meus dedos que pegam a caneta, mas eu não os controlo. O que eles fazem não tem nada a ver comi-go." Essas ilusões foram relacionadas a dificuldades em perceber os próprios movimentos musculares, enquanto déficits na sensibilidade interior — uma sensibilidade reduzida dos sinais internos do corpo

SUPERSENTIDOS

— também aparentam enfraquecer a consciência fundamental dessas pessoas sobre o que acontece com elas mesmas.

Nas últimas décadas, John Foxe identificou vários tipos de déficits sensoriais em pessoas com esquizofrenia. Uma das descobertas é que o cérebro delas não se adapta bem a informações visuais e táteis recorrentes.[23] Se, por exemplo, você estiver usando uma calça jeans agora, partes do tecido estarão constante ou repetidamente encostando em suas pernas, porém, depois de vestir a calça, você para de perceber isso. No entanto, quando pessoas com esquizofrenia são tocadas de forma repetitiva, a resposta dos seus cérebros permanece forte. Foxe especula — e ele deixa claro que isto não passa de especulação — que, "Se você não se adapta a estímulos persistentes, então é fácil imaginar como coisas que deveriam ir desaparecendo podem continuar a afetar a consciência de alguém e causar um senso desordenado ou distorcido da realidade".

Uma pessoa com um processamento tátil desordenado pode atribuir tão pouco peso a sinais sensoriais, e dar tanta ênfase às expectativas sobre o que pode estar acontecendo, que chega a sentir coisas que não existem.

★

A Sra. A compareceu ao departamento de emergência (DE) se queixando de "piolhos e insetos" passando por sua pele. Ela alegou ter usado várias bisnagas de creme de permetrina nas últimas duas semanas, sem alívio dos sintomas. Inicialmente, ela sentia apenas coceira, com a sensação de algo passando sob sua pele, mas, ao chegar ao DE, relatou que os insetos estavam nela "toda".

Esse é um trecho do estudo de caso de uma mulher com "infestação parasitária delirante",[24] que fez sua primeira aparição na literatura médica em 1938. Trata-se de uma crença inabalável e errônea de que algum inseto ou parasita caminha ou se esconde por ou sob a sua pele. É comum que portadores da síndrome se consultem com uma série de dermatologistas sem que os resultados de exames negativos abalem sua convicção de que a infestação é real (tornando-os, por

AUDIÇÃO

definição, delirantes). Também ocorre com frequência com pessoas que posteriormente recebem o diagnóstico de esquizofrenia.

Há provas de que, assim como algumas pessoas autistas, os portadores de esquizofrenia não integram as informações visuais e auditivas de forma apropriada.[25] Essa deficiência específica pode dificultar sua compreensão da fala.

"Uma das formas através das quais eu e você nos entendemos é com as próprias palavras", diz Foxe. "Mas também se trata do conteúdo prosódico, não é? A entonação e as mudanças de frequência na minha voz indicam a você quando estou tentando enfatizar um argumento ou sendo irônico, e assim por diante. Pacientes com esquizofrenia são *péssimos* com prosódia. Eles sentem uma dificuldade real de perceber a emoção na voz de outra pessoa ou em compreender se alguém está fazendo uma pergunta ou uma afirmação."

Isso parece ser um problema grave — eles simplesmente não conseguem entender o conteúdo não verbal daquilo que outra pessoa diz. No entanto, Foxe e sua equipe descobriram que os pacientes com esquizofrenia com mais dificuldade de processar prosódia não apenas têm problemas para detectar mudanças no tom de uma voz como também para ouvir tons por si só:[26] "Quando só usamos tons simples — sem palavras rebuscadas, só tons —, foi observada uma forte correlação com a incapacidade de apenas ouvir diferenças simples de frequência, o que, é claro, trata-se de um distúrbio de processamento sensorial. Se você não consegue diferenciar as frequências, então você tem dificuldade com a prosódia. Esse é um caso em que algo com uma explicação sensorial muito básica passa a impressão de ser um déficit social e cognitivo de ordem maior."

Quando as pessoas pensam em esquizofrenia, diz Foxe, a primeira coisa que lhes vem à cabeça são a paranoia, as alucinações e os pensamentos desordenados. Mas existem cada vez mais evidências de que há algo fundamentalmente problemático na maneira como essas pessoas escutam, na forma como sentem toques, veem o mundo, detectam sinais dentro de seus próprios corpos — e muito mais.

Perguntei a Foxe se ele acha que podemos afirmar que a esquizofrenia é um distúrbio sensorial: "Se acho que podemos afirmar isso

SUPERSENTIDOS

com certeza? Não. Mas é certo que existe uma questão de processamento sensorial, que é muito mais proeminente do que as pessoas imaginam. Em cada modalidade sensorial, encontramos déficits de processamento. Então você acha que se trata de um distúrbio cognitivo — que o problema é o pensamento de ordem superior —, mas, então, encontra todos esses déficits sensoriais. É um exercício interessante, mudar de raciocínio e perguntar: 'Tudo bem, será que alguém pode acabar tendo déficits no pensamento de ordem superior simplesmente por ter déficits de processamento sensorial nos níveis mais básicos?' E pode ser que seja o caso."

A esquizofrenia é um exemplo extremo de uma distorção da realidade. Mas existem provas de que (para pessoas que conseguem escutar) a forma como o cérebro lida com sinais sonoros é importante para nossa autoimagem e nossas percepções da realidade. Para a maioria das pessoas, no entanto, a audição não é estável por toda a vida. Apesar de a surdez súbita não ser algo comum, com a idade, a audição de muitas pessoas se deteriora. E, agora, existem indícios de que essa perda típica associada ao envelhecimento pode ter impactos dramáticos na saúde mental e física.

Estima-se que uma em cada três pessoas com idade entre 65 e 74 anos apresente dificuldade de ouvir. Esse número aumenta para uma em cada duas pessoas com mais de 75. A incapacidade de escutar adequadamente amigos, um médico, a campainha ou um alarme de detector de fumaça pode ser, de acordo com os Institutos Nacionais de Saúde dos Estados Unidos, "frustrante, embaraçosa e até perigosa". Se você não consegue mais escutar suas músicas favoritas, o canto dos pássaros no seu quintal ou as coisas que seu parceiro fala, isso também pode ser uma fonte de tristeza e, no fim das contas, isolamento.

Pamela (89) não frequenta as áreas comuns da casa de repouso porque não consegue escutar as conversas — ela tem dificuldade em grupos.

Julie (70) acha difícil manter conversas em grupo, principalmente devido à deficiência auditiva.

AUDIÇÃO

Colin (92): Depois que você for embora, vai parecer que estou em um necrotério de novo.

Esses comentários vieram de um estudo britânico que pretendia ir além das estatísticas e explorar como a perda sensorial pode atrapalhar a vida de idosos.[27]

O cérebro de pessoas que nascem sem um dos sentidos, ou que os perdem no começo da vida, se adapta. Há muitos exemplos disso, inclusive o caso extraordinário, apresentado em 2017, do menino australiano que, devido a um distúrbio raro, perdeu seu córtex visual primário (V_1) pouco depois de nascer, mas que, ao passar por testes aos 7 anos de idade, demonstrou ter uma visão praticamente normal (outras regiões do cérebro compensaram o papel do V_1).

Estudos sobre pessoas que nascem cegas, ou que perdem a visão no começo da vida, também revelam diferenças no córtex auditivo, quando comparado com o de pessoas que enxergam. Em um estudo recente, os pesquisadores conectaram essas diferenças a uma maior capacidade de distinguir sons com frequências levemente diferentes e de rastrear sons de objetos em movimento, como carros ou pessoas.[28] O estudo incluiu duas pessoas que eram cegas desde a infância, mas que tiveram a visão restaurada por meio de cirurgias na vida adulta e ainda mantinham essa audição aprimorada. Isso sugere que o período (ou com certeza o período principal) da plasticidade desse sistema ocorre no começo da infância. Para cérebros velhos, é outra história. Mas, por outro lado, milhões de pessoas idosas que são cegas ou não enxergam bem também não conseguem escutar perfeitamente.

Pamela, Julie e Colin se enquadram nessa categoria. Ninguém sabe exatamente o tamanho dessa parcela de indivíduos. Acredita-se que a proporção de maiores de 70 anos com deficiências significativas em ambos os sentidos esteja entre uma a cada vinte e uma a cada cinco pessoas. Segundo estimativas do Departamento de Saúde do Reino Unido, essa é a realidade de cerca de 1,1 milhão de pessoas no país.

As entrevistas com os idosos, que tinham, em sua maioria, mais de 80 anos, destacou vários tipos de efeitos indiretos. Como a capacidade

SUPERSENTIDOS

de escutar bem é tão importante para a comunicação com parentes e amigos, muitos sentiam que a dificuldade de audição era mais incapacitante do que os problemas de visão. Com certeza era um obstáculo na interação com outras pessoas:

> Jackie (88) organiza encontros regulares na sua casa para frequentadores da igreja, mas, às vezes, sente dificuldade em participar das conversas em grupo. Ela pede para os convidados falarem mais alto, mas, assim que eles se empolgam ou se concentram no assunto que está sendo discutido, voltam a diminuir o volume e falar com a cabeça baixa. Ela recebeu um aparelho que deve apertar quando não consegue escutar, mas que não a ajuda muito, e espera que aparelhos melhores, quando forem disponibilizados, a ajudem a ouvir melhor. Ela disse que é difícil estar em grupos, porque as pessoas não falam de forma dominadora (alta); em vez disso, preferem ser discretas.

É claro que é difícil determinar a influência de aspectos individuais da velhice sobre o bem-estar psicológico. Deteriorações sensoriais. Saúde frágil. Perdas. Enfraquecimento dos músculos e dos ossos. Deterioração cognitiva... Poucos idosos sofrem apenas uma dessas coisas. No entanto, uma análise recente de estudos disponíveis concluiu que a perda conjunta da audição e da visão, por si só, é associada a um risco maior de depressão. E estudos estão descobrindo que o definhamento sensorial também pode impulsionar mudanças na personalidade.

Um estudo norte-americano amplo, de quatro anos, mostrou que, ao levar em consideração doenças, depressão e outras variantes, o declínio nas capacidades de ouvir e enxergar foi associado a grandes reduções na extroversão, afabilidade, abertura para experiências e escrupulosidade, e menos no nível normal de declínio do neuroticismo (que costuma acontecer com pessoas mais velhas que ainda enxergam e escutam bem).[29] Na verdade, os pesquisadores concluíram que o funcionamento sensorial era um indicador melhor de mudanças de comportamento relacionadas ao envelhecimento do que doenças ou sintomas de depressão.

AUDIÇÃO

Por dificultar as interações sociais, a perda de audição pode fazer com que as pessoas se sintam menos propensas a serem sociáveis — se tornando menos extrovertidas — e mais amarguradas (menos afáveis). Os problemas de audição e visão podem desencorajar idosos de se afastarem daquilo que é familiar (tornando-os menos abertos para experiências) e tornar mais difícil a execução de coisas que a maioria das pessoas consideraria tarefas simples (como sair de casa ou fazer uma faxina), potencialmente reduzindo a escrupulosidade. No geral, o definhamento da audição e da visão é, conforme os pesquisadores concluíram, associado a "trajetórias de personalidade de má adaptação" em pessoas mais velhas.

A redução da afabilidade, da abertura para experiências e da extroversão claramente tem o potencial de enfraquecer os laços sociais existentes e a capacidade de formar laços novos. A escrupulosidade baixa pode ter impactos imediatos na saúde, tornando menos provável que as pessoas sigam rotinas de exercícios físicos ou de remédios, e mais provável que comecem a ingerir álcool em excesso.

Tudo isso mostra a extrema diferença que os sentidos fazem para nossas ações, nossa convivência com as pessoas, nosso comportamento e na maneira como nos sentimos. Se nossos sentidos se deterioram, todas essas coisas se deterioram junto. Quando se trata de audição, também há cada vez mais provas de que as deficiências progressivas relacionadas ao envelhecimento[30] podem afetar profundamente algo ainda mais básico: a memória. Na verdade, há evidências cada vez maiores e preocupantes de que esse tipo de perda de audição — que começa com a perda da detecção de sons de alta frequência, passando para os de média e finalmente chegando aos de baixa frequência — aumenta o risco de um dos males mais terríveis associados à velhice: a demência.

Em 2011, uma equipe norte-americana publicou o primeiro trabalho a sugerir uma conexão entre a demência e a perda de audição relacionada ao envelhecimento.[31] Essa descoberta alarmante levou a vários outros trabalhos associados, que reforçaram a conexão e exploraram ainda mais esse risco.

SUPERSENTIDOS

Em 2018, uma equipe da Universidade Estadual de Ohio, nos Estados Unidos, publicou descobertas de um estudo que indicavam a direção oposta. Os pesquisadores queriam entender como o cérebro das pessoas reage quando escuta frases complexas ou simples. Antes de começarem o estudo em si, precisaram testar a audição dos participantes, só para garantir que eles conseguiam escutar bem o suficiente para participar. Essas pessoas eram jovens — entre 19 e 41 anos — e, conforme o esperado, foram aprovadas nos testes. Porém, na análise final, algo inesperado apareceu.

Nos jovens saudáveis, o hemisfério esquerdo do cérebro lida com a compreensão da linguagem. Para os voluntários do estudo com boa audição, foi exatamente isso que a equipe observou. No entanto, para aqueles com uma perda de audição sutil (em um nível que a pessoa não chega a perceber), durante o processamento de frases faladas, o hemisfério direito também apresentava atividades. A troca para a reação em dois hemisférios diante de um idioma familiar geralmente só acontece a partir dos 50 anos. Para esse grupo de jovens, "seus cérebros já sabiam que a percepção do som havia mudado, e o lado direito começou a compensar o esquerdo", explica o pesquisador Yune Lee. Essas descobertas o preocupam: "Pesquisas anteriores mostram que pessoas com leve perda auditiva têm o dobro de chances de desenvolver demência. E aquelas com perdas auditivas moderadas a graves são três a cinco vezes mais propensas. Não podemos ter certeza, mas suspeitamos que o problema seja que a pessoa se esforça tanto para ouvir que exaure seus recursos cognitivos, e isso afeta de forma negativa o seu raciocínio e a sua memória."[32]

Se isso for verdade e uma leve perda de audição fizer com que a exaustão cognitiva comece cedo, o risco de demência pode aumentar — ou, pelo menos, os sintomas da demência podem aparecer antes do esperado.

Em 2020, uma equipe alemã que analisa modificações nos cérebros de ratos publicou alguns resultados surpreendentes.[33] Sabe-se que a perda sensorial súbita desencadeia uma reorganização extensa de áreas fundamentais do cérebro. Em geral, isso é positivo — é prova de que o cérebro está mudando, tentando lidar com o desafio.[34]

81

AUDIÇÃO

Mas efeitos adversos temporários podem ocorrer. As informações vindas dos nossos sentidos são fundamentais para nossa formação de memórias (pense no que você fez ontem à noite... suas memórias destacam aquilo que você viu, ouviu, comeu, e assim por diante, não é?). Existem fortes conexões entre as partes do cérebro que processam informações sensoriais e o hipocampo, nossa estrutura de memória mais importante. A perda súbita de um sentido pode, portanto, causar confusão no hipocampo — que se manifesta como problemas de memória. Com o tempo, essa confusão se ameniza, limitando-se às dificuldades de memória.

Porém, uma deterioração gradual — como acontece com a perda de audição relacionada ao envelhecimento — é diferente. O cérebro precisa se adaptar o tempo todo às constantes modificações das percepções sensoriais. Isso significa, como revelou o estudo com os ratos, que as alterações no córtex auditivo e no hipocampo também não conseguem se estabilizar. "Provavelmente é por isso que a memória se debilita", diz Denise Manahan-Vaughan, da Universidade Ruhr-Bochum, que trabalhou no estudo.

Esse processo, por si só, não causa o mal de Alzheimer (ou a demência vascular, que também é relativamente comum). Mas, ao agir como um fator de exaustão dos recursos do cérebro e interferir na memória, a perda de audição pode fazer com que seja muito mais difícil para o cérebro lidar com outros desafios, como as placas e os problemas de proteína associados com o Alzheimer. E isso tem consequências práticas, de acordo com os pesquisadores: "Acredito que meu estudo mostre como é importante começar a usar aparelhos auditivos quando a perda de audição se torna aparente", diz Manahan--Vaughan. "Eu não diria que é algo que previne a demência — esse é outro processo fisiológico completamente diferente —, mas o uso de um aparelho auditivo é capaz de diminuir o avanço de problemas de memória que ocorrem durante o envelhecimento saudável, apenas porque reduz a necessidade de o cérebro se adaptar à perda progressiva de uma modalidade sensorial."

Assim, por vários motivos, é fundamental proteger a audição. E para isso, primeiro, precisamos entender quais são as ameaças.

SUPERSENTIDOS

★ ★ ★

As células ciliadas auditivas são delicadas — extremamente sensíveis e vulneráveis a danos. No entanto, um estrondo repentino — até mesmo a explosão de uma bomba, por exemplo — não necessariamente estragaria a sua audição. Se os três ossinhos minúsculos no ouvido médio forem poupados e as células ciliadas sobreviverem ao trauma inicial, as dificuldades de audição resultantes podem melhorar bem rápido.[35] Porém, se os ossos forem danificados ou se as membranas dentro da cóclea forem sacudidas com tanta força que as células ciliadas cheguem a morrer, a coisa muda de figura. Quando uma célula ciliada morre, ela não é substituída, e as células ciliadas próximas da base da cóclea, que detectam sons de alta frequência, são as mais vulneráveis.

A maioria das pessoas com problemas de audição perde as células ciliadas aos poucos, devido à exposição em longo prazo a sons altos prejudiciais, mas menos extremos. Pelo menos é isso que dizem as principais agências de saúde, incluindo a Organização Mundial da Saúde (OMS).[36]

De acordo com as diretrizes da OMS, a audição é ameaçada por altura e duração: 28 segundos por dia em um show de rock em volume alto, com cerca de 115 decibéis, ou mais de 15 minutos por dia usando um secador de cabelo (ou uma moto) de 100 decibéis, por exemplo, significam um risco para a audição. A OMS estima que mais de 1,1 bilhão de adolescentes e jovens em todo o mundo podem correr o risco de ter problemas de audição por causa de níveis perigosos desses tipos de sons recreativos.

O Instituto Nacional de Surdez e outras Desordens de Comunicação dos Estados Unidos enfatiza que a exposição longa ou repetida a sons a partir de 85 decibéis (que é o nível dentro de um cinema) pode causar perda de audição. Acredita-se que, quanto mais alto for o barulho, menor é a quantidade de tempo necessária para os danos ocorrerem. Os sons diários da vida moderna representam, dessa forma, uma ameaça multifacetada para a nossa audição.

Eu não vou contradizer essa mensagem. Mas alguns cientistas acreditam que ela não seja completamente correta. Gerald Fleischer,

AUDIÇÃO

da Universidade de Giessen, na Alemanha, é um deles. Fleischer passou muitos anos avaliando a audição de pessoas no mundo todo e chegou a conclusões controversas.[37]

Se eu perguntasse "Quem você acha que escuta pior — um peão de obra em Berlim ou um pastor de iaques nômade?", imagino que a resposta seria o peão de obra. Eu mesmo responderia isso. Mas Fleischer descobriu que ambos os grupos têm problemas de audição semelhantes. Ele não concorda com a ideia de que a exposição regular a sons diários, como os de secadores de cabelo, causem danos acumulativos. Ele acredita que sons repentinos e muito altos são os principais destruidores da audição, mas também que nossos ouvidos precisam de algum tipo de estímulo regular para serem capazes de lidar com barulhos altos.

Apesar de nascermos com a capacidade de ouvir, leva um tempo para desenvolvermos a capacidade de distinguir rapidamente os sons. "As crianças pequenas não escutam bem, porque seu sistema auditivo precisa de tempo e de exercícios para se desenvolver de forma apropriada, e precisa de uma grande variedade de estímulos", escreve Fleischer. "A sensibilidade auditiva vai aumentando até chegarmos aos 20 anos mais ou menos. E pessoas nômades, que ficam só sentadas na grama, guardando ovelhas ou iaques, não escutam bem porque seu estilo de vida é caracterizado pela privação auditiva." Então, quando fogos de artifício são disparados — como ele observa que acontece durante comemorações ocasionais nesses tipos de povoado —, o silêncio que os precede funciona como um soco-inglês nesse punho sônico.

No entanto, isso não significa que é sempre benéfico ter muito ruído de fundo. Qualquer um que já foi buscar uma criança na creche sabe como um grupo de crianças de 3 anos pode ser absurdamente escandaloso. E uma pesquisa recente entre quase cinco mil professoras de creche na Suécia descobriu que 71% apresentavam "fadiga auditiva" (que significa, por exemplo, que não aguentavam nem ouvir rádio depois do trabalho), em contraste com 32% de um grupo comparativo entre mulheres com outros tipos de emprego. Quase 50% das professoras relataram dificuldades em ouvir a fala de outras pessoas, enquanto 25% das mulheres do outro grupo apresen-

SUPERSENTIDOS

taram o mesmo problema. E quase 40% afirmaram sentir, pelo menos uma vez por semana, desconforto ou dor física nos ouvidos por causa de sons rotineiros.[38] Nada disso significa que a audição delas sofreu danos irreparáveis (suas taxas de perda de audição e zumbido no ouvido não diferiam muito das de outras mulheres), mas é nítido que o excesso de som não lhes faz bem.

Vale acrescentar que a exposição a sons rotineiros da vida moderna ameaça mais do que apenas a audição. O barulho diário do trânsito não apenas causa zumbido no ouvido, mas distúrbios de sono, problemas cardíacos, obesidade, diabetes e até deficiências cognitivas em crianças, de acordo com um relatório recente da OMS. Apenas na Europa Ocidental, os impactos dos ruídos de trânsito foram igualados à perda anual de pelo menos um milhão de anos de vida saudável. Não é de surpreender que o excesso de barulhos que cerca tantos de nós tenha sido chamado de uma crise de saúde pública.[39]

Se você quiser proteger a sua audição, tentar não se expor a sons muitos altos claramente é uma estratégia de destaque. Porém, também há evidências de que alguns fatores mais surpreendentes fazem diferença. Por exemplo, pessoas obesas são mais propensas a apresentar perdas de audição,[40] e atividades físicas regulares e uma dieta saudável são benéficas.[41] Mas maximizar a audição não se trata apenas de conservar o que você já tem. Também é possível treinar o cérebro para conseguir processar os sons de forma mais eficaz.

Você já esteve em um bar cheio e se sentiu frustrado por não conseguir ouvir uma conversa? Para captar o que alguém diz, especialmente em ambientes barulhentos, o cérebro é obrigado a processar de forma precisa os sons que chegam para formar uma palavra — um desafio que sabemos se tornar mais difícil com a idade.

Nina Kraus é uma neurocientista auditiva na Universidade Northwestern, no Illinois, Estados Unidos, além de ser uma musicista amadora com uma predileção pela canção "Smoke on the Water", da banda britânica de rock Deep Purple (pelo menos ela gosta de tocá-la durante conferências). E ela mostrou que até sessões curtas de treinamento conseguem fazer uma diferença real na audição.

AUDIÇÃO

Ao longo de oito semanas, um grupo de pessoas saudáveis com idade entre 55 e 70 anos passou um total de 40 horas executando algumas tarefas bastante desafiadoras de audição e memória no computador. Elas treinaram, por exemplo, diferenciar sílabas e palavras com sons parecidos, como "bo" e "do", "grande" e "grade", ou "abafado" e "abalado", e se tornaram cada vez mais ágeis conforme melhoravam. Elas também precisavam repetir sequências de sílabas e palavras. No fim do período de treinamento, Kraus notou que os voluntários nesse grupo conseguiam fazer a distinção entre sons de fala e ruídos de fundo com muito mais eficiência do que um grupo que não recebeu treinamento. Os atrasos no processamento de som que se desenvolvem com a idade foram parcialmente revertidos.[42]

Quando você analisa pessoas mais velhas como um grupo, há uma variedade muito grande nas capacidades de escutar, observa Kraus. Apesar dos riscos aparentes, músicos mais velhos (não necessariamente profissionais em tempo integral, mas pessoas que sabem e gostam de tocar um instrumento) tendem a escutar muito bem. De fato, Kraus descobriu que o treinamento musical aumenta o desempenho em uma variedade de testes de audição. Quando você analisa a atividade cerebral durante tarefas que envolvem diferenciar frequências ou ouvir o que alguém diz em um ambiente barulhento, pode ser difícil distinguir as imagens de um jovem e de um músico idoso. "A resposta do cérebro ao som pode ser aprimorada quando tocamos um instrumento regularmente", afirma Kraus. "Em termos biológicos, a resposta ao som para um músico pode ser parecida com aquilo que esperamos de um jovem." Para ela, são nítidas as provas de que tocar um instrumento treina e fortalece a capacidade de interpretar o som.

Quando estamos equipados com uma boa audição, coisas extraordinárias são possíveis. Um dos vídeos mais impressionantes a que já assisti foi de um norte-americano chamado Daniel Kish guiando sua moto pelo trânsito de uma cidade. Kish é cego desde a infância — mas sente quando precisa fazer curvas ou quando frear porque um carro está saindo de uma vaga, apenas por meio da audição. Algumas vezes por segundo, Kish bate forte com a língua contra o céu da boca, emitindo

86

SUPERSENTIDOS

um estalo. Ao prestar atenção no movimento dessas ondas sonoras, ele consegue, como um morcego, mapear seu ambiente físico.

A habilidade de Kish é incrível. No vídeo, enquanto caminha com o apresentador, ele mostra que consegue ouvir com facilidade um vão entre dois prédios. Conforme a dupla começa a passar por uma série de colunas finas e altas, Kish diz: "E então temos coisas, em resumo. Coisas altas no caminho. Postes, ou algo parecido, bem no meio do caminho."[43] Ele afirma que, por meio do eco dos estalos, consegue coletar informações suficientes para determinar se a cerca pela qual passa caminhando ou de bicicleta é feita de metal ou madeira.

Se você é cego e está ouvindo este livro, e nunca tiver ouvido falar de Kish, talvez isso pareça uma versão mais elaborada de uma estratégia que você já usa. Prestar atenção a sons naturais ou emitir sons, talvez com a ponta de uma bengala, sapatos ou com a boca, e escutar o eco disso é algo que muitos cegos fazem — pelo menos de acordo com os comentários feitos por muitas pessoas cegas após tantos holofotes se voltarem para Kish.

Na teoria, se você tiver uma deficiência visual ou até mesmo tiver visão normal, também pode aprender a realizar esse tipo de ecolocalização. Lore Thaler, do departamento de psicologia da Universidade de Durham, estudou Kish e outros ecolocalizadores habilidosos e descobriu que a forma como eles aprenderam sozinhos a usar estalos é muito parecida. Por exemplo, para as pessoas que ela estudou, é comum emitir estalos mais altos para "enxergar" o que está às suas costas. Thaler agora ensina essas técnicas para outras pessoas, cegas ou não, para explorar ainda mais o que acontece com o cérebro quando essa habilidade é aprendida.[44]

Existem indícios de que pessoas que perderam a visão no começo da vida tendem a aprender a se ecolocalizar com mais facilidade do que pessoas que só perderam a visão mais tarde, ou que conseguem enxergar. Mas experimentos mostram que a capacidade de concentração de um indivíduo também é importante. Isso faz sentido, é claro: pelo menos quando você está aprendendo, precisa prestar atenção nas variações de som para interpretá-las.

Se você tem uma visão normal, quero fazer uma pergunta: agora que sabe que é perfeitamente possível usar sons para dar sentido ao

AUDIÇÃO

seu ambiente físico, você acha que talvez já faça isso — mas nunca tenha percebido?

Esse pensamento certamente ocorreu a Tim Birkhead, ecologista comportamental e renomado ornitologista da Universidade de Sheffield, Inglaterra. Em 2012, Birkhead publicou um livro maravilhoso chamado *Bird Sense*.*[45] Enquanto fazia pesquisas para escrever a obra, ele investigou a capacidade de ecolocalização de alguns passarinhos, incluindo os guácharos do Equador, que emitem cliques e gritam quando entram ou saem das cavernas escuras em que se abrigam. Durante a ecolocalização, um morcego usa sons com frequências tão altas que não as escutamos. Em contraste, não há dúvida de que os ouvidos humanos escutam o sonar dos guácharos. É um sistema mais rústico e imediato que o dos morcegos, mas adequado para o seu propósito.

Birkhead pensou nesses guácharos, em Daniel Kish e em outras pessoas com deficiência visual que aprenderam a usar a ecolocalização para andar de bicicleta, e ficou se perguntando sobre uma sala específica no corredor próximo à sua sala na universidade. É um espaço parcamente mobiliado, com piso de azulejo e uma porta de madeira mal ajustada que se arrasta contra o chão ao ser aberta, criando um som alto que reverbera no interior. Para ver se há alguém lá dentro, você precisa entrar na sala. Birkhead decidiu tentar adivinhar se havia alguém na sala apenas prestando atenção no barulho feito pela porta. Ele fez isso em várias ocasiões. E, para sua surpresa, descobriu que acertava em 85% das vezes. Um corpo dentro de uma sala relativamente pequena ocupa espaço, alterando sutilmente a forma como o som da porta reverbera. E Birkhead conseguia detectar isso. "Fiquei chocado com a minha precisão", me contou ele.

É um relatório incidental, claro. Mas, conversando sobre isso com Birkhead, nós refletimos sobre como o conhecimento sobre as capacidades dos sentidos expande nossos horizontes de percepção. Pode ser que, no seu dia a dia, você não precise usar o som de ecos para tentar descobrir se há mais alguém em uma sala. Mas como é maravilhoso, na teoria, saber que isso talvez seja possível!

★ "O sentido do passarinho", em tradução livre. [*N. da T.*]

3

Olfato

*Como sentir o cheiro de pessoas perigosas —
e melhorar a sua vida sexual*

O ser humano tem um olfato ruim.

Aristóteles, *Da alma*

Você tem um KIT DE PRESERVAÇÃO DE CHEIRO?
A cadela policial Ally espera que sim.

Ontem à noite, a cadela policial Ally e seu condutor, o policial Justin Williams, encontraram uma idosa com demência desaparecida. Fazia cerca de duas horas que ela tinha sumido de sua casa, em Sugarmill Woods.

O kit de cheiro dela foi montado há cerca de dois anos e meio. Foi o que ajudou a cadela Ally e o policial Williams a localizá-la em menos de cinco minutos!

A mulher foi levada de volta para casa em segurança, e Ally ganhou um petisco especial, uma deliciosa casquinha de baunilha!

Bom trabalho, policial William e cadela Ally!

Esse post da delegacia do condado Citrus, na Flórida, Estados Unidos, publicado em 2017 no Facebook, foi reproduzido pela imprensa do mundo todo.[1] É claro que todos estamos cientes do conceito de um cão farejador capaz de rastrear uma pessoa pelo cheiro. Porém, havia mais de dois anos desde que aquela mulher havia esfregado um pedaço de gaze esterilizada nas axilas e o guardado em um pote. Realmente, bom trabalho, Ally!

No entanto, os cachorros não são os únicos animais capazes de rastrear um cheiro pelo chão. Recentemente, uma equipe da Uni-

OLFATO

versidade da Califórnia, em Berkeley, pediu a um grupo de pessoas voluntárias para ficarem de quatro sobre um campo gramado. Elas foram vendadas, tiveram seus ouvidos tapados com protetores e receberam luvas e joelheiras grossas para não conseguirem usar o tato para sentir o terreno. Em um resultado impressionante, a maioria aprendeu a farejar o rastro de um cheiro, "seguindo em ziguezague pelo caminho como um cachorro rastreando um faisão.[2]

Esse tipo de resultado seria uma surpresa e tanto para Aristóteles. Para ele, o olfato humano beirava o patético. Sem dúvida, ele o considerava inferior ao de outros animais. "O ser humano não percebe os objetos aromáticos, com exceção dos dolorosos e agradáveis, pois seu órgão não é preciso", declarou ele.

Séculos depois, o filósofo alemão Immanuel Kant aprofundou o desdém de Aristóteles pelo olfato humano em uma tirada quase revoltada: "Qual sentido orgânico é o mais ingrato e aparentemente o mais dispensável? O olfato. Não existe qualquer compensação em cultivá-lo ou refiná-lo para aproveitá-lo; pois há mais objetos nojentos do que agradáveis (especialmente em locais cheios), e até quando encontramos algo perfumado, o prazer advindo do olfato sempre é transitório e breve."[3]

John McGann, da Universidade Rutgers, em Nova Jersey, Estados Unidos, rastreou a origem da ideia de que somos péssimos farejadores diretamente à era vitoriana — e a Paul Broca, o neuroanatomista francês. Broca, que morreu em 1880, classificava os humanos como "não farejadores", mas não por causa de algum teste sensorial, e sim porque acreditava, segundo escreveu McGann, que o aumento evolutivo do lobo frontal humano nos deu livre-arbítrio à custa do sistema olfativo. Essa ideia influenciou muitos cientistas da época, que a desenvolveram. Ela despertou a alegação de que temos "microsmaty" (pequeno cheiro), algo que Sigmund Freud argumentava nos expor a doenças mentais. "Até hoje, muitos biólogos, antropólogos e psicólogos persistem na crença equivocada de que os humanos têm um olfato ruim", continua McGann.[4] Então até que ponto essa ideia é errada?

Para você sentir o cheiro de alguma coisa, as moléculas emitidas por um objeto devem alcançar os receptores olfativos dentro da sua cavidade nasal. Esses receptores estão localizados nas extremidades dos neurônios olfativos, que enviam seus sinais direto para o cérebro.[5] No momento, ninguém é capaz de olhar para uma molécula e dizer, com base apenas na sua estrutura, como é seu cheiro ou até se ela sequer tem cheiro. Tudo que sabemos é que, para algo emitir odor, suas moléculas precisam evaporar com facilidade, para serem carregadas pelo ar e inaladas — mas também devem se dissolver no muco nasal, onde aguarda um grupo de cerca de quatrocentos tipos de pontas de receptores.

Como sabemos que a detecção química é um sentido antigo, não surpreende que até organismos muito simples façam o mesmo processo. Por exemplo, a bactéria *Bacillus subtilis*, encontrada no solo, assim como no nosso sistema digestivo, sente a amônia transportada pelo ar, emitida por bactérias rivais, usando um "nariz" molecular em sua membrana.[6] Para você, apenas um tipo específico de receptor é ativo na extremidade de cada neurônio olfativo. Mas cada um se conecta com um grupo limitado de moléculas semelhantes — e uma molécula aromática pode se conectar com mais de um receptor. Isso cria um padrão complexo de estímulos sempre que você entra em um jardim, joga roupas sujas dentro da máquina de lavar ou abre uma lata de molho de tomate. Seu cérebro então precisa ler todos esses "códigos de barra" aromáticos e interpretar o que significam.

O sistema olfativo humano costuma ser parecido com o de um rato ou de um cachorro, por exemplo. Um cachorro tem o dobro de tipos de receptores olfativos em funcionamento do que nós — e, em geral, esse é visto como o motivo para os cachorros serem farejadores tão maravilhosos, relativamente falando. Mas nós temos bulbos olfatórios (as regiões do cérebro que lidam com o processamento inicial dos sinais de cheiro, pelo menos na maioria das pessoas)* mais complexos,[7] e um córtex orbitofrontal superior, a região que interpreta sinais olfativos vindos do nariz e nos ajuda a decidir como lidar

---

* Cerca de 4% das mulheres canhotas (mas não dos homens) não têm bulbos olfatórios. Muitas delas não conseguem sentir cheiros — mas cerca de uma a cada oito é capaz.

com eles — correr para desligar o forno, talvez, ou colocar roupas limpas.[8] De toda forma, a quantidade absoluta de receptores olfativos que um animal possui não necessariamente se traduz em um olfato melhor.

Joel Mainland, um cientista que estuda o olfato no instituto Monell Chemical Senses Center, na Filadélfia, Estados Unidos, observa que as vacas possuem mais receptores olfativos do que os cachorros — cerca de 1.200 comparados com 800 —, mas ninguém acha que as vacas tenham um olfato melhor. Também se acreditava que os humanos conseguiam detectar, talvez, apenas 10 mil cheiros diferentes, mas houve uma reavaliação radical sobre isso. Em 2014, um trabalho publicado pelo periódico *Science* estimou que conseguimos detectar mais de um trilhão de cheiros.[9] Os cientistas que estudam o olfato não chegaram a um consenso sobre a precisão dessa estimativa, mas o número verdadeiro, seja lá qual for, com certeza é bem maior do que pensávamos.

A péssima reputação dos humanos, argumenta Mainland, pode se dever ao fato de que passamos relativamente pouco tempo farejando e treinando nosso sentido. Ao contrário de cachorros e ratos, nós não passamos boa parte da vida com os narizes enfiados no chão cheio de aromas.

Nossos genes, no entanto, contam uma história olfatória muito maior. Olhar para o nosso DNA relacionado ao olfato é como analisar as crateras da Lua e se dar conta de que, apesar de ela parecer calma e acomodada agora, seu passado foi loucamente agitado.[10]

Para cada gene de receptor olfativo em funcionamento, você tem outro que perdeu a função com o tempo. Acredita-se que isso ocorra porque, na jornada evolutiva de um ancestral distante até nós, o conjunto de aromas que cada espécie na cadeia precisava detectar para sobreviver e prosperar mudou. Os cheiros realmente importantes para os sinapsidas que deram origem aos mamíferos, por exemplo, simplesmente não faziam diferença para uma espécie alguns passos à frente na nossa linhagem.[11] Assim, quando mutações aconteceram e impediram o funcionamento desses receptores de moléculas aromá-

SUPERSENTIDOS

ticas, eles não auxiliavam mais a nossa sobrevivência. Nós ainda carregamos esses genes — mas como um peso indiferente. Ao mesmo tempo, novos receptores olfativos evoluíram. E essa combinação de perda e ganho nos deixou com cerca de quatrocentos tipos específicos em funcionamento.[12]

As pesquisas sobre quais moléculas fazem os receptores reagirem ajudam a revelar para que "serve" o olfato. Você deve conhecer mais ou menos algumas dessas funções. Mas outras só estão sendo reveladas agora — e seus impactos em nossa fisiologia e psicologia são nada menos que surpreendentes.

Como sabemos, o olfato tem importância para a comida. Nossa capacidade de sentir cheiros nos ajuda a decidir se algo é seguro e nutritivo, perigoso ou até mortal. De fato, como discutiremos mais no próximo capítulo, boa parte do que consideramos "sabor" se trata de aroma, não de gosto. As substâncias químicas aromáticas que são liberadas conforme mastigamos ou bebemos sobem da boca pela nasofaringe até a cavidade nasal. É o nosso olfato que nos permite reconhecer e se deliciar com um bolo de chocolate — ou resolver que seria melhor cuspir aquele pedaço de peixe.

Peixe fresco não tem um cheiro muito suspeito. Assim, um aroma pungente de peixe aciona dúvidas sobre a segurança de ingerir aquela comida. Porém, até essa reação aparentemente direta a uma substância química aromática pode ter efeitos fundamentais não apenas em nossas ações, mas em nossos pensamentos.

Quando nós não estamos convencidos sobre uma afirmação ou situação, podemos dizer que ela "cheira mal". Os falantes de inglês usam a expressão "cheiro de peixe", e não são os únicos; pelo visto, essa mesma metáfora é usada em mais de vinte idiomas.

Norbert Schwarz, professor de psicologia na Universidade do Sul da Califórnia, Dornsife, recentemente liderou uma pesquisa para mostrar até onde vai a metáfora do "cheiro de peixe".[13]

Os participantes do estudo tinham que ler um documento e depois responder perguntas sobre ele. Enquanto liam, um grupo estava sentado à mesa que tinha sido borrifada com um pouco de óleo de peixe — e outro grupo à mesa que não recebera o óleo. Schwarz descobriu que

OLFATO

o grupo do óleo de peixe tinha maior propensão a encontrar conflitos lógicos que tinham sido inseridos propositalmente no texto. Não fazia diferença se eles tinham notado o cheiro ou não. De toda forma, o aroma, em geral, parecia deixá-los desconfiados, e, como resultado, se tornaram mais críticos sobre o conteúdo do documento.

Existe outra pesquisa que apoia essa conclusão, mostrando que até cheiros discretos de peixe também nos tornam mais desconfiados de outras pessoas.[14] Como Schwarz comenta: "Se estou desconfiado, meu pensamento é 'Tem alguma coisa errada aqui'. E então preciso prestar mais atenção e descobrir qual é o problema."

Trabalhos como esse revelam as conexões profundas e muitas vezes surpreendentes entre nossas percepções sensoriais e nosso raciocínio inconsciente. Porém, a mensagem prática desses estudos específicos é que, se você quiser incentivar o pensamento crítico no seu trabalho, não faria mal dar umas borrifadas de óleo de peixe no ambiente. Só não se esqueça de lavar as mãos antes de ir para uma reunião.

Ao mesmo tempo, outros odores — ou melhor, aquilo que geralmente pensamos como sendo odores — podem ajudar a aumentar a produtividade no trabalho. Hortelã, por exemplo, tem efeitos estimulantes. Porém, como explicarei no Capítulo 9, esses efeitos não ocorrem por meio do nosso olfato.

Assim como acontece com a visão e a audição, há muitas diferenças genéticas entre a maneira como pessoas diferentes sentem cheiros. Foi até sugerido que, se você quiser encontrar duas pessoas com os mesmos genes de receptores olfativos, terá que falar com uma dupla de gêmeos idênticos.

De muitas formas, é mais fácil observar os déficits genéticos do que perfeição no olfato. Muitas insensibilidades aromáticas específicas foram identificadas, apesar de cada uma afetar relativamente poucas pessoas.[15] Cerca de uma ou duas pessoas a cada cem não consegue sentir o cheiro de baunilha, por exemplo, mas sua capacidade de detectar outros aromas não é afetada.

Também há variações genéticas que podem causar percepções radicalmente diferentes de um alvo-chave do nosso olfato: outras pessoas.

SUPERSENTIDOS

Há mais de duas décadas, sabe-se que somos capazes de usar o olfato para detectar membros do sexo oposto com genes do sistema imunológico diferentes dos nossos — e que seriam, em condições normais, uma escolha razoável de parceiro (porque misturar genes do sistema imunológico beneficiaria a futura prole).[16] Desde então, os trabalhos que exploram ainda mais como os odores corporais podem afetar os relacionamentos sociais vêm progredindo, apesar de o campo permanecer pequeno. A cientista francesa Camille Ferdenzi, do Centre National de la Recherche Scientifique, especializada no papel de odores corporais em nossas interações, fez algumas descobertas importantes.

Ela concluiu que os odores que emanam da cabeça de homens e mulheres têm cheiros diferentes. Em sua pesquisa, os termos usados para descrever o odor da cabeça de homens geralmente eram "gorduroso, suado, almiscarado e amanteigado", enquanto o das mulheres era definido como "mais floral, amadeirado, pesado e mineral". Os odores das axilas também eram diferentes. Com frequência, o odor masculino era descrito com as palavras suor, ácido, cassis, verde, mineral e apimentado. O das mulheres era mais associado com as expressões: terroso, floral, frutado, doce... mas também fecal e vômito. As avaliações de atratividade e intensidade dos aromas da cabeça e das axilas foram amplamente correlacionadas nas mulheres, mas não nos homens. Isso pode ter acontecido porque o odor da cabeça masculina transmite informações diferentes, talvez socialmente relevantes, para o odor das suas axilas. No entanto, Ferdenzi também descobriu que variações nos genes dos receptores olfativos talvez indiquem que eu posso achar o cheiro natural de uma pessoa muito agradável, ao mesmo tempo que você o acha asqueroso.

Quando se trata de como sentimos o cheiro uns dos outros, um receptor olfativo específico foi muito mais estudado do que os outros. Ele é conhecido como OR7D4, e uma das principais moléculas a que se conecta é a androstenona. Derivada da testosterona, há mais androstenona no odor masculino do que no feminino. Leslie Vosshal, na Universidade de Rockefeller, em Nova York, liderou

95

OLFATO

pesquisas que revelam que existem duas variações humanas do gene do OR7D4. Para aqueles que herdam duas cópias de uma variante, a androstenona tem um cheiro ruim. Para aqueles com uma cópia de cada, ela não tem cheiro nenhum, ou tem cheiro de baunilha. No entanto, outras leves variações no gene fazem com que algumas pessoas tenham uma sensibilidade exacerbada ao aroma. Para elas, ele não é apenas desagradável. É repugnante.[17]

Variações no receptor OR7D4 também explicam diferenças individuais ao sentir o cheiro de outra molécula que é mais produzida por homens do que por mulheres, chamada androstadienona. A androstenona e a androstadienona têm odores parecidos. Ferdenzi pode confirmar isso, já que tem um olfato muito sensível para ambas. Para ela, o perfil aromático é uma mistura de urina, suor e almíscar.

Não consigo me conter e pergunto se ela acha que essa sensibilidade influencia sua percepção dos homens. Ela responde por e-mail:

De um ponto de vista muito pessoal, só senti esse odor em homens na região urogenital, não em outras partes do corpo (não é óbvio nas axilas, de toda forma). Não acho agradável, mas, como todos os outros odores desagradáveis do corpo (mau hálito ao acordar, odores dos pés...), é algo que simplesmente se tolera. :-)

Ferdenzi compartilhou outro relato estranho (e, de novo, muito pessoal):

Eu senti a androstenona na cabeça do meu bebê pouco depois do seu nascimento (só no primeiro filho, o segundo não tinha esse cheiro). Foi só durante o primeiro ou o segundo dia de vida, e depois desapareceu. Existe um estudo que mostra a presença de androstenona no líquido amniótico.

Não está claro exatamente o que a androstenona faz no líquido amniótico ou na região urogenital dos homens, e como ela pode influenciar outras pessoas. Mas Ferdenzi acrescenta:

SUPERSENTIDOS

Sem dúvida, existe uma variação enorme na percepção individual sobre os odores de outros corpos, como demonstrado para os principais componentes do odor do suor — em termos de níveis de sensibilidade, mas também em níveis de descrição ou preferências. Há muitos outros compostos do odor corporal que podem ser importantes para os relacionamentos interpessoais, mas ainda não sabemos muito sobre eles.

Quando se trata da nossa sensibilidade para um odor específico (em contraponto à distinção clara sobre se somos capazes de senti-lo ou não), há muitos sinais de uma grande variação.

Em um estudo clássico, Andreas Keller, geneticista na Universidade Rockefeller, e seus colegas, pediram a quinhentas pessoas para classificar 66 odores em termos de intensidade e agradabilidade. Os resultados formaram uma curva gaussiana. Quando a equipe passou a usar doses muito fracas desses compostos para explorar as reações fisiológicas dos voluntários — para investigar sua capacidade de detectar essas substâncias químicas mesmo quando não tinham consciência de que sentiam algum cheiro —, os resultados sugeriram uma variação ainda maior nas suas reações.[18] Foi determinado que as pessoas enquadradas no final da curva de sensibilidade extrema têm um "superolfato".

Acredita-se que essa variação humana na sensibilidade ao aroma — na quantidade de um composto aromático que precisa estar presente para você ou um amigo serem capazes de detectá-lo — não necessariamente está relacionada com o funcionamento dos receptores olfativos em si, mas com a transmissão de sinais desses receptores para as regiões do cérebro que os processam. Essas variações podem ser, em parte, motivadas por genes, mas também podem ser muito influenciadas pela experiência olfativa. A experiência começa no útero.[19] Com cerca de 17 semanas de gestação, quando você tinha mais ou menos o tamanho de uma laranja, seus receptores de odor já tinham se desenvolvido. Desde o começo do terceiro trimestre, você inalava e sentia o gosto do líquido amniótico. Como os sabores dos alimentos ingeridos pela mãe se infiltram no líquido, você começou a receber sinais do que provavelmente comeria e beberia no futuro.[20]

97

OLFATO

Vários estudos mostram que essas experiências muito iniciais de olfato e paladar (que continuam se a mãe amamenta) influenciam de quais alimentos sólidos a criança vai gostar e quais vai cuspir. Por exemplo, bebês cujas mães tomaram suco de cenoura durante a gravidez e a amamentação gostam de cereais sabor cenoura quando crescem um pouco — uma preferência que não é compartilhada por bebês que nunca foram expostos a um grande consumo de cenoura.[21]

Os cheiros de que você gosta e desgosta podem, assim, ser influenciados desde o princípio pelas comidas da sua própria cultura. Mas há outros fatores culturais importantes que afetam o olfato. Algumas sociedades simplesmente dão muito mais importância a esse sentido do que outras. E isso pode fazer uma diferença enorme na vida olfativa de uma pessoa. Na teoria, todos nós temos o potencial de ter um "superolfato".

Em 2003, o ano em que Anna Gislén publicou seu trabalho inicial sobre a visão subaquática extraordinária das crianças moken, Asifa Majid era uma jovem pós-doutoranda no Instituto Max Planck de Psicolinguística, na Holanda. Ela se interessava cada vez mais pelos possíveis efeitos da cultura — e dos idiomas, em específico — na percepção. A visão com certeza era algo que lhe interessava, mas já havia muitos estudos sendo feitos sobre o assunto. E ela acabou se dando conta que quase nada havia sido desvendado sobre o olfato.

Quando conheci Majid, ela tinha acabado de assumir uma cadeira na Universidade de York e ainda estava desfazendo as malas. Porém, na sua parede, já havia uma curiosa montagem emoldurada de fotografias de perfis de narizes. Tinha sido um presente de despedida dos alunos de seu laboratório na Holanda. "Os narizes do laboratório!", explica ela. É uma lembrança apropriada para uma pesquisadora que agora é internacionalmente conhecida por seu trabalho sobre a variação cultural desse sentido específico.

Majid foi criada em Glasgow, na Escócia, filha de pais falantes de punjabi, língua utilizada em uma região da Índia e no Paquistão. Ela acredita que isso fez com que desenvolvesse um profundo apreço por

SUPERSENTIDOS

diferenças culturais e um desejo de compreender o impacto que elas têm no comportamento e no pensamento das pessoas.

Como pós-doutoranda na Holanda, Majid tinha plena noção de que os falantes de holandês, assim como os falantes de inglês, tinham uma opinião relativamente negativa sobre o olfato quando comparado com a visão ou a audição, e isso parecia se refletir em suas vidas diárias e no seu desempenho em testes sensoriais.

Majid sabia que, quando solicitado, um adulto europeu médio não teria problema algum em distinguir dez cores diferentes. Mas, se tivesse que cheirar dez aromas diferentes, a coisa mudava de figura. Porém, ela lera trabalhos antropológicos que sugeriam que o olfato era mais importante em algumas culturas. E começou a achar que a situação precária do olfato talvez não fosse universal.

Em 2006, Majid começou a criar, junto com Steve Levinson, codiretor do Instituto Max Planck de Psicolinguística, um manual antropológico para trabalhos de campo sobre testes de sensibilidade. A dupla criou kits de teste com fichas coloridas e aromas, distribuindo-os para que outros pesquisadores fossem estudar pessoas em mais de vinte culturas diferentes, cada uma com um idioma.

O linguista sueco Niclas Burenhult levou seu kit para uma comunidade com a qual já tinha um relacionamento e cujo idioma conhecia bem. Era uma sociedade de caçadores-coletores chamada jahai, que vive na floresta tropical perto da fronteira entre a Malásia e a Tailândia. A intenção de Burenhult era executar toda a gama de testes sensoriais. "Mas ele voltou animado com a parte do olfato", diz Majid. "Ele tinha um banco de dados enorme de palavras para cheiros, e no início eu não acreditei. Achei que seria impossível que ele estivesse certo."

Animada para descobrir mais, em 2009 ela o acompanhou no que se tornaria a primeira de muitas pesquisas de campo. E, desde o princípio, ficou óbvio que o olfato era muito mais importante para o povo jahai do que era no Ocidente. Ela explica que os bebês locais recebem nomes de coisas perfumadas (com frequência, mas não sempre, flores), e que os adultos se adornam com objetos escolhidos pelo cheiro, não pela aparência: "Assim, eles podem carregar uma

OLFATO

raiz de gengibre enorme e feia, com florzinhas sem a menor graça, mas muito cheirosas, presas no cabelo, atrás das orelhas... O que importa são as propriedades aromáticas das coisas." Muitos dos tabus do povo jahai também são relacionados a cheiros. Por exemplo, certas carnes não devem ser assadas na mesma fogueira, e irmãos e irmãs não podem sentar perto um do outro, porque, caso seus cheiros se misturem, o deus trovão ficará irritado e mandará trovões. "Ao longo dos anos, nós conseguimos estabelecer que o olfato é relevante para praticamente tudo na vida deles", diz Majid.

Burenhult e Majid descobriram que o idioma dos jahai contém cerca de uma dúzia de palavras diferentes para as *características* de um cheiro. *Haʔɛ̃t* é o termo usado para o cheiro compartilhado por tigres, pasta de camarão, seiva de seringueiras, carne podre, carniça, fezes, a glândula que produz almíscar nos cervos, porcos selvagens, cabelo queimado, suor velho e gás butano. *Ltpit* é o cheiro de várias flores, perfumes, da fruta durião e do urso-gato-asiático (que aparentemente tem cheiro de pipoca), entre outras coisas; *cŋɛs* é um aroma associado com gasolina, fumaça, fezes e cavernas de morcegos, algumas espécies de centopeias, raiz de gengibre selvagem, folha de gengibre-magnífico e madeira de mangueiras selvagens. *Pʔus* é um cheiro almiscarado, como o de casas velhas, cogumelos e comida estragada (esse é fácil para ocidentais identificarem; e é a única característica aromática que possui um termo em holandês: *muf*); *plʔɛŋ* é o cheiro de sangue, peixe cru e carne crua.

O povo jahai mostra que é possível ter um vocabulário elaborado para aromas, observa Majid — e que a dificuldade ocidental de distinguir cheiros pode ser um resultado cultural, não biológico. Na verdade, quando ela e Burenhult apresentaram doze compostos aromáticos diferentes para os jahai, incluindo canela, aguarrás, limão, fumaça, banana e sabonete, eles foram rápidos e consistentes ao descrever as propriedades aromáticas básicas. E tiveram muito mais sucesso ao descrever esses odores do que o grupo comparativo de falantes de inglês. Apesar de nunca terem sentido alguns dos cheiros antes, eles conseguiram rapidamente detectar suas características distintivas, enquanto os falantes de inglês tiveram dificuldade.[22]

SUPERSENTIDOS

Cinco anos depois, em 2018, Majid e Burenhult publicaram um trabalho complementar.[23] Eles relataram que, enquanto o povo jahai levava, em média, apenas dois segundos para descrever um odor, os falantes de holandês precisavam de cerca de treze segundos para encontrar uma referência concreta. Em vez de identificar as características de um cheiro, eles precisavam compará-lo a outra coisa — por exemplo, descrevendo o aroma de um limão como "cítrico", porém com mais palavras.

No entanto, não são apenas os habitantes do norte europeu que têm dificuldade em descrever cheiros. Algumas outras pessoas que vivem na floresta tropical malaia também acham isso difícil — observação que ajuda Majid a determinar quais são as influências mais importantes para o olfato.

Os povos semaq beri e semelai moram na mesma região que os jahai. Os idiomas das três culturas são relacionados, e eles vivem em ambientes praticamente idênticos. A principal diferença entre os semaq beri e os semelai é que os primeiros são caçadores-coletores, e os últimos, horticultores sedentários. Ao receberem os testes de descrição de aromas, os semaq beri caçadores-coletores se deram tão bem quanto o povo jahai, porém os semelai tiveram o mesmo desempenho dos falantes de inglês. O resultado do estudo, publicado em 2018, indica que esse desempenho olfativo é cultivado por algo na rotina dos caçadores-coletores, e não no idioma.[24]

No entanto, a verdade é que todos nós temos potencial para usar o olfato em benefício próprio — e muitas pessoas o utilizam de formas que nem percebem.

★

[Excrementos saudáveis] são avermelhados e com pouco cheiro... Os excrementos mais indicativos de morte são pretos, gordurosos, pálidos, aquosos ou com cheiro de doença... As urinas mais indicativas de morte são malcheirosas, aguadas, pretas e espessas.[25]

Na época de Hipócrates, cerca de 400 a.C., os médicos sabiam muito bem que o cheiro das fezes e da urina podia oferecer sinais

OLFATO

úteis sobre o estado de saúde de um paciente. Porém, nossos dejetos corporais não eram o único alvo do nariz de médicos atentos. O odor específico de pus, vômito, cera de ouvido, febre e coágulos de sangue também podia ser informativo, assim como pedir a um paciente para tossir e cuspir em um carvão quente, e depois cheirar o ar ao redor. A ideia de que somos capazes, na teoria, de sentir o cheiro de pessoas doentes vem de milênios atrás.[26] Recentemente, o que mudou foi a nossa compreensão de qual é o cheiro que sentimos em pessoas doentes — e como isso nos afeta.

Hoje, sabe-se que alguns distúrbios e infecções metabólicos, como a tuberculose, têm um aroma muito específico. Quando alguém com tuberculose tosse, exala compostos produzidos pela bactéria patogênica *Mycobacterium tuberculosis*. E, se a tuberculose estiver avançada demais, o cheiro de tais compostos pode ser facilmente sentido pelos outros.

Ao alterar processos metabólicos nas células, várias doenças também são capazes de mudar nosso cheiro. Os cachorros conseguem farejar o câncer de ovário em amostras de sangue, e o câncer de próstata em amostras de urina, por exemplo.[27] E, em 2015, em uma conferência em Cambridge sobre o uso de animais para farejar doenças, ouvi falar pela primeira vez sobre uma mulher com uma capacidade extraordinária. Diziam que ela era capaz de sentir o cheiro do mal de Parkinson, mesmo antes de os sintomas aparecerem.

No fim das contas, essa mulher misteriosa era Joy Milne, uma enfermeira aposentada que mora em Perth, na Escócia. Em um evento sobre Parkinson no Reino Unido apresentado pelo Dr. Tilo Kunath, pesquisador da Universidade de Edimburgo, ela mencionou que tinha notado um odor "almiscarado" no marido seis meses antes de ele ser diagnosticado com a doença. Depois, ela viria a reconhecer o cheiro em outros pacientes.[28]

Kunath ficou intrigado. Junto com acadêmicos da Universidade de Manchester, ele começou a estudar as habilidades de Joy Milne. Primeiro, precisavam determinar se ela realmente conseguia sentir o cheiro da doença. Então a equipe recrutou pessoas com e sem o mal de Parkinson para dormirem com camisas idênticas. Depois,

SUPERSENTIDOS

Milne cheirou uma por uma. Apesar de ela identificar corretamente todos os pacientes, também colocou nesse grupo uma das pessoas que não tinha a doença. Um falso positivo somente não parecia tão ruim. Porém, em uma revelação que chocou os pesquisadores, esse indivíduo depois entrou em contato com a equipe para avisar que tinha recebido o diagnóstico de Parkinson. Qualquer dúvida sobre a habilidade de Milne foi descartada.

A equipe então começou a investigar qual era o cheiro que ela sentia. E, em 2019, anunciaram a descoberta de uma "assinatura" do mal de Parkinson: substâncias químicas especialmente voláteis encontradas no sebo, o óleo da pele. Elas incluem compostos que, de acordo com a equipe, podem indicar níveis alterados de neurotransmissores, incluindo a dopamina, que já se sabe estar conectada à doença.[29] No fim das contas, espera-se que esse trabalho leve a um teste capaz de diagnosticar o mal de Parkinson bem antes de os tremores musculares surgirem.

Apesar de a capacidade de Milne de identificar Parkinson pelo cheiro ser rara, a maioria das pessoas consegue detectar o odor de doenças em outras, mesmo antes de elas saberem que estão doentes. Existem até evidências de que esse reconhecimento inconsciente nos impulsione, novamente de forma inconsciente, a ter uma reação adequada para a sobrevivência — nos afastarmos delas.

Pesquisas do instituto Monell Chemical Senses Center mostraram que, apenas horas após o surgimento de uma infecção, a inflamação resultante altera o odor corporal de um rato, e isso pode agir como um alarme para os outros.[30] Em 2017, uma equipe do Instituto Karolinska, na Suécia, apresentou indícios que sugerem que algo parecido pode acontecer com pessoas. Os pesquisadores tiraram fotos do rosto de nove mulheres saudáveis e nove homens saudáveis, e coletaram amostras do odor corporal deles. Então injetaram, em alguns dos voluntários, uma toxina leve, que acionou uma reação imunológica, para deixá-los "doentes" (eles não se sentiam doentes de verdade, mas seus corpos desenvolviam uma resposta imunológica). Outros receberam uma injeção de solução salina fraca. Algumas horas depois, os participantes foram novamente fotografados, e amostras de seus odores corporais foram coletadas.

OLFATO

Um grupo diferente de voluntários então foi posicionado em um aparelho de ressonância magnética funcional e examinou as fotos "doentes" e "saudáveis" enquanto sentia o cheiro dos odores corporais "doentes" ou "saudáveis". Todas as vezes, lhes perguntavam o quanto a pessoa na foto lhes agradava.

A equipe descobriu que os rostos "doentes" agradavam menos. Isso sugere que, de alguma forma, nós conseguimos detectar sinais de uma infecção em estágios muito iniciais, usando a visão. Porém, quando os rostos "saudáveis" foram unidos aos odores corporais "doentes", também foram preteridos. Isso aconteceu apesar de os voluntários avaliadores não serem capazes de distinguir de forma consciente a diferença entre o odor corporal coletado quando as pessoas estavam "saudáveis" ou quando estavam "doentes". As imagens do cérebro confirmaram suas preferências: quando os avaliadores sentiam o cheiro do odor corporal "doente" e do "saudável", os padrões de atividade em seus cérebros mudavam. Em outras palavras, inconscientemente, eles conseguiam cheirar essa leve diferença também.[31]

Um trabalho do instituto Monell, publicado em 2018, foi um pouco além — pelo menos em relação a ratos. Foi revelado que ratos expostos a outros que receberam uma toxina semelhante à usada no estudo humano passaram a emitir o cheiro dos ratos "doentes".[32] Isso sugere que a reação fisiológica dos ratos injetados com a toxina foi imitada pelos colegas de gaiola. Parece, então, que o cheiro oferece um tipo de advertência precoce sobre uma possível infecção, e, ao prepará-lo para ela, esse cheiro garante mais chances de resistir à doença.

Será que mudanças no odor corporal também indicam quando um animal — incluindo pessoas — está prestes a morrer?

Em 2007, um gato adotado pela casa de repouso Steere House Nursing and Rehabilitation Center, em Providence, Rhode Island, foi parar nas manchetes dos Estados Unidos como o "anjo da morte peludo". Uma matéria no periódico *New England Journal of Medicine*, escrita pelo geriatra David Dosa, contou que Oscar, o gato, vagava pela unidade de tratamento avançado de demência, farejando os pacientes.[33] Às vezes ele se aconchegava em uma das camas. Esse era um sinal fatídico... quase sempre esse paciente morria em poucas horas. De fato, Oscar era tão certeiro que, quando ele escolhia uma pessoa com quem dormir, a equipe já chamava a família.

Seria fascinante, é claro, saber qual era o cheiro que Oscar sentia. Também seria interessante saber se algo semelhante à transferência do cheiro de doença observado nos ratos engaiolados acontece com enfermeiras e médicos. Será que eles também absorvem o odor de pacientes com inflamações graves? Se for o caso, essa reação fisiológica ajuda a protegê-los? E será que ela pode ser detectada de forma inconsciente por outras pessoas? Futuras pesquisas descobrirão.

A detecção de indicativos químicos de um alimento saboroso, da presença de outros seres parecidos conosco, perigos em potencial — essas são funções do olfato com origens antigas. Antes de entrarmos nas formas talvez ainda mais surpreendentes como usamos os receptores olfativos, vale mencionar que esses receptores evoluíram para detectar substâncias químicas interessantes. E substâncias químicas interessantes não necessariamente estão sempre fora dos nossos corpos.

Em 1992, um trabalho publicado no prestigioso periódico *Nature* relatou uma descoberta extraordinária. Os receptores de odores humanos, que até então só haviam sido vistos no nariz, foram encontrados também em outro lugar: no tecido do qual se desenvolve o esperma.[34] Outras pesquisas revelaram a presença de vários dos nossos receptores de odor no próprio esperma.[35]

Isso imediatamente levou à pergunta: por que eles estão ali — e o que estão fazendo ali?

Parece que, entre outras coisas, eles permitem que um único esperma fareje e siga o rastro químico de um óvulo. Como o biólogo marinho Donner Babcock, da Universidade de Washington, notou, o esperma de ouriços-do-mar, e de outros invertebrados marinhos, é atraído por substâncias químicas produzidas pelos óvulos das respectivas espécies. Essa caça química e externa ao óvulo parece ter um equivalente interno nos humanos, e, sem dúvida, em outros animais também.

Por muito tempo, a descoberta sobre o esperma farejador permaneceu quase como uma esquisitice. Porém, cerca de quinze anos de-

OLFATO

pois, ela deu à fisiologista Jen Pluznick alguma garantia de que aquilo que tinha acabado de observar em seu laboratório não era loucura.

Na época, Pluznick era pós-doutoranda na Universidade de Yale, Estados Unidos. Ela estava na fase inicial de uma pesquisa sobre rins policísticos, uma das principais causas da insuficiência real. Ao observar a atividade dos genes em células saudáveis e doentes de rins tiradas de ratos, ela ficou chocada ao notar que alguns dos genes ativos eram de receptores olfativos conhecidos. "No começo, achei que isso não fazia muito sentido — porque os receptores olfativos deveriam estar no nariz, certo? Mas meu orientador, que era mais sábio do que eu, meio que olhou para mim e disse 'Mas isso seria muito legal, né?'. E eu fiquei, tipo, 'É, seria *muito* legal mesmo'..."

Pluznick imediatamente trocou o foco de sua pesquisa para o estudo dos receptores olfativos nos rins. Até agora, ela encontrou dez deles.[36] Um, denominado OR78 nos ratos (e, para confundir um pouco, OR51E2 nos humanos), parece ter um papel fundamental na regulação da pressão sanguínea.

Os rins filtram todo o sangue do corpo cerca de 30 vezes por dia, jogando as toxinas para a urina e reabsorvendo aquilo que vale a pena manter — como a glucose, um pouco de água e sais. Eles também ajudam a controlar a pressão sanguínea, regulando o volume do sangue. Quando a pressão está alta, os rins removem mais água e sais do sangue, reduzindo o volume e diminuindo a pressão. O contrário acontece quando a pressão sanguínea fica baixa demais.

Pluznick descobriu que o OR78 está presente não apenas nos rins, mas também nos vasos sanguíneos. Ele se liga a ácidos graxos de cadeia curta, que são liberados quando bactérias no sistema digestivo digerem amido e celulose de alimentos de origem vegetal. "Nós acreditamos que ele cause a vasodilatação", explica ela. "Acho que, perto do sistema digestivo, isso faz sentido. Se você acabou de fazer uma refeição, e ela está sendo digerida, é bom aumentar o fluxo sanguíneo para o intestino, para garantir a absorção de todos os nutrientes... Em nível local, isso faz sentido para mim."

Mas ainda não é muito claro como exatamente ele funciona nos rins, como parte do controle da pressão sanguínea no corpo todo.

SUPERSENTIDOS

Pluznick e seus colegas também descobriram que outro receptor de odor presente nos rins influencia a ação de uma proteína que regula quanta glucose é reabsorvida pelo sangue. Por acaso, essa proteína já é alvo de um medicamento para o tratamento da diabetes tipo 2 (eliminar a glucose pela urina é bom se seus níveis no sangue estiverem altos demais. Uma melhor compreensão do papel do receptor de odor nessa atividade pode levar à descoberta de medicamentos mais eficazes para diabetes).

Os achados de Pluznick com certeza atiçaram o interesse no papel dos receptores de cheiro fora do nariz. Uma série de laboratórios diferentes investiga esse assunto de forma explícita agora — uma grande mudança quando comparado à época em que o primeiro trabalho dela sobre o tema foi publicado, em 2009. E essas outras equipes também fizeram algumas descobertas interessantes.

Hoje, receptores de odor conhecidos como extranasais já foram encontrados em uma variedade de tecidos, incluindo a língua, a pele, os pulmões, a placenta, o fígado, o coração, o cérebro, os rins e o sistema digestivo.[37] Ainda não se sabe exatamente qual é a sua função em todos esses lugares. No cérebro, há indícios de que tenham um papel na reação a ferimentos. Várias doenças neurodegenerativas, incluindo o mal de Parkinson, estão associadas com a expressão anormal de genes olfativos (alguns pacientes perdem o olfato muito antes de desenvolverem problemas motores).[38] Será que problemas nos receptores olfativos no cérebro podem incentivar a progressão da doença? Não se sabe. Mas é uma questão que está sendo explorada.

No sistema digestivo, os receptores de odor ativados por compostos encontrados em vários temperos alimentícios também foram identificados. Eles parecem ter um papel na "motilidade gastrointestinal" — o movimento da comida pelo trato gastrointestinal.

"Acho que o fato de receptores olfativos estarem presentes fora do nariz ainda é surpreendente para a maioria das pessoas", diz Pluznick. "Porém, conforme mais laboratórios começam a estudar o assunto e mais exemplos são publicados, minha percepção é que ele está se tornando mais conhecido."

OLFATO

No entanto, se você acha que a detecção de cheiros pelo nariz é apenas um tentáculo de uma necessidade profunda de encontrar substâncias químicas interessantes, isso faz todo sentido. O "olfato" pode não ser exatamente aquilo que pensávamos. Porém, mesmo que passássemos a chamar o olfato de "detecção nasal de substâncias químicas", o aroma de uma rosa continuaria perfumado como sempre.

Assim como acontece com a audição, nosso olfato é extremamente vulnerável. Qualquer coisa que impeça substâncias químicas voláteis de alcançar seus receptores de cheiro, danifique esses receptores ou interfira na capacidade dos neurônios olfativos de enviar sinais para o cérebro prejudicará sua capacidade de sentir cheiros. Na pior das hipóteses, isso pode significar a ocorrência de anosmia, que é a perda do olfato, parcial ou total. E, para aproximadamente uma a cada 33 pessoas que nunca tiveram olfato ou que perderam esse sentido, os impactos em suas vidas podem ser tão profundos quanto inesperados.[39]

Nick Johnson dá uma olhada no cardápio do almoço do White Dog Café, um emaranhado de salinhas e antessalas no bairro universitário da Filadélfia. Ele pede tacos, e pegamos duas cervejas de uma marca chamada Nugget Nectar que é produzida por uma cervejaria artesanal local, onde Nick trabalha há dez anos. A Nugget Nectar costumava ser sua cerveja favorita. "A doçura e o lúpulo são muito bem equilibrados. Mas, agora", diz ele, com uma expressão de desânimo, "para mim, é totalmente diferente do que era antes." Ele consegue descrever o aroma da bebida: "amadeirada", "cítrica", "um toque de *grapefruit*". Mas não consegue mais sentir o cheiro.

Nick, que tem 39 anos, sabe identificar o momento exato em que perdeu o olfato: 9 de janeiro de 2014. Ele estava jogando hóquei com amigos sobre um lago congelado na cidade dos pais, Collegeville, na Pensilvânia. "Escorreguei, bati a parte de trás da cabeça, no lado direito, e desmaiei." Ele sofreu traumatismo craniano e teve uma hemorragia cerebral.

Levando em consideração suas lesões, sua recuperação foi surpreendentemente rápida. Seis semanas depois, ele estava de volta ao

SUPERSENTIDOS

trabalho, e, em pouco tempo, acabou participando de uma reunião sobre uma nova cerveja. "Nós estávamos fazendo uma degustação, e as pessoas diziam 'Você consegue sentir o aroma do lúpulo?'... e eu não conseguia. Então provei. Uns caras diziam 'Tem um leve sabor de biscoito'... e eu não sentia. Então fui experimentar uma das mais lupuladas... e não consegui sentir o cheiro. Foi quando a ficha caiu."

O estresse do acidente e todas as medicações que ele tomou talvez expliquem por que Nick não percebeu antes que tinha perdido o olfato. Ele confessa que foi um choque. O fator responsável foi o trauma da batida da cabeça contra o gelo. Quando os neurônios olfativos saem do nariz, eles passam por orifícios minúsculos em uma placa de osso. Um impacto contra a cabeça pode impulsioná-los contra as bordas desses orifícios, danificando-os ou até decepando-os. Em caso de um acidente, não há como avaliar a intensidade desse tipo de trauma, então não há como saber se alguém será capaz de recuperar o olfato depois de perdê-lo. Os médicos disseram a Nick que ele tinha entre 5% e 40% de chance de voltar ao normal.

Não demorou muito para Nick ganhar consciência plena de como isso afetaria sua vida. Uma queixa comum de pessoas que perdem o olfato é a ausência do prazer em beber e comer, e Nick, que era um exímio cozinheiro e gostava de receber amigos em casa, com certeza sofreu com isso. Mas, para ele, assim como para muitas pessoas que desenvolvem anosmia, havia uma categoria de perda adicional completamente diferente.

Na época do acidente, a esposa de Nick estava grávida de oito meses da segunda filha do casal. Ele diz que, quando sua filha era bebê, ele brincava que a vantagem do acidente era não conseguir sentir o cheiro das fraldas sujas. Mas o que realmente o incomodou foi que ele não conseguia sentir o cheiro *dela*. A primeira vez em que conversamos, cerca de um ano após o acidente, ele me disse: "Ela acordou às quatro da manhã hoje. Eu estava com ela no colo, deitado na cama. Eu sabia qual era o cheiro do meu primeiro filho quando era bebê, quando era pequeno. Às vezes não era tão agradável, mas ele ainda tinha aquele cheiro bom de neném. Com minha filha, nunca senti isso."

OLFATO

Essa conexão primordial com os filhos, e com a esposa, havia desaparecido.

Nick teve que enfrentar a perda repentina do olfato. Mas, seja de forma instantânea ou gradualmente, todos nós sofremos uma deterioração do sentido. Nós podemos desenvolver novos neurônios olfativos — na verdade, o motivo pelo qual não perdemos o olfato quando somos jovens se deve à capacidade regeneradora do sistema olfativo. Se você pudesse ver de perto o trecho de epitélio sensível a cheiros dentro do nariz, provavelmente encontraria uma mistura de neurônios olfativos maduros e imaturos, e células-tronco se diferenciando em neurônios olfativos ou células de apoio — mas esse trecho não será igual ao que era dez anos atrás e nem de perto parecido com o que era quando você nasceu. "Em recém-nascidos, existe um trecho muito limpo de epitélio neural", diz Beverly Cowart, especialista em olfato do instituto Monell. "Quando chegamos aos 20 anos, ele já está alterado."

A inalação de vários tipos de substâncias químicas, inclusive de poluentes no ar, pode vencer sua capacidade de autorreparo. Regiões que costumavam abrigar células neurais são substituídas por epitélio respiratório. Conforme você envelhece, não apenas essas zonas livres de olfato se tornam maiores, como a sua capacidade de desenvolver novos neurônios olfativos diminui.

"Envelhecer" não necessariamente significa ser muito velho. Estima-se que um a cada dez norte-americanos adultos com mais de 40 anos tenha problemas de olfato. Mas todos os estudos sobre o assunto encontraram deterioração com o envelhecimento.[40] Existem alguns indícios de que a sensibilidade a certos odores é mais afetada do que outros. Por exemplo, um estudo recente descobriu que, apesar de pessoas com pouco mais de 70 anos serem cerca de três vezes menos sensíveis a aromas "acebolados" do que pessoas com 20, quando se trata de outros cheiros — incluindo um que era "de cogumelo" — não havia diferença entre os grupos. Outra descoberta desse mesmo estudo pode ajudar a explicar a associação estereotipada entre mulheres idosas e o aroma de rosas... Comparados com os voluntários mais jovens, os adultos mais velhos precisavam que a concentração de 2-fenil-etanol, o principal composto do aroma floral encontrado nas rosas, fosse *179 vezes* mais forte para conseguirem senti-lo.[41]

110

SUPERSENTIDOS

Ainda não está totalmente claro, pelo menos por enquanto, por que algumas sensibilidades a odores se mantêm mais preservadas enquanto outras desaparecem. Porém, apesar de algumas exceções serem possíveis, quando chegamos aos 70 ou 80 anos, o olfato diminui em praticamente todos os quesitos, observa Cowart.

Até certo grau, é possível prevenir isso, ou pelo menos amenizar a situação. A vida moderna — especialmente a poluição do ar, assim como alguns vírus respiratórios (incluindo o vírus da Covid-19, é claro) — impõe ameaças ao olfato que são difíceis de evitar. Mas alguns de nossos passatempos favoritos também são uma ameaça. Faz muito tempo que se tem conhecimento sobre a conexão entre traumas fortes de cabeça e anosmia. Porém, recentemente, ficou nítido que até uma concussão leve — do tipo que acontece em uma queda ao praticar esqui, uma queda de uma bicicleta mesmo com capacete ou em um pequeno acidente de carro — pode danificar o olfato.[42]

Nossos ambientes modernos sanitizados também são uma ameaça. A experiência com o povo jahai mostra como é importante interagir regularmente com uma grande variedade de odores. Como você pode fazer isso quando sai de uma casa limpa para um carro com motorista, para um escritório com ar-condicionado?

Para se ter uma noção da variedade da vida olfativa de antigamente, com certeza não há nada mais vívido do que essa descrição de uma idosa chamada Thais, feita pelo escritor romano Marcial:

> Thais fede mais do que o pote de urina velha de um pisoeiro ganancioso, agora quebrado no meio da rua, ou um bode recém-acasalado, ou as mandíbulas de um leão, ou o couro dos curtidores do outro lado do Tibre, arrancado de um cachorro, ou uma galinha apodrecendo dentro de um ovo abortado...[43]

Como Mark Bradley, editor do maravilhoso livro *Smell and the Ancient Senses*,* observa: "Aqui, Marcial evoca uma série de cheiros

---

* "O olfato e os sentidos antigos", em tradução livre. [*N. da T.*]

OLFATO

horríveis que seriam conhecidos pelos habitantes do começo do Império Romano."

Hoje em dia, não é tão fácil saber como é o cheiro de um bode recém-acasalado... (e, se você estiver se perguntando sobre o "pisoeiro ganancioso", o pisoamento era uma forma de limpar panos de lã com urina humana velha). Mas talvez você até evite aromas agradáveis, porque herdou culturalmente, de forma consciente ou não, uma "denunciação moralista" de fragrâncias. Isso pode ser atribuído, de acordo com o historiador francês Alain Corbin, às ideias da burguesia puritana e pudica do fim do século XVIII.[44] Para esse grupo, todos os perfumes simbolizavam desperdício e extravagância, enquanto aromas mais impetuosos eram completamente inaceitáveis, porque fediam a sexualidade explícita.

No entanto, a ideia de que perfumes sejam uma depravação é bem mais antiga. Em *História natural*, o escritor romano Plínio, o Velho, reclama sobre o uso de fragrâncias. Ele até menciona o caso de um tal de Lucius Plotius, um fugitivo de uma sentença de morte, cujo perfume entregou seu local de esconderijo, acrescentando: "Como duvidar que pessoas assim merecem morrer?"[45]

Kate Fox, diretora do Social Issues Research Centre, em Oxford, Inglaterra, escreveu sobre as ideias de Corbin e, mais amplamente, sobre a mudança de abordagem em relação aos aromas. Em um artigo recente, ela também apresenta este argumento intrigante:

> É interessante observar que a tendência atual de evitar perfumes fortes, almiscarados, e se voltar para fragrâncias mais leves e delicadas também é associada a uma tendência moralista — exemplificada pelo crescimento do "politicamente correto", pela obsessão com uma rotina "saudável" de alimentação e atividade física, pelo chamado movimento da "nova temperança" e por outros elementos puritanos.[46]

A verdade é que a maioria das pessoas, mesmo usando perfume de vez em quando ou apreciando os aromas de uma refeição, tem uma vida olfativa absolutamente sem graça. E, se nos metermos em uma situação que não cheire bem, é provável que a gente "aperte o nariz" para o "fedor", não importando se ele indica uma ameaça à nossa saúde ou não.

Levando em consideração o que sabemos sobre o papel do olfato na nossa vida, perdê-lo pode nos expor a perigos.

Nick Johnson tem experiência em primeira mão com um perigo óbvio, mesmo que pouco comum: "Uma noite, cheguei tarde em casa, passei na cozinha e depois fui dormir. Na manhã seguinte, minha esposa acordou às sete. Ela voltou para o quarto dizendo: 'Você deixou o forno ligado a noite toda! O que você foi assar no meio da madrugada?'".

Nick não tinha colocado nada no forno. Acontece que a válvula de segurança do fogão havia quebrado, e o gás tinha passado doze horas vazando na cozinha. Quando Nick chegou em casa, à uma da manhã, a cozinha devia estar fedendo, mas ele não sentiu cheiro algum.

Esse foi um caso de perigo imediato. Mas pessoas com problemas de olfato têm mais 50% de chance de morrer nos próximos dez anos — algo que não conta nesse tipo de situação —, e ninguém sabe por quê. Um estudo de 13 anos com mais de dois mil norte-americanos com idade entre 71 e 82 anos descobriu que pessoas que eram mais saudáveis no começo do estudo, mas tinham um desempenho pior nos testes de olfato, apresentavam mais risco. Os pesquisadores suspeitam que um olfato prejudicado seja um sinal inicial de outras deteriorações traiçoeiras na saúde.[47]

Então, além de evitar bater com a cabeça e nos expor à poluição do ar, o que mais podemos fazer para proteger nosso olfato?

Quando conversei com Nick pela primeira vez, ele era incapaz de sentir odores individuais. Mas me contou que, recentemente, tinha começado a detectar *alguma coisa* quando um odor era mais pungente. Ele conseguia notar a presença de algo que teria um cheiro forte — mas não sabia identificar o que era. Isso sugeriu para Beverly Cowart que alguns dos neurônios olfativos dele continuavam funcionando e transmitindo algum nível de informação para o cérebro.

A clínica do instituto Monell para anósmicos, aberta na década de 1980, tinha muitos objetivos de pesquisa: desenvolver testes para

OLFATO

a anosmia; tentar determinar exatamente qual era a proporção das perdas relatadas por pacientes relacionadas de verdade ao olfato, e não ao paladar; e explorar as causas diferentes (traumas, infecções virais, crescimento de pólipos, e assim por diante).

Naturalmente, Cowart e seus colegas também queriam aprender sobre as taxas de recuperação. Porém o único tratamento que conseguiam recomendar para pessoas como Nick — o tratamento que ainda é recomendado hoje em dia — era cheirar regularmente uma variedade de substâncias aromáticas em intensidades diferentes. "Acho que não importa muito o que você usa", diz Cowart. "Contanto que o sistema olfativo seja estimulado, ele vai reagir de forma geral — ou não."

Não havia muito que pudesse ser feito para ajudar a maioria dos pacientes da clínica cujo problema não podia ser solucionado com uma simples cirurgia. Por isso, a clínica acabou fechando.

No entanto, alguns novos tratamentos radicais para combater a perda de olfato estão sendo desenvolvidos. No instituto Monell, por exemplo, pesquisadores pretendem usar células-tronco para desenvolver neurônios olfativos substitutos. Outras equipes se inspiraram no implante coclear. Esse aparelho converte ondas sonoras em sinais elétricos, que estimulam diretamente o nervo auditivo, permitindo que pacientes que perderam a audição voltem a escutar. Em 2018, uma equipe do Hospital de Oftalmologia e Otorrinolaringologia de Massachusetts, nos Estados Unidos, estimulou diretamente os nervos olfativos de um grupo de voluntários saudáveis; eles relataram várias sensações olfativas, incluindo o cheiro de cebola, antisséptico e aromas azedos e frutados.[48] Essa pesquisa ainda está muito incipiente, no entanto, como observa Eric Holbrook, o rinologista que liderou o estudo, não há muito que pode ser feito para ajudar pessoas com anosmia atualmente. Mas ele quer tentar mudar isso.

Nick Johnson não se esqueceu do conselho para continuar cheirando substâncias diferentes. Quando nos conhecemos, ele me contou como fazia isso. Ele não tinha uma rotina fixa, mas, se estivesse perto de uma substância com cheiro forte — se houvesse raspas de limão na cozinha, por exemplo —, tentava cheirá-la. Ele disse que era difícil tentar sentir o cheiro de algo e não encontrar nada.

Levando em consideração o que ele tinha me contado e a pouca probabilidade de recuperação, quando entro em contato com Nick por telefone quatro anos e meio depois da nossa última conversa, estou pronta para ouvir que seu olfato não melhorou.

"Na verdade, consigo sentir o cheiro de praticamente tudo agora!", diz ele, feliz. "A maioria dos cheiros voltou!" Fico tão surpresa e contente que lhe dou parabéns. É uma terça-feira, depois do feriado norte-americano do Memorial Day — um fim de semana prolongado importante para todos que trabalham na indústria cervejeira, e, para Nick, antes do acidente, uma ocasião em que ele cozinhava para sua família e seus amigos. Quando nos conhecemos, ele estava cozinhando menos, mas, agora, me conta: "Ontem, fiz churrasco, defumei umas carnes, e senti o cheiro de tudo claramente." O prazer em sua voz quase atravessa o telefone.

Os aromas fortes que Nick tentava cheirar, com frequência sem sucesso, como as raspas de limão, foram os primeiros a voltar, conta ele. Não aconteceu do dia para a noite, isso é certo. Mas, agora, ele já voltou quase ao normal no trabalho, participando das degustações de cerveja junto com as outras pessoas. Em casa, ele também notou melhorias. Ele me conta que sua esposa deu à luz o terceiro filho do casal, outro menino. Ele consegue sentir o cheiro da filha, que nasceu pouco depois do acidente, voltou a sentir o do filho mais velho, e agora sente o do bebê. "Essa conexão voltou. E consigo sentir o cheiro de tudo do neném — seja bom ou ruim."

O ambiente de trabalho de Nick faz com que ele viva cercado de aromas e conversas sobre aromas. Levando em consideração que cheirar as coisas é o único método confirmado para melhorar o olfato em casos assim, parece possível, mesmo que pouco provável, que esse ambiente tenha ajudado sua recuperação. Porém, para outras pessoas que perderam o olfato devido a acidentes ou doenças, essa história mostra que, em alguns casos, uma perda total não precisa ser permanente. E, para todos nós que não passamos por essas situações,

OLFATO

pesquisas sugerem que não importa como esteja sua capacidade de olfato neste momento: você tem o potencial de melhorar muito.

Na verdade, basta prestar mais atenção aos aromas e passar mais tempo com eles para você talvez conseguir desenvolver o nariz refinado de um perfumista.

Em uma sala bagunçada nos fundos da galeria Tate Modern, em Londres, durante um evento com cientistas especializados em sentidos e filósofos da Universidade de Londres, conheci Nadjib Achaibou, um jovem perfumista com um entusiasmo contagiante por aromas.

Achaibou nasceu na França, de pais algerianos, e cresceu no México. Agora, ele trabalha em Londres, para uma empresa que desenvolve fragrâncias para todo tipo de produto, de perfumes a detergentes. Ele também gosta de participar de projetos paralelos menores. Em um deles, desenvolvido para o Greenpeace, ele recriou os aromas da floresta amazônica (antes de ir para a Amazônia, explica ele, "Eu esperava usar 'notas verdes', que têm cheiro de grama, troncos, coisas assim. Mas havia cheiro de carne podre, comida podre, carniça! Cada passo na floresta traz um cheiro diferente.")

Na infância, apesar de sua mãe ser conhecida entre os amigos por ser uma excelente cozinheira, Achaibou não se interessava muito por cheiros, e nem os seus parentes. Na verdade, "na minha família, temos muitos problemas de nariz. Tenho tios que não sentem cheiro nenhum. O olfato não era meu ponto forte." Ele sorri para mim. "Talvez o seu nariz seja melhor do que o meu!" Para ele, não foi uma questão de talento, e sim uma experiência em particular, que o afetou profundamente e o levou para essa carreira. A obsessão de Achaibou começou aos 16 anos — e aconteceu por causa de uma pessoa. "Eu tinha uma namorada, e o perfume dela me deixava completamente doido. De um jeito narcótico. Eu pensei: Quero fazer *isso*. E segui essa intuição, essa paixão."

Depois de se formar em química, Achaibou cursou um mestrado em perfumaria no renomado instituto de pós-graduação ISIPCA, em Versalhes, na França. Logo ele aprendeu uma nova forma de falar sobre cheiros: "Na juventude, não somos treinados para descrever aromas de certas formas, então usamos palavras associadas a comidas ou cores, até a música algumas vezes, a texturas, para descrevê-las. Como perfumista, precisei aprender a denominar os cheiros. Isso é boa parte do que fazemos no curso de perfumaria."

Ele enfatiza que seu próprio olfato é treinado, não um talento natural. E insiste que, para aqueles que não têm tempo de aprender a identificar mil aromas, como ele teve que fazer, a melhor forma de aprimorar o olfato é usá-lo e explorá-lo. "Talvez você pense 'Ah, eu gosto de pimenta.' *Por quê?* Por que gosto de pimenta? O que esse ingrediente acrescenta ao seu prato? Esse é o primeiro passo para aprimorar o olfato. Se você passar por uma rosa, pare e a cheire. Se encontrar um amigo usando perfume, sinta o cheiro e o descreva. Quando comprar um sabonete, um detergente ou um perfume, faça perguntas. Leia as descrições na embalagem, mas confie em si mesmo. Talvez você pense que, sim, estão dizendo que isso aí tem cheiro de rosas, mas só sinto limão. Mas que tipo de limão? Você já provou tangerina?"

Acaba que esta não era uma pergunta retórica. Balanço a cabeça. "Prove uma! Tente encontrar uma bergamota. É uma fruta cítrica que vem da Calábria, uma das ilhas no sul da Itália. É uma produção muito, muito local, de uma árvore cítrica muito específica, que tem as mesmas moléculas que a lavanda. É uma nota cítrica com aspectos florais na saída."

Ele promete que, ao treinarmos o olfato, nossa percepção do mundo muda. A prática pode acrescentar um prazer imenso a experiências diárias, como uma caminhada. "Se eu vejo uma mulher do Oriente Médio com seu véu preto, sempre vou atrás dela, porque ela vai ter um cheiro maravilhoso. Eu não dou uma de *stalker*, claro! Mas, se as vejo na rua, respiro fundo, porque elas têm uma cultura de perfume que não temos. Elas usam muitos aromas. É por meio deles que elas comunicam coisas que não conseguem expressar de outra forma. Elas não podem exibir a pele. Mas se comunicam pelo cheiro de um jeito que é muito erótico."

Um olfato mais detalhista pode ampliar a sua compreensão do mundo, mas até cheiros ruins são importantes, diz ele: "Uma vida

OLFATO

sem fedor é como um rosto sem rugas, e um rosto sem rugas é um rosto sem vida!".

Talvez até a sua vida sexual melhore. Sabe-se que os homens que nascem sem olfato têm menos parceiros sexuais. E, em 2018, uma equipe alemã constatou que pessoas mais sensíveis a cheiros gostam mais de sexo.

Primeiro, os pesquisadores deram a jovens voluntários saudáveis um teste de sensibilidade de olfato padrão. Então fizeram perguntas sobre suas vidas sexuais. Não havia ligação entre a sensibilidade olfativa dos voluntários e a frequência com que tinham feito sexo no mês anterior ou a duração desses encontros sexuais. No entanto, pessoas com um olfato mais apurado relatavam ter atividades sexuais "mais prazerosas", e mulheres com uma sensibilidade maior a odores tinham mais orgasmos durante o sexo. "A percepção de odores corporais, como fluidos vaginais, esperma e suor, pareceu aprimorar a experiência sexual", aumentando a excitação, relataram os pesquisadores em seu trabalho.[49]

Pergunto a Achaibou sobre o perfume da sua namorada — aquele que fincou suas garras cheirosas no cérebro dele aos 16 anos —, por acaso ele lembra qual era? Ele ri, como se fosse algo impossível de esquecer, e responde: "Addict, da Dior."

Não existem métodos entranhados na minha cultura, a britânica, para aprimorar o olfato (pelo menos, não que eu conheça). Mas isso acontece em outras culturas. No Japão, por exemplo, há o kōdō, o "caminho do incenso", uma cerimônia que envolve inalar o cheiro aromático de lascas de madeira, assim como de alguns temperos e outras plantas, aquecidas em um prato de mica sobre um pequeno incensório.[50]

Por volta do começo do século XVII, jogos envolvendo essa cerimônia começaram a se popularizar, e muitos ainda são praticados hoje em dia. Em um deles, as pessoas aspiram diferentes madeiras aromáticas, que então são misturadas, e os participantes competem para ver quem as identifica corretamente. Mas o kōdō não se trata apenas de desvendar cheiros. Alguns aromas são associados a lugares,

SUPERSENTIDOS

e, para sentir o cheiro deles de forma "correta", você precisa se imaginar nesse local distante. Embora essa não seja uma parte explícita da brincadeira, associar aromas a lugares acrescenta contexto. Isso pode ajudar o cérebro a categorizar algo que, de outra forma, não passaria de um cheiro passageiro no meio de uma mistura perfumada.

Para Asifa Majid, a prática de cheirar odores diferentes é importante, mas o uso de palavras para nomeá-los e identificá-los de forma correta também. Sentir o cheiro de algo e imediatamente pensar no que ele é reforça a conexão entre as duas coisas. E ter um grande banco de dados sobre termos aromáticos pode ter desdobramentos inesperados.

Em um trabalho recente, Majid e seu colega Stephen Levinson destacam o caso do apartamento em um conjunto habitacional onde um homem morou por anos com o cadáver de um antigo amigo sob o sofá.[51] Depois de os vizinhos reclamarem de um cheiro horrível, uma inspetora foi vistoriar o apartamento. Ela associou o fedor a um vaso sanitário entupido. Se ela fosse samoana, segundo Majid e Levinson, é quase certo que o cadáver seria encontrado: "Carne em decomposição emite gases específicos, como cadaverina e putrescina, muito diferentes do metano da latrina, mas classificá-los sob a denominação geral de 'fedor' pode literalmente entorpecer nossos sentidos — algo impossível em um idioma como o samoano, que faz essa distinção exata."

O olfato, então, é um sentido que podemos deixar enfraquecer se quisermos. Mas, como descobrimos, nós, humanos, temos a capacidade de fazer coisas extraordinárias com nossos narizes. Talvez a gente não consiga competir com os feitos da cadela policial Ally (pelo menos não sem andarmos de quatro por aí...). Porém, quando fazemos um esforço consciente para dar mais importância ao olfato nas nossas vidas, podemos desenvolver um sentido que nos ajuda de formas extraordinárias, influenciando não apenas aquilo que comemos e gostamos, mas também nossa saúde e nossa relação com outras pessoas... "O ser humano tem um olfato ruim" pode ter sido o maior erro de Aristóteles quando se trata dos sentidos.

119

4

Paladar

Ele vai além da boca

Existe o doce e o amargo, e de um lado, o oleoso, do outro,
o salgado, e entre esses há o azedo, o acre, o cáustico e o
picante.

Aristóteles, *Da alma*

Robert Margolskee, diretor do instituto Monell Chemical Senses
Center e um dos principais cientistas estudiosos do paladar nos Estados Unidos, me oferece uma tigela cheia de jujubas coloridas. "Feche
os olhos", diz ele, "e aperte o nariz." Então ele coloca uma jujuba na
palma da minha mão aberta, me pede para comê-la e dizer qual é o
sabor. Não faço ideia. Ele faz uma nova tentativa com outra jujuba.
Preciso chutar a resposta. Banana? (Não era.)

Você pode tentar fazer isso por conta própria — e verá como é
difícil. No capítulo anterior, vimos que aquilo que consideramos
ser gosto geralmente é sabor, mais conectado ao olfato.[1] A visão
também prepara o cérebro em relação ao que devemos esperar. Os
únicos compostos realmente estimulantes do paladar nas jujubas são
os açúcares e, talvez, as gorduras.

Embora sejamos capazes de sentir uma grande variedade de odores diferentes, nossas percepções de paladar são muito mais limita-
das. Mas isso não torna esse sentido menos importante. Ele age, na
verdade, como nosso principal vigia nutricional.[2] O paladar avisa
quando devemos cuspir algo — porque sua ingestão provavelmente

SUPERSENTIDOS

nos fará mal — ou engolir, porque precisamos daquele alimento para sobreviver.*

Assim como o olfato, o paladar é um sentido químico. A principal diferença entre os dois é que as percepções de cheiro são acionadas por moléculas que chegam até nós pelo ar, enquanto os receptores de sabor lidam com as substâncias químicas que entram pela boca.

Bom, essa é uma das suas tarefas. Porque, assim como acontece com o olfato, nossa compreensão sobre a função do paladar está passando por uma revolução. Acontece que o corpo está cheio desses receptores, e eles nos protegem de formas inacreditáveis.

Todas as principais classes de nutrientes químicos de que realmente precisamos para sobreviver, sob uma perspectiva evolutiva, são detectadas pelos receptores de sabor na boca. Assim como as toxinas alimentícias mais comuns. Se nos remetermos à classificação de Aristóteles sobre percepções de sabor geradas por esse sistema, veremos que sua definição não era das piores. Na verdade, nesse quesito, não apenas ele estava à frente do seu tempo como também das ideias do século XX.

Ser qualificado como um sabor básico é como entrar para um clube muito exclusivo. É preciso comprovar a adequação com provas absolutas. Primeiro, deve haver uma percepção distinta — como "doçura" —, e, depois, devem ser identificados os receptores que, ao serem estimulados, acionaram a percepção. No momento, apenas cinco sabores básicos foram aceitos nesse clube e são amplamente reconhecidos por cientistas estudiosos do paladar. São eles: doce, salgado, *umami*, amargo e azedo (vamos falar mais sobre cada um daqui a pouco).

Há indícios de que conseguimos sentir o sabor de carboidratos ricos em amido (não apenas as moléculas de açúcar em que se trans-

---

* Um paladar ou vários? Quando se trata da *percepção*, existe uma unificação, sugerindo que ele devia ser considerado um único sentido. No entanto, quando começamos a descobrir onde estão os receptores de sabor e como eles nos ajudam, o argumento de que o paladar deveria ser visto como cinco sentidos diferentes ganha força. Neste capítulo, para simplificar as coisas, geralmente me refiro ao paladar como "um sentido", ao mesmo tempo que explico por que devemos pensar em suas nuances.

PALADAR

formam). Mas o segundo critério — a prova de que existem receptores específicos para os carboidratos — ainda não foi encontrado. Há muitos defensores do cálcio como um sabor básico, mas, novamente, sua entrada no clube ainda não foi aprovada. Assim como o aguado e o gorduroso (o oleoso de Aristóteles).

Alguns pesquisadores argumentam que há indícios convincentes para reconhecer formalmente a gordura como um sabor básico. Testes de laboratório recentes comprovaram aquilo em que Aristóteles acreditava — que somos capazes de detectar gorduras, como vários ácidos graxos, na boca —, e alguns prováveis receptores dedicados foram identificados nas papilas gustativas humanas. O gorduroso ainda não chegou lá. Porém, de todos os candidatos atuais, ele é o que está mais perto de alcançar a nobre classificação de sabor básico.[3]

Então, para nos atermos ao que é amplamente aceito, os receptores associados a cada uma dessas exaltadas qualidades de sabor são distribuídos pela língua em grupos de 50 a 100, completando cerca de dez mil papilas gustativas. No geral, elas são agrupadas em pequenas estruturas. Se você examinar sua língua no espelho, poderá identificar aquelas bolinhas minúsculas como as papilas fungiformes, visíveis a olho nu.[4]

Quando os compostos de um hambúrguer ou de um milkshake, por exemplo, se dissolvem na saliva, eles cobrem as células receptoras. Se uma célula reconhece seu estímulo-alvo, envia sinais para o cérebro. A informação sobre o sabor vai para o lobo da ínsula (que é conectado com as emoções). Ela também segue para outras regiões, criando percepções de sabor juntamente com as informações sobre cheiro e orientando o aprendizado sobre quais comidas buscar (Hambúrgueres! Milkshakes!) e quais evitar (aquela alface *nojenta*, se você for perguntar aos meus filhos...).

No entanto, não temos papilas gustativas só na língua. Elas também estão presentes em outras partes da cavidade oral, incluindo a epiglote e a garganta. (Quem já se entalou com uma aspirina antes de conseguir engoli-la direito com certeza sentiu a capacidade da garganta de detectar amargor.)[5]

Em se tratando de um sentido que é reconhecido há milênios. nosso conhecimento sobre os receptores que são a base do paladar é surpreendentemente irregular. O sabor doce talvez seja o mais estudado. Agora, é evidente que uma variedade de açúcares (incluindo a frutose nas frutas, a sacarose no chocolate e a lactose no leite), que são fontes fáceis de energia e, assim, classificadas como "desejáveis" pelo cérebro, ativam o receptor de sabor doce T1R2/T1R3. Como o nome sugere, esse receptor possui dois componentes, mas ambos precisam ser ativados para proporcionar a experiência completa do doce.[6]

Os compostos responsáveis pela percepção do *umami* (a palavra japonesa que significa "essência deliciosa") são aminoácidos, e, em específico, um aminoácido importante chamado glutamato. O glutamato é encontrado em várias fontes de proteína, incluindo carnes curadas, frutos do mar, missô e leite materno, e precisamos dele para produzir células. Apesar de fazer mais de um século que o químico japonês Kikunae Ikeda isolou o glutamato como acionador do *umami* (usando a base japonesa para sopas, o *dashi*),[7] ele só foi amplamente reconhecido por pesquisadores internacionais do paladar em uma conferência de 1985. Dessa forma, ele é o novato do clube. Vários receptores diferentes foram identificados como componentes das percepções de *umami*.[8] Um dos reagentes ao glutamato, conhecido como o receptor T1R1/T1R3 (sim, é metade igual ao receptor do sabor doce), é o mais compreendido.

Um sabor salgado geralmente se trata da detecção de sais de sódio no cloreto de sódio (sal de mesa). O sódio — em níveis adequados — é fundamental para o funcionamento fisiológico saudável. Então não é de surpreender nossa tendência a detestar comidas muito salgadas, enquanto concentrações baixas a moderadas são agradáveis. O receptor mais estudado do sal é um canal iônico que se abre quase exclusivamente na presença de sais de sódio. No entanto, em 2016, uma equipe que incluía Margolskee publicou detalhes sobre uma segunda via de sabor salgado (em ratos). Essa via envolve um subconjunto do que normalmente consideramos ser células do sabor "azedo". Ela reage aos íons com carga negativa em um sal — o Cl⁻, por exemplo, no cloreto de sódio.[9]

PALADAR

Os sabores azedos vêm dos ácidos. Eles podem indicar deteriorações bacterianas potencialmente perigosas, sendo talvez o principal motivo para termos evoluído no sentido de não gostar de comidas muito azedas. No entanto, um pouco de azedo costuma ser agradável — e algumas frutas, incluindo laranjas, maçãs verdes e tangerinas, que com certeza podem ser azedas, também são ricas em vitamina C, composto que não somos capazes de sintetizar por conta própria e que precisamos consumir. Em termos de biologia molecular, esse é o sabor menos compreendido entre os cinco, apesar de existirem teorias sobre como as moléculas que geram o sabor azedo são detectadas.[10]

O sabor amargo é o mais compreendido — e também mais complicado. Vinte e cinco receptores diferentes, todos membros da família T2R, dão a centenas de compostos diferentes um sabor amargo. Alguns dos receptores T2R são sintonizados para reagir a compostos muito específicos, enquanto outros reagem amplamente a muitos.[11] O amargor pode indicar que determinados legumes ou frutas contêm toxinas. Vários tipos de animais, e até ostras — até protozoários, na verdade —, rejeitam comidas amargas.[12] A detecção dessas substâncias químicas reveladoras é básica a esse ponto, além de ser essencial para a sobrevivência.

No entanto, para nós, humanos, nem todos os sabores amargos devem ser rejeitados. Se essas toxinas estão presentes em níveis relativamente baixos e nós não a ingerirmos em excesso, os aspectos nutricionais positivos podem superar os negativos. Se você for chato para comer, deve ser fácil pensar em alguns exemplos de alimentos amargos: brócolis, couve, agrião, repolho-chinês, couve-rábano e nabo estão todos enquadrados na categoria amargos-porém-bons--com-moderação. Eles contêm vários nutrientes desejáveis. Infelizmente, também apresentam um lado negativo: uma classe de compostos chamada glucosinolatos, composta basicamente por venenos, inibe a capacidade da glândula tireoide de absorver iodo, necessário para sintetizar hormônios essenciais. Nosso receptor de sabor amargo TAS2R38 reconhece os glucosinolatos (entre outros compostos); assim, esses alimentos podem ter um sabor desagradável, apesar de serem saudáveis no nível em que a maioria das pessoas os consome. (Um copo de suco de couve crua no café da manhã não é recomendável.)

124

SUPERSENTIDOS

Muitas plantas medicinais também são amargas. O absinto (*Artemisia absinthium*), que é mencionado em papiros médicos do Egito Antigo, e que Hipócrates usava para tratar cólicas menstruais e reumatismo, é um exemplo clássico.[13] Assim como a quinina, um antimalárico eficaz. Originalmente retirado da casca da árvore quinquina, a quinina dá o amargor à água tônica — problema que os oficiais britânicos na Índia solucionaram de forma eficaz ao acrescentar um pouco de açúcar, suco de limão e gim.

Quando se trata do nosso próprio sistema de detecção do sabor amargo, ele provavelmente evoluiu para nos ajudar a identificar compostos medicinais, assim como venenos. No entanto, é muito improvável que sejamos capazes de diferenciar compostos amargos "bons" dos "ruins", acredita Margolskee. É mais possível que tenhamos aprendido quais plantas amargas nos fazem bem, transmitindo esse conhecimento por meio da cultura.

Até aqui, falei sobre o paladar convencionalmente compreendido — o da língua. Porém, agora, a história sofre uma reviravolta, indo parar no trato gastrointestinal.

Pesquisas recentes mostram que há dois tipos diferentes de poros "semelhantes a gustativos" no esôfago, estômago e intestino. "Semelhantes a gustativos" é o termo preferido por Margolskee, porque esses poros não estão agrupados em papilas e não causam percepções de sabor conscientes, ao contrário dos poros gustativos na língua. No entanto, eles apresentam alguns dos mesmos receptores de sabor encontrados na boca. A compreensão do funcionamento desses poros "semelhantes a gustativos" pode até ajudar a melhorar nossa dieta.

Na boca, nós usamos o receptor de doce T1R2/T1R3 para detectar açúcares. No intestino, esse mesmo receptor pode ser encontrado nas células endócrinas (que liberam hormônios). Em vez de acionar uma percepção consciente da doçura, aqui, seu trabalho parece ser identificar os açúcares, inclusive os liberados por carboidratos, para coordenar a liberação de hormônios relacionados à comida, como a insulina, que remove glucose do sangue. Ele também tem um papel na liberação de sinais químicos que indicam "saciedade" ou "fome", e ajudam a regular o apetite.[14]

Os receptores de doce T1R2/T1R3 também foram encontrados em células no cólon. Lá, eles provavelmente reagem a compostos liberados por bactérias úteis que ajudam na digestão. Acredita-se que seu papel seja garantir que a comida quase totalmente digerida permaneça no cólon pelo tempo certo para extrair a maior quantidade de nutrientes possível. Esses receptores também estão presentes em outras partes do corpo, inclusive do cérebro, como no hipotálamo — o principal controlador de apetite no cérebro.[15] E, em 2017, foram revelados mais indícios do "paladar" direto do hipotálamo para nutrientes no sangue.

Nicholas Dale, da Universidade de Warwick, Inglaterra, e seus colegas relataram que células chamadas tanicitos, encontradas no hipotálamo, detectam aminoácidos usando o mesmo receptor de *umami* presente na língua.[16] Dois aminoácidos tiveram uma reação especialmente forte com os tanicitos: a arginina e a lisina, encontradas em altas concentrações em contrafilé, frango, cavalinha, ameixa, abacate e amêndoas. Segundo Dale, os níveis de aminoácidos no sangue e no cérebro após uma refeição são muito importantes para a saciedade ou para o sinal de "cheio". A ingestão desses alimentos pode, portanto, ajudar você a saciar sua fome mais rapidamente.

As habilidades fundamentais desses receptores "semelhantes a gustativos" não terminam por aí — alguns deles são cruciais para a saúde. O segundo tipo de poro "semelhante a gustativo" no trato gastrointestinal pertence à família das "células quimiorreceptoras solitárias" (SCC, na sigla em inglês). Esse parece ser um tipo antigo de célula; os peixes têm versões dela em sua pele, que usam para "sentir o sabor" da água.[17] A SCC específica encontrada no nosso trato gastrointestinal é conhecida como célula "em escova" (ou "em tufos"), devido a suas microvilosidades semelhantes a uma escova. Sob o microscópio, essas células em tufos são bem parecidas com algumas papilas gustativas da boca.

Seu principal — ou talvez único — trabalho parece ser nos proteger. Essas células expressam vários receptores de sabor amargo, incluindo o receptor TAS2R38 (que reage aos glucosinolatos em alguns legumes e também a outros compostos amargos). Porém, no intestino, acredita-se que detectem compostos potencialmente perigosos, liberados por bactérias e vermes.[18] Em reação, as células em escova podem chamar células imunológicas, estimular a liberação de peptídeos que matam micróbios e até acionar a liberação de fluidos ou muco para remover o elemento patogênico. Na verdade, trabalhos recentes sugerem que os receptores de sabor amargo no corpo têm um papel especial na proteção da nossa saúde. Talvez esses receptores já tenham salvado a sua vida.

Receptores de sabor amargo foram encontrados em células quimiossensoriais solitárias nas vias respiratórias — nos pulmões e no nariz. Novamente, elas parecem ser protetoras, já que detectam sinais de bactérias e provavelmente de outros elementos patogênicos, chamam células imunológicas e acionam a liberação de óxido nítrico.[19] Potencial eliminador de bactérias, o óxido nítrico também aumenta a frequência de batimentos dos cílios — pelos minúsculos — na mucosa nasal para ajudar a expelir o invasor.

Receptores de sabor amargo foram encontrados até no esperma.[20] Nós já sabemos que células de esperma usam receptores de odor para seguir o rastro químico dos óvulos. Acredita-se que os receptores de sabor amargo ajudem o esperma a identificar e manter distância de substâncias químicas nocivas, e, assim, sobreviver.

Certos tipos de células do sistema imunológico, incluindo fagócitos, que cercam e destroem bactérias e células mortas e danificadas, também expressam receptores de sabor amargo. Elas podem usar os receptores para detectar o sinal químico característico liberado por bactérias invasoras ao "chamar" umas às outras para se agrupar e formar um biofilme protetor. Assim, é possível "espionar" as ações de bactérias perigosas dentro do corpo.[21]

Será que o provérbio chinês "bons remédios são amargos" é uma coincidência? Ou alguns remédios funcionam, pelo menos em parte, porque, ao se conectar com os receptores de sabor amargo nas células imunológicas, simulam uma infecção e ajudam a acionar uma resposta imunológica? Essa é uma pergunta que tem sido investigada com afinco, também porque estão sendo feitas tentativas de remover as substâncias químicas amargas de remédios para torná-los mais palatáveis.

PALADAR

Nas últimas décadas, pesquisas sobre o paladar se concentraram mais no seu funcionamento — em *como* ele ocorre. Agora, elas estão se expandindo, e uma área fascinante dos estudos é como a ativação e a sensibilidade dos receptores de sabor na língua e fora dela podem gerar compulsões inconscientes ou conscientes por certos alimentos. Geralmente, a compulsão não é considerada benéfica para a saúde de ninguém. Ela pode nos levar a quebrar nossas promessas de Ano-Novo ou a pedir um delivery de comida, mas a compreensão de como o paladar influencia o desejo por comida e nosso comportamento pode nos ajudar muito a levar uma vida mais saudável.

Quando há pouco sódio no corpo, um hormônio chamado aldosterona aumenta o número de canais de sódio nas papilas gustativas, nos tornando mais sensíveis a sais.[22] Porém, há vários exemplos de pessoas que comem coisas aparentemente estranhas. Isso pode causar um transtorno alimentar chamado alotriofagia.[23] Pessoas que sofrem de alotriofagia podem sentir necessidade de consumir coisas que nitidamente não são comida, como gelo, cabelo, tinta ou até guimbas de cigarro. No entanto, em alguns casos, elas desejam alimentos não convencionais que contêm nutrientes — como formigas. Será que as deficiências de nutrientes específicos alteram a expressão dos receptores de sabor na boca ou no aparelho digestivo, que então influenciam essas compulsões?

É possível.

Será que os sinais de receptores de sabor no aparelho digestivo ou no cérebro exercem um papel naquela experiência comum de se sentir empanturrado de espaguete à bolonhesa, mas ainda restar um espacinho para uma fatia de torta?

Provavelmente.

"É um campo muito empolgante, sobre o qual temos pouco conhecimento...", comenta Margolskee.

Nós aprendemos que o paladar é essencial para todo o corpo e como nossos diversos receptores são importantes. Porém, existem diferenças gritantes na forma como os receptores de sabor funcionam. Isso vale tanto para a boca (se você odeia coentro, é provável que possua uma versão específica do gene para TAS2R50, um receptor de sabor amargo)[24] e principalmente para o corpo.

De todas as variações de receptores, as relacionadas ao sabor amargo tendem a ser as maiores causadoras de brigas durante o jantar.

> "Eu não gosto de brócolis. E não gosto desde criança, quando minha mãe me obrigava a comer. Eu sou o presidente dos Estados Unidos e não vou mais comer brócolis!"

Isso foi dito pelo presidente George Bush, o pai, de acordo com uma matéria do *The New York Times* de 1990.[25] Levando em consideração sua indignação sobre o assunto, é seguro afirmar que Bush é aquilo que chamamos de "superdegustador": sua composição genética, assim como a de cerca de 25% de seus compatriotas norte-americanos, possui duas cópias do mesmo variante do gene TAS2R38, que causa sensibilidade a glicosinolatos.[26]

Para pessoas com a mesma composição de TAS2R38 que Bush, outro composto, chamado de 6-n-propiltiouracil (frequentemente abreviado como "PROP"), também costuma ter um sabor muito amargo. O PROP geralmente é usado para avaliar o teor de amargura. Algumas pessoas têm duas cópias de uma variante diferente do TAS23R38, e, assim, não detectam seu amargor — tendo, então, dificuldade para entender por que o brócolis é tão odiado. O restante possui uma cópia de cada e tende a ficar no meio-termo — o brócolis e outros vegetais crucíferos podem ser amargos, mas não de um jeito horrível.[27]

Alguns pesquisadores estudiosos do paladar argumentam que a superdegustação vai muito além disso.[28] Eles acreditam que pessoas mais sensíveis ao PROP também são mais sensíveis à sacarose (que, é claro, tem um sabor doce), ao ácido cítrico (azedo) e ao cloreto de sódio (salgado), e que isso acontece porque elas possuem mais papilas gustativas na língua.

Se você tiver curiosidade para saber quantas tem, pode verificar usando corante alimentar azul, uma folha de papel (de preferência, vegetal), um furador de papel e uma lupa. Corte um círculo de papel e faça um buraco no meio. Depois, pingue uma gota do corante na ponta da língua e faça um bochecho com um pouco de água. Engula algumas vezes, para se livrar do excesso de água e saliva, e olhe para a sua língua no espelho. As papilas devem se destacar do fundo azul. Agora, pressione o círculo de papel sobre a língua e conte quantas aparecem no espaço furado. Se forem mais de trinta, você pode se considerar um superdesgustador.[29]

O conceito de um superdegustador geral recebe bastante atenção. No entanto, alguns estudos não conseguiram encontrar uma relação aparente entre o número de papilas gustativas na língua e a sensibilidade do paladar, e nem todos os pesquisadores concordam que há evidências suficientes para sustentar essa ideia.

O consenso sobre a superdegustação é restrito ao TAS2R38 e às percepções de amargor. E há uma série de trabalhos que associam variações genéticas na detecção do sabor amargo à saúde. O paladar da língua pode ter um papel nisso. Por exemplo, pessoas mais sensíveis ao PROP parecem ingerir álcool e café em quantidades um pouco menores.[30] No entanto, as conexões entre paladar e saúde mais interessantes não envolvem a boca.[31] Por usarmos receptores de sabor amargo para identificar a interação química entre bactérias, as pessoas menos sensíveis ao amargor parecem mais vulneráveis a infecções.

Algumas das evidências mais significativas disso foram publicadas em 2014. Uma equipe da Universidade da Pensilvânia relatou que pessoas que não detectam o PROP estão mais sujeitas a sofrer de sinusite crônica que necessita de cirurgia do que as que apresentam sensibilidade ao PROP.[32] Acredita-se que isso aconteça porque as células imunológicas dessas pessoas não detectam os sinais químicos de bactérias invasoras. "Não existe a compreensão de que uma infecção está se formando — então ela acaba se estabelecendo e causando uma sinusite grave", explica Margolskee.

Margolskee e seus colegas também descobriram que roedores que não detectam o PROP sofrem mais de periodontite, causada por uma infecção bacteriana. O próximo passo é explorar se isso também é válido para seres humanos, apesar de parecer provável. Existem até sinais de que variações genéticas dos receptores de sabor

SUPERSENTIDOS

amargo podem ter conexão com o câncer, mas essa pesquisa ainda está em fase inicial.[33]

As diferenças genéticas relacionadas aos receptores de sabor doce também apresentam consequências médicas. Essas diferenças ajudam a explicar por que algumas pessoas são verdadeiras "formiguinhas", enquanto outras (segundo relatos) não fazem tanta questão de comer um docinho.[34] Na verdade, nem todo mundo gosta de açúcar, especialmente em altas concentrações, e uma dupla de pesquisadores do instituto Monell descobriu que versões dos genes TAS1R2 e TAS1R3, receptores de doce, podem prever quem entra nessa categoria.[35] Os pesquisadores também notaram uma associação entre percepções de doce e amargo.

Eles descobriram que crianças geneticamente mais sensíveis a compostos amargos preferem compostos muito doces, além de demonstrar uma grande preferência por refrigerantes em vez de leite, quando comparadas com crianças menos sensíveis ao amargor. "No geral, temos capacidades diferentes de detectar sabores básicos, e constelações genéticas e experiências específicas podem levar algumas pessoas, mas não outras, a ter uma dieta rica em doces e indutora de cáries", observa a equipe. De fato, há provas de que isso aconteça de verdade. Recentemente, um grupo de odontopediatras na Turquia relatou que crianças com as variações específicas nos dois genes de recepção do sabor doce que tornam o açúcar mais atrativo também apresentam mais cáries.[36]

Quando associado ao TAS1R1, o TAS1R3 é importante para a degustação do *umami*. Um estudo para investigar as diferenças na sensibilidade das pessoas ao *umami* descobriu uma variação de dez a vinte vezes maior, em geral relacionada a variantes comuns nos genes desses dois receptores.[37] Portadores de uma variação específica de TAS1R1, por exemplo, precisavam apenas da metade da quantidade de glutamato para detectar o *umami*, em comparação com pessoas com uma versão diferente. Para eles, um *dashi* ou um assado seriam duplamente mais saborosos.

Não é de surpreender que as variações nas percepções de sabor moldem nossas preferências — desde ser viciado em doces até de-

PALADAR

testar coentro. O fato de esses receptores de sabor pelo corpo serem capazes de impactar nossa saúde física mostra o quanto eles podem influenciar nossas vidas. Mas também há indícios de que influenciam nossa personalidade.

Uma das conexões mais estranhas entre as percepções de gosto e a personalidade está relacionada a uma característica que, segundo alguns psicólogos, deveria ser acrescentada ao modelo padrão de personalidade, que então teria seis fatores. Essa característica recebeu o nome de um homem cujos escritos incluem esta metáfora multissensorial maravilhosa: "Em geral, o ser humano julga pelos olhos, não pela mão, pois todos conseguem enxergar, e poucos são capazes de sentir. Todos veem aquilo que tu aparentas ser, poucos sabem quem tu realmente és." E também: "É melhor ser temido do que amado, na impossibilidade de ser ambos." E não podemos esquecer esta: "A ofensa feita contra alguém não deve ser tão grave a ponto de temer vingança."

Nicolau Maquiavel, o escritor renascentista e diplomata italiano, se tornou infame por sua crença de que, quando se trata de manter o poder político, os fins justificam os meios. O "maquiavelismo" foi descrito como um traço de personalidade pela primeira vez em 1970, referindo-se a pessoas dispostas a usar perspicácia e mentiras para alcançar seus objetivos e que têm pouquíssimo apreço pelo caráter dos demais.

A escala padrão para medir o maquiavelismo explora o quanto você concorda ou discorda de frases como "É difícil progredir sem infringir as regras de vez em quando" e "A maior diferença entre a maioria dos criminosos e as outras pessoas é que os criminosos são burros o suficiente para serem pegos". Junto com a psicopatia e o narcisismo (uma crença exagerada na própria importância, que as outras pessoas precisam reconhecer, ou terão que enfrentar as consequências!), o maquiavelismo faz parte da chamada Tríade Obscura dos traços de personalidade.

Em dois estudos com mais de mil norte-americanos, Christina Sagioglou e Tobias Greitemeyer, da Universidade de Innsbruck, na

SUPERSENTIDOS

Áustria, descobriram que as pessoas que gostam de comidas e bebidas amargas — que preferem chocolate amargo ou café forte, por exemplo — também apresentam aquilo que os pesquisadores chamaram de "tendências sádicas exaltadas".[38] Essas pessoas são mais propensas a apresentar pontuações altas para maquiavelismo e também para "sadismo rotineiro", que se trata de ter prazer ao causar sofrimento aos outros. (Um dos testes sobre isso era uma pergunta que me lembra muito as que o meu filho de 8 anos adora fazer para o irmão: você prefere esmigalhar insetos, enfiar sua mão em um balde de gelo ou lavar toalhas sujas? Os sádicos rotineiros escolheram matar os insetos. Ou, se não escolheram, depois afirmaram ter se arrependido dessa decisão.)

Como observam Sagioglou e Greitemeyer, os resultados sugerem uma associação próxima entre o sistema de detecção de amargor e os traços de personalidade sombrios. De fato, os pesquisadores acreditam que esse tenha sido o primeiro estudo a conectar preferências de sabor com características de personalidade antissocial. Eles observam que, no geral, pesquisas que associam as preferências alimentares das pessoas com sua personalidade ainda são incipientes, e acrescentam: "Isso é um pouco surpreendente quando se leva em consideração que comer e beber são fenômenos tão generalizados e universais."

Por que uma preferência por sabores amargos teria conexão com características sombrias? Talvez pessoas que se deleitem em magoar os outros, algo que a maioria de nós associaria a uma sensação negativa, também se sintam recompensadas com o estímulo "repugnante" dos receptores de sabor amargo. Mas será que essa preferência tem um impacto direto na personalidade? Os pesquisadores também querem saber se um fluxo relativamente regular da percepção de sabor amargo seria capaz de influenciar o sentimento e o comportamento dessas pessoas em relação às outras.

No inglês, existe uma associação distinta entre ameaças e amargor. Os falantes do idioma usam termos como "inimigos amargos" e "lágrimas amargas". De fato, como Sagioglou e Greitemeyer observam, enquanto visões e sons diários tendem a não causar reações emocionais fortes, nós automaticamente pensamos em comidas e bebidas como tendo um gosto "ruim" ou "bom", e, embora algumas pessoas apreciem sabores amargos, o amargor geralmente é "ruim".

Para explorar como as percepções do sabor amargo podem influenciar o comportamento social de uma grande variedade de pessoas, eles primeiro distribuíram copos de chá de gentiana, extremamente amargo, ou de água açucarada entre grupos de voluntários, então aplicaram vários questionários e testes. Aqueles que beberam o chá se sentiram muito mais hostis (e o nível de seu desgosto pela bebida não afetou essa descoberta). Em um experimento separado, participantes que receberam o chá ou a água interagiram com um pesquisador durante o que acreditavam ser uma tarefa de criatividade. O objetivo real dessa parte do estudo estava na etapa seguinte, quando precisavam avaliar o pesquisador em quesitos como simpatia e competência. Em comparação com os participantes que beberam a água, os que tomaram o chá foram mais severos.[39]

Nós sabemos que, ao analisar qual casa queremos comprar, por exemplo, inconscientemente usamos nossas funções corporais, como os batimentos cardíacos (e falaremos mais sobre isso no Capítulo 12). Já foi sugerido que algo semelhante acontece quando analisamos outros seres humanos: quando uma pessoa nos deixa desconfiados de algo "estranho", pode ser porque haja algo "estranho" mesmo. Como sabores amargos (assim como o cheiro forte de peixe) causam nojo, o nojo relacionado ao amargor de comidas ou bebidas pode ser erroneamente atribuído a pessoas, fazendo com que nos sintamos enojados com alguém e com suas atitudes.

Outros estudos apoiam essa ideia. Em um experimento de 2011 que agora é famoso, uma equipe baseada em Nova York apresentou a voluntários seis situações moralmente questionáveis — dentre elas, uma pessoa comendo o próprio cachorro (que já estava morto), um estudante roubando livros de uma biblioteca e dois primos fazendo sexo consensual. Os participantes precisavam classificar o quanto se incomodavam com cada situação em uma escala de um a dez. Aqueles que receberam uma bebida amarga, em vez de algo doce ou água, foram muito mais críticos. Além disso, os pesquisadores pediram a cada voluntário para indicar se tinham orientação política

SUPERSENTIDOS

conservadora, liberal ou se eram indiferentes, e descobriram que os conservadores foram responsáveis por esse resultado. A severidade das críticas dos liberais não foi afetada pelo fato de tomarem a bebida amarga ou a doce, ao contrário da dos conservadores.[40]

Essas descobertas abrem espaço para uma série de perguntas práticas, como: será que jurados em julgamentos deveriam evitar alimentos e bebidas extremamente amargos? Será que atos e orientações políticas podem ser moderados por dietas específicas? Os pesquisadores também citam John Ruskin, crítico de arte da era vitoriana, que escreveu:

> O paladar não é apenas uma parte e um indicador da moralidade, mas a única moralidade. A primeira, única e mais exata pergunta a ser feita para julgar qualquer criatura viva é *"Do que gostas?"*. Diga-me do que gostas, e te direi quem és.[41]

Na linguagem do dia a dia, nós conectamos o desgosto físico e moral de forma explícita. Comportamentos traiçoeiros são de "mau gosto"; atos imorais são simplesmente "nojentos". E um trabalho publicado no periódico *Science* mostrou que, ao comermos algo amargo ou testemunharmos uma pessoa sendo tratada de forma injusta, nossos rostos exibem uma expressão idêntica à de "nojo". Os pesquisadores suspeitam que a repulsa moral ao pensar em incesto, por exemplo, evoluiu de um nojo primitivo e gustatório pelo sabor amargo.[42]

Também parece haver uma relação entre sabores "doces" e ser um "doce" com alguém. "Meu doce", "meu favo de mel", "docinho de coco" — todos esses são termos carinhosos. E vários estudos associam sabores doces e sensações psicológicas de atração física, e até de amor. Um deles descobriu, por exemplo, que estudantes que tomavam bebidas doces, quando comparados aos que tomavam bebidas com sabores neutros, faziam avaliações mais favoráveis de potenciais parceiros.[43] Em 2019, uma equipe na China também publicou um trabalho revelando que sabores doces estimulam o processamento de palavras românticas pelo cérebro.[44] "Tais descobertas apoiam o efeito personificado do amor-doce", escrevem os pesquisadores, acrescentando que esse é um nítido efeito "intermodal", com percepções em um sentido (paladar) influenciando a forma como processamos as palavras. Também é um efeito cheio de consequências. Ele explica por que chocolates e flores com aromas doces são presentes ideais para o Dia dos Namorados, enquanto um legume exótico ou uma lata de peixe em conserva provavelmente seriam jogados de volta na sua cara.

Por que associamos sabores doces ao amor ou à atração? Porque, sem dúvida, coisas doces e parceiros desejáveis estimulam o sistema de recompensas do cérebro. No entanto, os efeitos intermodais não apenas envolvem conexões entre uma percepção sensorial e outro tipo de atividade cerebral. As percepções de um sentido também podem influenciar as percepções de outro. E, no fim das contas, esse tipo de cruzamento sensorial é de extrema importância para apreciarmos nossas experiências com a comida. De fato, quando se trata de como assimilamos o que comemos e bebemos, há um excesso de exemplos de percepções intermodais. E essa compreensão pode fazer com que os chefs de cozinha se tornem grandes manipuladores.

Charles Spence, da Universidade de Oxford, é um dos psicólogos mais conhecidos da área da percepção multissensorial — que estuda a forma como o cérebro integra informações de sentidos diferentes. Ele é especialmente fascinado pela maneira como isso influencia nossa percepção de comidas e bebidas, e suas descobertas são quase uma tábua de aperitivos deliciosamente surpreendentes.[45] Alguns exemplos:

- Uma taça da mesma garrafa de um vinho Rioja é avaliada como "mais fresca" ao ser degustada em um cômodo com iluminação verde, com música "amargurada" tocando ao fundo em *staccato* — execução caracterizada por notas musicais de curta duração, como pequenos "golpes" —, e como "mais frutada" em um cômodo com luz vermelha e com melodias "doces" em *legato* — quando as notas musicais são executadas de forma ligada, contínua, mais fluida.

SUPERSENTIDOS

- Se, enquanto comem batatas Pringles, as pessoas só escutarem os tons mais agudos do som que fazem ao mastigarem, as batatas parecem 15% mais frescas (esse foi o primeiro estudo a demonstrar que a manipulação de som, por si só, é capaz de modificar percepções de comida. Ele rendeu o infame Prêmio IgNobel de 2008 de nutrição para Spence e seu colega).
- O café tem o gosto duplamente mais amargo, porém apenas dois terços mais doce, quando tomado de uma caneca branca, se comparado com uma de vidro transparente.
- Quando estamos dentro de um avião, nossa percepção de doçura é amenizada, mas a percepção da intensidade de sabores de *umami* aumenta.

Tradicionalmente, os psicólogos e neurocientistas estudaram os sentidos isolados. Mas, nas últimas décadas, os trabalhos deixam claro que os efeitos sensoriais "intermodais" podem ser muito poderosos.

Além de executar experimentos no laboratório, Spence trabalha com chefs, empresas aéreas e de alimentação, para levar sua pesquisa até restaurantes, aviões e supermercados. Jozef Youssef, um jovem chef que trabalha no norte de Londres, é um dos seus colaboradores.

Todo mês, Youssef serve jantares multissensoriais para um grupo de dez clientes. Bom, para aqueles que conseguem encontrá-lo... Não é uma tarefa fácil. O caminho desde o centro de Londres, usando o transporte público, envolve pegar o metrô até High Barnet, no fim da Northern Line, então fazer uma caminhada de 17 minutos até uma antiga construção industrial que agora virou um prédio de apartamentos. Degraus de tijolos farelentos levam até uma porta metálica de sanfona, e uma placa que garante aos visitantes que o "ELEVADOR FUNCIONA".

É um elevador de carga muito lento que balança de um jeito assustador. Nesse momento, observa Youssef, a maioria dos seus clientes, acostumados com restaurantes chiques e modernos, se pergunta o que exatamente foram fazer ali. Mas isso faz parte da experiência — porque então ocorre a troca sensorial de entrar em uma sala bran-

PALADAR

ca de pé-direito alto, com uma tela esculpida que remete a um recife de corais de um lado e a cozinha aberta do outro.

Uma palestra ministrada por Spence, e depois um estágio no restaurante Fat Duck, em Bray, onde, na época, Spence trabalhava com o chef Heston Blumenthal, abriram os olhos de Youssef, diz ele, "para o fato de que não apenas existe uma ciência na forma como cozinhamos, mas também há uma ciência na forma como comemos. O sabor", observa ele, "é uma construção da mente. E, ao afetarmos as modalidades sensoriais, podemos mudar a experiência que uma pessoa tem com a refeição."

Youssef não consegue mudar, é claro, os genes e as experiências anteriores. Ele tem total consciência das variações genéticas para a detecção de amargor. Todos os clientes recebem uma tira de testes de detecção do PROP, para que comecem a pensar e bater papo — e, conforme conversamos, ele aponta para a xícara de café transparente e arredondada ao meu lado. "Todos nós vivemos em mundos gustativos diferentes. O gosto desse café é construído a partir de todas as xícaras de café que você já tomou na vida."

Mas ele pode brincar com algumas formas consistentes e frequentemente compartilhadas com que as percepções de um sentido afetam as de outro. "A pesquisa do professor Spence e tudo o que ele explica formam a base de como planejamos a experiência", diz ele.

Na época da minha visita, o primeiro prato do cardápio se chamava "bolhas coloridas" (nome escolhido por Youssef). As quatro bolas eram de cores verde, marrom-escura, branca e vermelha. Antes de prová-las, os clientes deviam identificar qual era a salgada, a amarga, a azeda e a doce, apenas se baseando na aparência.

A maioria dos clientes conclui que a branca é salgada (supostamente porque o sal é branco); a marrom-escura, amarga (de novo, pela associação aparente com café, chá e chocolate amargo); a verde, azeda (talvez porque as frutas verdes têm um gosto ácido); e a vermelha, doce (porque frutas maduras geralmente são doces). O prato foi inspirado por pesquisas sobre associações entre sabor e cor, mas os resultados do experimento caseiro de Youssef entraram em um estudo conjunto com Spence e outros pesquisadores, publicado em 2016.[46]

SUPERSENTIDOS

Nós aprendemos, pelo que parece, a associar a cor vermelha com doçura e o sabor de frutas; o verde com acidez e frescor; o branco com sal; e o preto com amargor. Acredita-se que essas associações inconscientes expliquem por que o mesmo vinho Rioja parece mais frutado ao ser tomado sob a luz vermelha e mais fresco sob a luz verde — e por que uma caneca branca, que destacaria a cor marrom--escura do café, pode aumentar as percepções do sabor amargo.

Outro prato do cardápio de Youssef se chama "Bouba Kiki", em homenagem a um efeito intermodal clássico. Um dos elementos desse prato usa os seguintes ingredientes: badejo cru, limão, ruibarbo, maçãs-verdes, baunilha e milho. A outra inclui batata-doce, coalhada, melado de romã, óleo de parmesão, páprica e sálvia.

Se você tivesse que classificar um conjunto como "bouba" e outro como "kiki", qual seria qual?

Caso você tenha associado "kiki" ao primeiro e "bouba" ao segundo, está de acordo com a grande maioria dos clientes de Youssef. Novamente, uma pesquisa liderada por Spence foi a inspiração. Spence descobriu que a palavra "bouba" evoca o conceito de gostos mais redondos, doces e gordurosos, enquanto "kiki" é associado a sabores mais picantes, crocantes, frescos.

A base desse trabalho data de 1929, de um estudo com falantes de espanhol executado pelo psicólogo Wolfgang Kohler.[47] Kohler descobriu que um formato redondo, borbulhante, apresentava mais chances de ser equiparado com a palavra "baluba", e um formato de estrela pontiaguda, com "takete". "Bouba" e "kiki", que são amplamente usados agora, vieram de uma pesquisa norte-americana conduzida muitos anos depois, que descobriu que mais de 95% de estudantes universitários norte-americanos e falantes de tâmil na Índia concordavam com as duplas de palavra-formato. Outros estudos descobriram que as pessoas também tendem a associar a carbonatação da água com gás com um formato angular, e água normal com um formato redondo. Parece haver certa consistência nas associações sensoriais relacionadas a "redondo" e "pontiagudo", e até associações emocionais — entre bouba e kiki, qual é raivoso e qual é calmo? Aposto que nossa resposta é igual.

PALADAR

Mas *por quê?*

Foi apenas em 2019 que uma série de estudos liderados por Beau Sievers, na Universidade de Harvard, ofereceu uma resposta unificadora.[48] Ela se baseia em um conceito chamado centroide espectral.

A equipe explicou que as imagens e os sons podem ser decompostos em um espectro que contém muitos componentes de frequências diferentes. E, dependendo do formato ou do som, esses componentes serão diferentes. Uma forma com menos curvas suaves, por exemplo, apresenta frequências menores do que um formato com muitas linhas retas e ângulos. O centroide é, em essência, a média desse espectro de frequência.

Peça a alguém (assim como fez a equipe de cientistas do estudo) para desenhar uma forma "raivosa", e a pessoa provavelmente criará algo muito parecido com kiki, enquanto desenhará um formato semelhante a bouba para algo "triste". Sievers e seus colegas também descobriram que, quando uma pessoa *está* com raiva, sua fala e seus movimentos consistentemente apresentam um centroide espectral mais alto do que quando ela está triste ou calma. Assim, um centroide espectral alto caracteriza não apenas os sinais da raiva, mas também formas pontiagudas — como kiki, logotipos de bandas de heavy metal e a arquitetura brutalista —, enquanto um centroide espectral baixo é um elemento comum ao formato bouba, ao som da palavra "bouba", a nuvens, cantigas de ninar e ao cascalho circular de jardins de pedra japoneses, todos associados à sensação de calma, ou talvez de tristeza, dependendo do contexto. Sabores doces, "redondos", também entram facilmente na categoria das nuvens, enquanto "notas" amargas e "ardidas" se enquadram com outros colegas sensoriais.

No entanto, embora a maioria dos clientes de Youssef concorde sobre qual lista deve ser atribuída a kiki e qual deve ser atribuída a bouba, as associações de cor-sabor apresentam menos consistência, além de certas variações geográficas gritantes. Os asiáticos tendem a conectar o preto — e não o branco — com o salgado, por exemplo, aparentemente devido ao sal de um ingrediente local tradicional, o molho shoyo. Porém, assim como os cães de Pavlov, que salivavam ao ouvir o som de uma campainha que antes fora tocada várias ve-

SUPERSENTIDOS

zes junto com a aparição de comida, anos de ingestão de morangos vermelhos e doces, junto com outras frutas, podem nos levar a sentir um sabor doce quando comemos comidas vermelhas. Da mesma forma, talvez, notamos uma "crocância" tátil quando ouvimos os sons agudos que aprendemos a associar com o barulho de morder algo fresco, como uma maçã.

Assim como os participantes do estudo de Yale que ouviam um toque sempre que viam a imagem de um tabuleiro de xadrez, as experiências multissensoriais consistentes criam expectativas de sabor muito fortes. Tão fortes, de fato, que nos levam a sentir coisas que não existem — e ignorar coisas que estão à nossa frente.

Na antiga Universidade de Bordeaux, no coração de uma das regiões vinícolas mais famosas do mundo, estudantes de enologia aprendem desde como cultivar videiras até as qualidades sensoriais de várias uvas. Em 2001, Frédéric Brochet, da *faculté d'oenologie* da universidade, aplicou um teste em 54 desses universitários.[49]

Cada um recebeu duas taças de um Bordeaux vintage. Um era tinto (uma combinação de cabernet-sauvignon e merlot). O outro era branco (uvas sémillon e sauvignon). Os universitários podiam inalar e provar os vinhos, e depois deviam associar opções de uma lista de termos com cada um. Como seria esperado, eles tendiam a escolher palavras como "mel", "limão" e "grapefruit" para o vinho branco, e "ameixa", "cassis" e "chocolate" para o tinto.

Uma semana depois, os mesmos estudantes receberam outras duas taças. No entanto, desta vez, enquanto o vinho branco era igual ao primeiro, o "tinto" era uma taça de vinho branco, tingido de vermelho com um corante inodoro. Os universitários descreveram o branco com as mesmas palavras de "vinho branco" de antes, e escolheram termos de "vinho tinto", como cassis e chocolate, para descrever o novo "tinto".

Eles eram apenas estudantes. Talvez, por saber quais "deveriam" ser as palavras descritoras, conscientemente passaram por cima daquilo que seus sentidos de olfato e paladar diziam, dando preferência a termos aromáticos clássicos para vinho tinto/branco. É possível. Mas Brochet acredita que suas expectativas condicionadas de como

PALADAR

deveria ser um vinho com cor de tinto eram tão fortes que os sinais da visão dominaram aqueles que tradicionalmente consideramos ser responsáveis pela percepção de sabor — e eles sentiram o cheiro e o gosto daquilo que viam.

Nesse caso, o "palpite" perceptivo dos estudantes sobre o sabor que sentiam não foi muito preciso, já que o conhecimento prévio dominou a realidade. Dessa forma, uma das maiores ameaças à nossa capacidade de sentir cheiro/sabor de forma correta somos nós mesmos. Porém, quando se trata do sistema do paladar em si, há outras ameaças diferentes e maiores.

Você deve conhecer, presumo eu, o argumento convincente de que tantas pessoas no Ocidente estão acima do peso porque a compulsão por consumir açúcares com alto teor calórico — que tanto auxiliou nossos ancestrais em sua luta pela sobrevivência — deixou de ser útil. Em um mundo em que a comida é encontrada com facilidade, existe uma facilidade correspondente para consumi-la em excesso. E não é a coisa mais difícil do mundo encontrar refeições e lanches saturados de açúcar, sais e gordura. As dietas modernas, associadas à falta de exercícios físicos, estão nos engordando — e isso, por si só, é péssimo para o paladar.

Sabe-se há algum tempo que a obesidade prejudica o paladar. Em 2018, um grupo norte-americano encontrou os indícios mais convincentes até agora sobre por que isso acontece: uma inflamação leve, espalhada por todo o corpo, causada pelo excesso de peso ou obesidade, causa um desequilíbrio nas taxas normais de morte e renovação das células receptoras do paladar.[50] O resultado geral são menos papilas gustativas. Como comer nos traz um senso de recompensa — e os sinais do paladar enviados para o cérebro são fundamentais para isso —, acredita-se que uma pessoa com um paladar mais fraco precise comer mais para sentir a mesma gratificação que uma pessoa com um sistema de paladar saudável. Assim, a obesidade e o paladar fraco estão de mãos dadas ladeira abaixo, incentivando e piorando um ao outro.

No entanto, também há provas de que pessoas muito acima do peso ou obesas que emagrecem podem recuperar o paladar, apa-

SUPERSENTIDOS

rentemente pela normalização da renovação celular. Porém, mesmo que você tenha um peso saudável, é melhor tomar cuidado com a ingestão de açúcar. Existem evidências de que uma dieta cheia de açúcar reduz a reação aos receptores de sabor doce. Isso faz com que uma fatia de bolo pareça menos doce, nos incentivando a comer um pouco mais.

Por outro lado, uma dieta com pouco açúcar pode fazer um alimento doce parecer ainda mais doce, uma mudança de sensibilidade que nos ajuda a identificar quais alimentos contêm açúcar, mas também tem o potencial de nos deixar satisfeitos com uma porção menor. Isso já aconteceu comigo. Diagnosticada com diabetes gestacional na gravidez do meu segundo filho, precisei cortar o açúcar processado e diminuir meu consumo de frutas. Depois de um tempo, notei mudanças no sabor da comida. Os morangos passaram a ser *surrealmente* doces.

Para mim, a redução drástica da ingestão de açúcar fez uma diferença enorme na minha percepção de alimentos doces. Mas, deixando de lado a privação químico-degustativa, talvez não seja possível treinar o paladar — pelo menos, não da mesma maneira como é possível treinar o olfato para se tornar mais sensível, por exemplo. "O olfato é mais flexível do que o sistema gustativo. O paladar é muito programado", observa Beverly Cowart, do instituto Monell.

Assim, cuidar do paladar significa protegê-lo, prestando atenção àquilo que comemos. Mas também significa, é claro, apreciar as várias maneiras como os receptores de sabor espalhados pelo corpo cuidam de nós — nos guiando para as coisas boas e nos protegendo das ruins.

5
Tato

Como escalar uma montanha com a língua

O tato não é um único sentido, mas muitos.

Aristóteles, *Da alma*

Imagine uma planta carnívora dioneia à espreita, no chão lamacento de uma floresta de pinheiros na Carolina do Sul. Quando um gafanhoto distraído aterrissa em um dos lóbulos rubi da planta, ele roça em um pelo sensível — mas nem tudo está perdido. Se o gafanhoto conseguir saltar para longe sem esbarrar no pelo de novo, ficará a salvo. Porém, com apenas mais um toque, a armadilha se fecha. Agora a planta volta a esperar.

O primeiro toque significa contato provável. O segundo: contato com presa em potencial confirmado — feche a armadilha! Terceiro e quarto toques: comece a produzir enzimas digestivas. Quinto toque: intensifique a digestão; os nutrientes da refeição liquefeita agora podem ser absorvidos.

Apenas com sinais táteis, a planta carnívora consegue cronometrar os estágios da sua reação fatal. Ela também é capaz de avaliar o tamanho da sua presa e liberar enzimas digestivas suficientes para fazer uma boa refeição, mas não tanto a ponto de desperdiçar compostos preciosos.[1]

A dioneia é infame por usar o tato para se alimentar de insetos e aranhas. Porém, no seu propósito mais básico, o tato dá aos seres vivos a noção de onde o corpo termina e o restante do mundo começa. Essa é uma informação fundamentalmente importante. Não é de surpreender que todas as formas de vida, desde bactérias, cavalos-marinhos e musgos a tênias, assimilem toques. De fato, Aristóteles

144

acreditava que o tato era o sentido mais necessário de todos, já que, sem ele, os animais não conseguiriam sobreviver.

Em *Da alma*, Aristóteles defende que o tato não é um único sentido. Nesse ponto, ele estava certíssimo. No entanto, na sua opinião, isso acontecia porque as percepções de calor e frio, por exemplo, faziam parte da nossa experiência tátil. Hoje em dia, sabemos que estes são sentidos separados. Mas também sabemos que o tato é muito complexo.

Para os seres humanos, o tato evoluiu para apresentar dois aspectos distintos. Em primeiro lugar, existe o tato discriminativo. Em resumo, ele é uma versão mais sofisticada daquilo que a dioneia, e qualquer outra planta no seu jardim, tem. É um sentido prático, que nos informa sobre o que está em contato com a gente, em que local, e se precisamos ajustar nossos músculos para não deixar cair um copo ou não escorregar em uma pedra. Mas até essa vertente do tato não se trata de apenas um, mas de dois sentidos. Usando ferramentas sensoriais diferentes, nós conseguimos sentir pressões e vibrações.

A segunda vertente do tato é diferente. Quando você acaricia de leve a bochecha de um bebê, ou seu namorado passa a mão devagar por seu pescoço, um grupo distinto de sensores táteis na pele reage. Esse é o chamado "toque emocional" — e o recebemos de outras pessoas. Descrito de forma correta apenas na década de 1990, ele é fundamental para o nosso desenvolvimento saudável e bem-estar. Em um mundo onde milhões de pessoas vivem sozinhas (7,7 milhões apenas no Reino Unido), esse tipo também é caracterizado por níveis desesperados de privação.

A compreensão do tato em todas as suas formas, portanto, é essencial para o bem-estar físico e emocional. Mas, antes de colocarmos o carro na frente dos bois, precisamos começar pelo começo — o que acontece quando entramos em contato com outra coisa?

Pense um pouco naquela brincadeira de criança em que você precisa fechar os olhos e identificar um objeto apenas pelo tato: uva, peça de Lego, carta de baralho, colher de chá... Fácil.

TATO

Foi um cientista alemão, Johannes Müller, que, em 1842, sugeriu que variações qualitativas nas percepções podem ser causadas pela ativação de receptores diferentes.[2] E, quando se trata daquilo que tocamos com as pontas dos dedos, existem quatro tipos de sensores mecânicos de força que nos permitem diferenciar um castelo de areia de um pedaço de seda, ou uma colher de chá de uma uva.[3]

Fisiologistas dividem nossa pele em dois tipos principais. Existe o tipo "piloso", que cobre boa parte do corpo, seja ela especialmente peluda ou não. E há a pele sem pelos das pontas dos dedos e palmas da mão, pontas dos dedos e solas dos pés, lábios, mamilos e clitóris, e o prepúcio e a cabeça do pênis. Essa pele recebe o nome feio de "glabra".

Os dois tipos de pele têm papéis táteis diferentes. A pele glabra nas pontas dos dedos das mãos, sobretudo, é especializada em determinar o que algo é ou não é. Na boca, ela nos permite detectar o local e a textura daquilo que comemos, assim como a posição da língua, que é essencial para a fala. No pênis e no clitóris, ela é sintonizada para reagir a estímulos sexuais. Enquanto isso, um dos papéis básicos da pele pilosa é nos informar quando algo entra em contato conosco: mais ou menos em que local do corpo ocorre o contato e qual é o seu agente — chuva, a brisa do oceano, uma mão ou o toque da língua de uma cobra.

Os corpúsculos de Pacini, que receberam esse nome em homenagem a Fillipo Pacini, anatomista italiano do século XIX, estão densamente presentes na pele das pontas dos dedos das mãos, nos mamilos, no clitóris e nas partes de pele glabra do pênis. Sob o microscópio, esses receptores apresentam múltiplas camadas, quase como uma cebola. Eles consistem em uma única terminação nervosa envolta em camadas e mais camadas de células de apoio, e são extremamente sensíveis às vibrações mais minúsculas.[4] Para um exemplo dos corpúsculos de Pacini em ação, vejamos as pontas dos dedos. E o momento em que você se estica para pegar uma taça de vinho no armário da cozinha.

O menor dos movimentos do seu dedo sobre o vidro estimularia os corpúsculos na pele, informando que você está, de fato, segu-

SUPERSENTIDOS

rando um objeto liso, transparente, e não uma caneca de madeira, por exemplo. Como explica o neurobiólogo Gary Lewin, do Centro Max Delbrück de Medicina Molecular, na Alemanha: "Se você mover seu dedo lentamente por uma superfície, a aspereza dela e a velocidade do dedo fazem os receptores de Pacini vibrarem junto com o movimento."

Não, nós não evoluímos para conseguir identificar taças de vinho com os olhos fechados, mas a capacidade de segurar objetos e usar ferramentas é crucial para nossa sobrevivência. E esses receptores, sensíveis tanto a pressões fortes quanto a vibrações de alta frequência, podem passar a impressão de que uma ferramenta sólida é basicamente uma extensão da sua própria mão.[5]

Agora, imagine que os seus dedos escorreguem de leve pela taça de vinho (ou pela ferramenta). Os corpúsculos de Meissner, sensíveis a deslizes, próximos da superfície da pele, reagem na mesma hora. Quando essas estruturas bulbosas são pressionadas, mesmo que discretamente, sinais sensoriais correm pela medula espinhal para acionar um ajuste de reflexo no grau da contração dos músculos dos dedos. Isso faz com que você segure um pouco mais firme, para o vidro não cair no chão.

Um terceiro receptor também entra em cena. Em 1894, um anatomista italiano chamado Angelo Ruffini descreveu pela primeira vez seus corpúsculos epônimos, que inicialmente chamou de terminações, na pele de gatos (Ruffini até usou a si próprio como cobaia; um colega relatou ter uma lâmina de microscópio desses corpúsculos em um segmento que Ruffini cuidadosamente, e pavorosamente, tirou do próprio braço com um bisturi). Os corpúsculos de Ruffini relatam alongamentos, detectando, por exemplo, o esticamento da pele da palma da mão, causado pela pressão do copo. Eles se conectam com uma terminação nervosa de "adaptação lenta", que permanece enviando sinais enquanto o estímulo continuar[6] (os corpúsculos de Pacini, por outro lado, são de "adaptação rápida", enviando mensagens apenas quando o estímulo muda).[7]

Então temos as células de Merkel (às vezes chamadas de discos de Merkel),[8] presentes na pele de todos os vertebrados e descobertas em 1875 por um alemão chamado Friedrich Merkel (ele as chamou de *Tastzellen* — células do tato).[9] Nas pontas dos dedos, podem ser encontradas em grupos de até 150. Elas são extremamente sensíveis à pressão, permitindo que você detecte os cantos e as bordas de um objeto, além de sua textura. O mais leve toque do seu dedo na borda de uma taça de vinho estimula essas células. De fato, se você fechasse os olhos e recebesse pedaços de vidro, madeira, metal e plástico do mesmo tamanho e com o mesmo formato, é provável que tivesse facilidade para distinguir qual era qual; em parte, isso aconteceria porque esses materiais absorvem taxas diferentes de calor do dedo — mas os sinais que orientam as células de Merkel seriam fundamentais. Essa classe de células, que se conecta com neurônios sensoriais de adaptação lenta, é a base da capacidade discriminatória precisa das pontas dos dedos[10] (o fato de elas estarem presentes em densidades menores em outras regiões de pele glabra explica por que, segundo observa David Linden, da Universidade Johns Hopkins em Baltimore, é possível ler Braille com os dedos, mas não com os órgãos genitais).[11]

Foi apenas recentemente que os cientistas descobriram que as pontas dos dedos das mãos têm uma sensibilidade muito mais intensa do que se imaginava. Em 2017, pesquisadores da Universidade da Califórnia, em San Diego, investigaram se voluntários seriam capazes de diferenciar, apenas com o tato, *wafers* de silicone com aparência idêntica, mas cujas camadas superiores eram formadas principalmente por átomos de oxigênio ou por flúor e átomos de carbono. Ao receber dois *wafers* de um tipo e um do outro e passar os dedos de leve por eles, os voluntários acertavam qual era o diferente em 70% das vezes. Aparentemente, nós somos capazes de detectar diferenças em superfícies com apenas uma molécula de profundidade.[12]

Graças a grupos específicos de neurônios no córtex somatossensorial do cérebro, onde sinais de tato são processados, podemos reagir a aspectos diferentes de textura instantaneamente. Em 2019, um trabalho na Universidade de Chicago revelou que, enquanto alguns desses grupos reagem à aspereza, por exemplo, outros respondem a características mais delicadas ou a padrões específicos de recuos na pele.[13] "O veludo vai agitar uma subpopulação de neurônios mais do que outra, e a lixa vai agitar outra população sobreposta. É essa variedade nas reações que permite a riqueza de sensações", explica Sliman Bensmaia, que liderou o trabalho.

Consequentemente, como o cérebro interpreta toques da pele com base em experiências passadas, algumas ilusões táteis interessantes podem ocorrer. Uma até se chama Aristóteles, e é fácil fazer essa experiência por conta própria. Você só precisa de um objeto redondo e pequeno, como uma ervilha congelada. Cruze os dedos, posicione a ervilha de forma que você consiga tocá-la com os dois dedos, feche os olhos e a toque. É provável que você sinta como se estivesse encostando em duas ervilhas. Por quê? Porque a parte externa dos dois dedos toca um objeto ao mesmo tempo, enquanto a experiência (com os dedos descruzados) diz que, para esse padrão de sinal ocorrer, dois objetos diferentes são necessários.[14]

Porém, se a sensibilidade dos dedos das mãos se confunde com facilidade, a dos pés é ainda pior. Na verdade, mesmo que você mantenha os dedos dos pés na posição normal, é surpreendentemente fácil se enganar sobre qual deles está sendo tocado, de acordo com uma pesquisa conduzida por Nela Cicmil, da Universidade de Oxford.[15] Primeiro, a equipe de Cicmil pediu aos participantes para fechar os olhos e esticar as mãos para receber um toque em um dos dedos. Os voluntários conseguiram identificar corretamente qual foi tocado em 99% das vezes. Agora, se você puder pedir ajuda para um amigo, tire os sapatos e as meias e peça a ele para encostar um lápis em seus dedos dos pés, um de cada vez, sem ordem específica. Quando Cicmil e sua equipe tentaram fazer isso, se o dedão e o mindinho fossem tocados, os voluntários acertavam o dedo em 94% das vezes (o que significa, é claro, que às vezes se enganavam até sobre isso). Porém, para os dedos do meio, a partir do dedão, eles só acertaram 57%, 60% e 79% das vezes, respectivamente. Ninguém acertou 100% das vezes. E, para a maioria, os dois dedos após o dedão foram os mais confusos. Por quê?

"Nós sugerimos um modelo no qual, em vez de sentir cada dedo do pé separadamente, o cérebro apenas detecta cinco blocos", diz

Cicmil. No entanto, "os intervalos entre os dedos reais não correspondem aos limites desses blocos".[16] Isso, então, parece ser o motivo por trás da confusão. Bem, além do nosso hábito de usar sapatos, que prejudica a captação sensorial dos pés.

Na pele pilosa, exceto pelos corpúsculos de Meissner, possuímos os mesmos tipos de mecanorreceptores encontrados na pele glabra, mas não nas mesmas densidades (e é por isso que temos mais facilidade para identificar algo com as pontas dos dedos das mãos do que com o antebraço). Mas, na pele pilosa, também temos a vantagem tátil de terminações nervosas sensoriais especializadas que envolvem a base dos folículos capilares. Quando um pelo se curva, sinais são disparados para o cérebro em uma taxa determinada pelo grau de inclinação. Usando a taxa e o padrão dos sinais que recebe, o cérebro diferencia entre o sopro do vento e o rastejo de uma aranha (caso você se depile, sabe como é o torpor relativo resultante da perda desses pelos.)

As diferenças nas densidades de receptores táteis específicos significam que, em algumas partes do corpo, mesmo com pelos, somos relativamente entorpecidos.[17] A pele no peito e nas costas contém 100 vezes menos receptores táteis por centímetro quadrado que as pontas dos dedos das mãos. Se você der outro lápis para o seu amigo, pode testemunhar isso por conta própria. Feche os olhos e peça para ele unir os lápis e delicadamente cutucá-los na ponta de um dos dedos. Então peça a ele para ir gradualmente afastando os lápis, e tente notar o momento em que você passa a diferenciar os dois toques. Em média, uma pessoa consegue sentir dois pontos de pressão diferentes quando eles se separam entre dois e quatro milímetros. Nas costas, essa zona inerte pode se estender entre três e quatro centímetros.

Ainda assim, as costas, o pescoço e a testa relativamente empobrecidos de células de Merkel são ricos em um tipo distinto de fibra tátil sobre a qual ainda não falamos. Elas são as fibras táteis C, que respondem especificamente a toques lentos e suaves que estejam a cerca de 32° C, a temperatura típica da pele.[18] Como esse tipo de toque costuma vir de outra pessoa, essas fibras, identificadas apenas na

SUPERSENTIDOS

década de 1990, foram apelidadas de sensores de carinho.[19] Elas não são usadas para toques discriminativos, mas para os "emocionais".

Os sensores de carinho enviam informações não apenas para o córtex somatossensorial (que lida com os aspectos práticos do toque), mas também para o córtex insular, que lida com a emoção. É um tipo de toque que parece estar relacionado ao contato de limpeza observado entre os macacos-rhesus, por exemplo. Por causar uma sensação boa (quando desejado), ele nos incentiva a nos aproximar de outras pessoas, passar tempo juntos e criar laços. Na verdade, ele faz parte de uma necessidade biológica, argumenta Francis McGlone, da Universidade Liverpool John Moores.[20]

Qualquer um que já tenha convivido com um bebê sabe que o toque humano — manter a criança perto, a pele exposta — tem um efeito mais calmante.[21] Nada diz "estou com você" tão bem quanto uma mão sendo apertada ou um abraço. E, de acordo com McGlone, esse tipo de toque íntimo, envolvente, que começa no útero, é fundamental para o desenvolvimento de um cérebro social saudável. Ele também ajuda os bebês prematuros a se desenvolverem — ganhando peso mais rápido e recebendo alta mais cedo.[22] A descoberta foi feita na década de 1970. Ainda assim, o sistema de tato emocional no corpo e no cérebro só seria descoberto dali a vinte anos.

Parece incrível que um sistema tão fundamental tenha passado tanto tempo sem ser reconhecido. Isso é um reflexo dos interesses históricos na biologia sensorial, diz Gary Lewin. Nas décadas de 1960, 1970 e 1980, a grande maioria das pesquisas sensoriais se concentrava na visão. "Nosso foco era o sistema visual, porque é bem nítido que os seres humanos são muito orientados pela visão", diz ele. "Mas acredito que esse foco tenha nos levado a subestimar a importância do tato."

O tato é tão importante que as diferenças de sensibilidade podem ter impactos profundos na vida diária. Uma pessoa menos sensível ao toque provavelmente não conseguirá segurar com firmeza um bisturi, por exemplo. Na infância, ela talvez tivesse dificuldade para escrever com um lápis. E, como o tato preciso dentro da boca é fundamental para nossa capacidade de falar, as variações de sensibilidade podem explicar por que algumas crianças demoram mais a falar do que outras.

Entre pessoas com o tato saudável, Lewin encontrou uma variedade extraordinária de sensibilidade.

Ao testar grupos aleatórios de cem pessoas, usando vibrações em uma frequência de cerca de 125 hertz, que estimulam os corpúsculos de Messiner, a equipe dele sempre encontra algumas que conseguem sentir vibrações medindo apenas 300 nanômetros no auge. No entanto, no outro extremo, também sempre existem aqueles que têm dificuldade em sentir uma variação de três *micrômetros* — uma vibração dez vezes maior. Todas as outras pessoas se encaixam no meio-termo, formando uma curva gaussiana. "Nós não sabemos por que isso acontece", admite Lewin. "Pode ter relação com as terminações dos receptores — algumas pessoas simplesmente têm neurônios sensoriais mais sensíveis. Também é possível que seu sistema nervoso consiga detectar sinais da pele com mais facilidade."

Lewin e seus colegas estudaram gêmeos idênticos e não idênticos para explorar a influência dos genes sobre a sensibilidade do tato e a acuidade da audição (ambas recorrem a mecanorreceptores). Eles descobriram que as duas coisas são extremamente hereditárias. Cerca de 40% do desempenho do tato é atribuído aos genes. A equipe também observou que os participantes do estudo com audição excelente apresentavam a tendência a ter um tato extremamente sensível. O oposto também era verdadeiro: pessoas com audição fraca não eram tão sensíveis ao toque.[23]

Como podemos compreender o que causa essas diferenças?

Assim como uma pessoa sentada na arquibancada de um estádio de futebol, um mecanorreceptor na pele é cercado por outras células, também estruturas de apoio. No estádio, há níveis e assentos. Na pele, as células estão, de acordo com a descrição de Lewin, "meio que grudadas umas nas outras" com a chamada "matriz extracelular". Lewin e sua equipe mostraram que essa matriz é fundamental para a abertura de canais iônicos (mecanorreceptores) sensíveis à força. Afinal de contas, algo precisa conectar a matriz ao canal — e Lewin tem provas de que uma proteína chamada USH2A tem um papel nisso: "Imagine uma pia cheia de água, com uma tampa e uma corrente nessa tampa. Pense na tampa como a abertura de um canal iônico. Quando você abre o canal, os íons fluem para a célula e a agitam." Lewis acredita que a USH2A é uma proteína na matriz capaz de puxar essa corrente. Ele encontrou pessoas com mutações específicas no gene USH2A que não apenas apresentam um tato menos sensível, como também são surdas de nascença (e, como sabemos, canais iônicos sensíveis à força nas fibras de conexão entre as células ciliadas na cóclea são fundamentais para nossa capacidade de escutar).

Uma pesquisa pioneira conduzida no laboratório de Ardem Patapoutian, no instituto de pesquisa Scripps, em La Jolla, Califórnia, também com participação de Lewin e sua equipe, revelou que outra proteína, chamada PIEZO2, é muito importante para o tato.[24] Acontece que a PIEZO2 é o canal iônico principal nas células de Merkel. Seu formato pode ser alterado por força física, permitindo a entrada de sódio e outros íons de carga positiva. Isso aciona um impulso elétrico no neurônio sensorial que leva à medula espinhal e, por fim, ao cérebro. As pessoas com deficiência de PIEZO2 conseguem sentir toques lentos, roçando na pele pilosa, mas têm dificuldade para registrar toques leves.

Em 2016, as duas primeiras pessoas com essa mutação exata da PIEZO2 — uma menina com 9 anos na época, e uma mulher de 19 — foram descritas em um periódico por uma equipe norte-americana.[25] Uma delas achava impossível afirmar, sem olhar, se uma ou duas pontas finas de uma dupla de compassos estava sendo firmemente pressionada contra a palma de sua mão. Embora ambas sentissem a pele pilosa sendo roçada de leve, uma dizia que a sensação era incômoda, em vez de agradável.

Na teoria, talvez seja possível ajudar não apenas as pessoas com uma deficiência na PIEZO2 a sentir o toque, mas as com tato normal a aprimorá-lo. Recentemente, a equipe de Lewin identificou uma droga capaz de interromper a recepção do tato. De acordo com ele, é uma questão de princípio biológico que, se for possível inibir especificamente o tato, então o oposto — usar remédios para aprimorá-lo

TATO

— também pode ocorrer. Além disso, outras equipes descobriram moléculas que ativam um canal iônico relacionado à PIEZO2. "Se for possível fazer isso com um canal relacionado, é possível que também seja para a PIEZO2", comenta Lewin. "Ainda não foram produzidas drogas com o objetivo de aumentar a sensibilidade do tato, mas a moral da história é que essa possibilidade existe."

Apesar de tais remédios ainda não existirem, é possível treinar o tato. Você pode até treinar uma ponta do dedo (ou melhor, o cérebro) para ter reações mais intensas ao toque — e, no que inicialmente parece uma interconexão levemente surreal, os benefícios se espalharão para alguns outros dedos.

Vanessa Harrar, da Universidade de Oxford, e sua equipe começaram a testar a capacidade de um grupo de voluntários para distinguir leves diferenças em dois toques distintos com a ponta de cada dedo de uma mão. Então repetiam os toques várias vezes em apenas um dedo, perguntando o que os participantes sentiam e dando um feedback sobre seus erros e acertos. Aos poucos os voluntários foram melhorando — a sensibilidade tátil da ponta desse dedo específico se aprimorou. Porém, quando cada dedo foi testado de novo, a equipe descobriu que os dedos adjacentes e o mesmo dedo na outra mão, sem treino, também tinham melhorado. Na verdade, eles apresentavam um desempenho semelhante ao do dedo treinado.[26]

Como isso aconteceu? A equipe acredita que os sinais táteis desses dedos vão para a mesma região do córtex somatossensorial. Quando essa região melhora seu processamento de sinais táteis, os benefícios são compartilhados.

Uma equipe fez uma descoberta ainda mais surpreendente ao determinar que toques repetidos na ponta do dedo indicador direito aprimoram percepções táteis nos lábios.[27] Acredita-se que isso aconteça porque a região do córtex somatossensorial primário que processa o tato no rosto seja adjacente à região que lida com a mão — mas essa é uma divisão levemente vaga, então os benefícios de aprimorar as reações de uma região se transferem um pouco para a outra (na verdade, as mudanças nas conexões neurais dessas regiões adjacentes de mão/rosto depois da perda de uma mão, por traumas

SUPERSENTIDOS

ou amputação, podem fazer com que alguns pacientes sintam que um toque no seu rosto na verdade ocorra na mão "fantasma" ausente). Se a repetição de toques com o dedo indicador direito aprimora a sensibilidade dos lábios, a pergunta que não quer calar é se as pessoas que passam metade do dia digitando em teclados beijam melhor. Talvez você possa conduzir seu próprio experimento...

O tato pode, então, ser treinado. E, é claro, em um nível básico, o treinamento começa antes do nascimento. Mas leva tempo para uma criança aprimorar esses sentidos. Quanto mais ela manipular objetos diferentes, melhor se tornará seu tato. Porém, nós vivemos em um mundo em que as telas estão (até certo grau) substituindo os brinquedos físicos tradicionais, e isso preocupa alguns pesquisadores. Também existe a preocupação de que o toque entre pessoas não seja tão aceitável em muitas culturas quanto costumava ser. Há, é claro, alguns motivos muito sensatos para isso. Mas uma consequência do desestímulo do toque entre professores e alunos, ou entre colegas de trabalho, sem mencionar o aumento de relacionamentos que nascem na internet e não "em carne e osso", é a redução desse contato físico — do toque humano. Como ele é tão importante para as pessoas se sentirem socialmente conectadas e apoiadas, alguns profissionais da área manifestam preocupação.[28]

O grau de importância desse contato — e o quanto é difícil viver sem ele — foi uma descoberta surpreendente para uma compositora britânica que, durante seu trabalho, acabou conversando com pessoas que passaram anos sem receber o toque de outro ser humano. Suas histórias a sensibilizaram muito. Não há outra maneira de encará-las. E, da forma como ela as descreve, é fácil compreender o motivo.

Steph Singer é a jovem e animada diretora de criação do BitterSuite, um grupo que compõe sinfonias multissensoriais. Essas sinfonias são projetadas para estimular não apenas a audição, mas também o paladar, o olfato e o tato. Ao participar de uma produção do BitterSuite, as pessoas são expostas a vários aromas e gostos, e acompanhadas por um guia — um músico que lhes mostra os movimentos físicos enquanto a orquestra toca.

Em um ateliê na região leste de Londres, recebo uma demonstração de como isso acontece. Singer me pede para sentar em um banco alto e fechar os olhos. Então ela posiciona uma mão no meu peito e a outra nas minhas costas. É um contato profundo, controlador. Quando levanto, ela se move para abraçar minha cintura, de forma que ficamos uma ao lado da outra, com as pélvis alinhadas, as mãos dela em torno do meu quadril, agora me guiando conforme caminhamos. Com os olhos fechados, eu me concentro no toque de Singer, no seu controle (delicado, consensual) dos meus movimentos, com meu corpo, talvez até minha força de vontade, subjugados ao dela.

Singer logo percebeu que, durante as apresentações, essas parcerias físicas entre espectadores e guias podiam se tornar muito intensas. No começo, o grupo não se focava especificamente no tato durante as sessões. "Mas, depois, entendemos que ele é um dispositivo de comunicação muito íntimo", diz ela. "Isso significa que podemos construir um relacionamento não verbal entre dois desconhecidos em uma sala, e, no fim, temos uma erupção de experiências compartilhadas. As pessoas querem falar sobre o que sentiram, querem conversar com outro espectador e descobrir como foi sua experiência. Todo mundo passa pela mesma coreografia idêntica, mas a experiência individual é sempre diferente."

Singer ficou especialmente impactada com a emoção de pessoas que diziam que aquela era a primeira vez em muito tempo que eram tocadas por outro ser humano. Em uma apresentação, um homem de 38 anos revelou que fazia sete anos que ninguém o tocava. "Teve uma outra mulher, com 30 e poucos anos", lembra Singer. "Ela disse que tinha acabado de se mudar para a cidade, e fazia oito meses que ninguém a tocava. E contou que, apesar de todo mundo odiar metrôs lotados, ela se inclinava de leve para cima das pessoas no vagão, porque sentia falta desse contato... Não estou dizendo que todo mundo devia ser tocado o tempo todo. Mas contato é algo *humano*."

Junto com um pesquisador da King's College de Londres, Singer explorou o comportamento dos seus espectadores diante do toque com mais detalhes. No fim de uma apresentação, eles recebiam

SUPERSENTIDOS

questionários. Algumas das respostas para a pergunta "Você já sentiu falta de ser tocado? Caso a resposta seja afirmativa, como foi essa sensação?" foram muito sinceras e inesquecíveis.[29] Por exemplo:

> Sim. Parecia que eu me sentia menos fluido dentro do meu corpo, mais rígido. Eu sentia uma ânsia por contato e me lembrava (ou tentava me lembrar) de como era ser tocado. Eu pensava em como minha mãe fazia carinho no meu cabelo e nas minhas orelhas quando eu estava doente ou chateado.

> Sim, é uma sensação muito solitária, mas só me dei conta disso quando encostaram em mim (no fim de uma aula de yoga). Eu chorei.

Existem diferenças culturais, é claro, em até que ponto é comum ou considerado aceitável tocar em outra pessoa. Alguns pesquisadores acreditam que essas diferenças ajudem a explicar variações em outros tipos de comportamentos sociais.

Quando Tiffany Field, diretora do Instituto de Pesquisa sobre Tato da Universidade de Miami, observou crianças em idade pré-escolar brincando em um parquinho e adolescentes em um McDonald's em Miami, e em Paris, na França, notou algumas discrepâncias óbvias. As crianças pequenas francesas eram mais tocadas pelos pais do que as de Miami. Os adolescentes franceses, notou ela, tocavam, abraçavam e faziam carinho uns nos outros com mais frequência do que os norte-americanos. Os adolescentes franceses também tinham interações verbais e físicas menos agressivas. É claro que outros fatores podem ajudar a explicar isso, mas Field acredita que as diferenças na maneira como as duas nacionalidades lidam com o toque sejam importantes.[30]

Com base nos seus anos de observação de pessoas tocando umas nas outras em espaços públicos, ela também acredita que a presença de smartphones em nossas vidas faz com que as crianças sofram uma maior deficiência de toques hoje em dia. Talvez seja tentador deixar uma criança brincando com o celular para acalmá-la, mas isso faz com que ela não interaja fisicamente com os pais ou com os irmãos. Ela diz que, na verdade, a onipresença da tecnologia significa que

TATO

precisamos ficar mais atentos para garantir que as crianças recebam contato humano suficiente: "Acho que os pais precisam se esforçar para oferecer o maior contato físico possível".[31]

No momento, o tato não é um sentido que funciona a distância. Para sentir todas as ondulações e texturas de uma laranja, por exemplo, você precisa segurá-la na mão. Mas isso pode mudar em um futuro próximo. A indústria dos games está impulsionando boa parte dessas pesquisas. As empresas de jogos querem que os usuários não apenas vejam e escutem o mundo virtual, mas também o sintam. No Laboratório de Robótica Reconfigurável da Escola Politécnica Federal de Lausanne, na Suíça, uma equipe de engenheiros tenta bolar uma forma de fazer isso. Eles estão desenvolvendo uma pele sintética macia, artificial, feita de plástico flexível e cheia de bolsos de ar minúsculos, cada qual podendo ser inflado e esvaziado muitas vezes por segundo.[32] Uma pessoa que use uma luva feita com essa pele, ou até um modelo de corpo inteiro, pode *sentir* um soco no peito, ou um carinho delicado.

Outras equipes pretendem desenvolver mecanorreceptores artificiais mais sofisticados,[33] e até um neurônio tátil artificial, capaz de detectar a força da pressão que sofre e transmitir essa informação para controlar músculos reais.[34]

Alguns grupos estão se concentrando em novas formas de usar o toque. Assim como é possível usar a audição de forma inusitada — como a ecolocalização de Daniel Kish, por exemplo —, parece cada vez mais possível associar o tato a outros papéis. E alguns resultados são extraordinários. Por exemplo, aparelhos táteis que convertem imagens de vídeo de câmeras acopladas ao corpo em padrões de estímulo visíveis e efervescentes na língua permitem que pessoas cegas escalem montanhas. Erik Weihenmayer, um norte-americano que perdeu a visão na adolescência devido a uma doença hereditária, usa um aparelho semelhante para fazer escaladas externas em Utah e no Colorado (Weihenmayer escalou até o monte Everest, apesar de ter usado "apenas" o tato nessa empreitada, além de um guia).[35]

Porém alguns pesquisadores defendem que é possível hackear nosso tato para permitir novos "sentidos". "A experiência da realidade não precisa ser restrita por nossas condições biológicas", é a promessa futurista de David Eagleman, um neurocientista da Universidade de Stanford.

Inicialmente, o laboratório de Eagleman bolou o VEST (Transdutor Extrassensorial Versátil, na sigla em inglês) como um aparelho de substituição sensorial para pessoas surdas. Ele é usado como um colete com motores vibrantes (32, na última vez que contaram). A ideia é que, quando alguém falasse, suas palavras fossem traduzidas em padrões de estímulos de toque físico. Mas o trabalho acabou se expandindo para outras áreas.

Na teoria, ele é capaz de traduzir praticamente qualquer coisa que você quiser — tendências do mercado financeiro, por exemplo, ou sua pressão arterial, ou a luz fora do espectro visível — em padrões de simulação de toque que podem ser interpretados por nós, humanos, com nosso talento para identificar padrões e aprender. No começo, é preciso fazer muito esforço consciente. Porém, com a prática, segundo Eagleman, essas associações se tornam automáticas, "e um novo sentido desperta".[36]

Mas será que isso pode ser considerado um novo "sentido"? Ou apenas uma forma de receber novas informações por meio do tato? Pessoas fluentes em Braille podem perder a conscientização de sinais táteis e passarem a "sentir" a palavra escrita sem fazer esforço — mas continuam usando o tato.

Se você, hipoteticamente, desenvolvesse um novo "sentido" para interpretar o mercado financeiro, por exemplo, já sabemos que ele não seria seu "sexto sentido". É inegável que temos outros sentidos naturais além de visão, audição, olfato, paladar e tato. E, agora, chegou a hora de deixarmos o velho modelo aristotélico e entrarmos no extraordinário mundo amplo da nossa incrível capacidade de sentir.

Parte dois

Os "novos" sentidos

Não existe outro sentido além dos cinco...

Aristóteles, *Da alma*

Como sabemos, Aristóteles tinha seus motivos para concluir que nós temos apenas cinco sentidos. Só para reforçar, ele era um biólogo incrível. Um renomado anatomista do século XIX chegou ao ponto de declarar: "A ciência zoológica surgiu a partir do trabalho dele, quase como Minerva saiu da cabeça de Jove, em um estado de maturidade nobre e esplêndida".[1] No entanto, desde sua época, as pesquisas expandiram seu pequeno conjunto de sentidos para um universo fascinante.

No fim das contas, existe um vasto mundo sensorial a ser explorado — um mundo de sentidos pouco conhecidos que permitem que você tenha sensações abrangentes, da agonia ao êxtase, e que leva o corpo a lugares que o tato e a visão só podem sonhar. Esses sentidos, assim como os que já conhecemos, nos tornam quem somos. E eles chegam ao coração literal da experiência humana. Mas é melhor começarmos com aquilo que acontece embaixo da pele.

6

Mapeamento corporal

Como virar uma primeira bailarina

Levante-se. Feche os olhos. Erga a mão direita e leve o dedo indicador à testa, mas não a toque. Agora, dê um passo para a frente e erga a mão para encostar, com a palma para baixo, no topo da cabeça.

Você conseguiu fazer isso? Caso tenha conseguido, dos cinco sentidos de Aristóteles, apenas o tato teve um papel nos seus gestos, avisando quando a mão entrou em contato com o crânio e quando o pé perdeu e retomou o contato com o chão. Porém, sem um mapeamento mental da localização das várias partes do seu corpo, você não teria ideia de quando seu dedo estaria próximo da testa — e, quando tentasse levar a mão até a cabeça, o braço ficaria perdido. No entanto, seria uma sorte conseguir chegar nesse momento. Sem informações sobre a atividade muscular das pernas, quando você tentasse andar, acabaria dando de cara com o chão.

Nós, humanos, contamos demais com a visão para nos ajudar a coordenar o contato com objetos e para nos movimentar. Porém, sem a visão, essas coisas ainda podem ser feitas com facilidade. Mas, quando perdemos o senso da localização espacial das partes do corpo, a coisa muda de figura. Neste capítulo, vamos aprender como esse sentido vital, conhecido como propriocepção, funciona e como podemos usá-lo de formas melhores para beneficiar nossos corpos físicos e nossas mentes.

Embora seja considerado um sentido "novo", ele não é tão novo assim. A ciência básica por trás do seu funcionamento é conhecida há bem mais de um século. Desde o fim da década de 1860, o anatomista britânico Henry Bastian defendia a existência de um sentido muscular, que chamava de "cinestesia" (do grego *kinein*, se mover, e *aisthesis*, sensação) — o senso de movimento dos membros. Ele

MAPEAMENTO CORPORAL

acreditava que a cinestesia tinha um papel importante no controle cerebral dos movimentos do corpo.[1] Mas ninguém sabia como esse sentido era gerado.

No entanto, havia muito interesse em descobrir — e o impulso científico para tanto. Em 1876, a Sociedade Fisiológica Britânica foi fundada. Figuras proeminentes proclamaram que as descobertas de pesquisas sobre anatomia, fisiologia experimental e medicina clínica deviam ajudar umas às outras. E começava a ficar aparente que diferentes regiões do córtex cerebral — a camada externa do cérebro — tinham funções especializadas. Em 1881, já se falava sobre uma suposta área motora (movimento) ou "área sensório-motora" do cérebro.[2]

Alguns fisiologistas alemães defendiam que a percepção de deslocamento era gerada pelo monitoramento cerebral dos comandos de movimento enviados para os músculos. Mas e se alguém mexesse seu braço por você, erguendo-o acima da sua cabeça? Você ainda sentiria o movimento do braço e saberia onde ele está. Conforme o fisiologista britânico Sir Charles Scott Sherrington argumentou, mesmo quando estamos parados, possuímos uma noção instintiva e profunda da posição das muitas partes de nosso corpo. Ele estava decidido a compreender por quê.

Sherrington desenvolveu a ideia de um "sentido muscular", um componente fundamental daquilo que ele logo passou a chamar de "propriocepção" (uma mistura do termo em latim para "próprio de alguém" e percepção).[3] Ele, e seu colega sensorial pioneiro Angelo Ruffini (dos corpúsculos de Ruffini que detectam alongamento), junto com muitos outros fisiologistas, trabalharam incansavelmente, ampliando os limites do mundo sensorial conhecido. Suas descobertas sobre os receptores em si e como eles transmitiam mensagens foram incríveis. Era como se escavassem pedras preciosas do corpo (como sabemos, Ruffini foi mais literal ao fazer isso.)

Depois de se transferir para as universidades de Liverpool e depois Oxford, Sherrington se dedicou à pesquisa sobre as conexões entre os músculos, a medula espinhal e o cérebro, que o levou, mais tarde, a dividir a vitória do Prêmio Nobel de Fisiologia ou Medicina de 1932. Finalmente, por meio de sua pesquisa, ele demonstrou com

SUPERSENTIDOS

provas irrefutáveis que os sinais sensoriais enviados ao cérebro por todo o corpo influenciavam a postura e o controle do movimento.[4]

Talvez você nunca tenha pensado em si mesmo como um "pêndulo invertido segmentado"... mas, com a espinha dorsal formada por vértebras individuais e uma cabeça pesada, é exatamente isso que somos.[5] Um sistema tão inerentemente instável requer ajustes quase constantes de postura para permanecer ereto. A pesquisa de Sherrington mostrou que vias reflexas — que permitem reações automáticas independentes da força de vontade — são as principais responsáveis por esse trabalho.

No entanto, não importa se você está inconscientemente se mantendo de pé dentro de um ônibus ou escalando o monte Everest, as duas tarefas dependem da propriocepção. Trata-se, como escreveu Sherrington em 1906, da "percepção do movimento de juntas e corpo, assim como o posicionamento espacial do corpo ou de segmentos do corpo".[6] Em resumo, é a sensação de quando, e com que velocidade, partes do corpo se movem e onde elas estão uma em relação à outra. Você está sentado? Se estiver, feche os olhos. Caso consiga *sentir* por instinto que suas pernas estão em uma posição mais baixa do que o seu peito, pode agradecer à propriocepção por isso. Agora, se você levantar um braço e senti-lo se mover, a responsável também é a propriocepção.

É verdade que o termo "propriocepção" não é dos mais fáceis, e este sentido é pouco conhecido, mas isso não significa que ele seja insignificante. A propriocepção é como um funcionário que faz a empresa toda funcionar, mas quase não recebe atenção. Só porque você raramente nota essa pessoa trabalhando não quer dizer que ela seja dispensável, apenas absurdamente ignorada. Na verdade, nós usamos a propriocepção o tempo todo.

Neste momento, para eu conseguir digitar, meu cérebro precisa saber exatamente onde estão meus dedos no espaço e em relação uns aos outros. Quando aprendi a digitar, eu me concentrava no que via, observando a posição dos dedos pelo teclado. Como a visão dominava meu foco consciente, como acontece com tanta frequência, eu não percebia os sinais de posicionamento relativamente sutis que recebia das mãos e dos dedos. Porém, se eu fechar os olhos agora e continuar digitando, consigo senti-los.

Agora, pense em como você aprendeu a pegar uma bola. Aposto que, assim como aconteceu comigo, disseram para você prestar atenção na bola, não nas mãos. Esse conselho dá certo porque, graças à propriocepção, o cérebro sabe onde as mãos estão no espaço. O fator desconhecido é a posição da bola, e a visão ajuda nesse sentido. Para pegar alguma coisa, você não precisa estar ciente dos sinais da posição das suas mãos — mas eles são enviados de toda forma.

Três grupos diferentes de receptores, embutidos em nossos corpos, assim como no de todos os mamíferos, nos agraciam com esse sentido.[7] Assim como os essenciais para o tato e a audição, eles todos são "mecanorreceptores" — ou seja, reagem a estímulos físicos, como compressão e alongamento.

Espalhados pelos músculos estão os receptores de alongamento conhecidos como "fusos". Essas cápsulas minúsculas de tecido conjuntivo contêm fibras musculares pequenas e especializadas, que mantêm contato muito próximo com as terminações dos neurônios sensoriais. Esses neurônios transmitem mensagens para o cérebro sobre o momento em que um músculo começa a se alongar, a rapidez e a interrupção do alongamento.

Os fusos musculares, como uma entidade dentro do corpo, foram descobertos em 1851. Mas foi Angelo Ruffini o primeiro a compreender, em 1892, enquanto estava na Universidade de Bolonha, Itália, que eles são um tipo de receptor sensorial. Por acaso, apesar de Sherrington estar completamente imerso na nova área de pesquisa sensorial, a situação de Ruffini era diferente. Seu trabalho era pesquisar e ensinar a anatomia microscópica dos tecidos corporais. Graças a esse trabalho, os receptores sensoriais na pele e nos músculos se tornaram uma paixão (assim como os embriões de anfíbios, mas essa é outra história).

Ruffini trabalhou sozinho com esses receptores, em relativo anonimato, por um bom tempo. Era uma luta para publicar seus trabalhos revolucionários. Mas Sherrington era seu fã. Para ele, Ruffini era referência na área. Na verdade, quando um amigo neurologista de

SUPERSENTIDOS

Sherrington relatou que uma região da pele de seu braço tinha uma sensibilidade "limitada", ele imediatamente escreveu para Ruffini, pedindo ao colega italiano, com bastante afobação, para analisar uma amostra:

> Tenha a bondade de me informar o mais rápido possível a sua disponibilidade... E me conte qual é o fluido exato em que posicionar a amostra de tecido retirada. Também me informe se é necessário um pequeno retalho ou múltiplos, e em que profundidade... Tenho a certeza de que o senhor é o melhor investigador no mundo inteiro para tal consulta.[8]

Apesar disso, a amizade por correspondência da dupla (infelizmente eles nunca se conheceram pessoalmente) não começou por causa de receptores de pele, mas devido ao trabalho de Ruffini com os músculos. Um ano depois de Ruffini declarar que fusos musculares eram receptores sensoriais, Sherrington relatou ter rastreado terminações nervosas desses fusos até uma raiz dorsal da medula espinhal — o ponto de entrada para mensagens sensoriais —, confirmando que elas estavam, de fato, alimentando nossa experiência sensorial. O "sentido muscular" agora estava devidamente comprovado.

Sherrington tentou divulgar a novidade. No ano de 1900, algumas semanas antes do Natal, ele escreveu para Ruffini:

> Eu empreguei todos os esforços para organizar aulas de fisiologia para diretores e diretoras de nossas escolas estaduais. Parece-me muito importante que as pessoas encarregadas de crianças em idade escolar estejam em posse dos fatos sobre o funcionamento normal do corpo e dos sentidos.[9]

Mesmo assim, para a maioria dos currículos escolares, esse sentido continua inexistente.

Os fusos musculares são os astros da propriocepção,[10] mas existem alguns atores coadjuvantes importantes. Se você estiver apoiando este livro em alguma coisa, levante-o. Os órgãos tendinosos de

169

MAPEAMENTO CORPORAL

Golgi, que ficam nas junções entre os músculos e os tendões, registrarão o movimento e sinalizarão o aumento de tensão conforme você levanta a carga (Ruffini também fez estudos importantes sobre esses órgãos).

O terceiro grupo principal de proprioceptores consiste em mecanorreceptores localizados dentro e em torno das cápsulas articulares — os selos em torno das bordas dos ossos que formam uma junta. Esse grupo inclui corpúsculos de Pacini, que, como sabemos, também são encontrados na pele. Aqui, seu trabalho é transmitir até as mais minúsculas vibrações pelo esqueleto. Quando você gira uma junta, como um joelho ou um cotovelo, eles irão reagir.

Se estimulados, tanto os corpúsculos de Ruffini quanto os órgãos tendinosos de Golgi enviarão sinais contínuos para o cérebro. Ambos recebem estímulo máximo em determinados ângulos das juntas. O cérebro pode usar o grau de estímulo desses receptores para atualizar o mapa de posicionamento dos membros do corpo, ao mesmo tempo que também incorpora atualizações constantes de outros proprioceptores. Ainda assim, aquela ideia alemã inicial de que os comandos de movimento enviados do cérebro para os músculos são importantes para nossa percepção de membros não está completamente errada. Nós já sabemos que, ao gerar percepções de sons, luz e assim por diante, o cérebro conta não apenas com sinais sensoriais, mas com expectativas. O mesmo vale para a propriocepção.

Um grupo de seis voluntários australianos corajosos ofereceram um apoio experimental claro para essa teoria. Em um estudo feito no Instituto de Pesquisa Médica Prince of Wales, em Sydney, eles aceitaram que seus braços fossem paralisados e anestesiados. Suas mãos não poderiam se mexer nem registrar qualquer sensação. Porém, quando lhes pediram para tentar dobrar a mão, eles relataram *sentir* que ela se mexia — e, quanto mais se esforçavam para fazer isso, mais movimentos detectavam.[11] Os sinais motores enviados pelo cérebro aos músculos da mão não causavam qualquer movimento real, porém, com base em inúmeras experiências passadas, o cérebro *esperava* que o deslocamento acontecesse. Essas expectativas confiáveis eram

SUPERSENTIDOS

devidamente transmitidas para o mapa corporal no cérebro e para as percepções dos voluntários.

Acredita-se que esse mapa corporal seja fundamental para boa parte do que fazemos. Pense no Capítulo 5 sobre o tato e naquela taça de vinho no armário da cozinha. Antes de conseguir tocá-la, você precisa posicionar sua mão e seu braço da forma certa. Primeiro, o cérebro planeja o movimento desejado. Com base no mapa corporal atual e em acontecimentos passados, ele prevê o resultado de instruções para músculos específicos do braço e da mão. Então, conforme você começa a se esticar para pegar a taça, sinais proprioceptivos, visuais e, depois, táteis guiam e refinam essas instruções, de forma que — espera-se — seus dedos façam um contato delicado com a haste da taça. Se e quando isso acontecer, sinais dos fusos musculares e dos órgãos tendinosos de Golgi garantem que, ao pegar a taça, seu poder muscular seja equiparado à massa... Em outras palavras, você a segura com delicadeza, em vez de apertá-la feito o Hulk e esmagá-la contra o teto do armário.

Por meio de tentativas repetidas de pegar uma taça de vinho, segurar uma bola ou tocar piano, o cérebro passa a realizar essas ações de forma mais coordenada — a saber o que esperar e como orientar —, e deixamos de ser lentos, desajeitados e atentos, alcançando certa proficiência. Em 2019, pesquisadores da Universidade de Pittsburgh publicaram um estudo que revelou as mudanças fundamentais no cérebro quando isso ocorre (nesse caso, no cérebro de macacos-rhesus): conforme os macacos deixavam de ser completamente ignorantes sobre uma tarefa e se tornavam especialistas, novos padrões de atividades neurais começaram a surgir.[12] A prática parece criar e depois fortalecer esses padrões.

É claro que usamos muito a visão para ajudar a coordenar nossas ações. Se você acha que é capaz de fechar os olhos, entrar na cozinha e pegar uma taça de vinho no armário com facilidade, isso sugere certo treino... Na verdade, se você fechasse os olhos, talvez conseguisse se deslocar pela cozinha sem muita dificuldade. Porém, se você subitamente perdesse a propriocepção, seria uma tarefa impossível. Como sabemos disso? Em parte, por meio de pessoas que

MAPEAMENTO CORPORAL

passaram por experiências como essa e sabem exatamente como é a sensação.

Em 1971, Ian Waterman tinha 19 anos e trabalhava como açougueiro na ilha de Jersey. Ele foi infectado por um vírus. Seu corpo reagiu de forma inesperada — e catastrófica. O sistema imunológico de Waterman se voltou contra a via neural que transmite informações sobre o tato e a propriocepção.[13] Ele conseguia sentir outras coisas, inclusive dor e temperatura, mas a propriocepção e o tato abaixo do pescoço desapareceram.[14]

Como os neurônios motores de Waterman funcionavam, ele não ficou paralisado. Mas não conseguia levantar nem sentar. Sem qualquer senso da atividade dos músculos e das juntas, até erguer uma xícara era uma tarefa impossível. Deitado em um leito de hospital, ele via os membros levantando a esmo, acertando alguém sentado ao seu lado ou derrubando objetos da mesa de cabeceira. Os médicos disseram que sua condição não tinha cura e que ele passaria o resto da vida em uma cadeira de rodas.

Waterman se recusou a aceitar esse diagnóstico. Com o tempo, ele aprendeu a usar a visão para monitorar os membros e seus movimentos. Mas isso exige um esforço tremendo. Ele precisa analisar o caminho, entre dois e 2,5 metros adiante, o tempo todo planejando o que vai fazer, para saber onde posicionar seus pés. Ele também verifica os pés o tempo todo, sempre checando as consequências de seus atos físicos. Waterman levou um ano para aprender a se levantar com segurança, e três anos para conseguir caminhar dessa forma. E o ato nunca se tornou mais fácil. Com a perda permanente da propriocepção, parece que o uso de sinais motores para o mapeamento corporal desaparece.

A perda do tato retirou de Waterman o conhecimento instintivo de onde ele terminava e o restante do mundo — desde a calçada até um garfo — começava. A perda das terminações nervosas que conduzem informações proprioceptoras acabou com sua compreensão instintiva do posicionamento e do movimento de partes do próprio corpo.

SUPERSENTIDOS

Waterman perdeu a propriocepção quando já era adulto. A menina e a mulher mencionadas no capítulo anterior com deficiência de PIEZO2 passaram a vida inteira sem ela. As duas conseguiam andar de forma quase normal — até serem vendadas durante testes. Então, cambaleavam e caíam. Quando os pesquisadores moviam seus membros, elas não sentiam o que estava acontecendo. Como ambas nasceram sem a propriocepção, seus cérebros se adaptaram de forma extrema, fazendo com que a visão compensasse intensamente, assumindo com sucesso o trabalho de monitorar a posição dos seus corpos no espaço.[15]

Essas duas pacientes também apresentavam deformações no esqueleto. Elas tinham escoliose, uma curvatura da espinha dorsal, e o quadril e os pés estruturados em ângulos pouco comuns. Isso levou os pesquisadores à suspeita de que a propriocepção é importante para o desenvolvimento esquelético. Para manter a postura do corpo, os músculos enviam sinais constantes sobre seu formato, recebendo instruções de volta. Se esse processo for interrompido, você não conseguirá manter a coluna ereta nem deixar seus membros em posições normais — e o desenvolvimento ósseo normal é prejudicado.

No entanto, se você tiver uma propriocepção típica, mesmo com uma configuração esquelética pouco comum, seu cérebro adaptável consegue lidar com essa situação. Estudos em pessoas com membros a mais no corpo apresentam indícios claros disso.

Quando uma pessoa nasce com um sexto dedo, ele geralmente é cirurgicamente removido logo após o parto, já que partimos do princípio de que o dedo não será útil e pode ser alvo da atenção negativa de outras crianças. No entanto, em 2019, o primeiro estudo sobre a fisiologia e a mecânica sensório-motora de duas pessoas com um dedo extra completamente desenvolvido entre o dedão e o indicador encontrou vantagens expressivas.[16]

Não apenas essas pessoas usam o dedo extra com regularidade em seu dia a dia, mas, ao serem analisadas durante um jogo de videogame que exigia o toque coordenado de botões, elas foram capazes de fazer com apenas uma mão aquilo que pessoas com uma quantidade típica de dedos só conseguem fazer com duas. O trabalho mostra que

MAPEAMENTO CORPORAL

o sistema nervoso e o cérebro são perfeitamente capazes de adotar e coordenar dedos extras (e talvez membros inteiros?). Ele também dá a entender que, em primeiro lugar, deixando de lado o impacto psicológico de ter uma aparência diferente, dedos extras não deveriam ser removidos, e que, em segundo, um dedo biônico adicional talvez fosse útil para nós que não os temos.

Ao mesmo tempo que os sinais proprioceptivos são essenciais para a compreensão intuitiva do posicionamento do corpo, eles também podem ter impactos associados ao nosso estado psicológico.

Talvez a maior defensora da ideia de que a postura afeta a maneira como nos sentimos seja a psicóloga social Amy Cuddy, de Harvard. A palestra de Cuddy no TED Talk em 2012 sobre "poses de poder" foi assistida mais de 18 milhões de vezes.[17] As poses de poder são abertas, expansivas. Uma das possibilidades é fincar as pernas no chão, mantendo-as afastadas, e levar as mãos ao quadril. Em contraste, a cabeça para baixo, os ombros curvados e os braços cruzados sobre o peito formam o suprassumo da pose derrotista.

Alguns psicólogos, com base em suas próprias pesquisas e em avaliações da literatura especializada, não acreditam que a forma como o cérebro interpreta os sinais proprioceptivos de poses de poder tenha os efeitos alegados.[18] A própria Cuddy relaxou sua postura metafórica sobre o assunto. Mas ainda há sinais de que uma pose de poder faz, sim, as pessoas se *sentirem* mais fortes. Na teoria, isso pode afetar o resultado de uma reunião ou de uma negociação.

Pense nos times neozelandeses de rúgbi masculino e feminino — respectivamente, All Blacks e Black Ferns —, e nas suas *hakas*, que apresentam antes das partidas. A *haka* surgiu como uma forma de se preparar para a guerra. É pouco provável que um jogador de rúgbi morra se errar a posição espacial de seus braços e pernas; no entanto, um guerreiro em batalha quase certamente esse destino. É fácil imaginar como movimentos poderosos, ritmados e repetitivos, que estimulam os proprioceptores, conseguem nos preparar para usarmos melhor nosso corpo. Assim, uma *haka* pode funcionar como um aquecimento proprioceptivo. Mas algo naqueles movimentos

SUPERSENTIDOS

baixos, firmes, aterrados e confrontadores também pode fazer uma pessoa se sentir psicologicamente mais forte. As letras das *hakas* são fortes, e é impossível separar os efeitos causados pelas palavras e pelas ações. Porém, para Te Kura Ngata-Aerengamate, que liderou a *haka* de seu time durante a Copa do Mundo de Rúgbi Feminino de 2017, o efeito é potente. "Parece que seu coração está rugindo", explicou ela para um jornalista certa vez. "Você entra em uma zona de energia extra, como se estivesse em outro patamar."[19]

Para a maioria das pessoas, a propriocepção costuma ser um sentido suave. A menos que estejamos forçando os músculos ou enchendo nossos membros de peso, ela não grita para a nossa consciência, exigindo atenção, da mesma forma que faz a visão. Além de ser menos chamativa que a visão, ela também é menos precisa. Isso significa que, se a propriocepção diz uma coisa e as informações visuais falam outra, o cérebro tende a acreditar na mensageira mais confiável, a visão, e a passar por cima dos proprioceptores. O irmão mecanossensorial da localização de membros, o tato, também não é tão favorecido. Ele também pode ser dispensado em prol da visão. E essas dinâmicas criam ilusões muito esquisitas.

Você tem acesso a um espelho de mesa? Se tiver, pode tentar uma ilusão corporal. Coloque uma mão sobre a mesa, diante do espelho, com a palma para cima, e a outra atrás do espelho, fora da sua visão, com a palma para baixo. Agora, abra e feche as mãos.

Dentro de um minuto, você deve sentir que a mão atrás do espelho subitamente vira para cima e passa a imitar o reflexo da outra mão (Jared Medina, da Universidade de Delaware, descreve o que aconteceu quando fez esse experimento no laboratório: "De repente, você escutava risadas de surpresa quando as pessoas tinham essa sensação divertida de terem virado a mão, apesar de nada ter mexido").[20]

Se você tentar o experimento, e der certo, o tato e os proprioceptores dirão que sua mão escondida mantém a posição. Mas os olhos irão sugerir outra coisa. Como a visão costuma ser uma fonte confiável de informações sobre como as partes do corpo estão orientadas, o cérebro confia nela para solucionar esse conflito sensorial.

MAPEAMENTO CORPORAL

Essa experiência faz parte de uma grande família de ilusões de "mão de borracha", "corpo de borracha" e até "língua de borracha", que demonstram como a percepção de nosso próprio corpo está sujeita à manipulação.

Uma versão simples da ilusão da mão de borracha, que foi descrita pela primeira vez há mais de vinte anos,[21] funciona assim: um voluntário senta com os antebraços apoiados em uma mesa. Uma cortina esconde sua mão direita. Então, uma mão de borracha é posicionada na frente dela, alinhada ao ombro direito, com o toco coberto por um pano. O pesquisador usa pincéis macios para estimular, simultaneamente, os dedos da mão real, escondida, e da mão falsa, na qual o voluntário foca. Em pouco tempo, a maioria das pessoas relata que a mão de borracha começa a parecer integrada ao próprio corpo, enquanto a mão real, escondida, dá sinais de ser falsa (fiz esse teste recentemente e não senti nada; no entanto, foi durante um evento noturno, e algumas taças de vinho tinham afetado meus batimentos cardíacos. Eu conseguia sentir muito bem o sangue correndo pelas minhas veias e o meu braço verdadeiro formigando. A mão de mentira não tinha chance contra aquilo).

Já foi provado que as pessoas conseguem sentir um corpo artificial inteiro como seu, e, ao ver um manequim sendo acariciado no peito, sentem o toque em si mesmas. Outro experimento, chamado "Being Barbie",*[22] determinou que é possível até induzir a ilusão de que você é do tamanho de uma boneca de 30 por 80 centímetros (isso ocorre por meio do toque sincronizado no participante e em uma boneca), fazendo objetos corriqueiros parecerem gigantes.[23] Por sua parte, Charles Spence descobriu que não apenas o toque sincronizado pode fazer alguém confundir uma língua de plástico com a sua própria, mas também que, ao pingar suco de limão na língua de plástico, algumas pessoas chegam a sentir o sabor azedo.[24]

Henrik Ehrsson, neurocientista cognitivo e especialista nessas ilusões corporais, relata que elas funcionam na maioria das pessoas (geralmente entre 70% e 80%), mas não em todas. Não está evidente o moti-

---

★ "Sendo a Barbie", em tradução livre. [N. da T.]

SUPERSENTIDOS

vo pelo qual algumas pessoas não se enganam, mas deve ter relação com o fato de elas terem uma propriocepção melhor. O próprio Ehrsson diz que, enquanto ele e um dos seus dois irmãos sentem vividamente a experiência da mão de borracha, o outro irmão não se engana. Por um acaso, esse irmão também é um guitarrista excelente, acostumado a contar com sinais proprioceptivos sobre o movimento das suas mãos.[25]

Aqueles que são enganados por essas ilusões podem sofrer efeitos biológicos poderosos. Pessoas levadas a acreditar que uma mão de borracha é sua apresentam uma queda pequena, porém mensurável, na temperatura da pele da mão verdadeira,[26] indicando que o fluxo de sangue foi reduzido. E mais, o sistema imunológico, que leva muito a sério seu trabalho de discriminar células "próprias do corpo" de células "de fora do corpo", também reage, aumentando os níveis de histamina na mão verdadeira.[27] Níveis aumentados de histamina são associados a doenças autoimunes, nas quais o sistema imunológico se volta contra as células do próprio corpo. A ilusão basta, pelo que parece, para fazer o sistema imunológico começar a deserdar uma parte do corpo verdadeira.

No entanto, apesar de a visão ser capaz de dominar a propriocepção, os sinais dos membros também podem influenciar aquilo que vemos. De novo, isso ocorre porque as expectativas, e não apenas os sinais sensoriais, influenciam nossas percepções. De todos os estudos que demonstram isso, acredito que um em específico realmente se destaque.

Este é outro teste que, na teoria, você pode fazer. Encontre algo que funcione como uma venda completa, mas que permita que seus olhos permaneçam abertos. Um daqueles óculos de realidade virtual serve.

Sente-se com os olhos vendados, levante um braço, dobrado no cotovelo, e lentamente acene a mão na frente do rosto, indo de um lado para o outro da cabeça. Você *vê* alguma coisa? Caso a resposta seja afirmativa, você enxerga o movimento? Se sim, o objeto em movimento tem forma?

No estudo original, liderado pelo neurocientista Duje Tadin, quando um pesquisador acenava na frente dos participantes vendados, ninguém via nada. Essa reação não foi surpresa, é claro. Porém,

MAPEAMENTO CORPORAL

quando precisavam acenar com a própria mão, metade do grupo afirmou ter sensações visuais. Muitos relataram enxergar movimentos, frequentemente descrevendo uma sombra que se mexia ou escurecia. Essas sensações tendiam a ser mais fortes quando a mão estava na região periférica, externa, do campo visual, e não no centro.[28]

Eles estavam mesmo "vendo" alguma coisa? Ou só diziam que estavam?

Ao monitorar o movimento de um objeto que se desloca de verdade, os olhos se mexem de forma sutilmente diferente do que ao acompanhar um objeto imaginário. Com o uso de câmeras minúsculas, Tadin conseguiu confirmar que, quando as pessoas vendadas no estudo acenavam as mãos e alegavam acompanhar um movimento, isso acontecia de verdade. Seus cérebros e músculos oculares se comportavam como se um objeto real estivesse mesmo lá. Aparentemente, essas percepções eram mais fortes nas periferias porque, como Anil Seth descobriu, nossa construção do mundo não conta muito com os dados da retina que vêm dessa parte do campo visual.

O estudo mostra que, para muitas pessoas, sinais proprioceptivos associados com movimentos específicos bastam para gerar o tipo de percepção visual que tipicamente acompanham um movimento. Tadin observa que o fenômeno pode ajudar a explicar aparições fantasmagóricas, que, é claro, costumam acontecer à noite. Um caçador de fantasmas vagando pela escuridão pode ter um vislumbre estranho de movimento e atribuir a ele uma interpretação assustadora, quando era apenas seu cérebro alucinando o movimento de seus próprios braços.

Está evidente que a propriocepção é fundamental para nossa vida diária. Mas será que ela pode ser aprimorada? E, se puder, quais seriam os benefícios?

Quando se trata de diferenças individuais na sensibilidade proprioceptiva, sabe-se muito pouco em comparação aos outros sentidos discutidos até aqui. Porém, levando em consideração o espectro da sensibilidade do tato, parece certo presumir que o mesmo vale para a propriocepção. Isso pode ajudar a explicar casos de coorde-

178

SUPERSENTIDOS

nação extraordinária entre olhos e mãos, e habilidade em esportes, assim como variações mais desastradas.

Algumas pessoas parecem mesmo ser habilidosas de um jeito sobrenatural. Pouco tempo atrás, meu marido levou um amigo, que é ex-jogador profissional de futebol, a um campo de golfe pela primeira vez. A performance dele foi incrível. Ele acertava as bolas como se jogasse há anos. Tenho certeza de que seus genes de propriocepção são os "certos".

Pergunto a Gary Lewin sobre isso. "Não conheço nenhum método bom para quantificar a qualidade da propriocepção diretamente no nível dos receptores", diz Lewin. "Mas acredito que os atletas extremamente ágeis e precisos quase com certeza têm um sistema proprioceptivo muito bom. Os movimentos motores necessários para jogar tênis ou outro esporte rápido exigem um feedback instantâneo dos músculos e tendões, para você saber onde eles estão a cada segundo. Não é coincidência que o treinamento, por si só, não transforme a maioria das pessoas em atletas de elite. Isso deve depender do sistema sensorial com que nascemos."

Ainda assim, da mesma forma como acontece com todos os sentidos, a prática é fundamental para o desenvolvimento. E existem indícios de que ela começa no útero. A agitação e o balanço dos membros de um feto podem parecer aleatórios, mas, nas fases finais da gravidez, quando as mãos do bebê se movem até a boca, a boca frequentemente se abre primeiro, se preparando para sugar os dedos. Sem a propriocepção, isso não aconteceria.[29]

É claro que os bebês têm pouca coordenação. Uma criança precisa praticar bastante até aprender a levar um copo até a boca sem derramar o líquido primeiro, ou montar uma torre de blocos, que dirá escalar uma árvore. Alguns pesquisadores temem que o uso mais intenso de telas por crianças pequenas seja uma ameaça para esse sentido, além de poder ser prejudicial ao tato. Aquelas que passam tempo demais dentro de casa, sem correr por aí, sem se pendurar em árvores, sem desafiar bastante o corpo, podem se tornar excelentes manipuladoras de controles de PlayStation, mas terão dificuldades no mundo real.

MAPEAMENTO CORPORAL

E os adultos? Nossos ancestrais eram caçadores e coletores ativos. Agora, muitas pessoas passam longos períodos sentadas a mesas, em sofás e em carros. Para os idosos, em especial, a instabilidade física é um problema sério. As pessoas que não conseguem localizar a posição exata dos pés nem sentir o alinhamento corporal de forma correta correm mais risco de sofrer quedas.

A boa notícia é que a propriocepção, como nossos outros sentidos, pode ser treinada.

A companhia Northern Ballet, localizada em Leeds, na Inglaterra, se prepara para sair em turnê. Caixas de acessórios — penas e candelabros de latão para *Os três mosqueteiros*; frangos assados e croissants de borracha para *O quebra-nozes* — lutam por espaço nos corredores junto com cestas cheias de sapatilhas de cetim. Muitos dos sapatos foram modificados pelos donos, as bordas das palmilhas rígidas ajustadas com canivetes, pontos grossos costurados para reforçar as pontas.

Um par de sapatilhas de balé é o completo oposto de um par de tênis. Quando pressionadas contra o chão, elas são duras e instáveis, difíceis de se equilibrar. Porém, as bailarinas precisam passar muito tempo na ponta dos pés, mantendo o peso do corpo todo sobre as extremidades dos sapatos — às vezes, só de um. Para executar um passo com graciosidade, sem cambalear, uma dançarina precisa ter muita força e resistência, além de um senso de propriocepção incrível.

A diretora da Northern Ballet se chama Yoko Ichino. Ao longo de sua longa carreira como bailarina, Ichino dançou com uma série de astros do balé, incluindo Mikhail Baryshnikov ("Estavam procurando por um dançarino pequeno, porque ele é pequeno, apesar de achar que não!", brinca ela), e Rudolph Nureyev, com quem ela dançou a renomada produção de Sir Peter Wright, *A bela adormecida*. O "Adágio da rosa", em *A bela adormecida*, tem a reputação de ser especialmente desafiador no quesito equilíbrio. "É muito longo e feito praticamente todo em uma perna, que fica cansada e tem câimbras. É necessário *muito* controle físico", explica Ichino, balançando a cabeça.

SUPERSENTIDOS

Na década de 1980, Ichino bolou uma técnica para melhorar o próprio controle físico. Agora, ela a ensina a jovens alunos na escola da Northern Ballet, assim como para bailarinos da companhia. Um elemento importante é aprender a se manter intensamente focado no seu alinhamento anatômico (se a sua cabeça pesada estiver bem acima da coluna, não é necessário fazer tanto esforço para manter o equilíbrio do pêndulo segmentado estranhamente invertido). A propriocepção tem um papel fundamental nisso. E, para treinar a propriocepção — não apenas para apoiar o alinhamento perfeito, mas também o controle no palco —, Ichino se inspirou nas experiências da cubana Alicia Alonso, uma *prima ballerina assoluta*, título dado apenas a bailarinas realmente excepcionais.

Nascida em 1920, Alonso começou a aprender balé na infância, em Havana. Porém, aos 20 anos, sua visão se deteriorou, e ela passou pela primeira de muitas cirurgias para tratar seu descolamento de retina. A recuperação de Alonso incluía longos períodos de repouso na cama, com os olhos cobertos. Nesse estado, e com a ajuda do marido bailarino, Alonso aprendeu a coreografia do papel-título de *Giselle* ao imaginar os movimentos. Por fim, ela acabou parcialmente cega e sem visão periférica. Mas, extraordinariamente, seguiu em frente e fez apresentações muitíssimo aclamadas — inclusive o papel de Giselle — no American Ballet Theatre. "Nós duas comparecíamos aos mesmos programas de festas de gala e festivais", conta Ichino. "No começo, minha pergunta era 'Como você faz isso tudo sem conseguir *enxergar* direito?'. Então eu passei a andar pelo meu apartamento com os olhos fechados, tentando memorizar onde tudo estava e quanto espaço disponível havia. E cheguei à conclusão de que usamos demais a nossa visão. Precisamos usar todos os outros sentidos também, mas nunca os desenvolvemos, porque os olhos permanecem abertos o tempo todo. Então apliquei isso ao meu próprio treinamento e, depois, ao treinamento dos alunos. E acho que as pessoas aprendem mais rápido desse jeito."

Ichino me leva para o Studio 4 e sua aula de propriocepção das dez da manhã. Já estão reunidos vários dançarinos que entraram para a companhia recentemente, assim como alguns alunos da gra-

MAPEAMENTO CORPORAL

duação. A sala é bem iluminada, clara, com pé-direito alto e barras que ocupam três paredes. A quarta parede comprida é coberta por cortinas pretas do chão ao teto. Elas ficam fechadas para esconder os espelhos. Nesta aula, Ichino não quer que os dançarinos vejam o que estão fazendo (até os alunos mais jovens só veem seu reflexo muito raramente. "Quero que *sintam* os movimentos", explica ela. Isso é muito diferente do que acontece em outras escolas de balé, onde espelhos são a norma).

Usando uma blusa roxa de manga comprida e calça de moletom cinza, Ichino para de costas para a cortina. Quando os dançarinos estão em suas posições e o pianista terminou de ajeitar as partituras, ela começa a dar instruções rápidas, usando gestos suaves e comandos verbais evasivos. Apesar de ser confuso para alguém de fora, todos os dançarinos parecem entender. A primeira parte é fácil para mim: "Nós vamos começar com *pliés*. De olhos *fechados*."

Observo Adam Ashcroft, um rapaz alto de 22 anos, que treinou na Royal Ballet School e entrou recentemente para a companhia após deixar o Balé da Ópera Nacional da Estônia. De pé, com os pés apontados para fora, enquanto ele dobra os joelhos e depois volta a esticar as pernas, sinais dos fusos musculares, dos proprioceptores das juntas e dos órgãos tendinosos de Golgi correm para seu cérebro. Com os olhos fechados, Ashcroft só *sabe* que suas pernas se movem em um *plié* devido ao seu sentido de propriocepção.

Conforme os dançarinos iniciam outros movimentos e entram em posições diferentes, Ichino presta muita atenção, andando entre eles, sorrindo, mas fazendo correções. "Cadê o umbigo? *Para dentro!*" "Corpo na diagonal!" "Olhos *fechados!*"

Quando ela os instrui a pegar bancos de madeira compensada, segurá-los acima da cabeça (*"olhos fechados"*), com os "braços retos", enquanto executam *coupés* agitando os pés, novos sinais proprioceptivos e de tato começam a seguir para seus cérebros. A carga sobre os músculos de Ashcroft significa que os órgãos tendinosos de Golgi, assim como os fusos musculares e outros proprioceptores nos braços dele são estimulados. Seu alinhamento anatômico e seu equilíbrio são desafiados pelo peso do banco. Quanto mais reto ele

SUPERSENTIDOS

o segurar acima da cabeça, mais fácil será manter o equilíbrio. Com os olhos fechados, sua atenção consciente se concentra nas informações saindo dos músculos e da pele. Não se trata da aparência do seu corpo nem de como ele vê o restante do mundo, mas de como ele se sente por dentro.

Quando a aula de oitenta minutos termina, pergunto a Ashcroft o que ele acha dessa abordagem de ensino. Ele me conta que as aulas são diferentes de tudo que já fez. "Se você fechar os olhos enquanto estiver dançando, suas fraquezas se tornam absurdamente óbvias. É fácil entender a falha no seu equilíbrio." Ele diz que poucas aulas com Ichino bastaram para seu corpo se tornar mais estável.

O movimento junto com a música é uma forma óbvia de treinar a propriocepção, de melhorar a estabilidade e o controle. É claro, algumas culturas valorizam mais essa prática e capacidade do que outras. Ao compor músicas para dançar, o povo tiv, da Nigéria, usa quatro tambores, cada um tocando em um ritmo diferente, um para cada parte do corpo.[30] É um treinamento proprioceptivo a mil por hora.

Porém, para pessoas que não dançam, há muitas formas de se aprimorar. Imagine o tipo de atividade que as crianças adoram — longe das telas. Um parquinho típico, com escadas, trepa-trepas, um caminho de obstáculos e talvez uma parede de escalada, é uma zona de treinamento proprioceptivo. Na verdade, é fácil concluir que as crianças adoram parquinhos porque a necessidade de desenvolver uma boa propriocepção é tão vital para nossa sobrevivência que evoluímos de forma recompensadora após executar essas atividades.

Subir em árvores, se pendurar em barras, ultrapassar obstáculos, pular por um caminho de pedras (que você pode improvisar em casa, usando pequenos tapetes posicionados no chão) — tudo isso exige propriocepção. Pesquisadores da Universidade do Norte da Flórida que treinaram todas essas atividades com voluntários adultos observaram melhorias não apenas na coordenação física, mas também na memória de trabalho (a capacidade de manter e manipular informações na mente).[31]

Programas específicos de exercícios para treinar a propriocepção também foram desenvolvidos para idosos.[32] Recentemente, uma

183

MAPEAMENTO CORPORAL

equipe de fisioterapeutas e médicos esportivos de Xangai, na China, comparou os efeitos de um programa de dezesseis semanas, com duas aulas semanais de 45 minutos de tai chi chuan ou de um regime proprioceptivo em um grupo de pessoas saudáveis com idade entre 70 e 84 anos. O tai chi chuan, uma antiga prática chinesa, envolve uma série de movimentos suaves, firmes e controlados do corpo e da cabeça. As aulas eram ministradas por um professor de tai chi chuan experiente. As sessões proprioceptivas eram oferecidas por um fisioterapeuta, que guiava os voluntários idosos por um aquecimento, depois por vinte minutos de exercícios estáticos, como agachamentos, e quinze minutos de exercícios com movimento (andar rápido de lado, caminhar de ré ou correr em zigue-zague, por exemplo), concluindo com um alongamento.

No fim do estudo, a equipe avaliou o senso de posicionamento das juntas dos tornozelos dos voluntários e encontrou uma melhora significativa e semelhante nos dois grupos. No entanto, foi observado que o grupo do tai chi chuan tinha gostado mais do treinamento.[33]

Você também pode pegar a inspiração de Yoko Ichino emprestada e tentar andar pela casa de olhos fechados. Também vale se lembrar das aulas dela, e, se você sabe fazer movimentos de yoga ou pilates, tentar fazê-los de olhos fechados. O meu professor de pilates com frequência pede para a turma fechar os olhos ao realizar os movimentos. É revelador. Quando você desliga a visão, se torna muito mais ciente, instantaneamente, dos sinais do corpo. Basta bloquear o sol para esse sentido delicado, como a lua, brilhar.

A vantagem adicional é que, seja andando com os olhos fechados ou subindo em uma árvore, não apenas você vai desafiar a propriocepção, mas também outro grupo de sentidos. É muito raro que um sentido funcione isolado. E, para manter o equilíbrio, precisamos de sinais não apenas dos nossos músculos, mas também do sistema vestibular no ouvido interno. Quando você pensa no ouvido, assim como Aristóteles, certamente pensa na audição. E, mesmo assim, é provável que o ouvido interno não tenha evoluído para ouvir, mas para executar outras tarefas sensitivas essenciais.[34]

7

Gravidade e mapeamento de corpo inteiro

Como virar um dervixe rodopiante (sem cair)

Imagine que você esteja sentado na parte central de um avião lotado, esperando a decolagem. As vibrações dos motores reverberam pela poltrona, mas dá para sentir que o avião continua parado. Então, apesar de você não conseguir olhar pela janela, surge a sensação inegável de estar indo para a frente. Os sons e as vibrações ajudam a revelar o fato de que o avião agora corre pela pista, mas essa evidência é praticamente circunstancial, porque você só *sabe* que está se movendo rápido pelo chão.

De repente, você se torna ciente de que o nariz do avião levantou. Os sinais recebidos pelos seus olhos não mudaram. Você continua na mesma posição em relação a todo mundo ao redor e a tudo que consegue ver. Mas você tem a convicção inabalável de que está subindo. Como isso acontece?

É graças ao mesmo sistema que lhe avisa, sem precisar da visão, que um túnel subterrâneo começa a fazer uma curva, que você está subindo por um elevador ou de cabeça para baixo em uma montanha-russa — ou, para uma bailarina, quando a cabeça está girando em uma pirueta ou descendo em um *fondu*.

Esse sistema oferece informações precisas sobre a orientação e o movimento da cabeça pelo espaço em todos os momentos. Não, os aviões, os elevadores e as montanhas-russas não existiam durante a evolução humana. Mas havia colinas e buracos, terrenos instáveis e escuridão. Sem um sistema vestibular, nossos ancestrais teriam dificuldade para se manter em pé. À noite, eles não saberiam onde fica "para cima".

Bem ao lado da cóclea, que permite a audição, há três canais semicirculares e dois "órgãos otolíticos", que, juntos, formam o sis-

GRAVIDADE E MAPEAMENTO DE CORPO INTEIRO

tema vestibular.[1] Tanto a cóclea quanto o sistema vestibular usam o mesmo aparato sensorial básico: células ciliadas abrigadas em líquido, que convertem sinais mecânicos em sinais elétricos para o cérebro. Enquanto as células ciliadas na cóclea reagem às ondas de pressão que recebem, as do sistema vestibular são acionadas com movimentos da cabeça — ou pela simples força da gravidade.[2]

Primeiro, vamos olhar com mais atenção para os canais semicirculares. Eles são tubos interconectados, cada um disposto a noventa graus do outro. Quando você balança a cabeça para cima e para baixo ou de um lado para o outro, ou a inclina — ou quando ela é inclinada por outro motivo, como o movimento de um avião ou do carrinho de uma montanha-russa —, o líquido lá dentro se balança, curvando os pelos sensitivos, que disparam sinais. Se a cabeça não se move, o líquido fica parado, e isso também é registrado pelo cérebro. Quando a cabeça está imóvel, os nervos que saem das células ciliadas sensitivas dentro dos canais semicirculares disparam cerca de noventa vezes por segundo. Com o movimento da cabeça, essa taxa muda de proporção de acordo com a aceleração do líquido em determinados canais. Isso transmite ao cérebro informações muito claras não apenas sobre a forma como a cabeça está posicionada, mas também sobre a velocidade do movimento.

Entre os canais semicirculares e a cóclea estão nossos dois otólitos (os órgãos das "pedras do ouvido"). Eles consistem em duas cavidades contendo células ciliadas sensíveis à força, cujas pontas estão embebidas em uma membrana gelatinosa cheia de cristais de carbonato de cálcio (essas são as "pedras do ouvido").

No sáculo (de "pequeno saco", em latim), essa membrana é vertical. Isso a torna sensível à gravidade e capaz de detectar movimentos para cima e para baixo. No utrículo (o diminutivo em latim para "bolsa de couro"; "útero" tem a mesma origem etimológica), ela é mais ou menos horizontal. Sempre que você caminha por uma rua ou anda de carro, os sinais do utrículo informam ao cérebro sobre seu movimento e sua velocidade.

O sáculo detector da gravidade fornece uma compreensão instintiva sobre onde fica "para cima". Mesmo para seres muito primitivos, essa é uma informação essencial. Na verdade, há provas de que um receptor semelhante ao sáculo, detector da direção da força da gravidade, existia em formas iniciais de vida.[3] Os invertebrados, como mexilhões e caramujos marinhos, e até as plantas, apresentam algo muito parecido. As carambolas-do-mar, que talvez tenham sido o primeiro organismo multicelular a evoluir, também possuem uma versão simples, mas muito eficiente.

As lulas e os polvos apresentam sistemas mais complexos, que reagem a movimentos laterais, além de verticais. E, embora essas espécies não consigam "escutar", não há dúvida de que seus estatocistos são sensíveis a vibrações de sons de baixa frequência. A descoberta foi feita após dois aumentos repentinos no número de lulas mortas surgindo na costa oeste da Espanha em 2001 e 2008. Apesar de as autópsias não terem conseguido determinar uma causa óbvia, pesquisadores de bioacústica em Barcelona observaram que tinham sido conduzidas, em ambas as ocasiões, análises sísmicas do relevo oceânico na região. Essas pesquisas usam pulsos intensos de sons de baixa frequência. A equipe descobriu que tais sons são capazes de causar graves danos aos estatocistos de lulas, polvos e moluscos marinhos. Os pesquisadores concluíram que as análises deixaram a lula-gigante incapaz de se orientar. Eles acreditam que elas provavelmente morreram depois de flutuarem até a superfície e não conseguirem mais se alimentar.[4]

Esse trabalho se une a outras pesquisas que mostram que animais sem sistemas auditivos podem ser afetados por vibrações sonoras. Mas ele também ajuda a ilustrar a evolução do ouvido interno, que começou como um detector de gravidade e depois passou para um sensor de vibração vestibular, com a audição surgindo apenas mais tarde.

Assim como é o caso da localização de membros, os cientistas sabem da existência desses sentidos vestibulares há muito tempo. Em 1889, dez longos anos antes de Sherrington decidir tentar educar os diretores e diretoras de escolas da sua nação sobre os sentidos, Christine Ladd-Franklin, uma psicóloga e matemática norte-americana, publicou um artigo no periódico *Science* com o título "An Unknown

GRAVIDADE E MAPEAMENTO DE CORPO INTEIRO

Organ of Sense".* Ela escreveu: "boa parte da laicidade provavelmente desconhece que, alguns anos atrás, foi descoberto um novo órgão de sentido cuja existência nem se desconfiava antes..."[5]

Ladd-Franklin prosseguiu explicando que experimentos agora confirmavam que os canais semicirculares, que tinham sido descobertos no ouvido interno em 1824, não apresentavam qualquer conexão com a audição, mas formavam o órgão de sensações "conscientes ou não" que permitem determinar a direção e o grau de rotações da cabeça.

Junto com a localização de membros, os sentidos vestibulares são vitais para aquilo que às vezes é chamado de "senso" de equilíbrio. Afinal de contas, para se manter em pé, você precisa saber que direção é para cima, e, ao se inclinar, deve entender o quanto pode fazer isso. Quando os dançarinos da turma de Yoko Ichino dobram os torsos por cima das coxas com facilidade ou começam a saltar pela sala (eles recebem permissão para abrir os olhos nesse momento), a propriocepção é essencial para saberem o que seus corpos fazem, mas os sentidos vestibulares são fundamentais para mantê-los de pé, registrar seu movimento pelo espaço e a posição de sua cabeça. Uma sensibilidade excepcional a esses sinais pode permitir alguns feitos que deixariam qualquer um de queixo caído.

O equilibrista francês Philippe Petit fez caminhadas sobre cabos em grandes alturas pelo mundo todo, desafiando a morte. Talvez a mais famosa tenha sido uma travessia não autorizada em 1974. No começo da manhã de 6 de agosto, Petit e sua equipe foram até o 110º andar de uma das duas torres do World Trade Center, em Nova York. Eles usaram um arco e flecha para disparar uma linha de pesca pelos 42 metros até a segunda torre gêmea. Preso à linha estava um cabo de aço, que ajudantes prenderam no local certo, a 410 metros acima do chão. Pouco depois das sete horas da manhã, Petit pegou seu bastão e pisou no cabo. Para o espanto das pessoas lá embaixo —

---

* "Um órgão de sentido desconhecido", em tradução livre. [*N. da T.*]

e a contragosto da polícia de Nova York — ele passou 45 minutos caminhando, dançando e até se deitando no cabo.

Para se preparar para travessias como essa, Petit treinava nas piores condições possíveis. Ele caminhava ao pôr do sol; com um bastão pesado demais, fácil de desequilibrá-lo; com amigos batendo no cabo; durante ventos fortes. Acostumado a desafiar seu equilíbrio, ele esperava que aquela travessia performática em um dia tranquilo seria moleza.[6]

Petit iniciou sua caminhada entre as Torres Gêmeas com os olhos abertos. A visão nos ajuda a permanecer orientados em um ambiente, então é importante para o equilíbrio. (Você pode comprovar sua importância por conta própria, levantando e tirando um pé do chão. Você consegue manter essa posição? Agora, feche os olhos. Se você achou fácil ficar apoiado em uma perna antes, agora que não está usando a visão, aposto que começou a balançar.) Petit, no entanto, já executou travessias sobre cabos com os olhos vendados.

Porém, uma das performances de travessias em grandes alturas com os olhos vendados mais impressionantes foi executada pelo artista aéreo norte-americano Nik Wallenda. Em 2014, diante de jornalistas que assinaram termos de responsabilidade abrindo mão do direito de alegar danos emocionais caso o pior acontecesse, Wallenda usou uma venda nos olhos enquanto caminhava por um cabo esticado 165 metros acima do chão, entre os dois arranha-céus Marina City em Chicago.[7] Por cerca de um minuto, a vida de Wallenda ficou nas mãos dos seus sentidos vestibular e de localização de membros — sentidos que muitos de nós ignoram ter.

Normalmente, o cérebro se baseia em informações visuais e vestibulares para manter o foco. Isso se aplica aos olhos, assim como ao restante do corpo. Quando sinais vestibulares indicam movimento da cabeça, eles também acionam comandos motores que criam movimentos oculares, permitindo que o objeto do seu olhar fique no centro do campo visual. Isso é conhecido como o reflexo vestíbulo-ocular, e você pode testá-lo agora. Tente posicionar um dedo dian-

GRAVIDADE E MAPEAMENTO DE CORPO INTEIRO

te dos seus olhos e encará-lo enquanto gira a cabeça de um lado para o outro. Se você gira a cabeça para a esquerda, seus olhos vão se mover para a direita, e vice-versa. O dedo deve permanecer em foco.

No entanto, quando sinais do sistema vestibular e dos olhos não se encaixam, você pode acabar ficando enjoado. Pelo menos essa é a principal explicação para a cinetose, ou enjoo de movimento, alvo do fascínio de médicos desde a época de Hipócrates, que observou que "navegar no mar é prova de que o movimento adoece o corpo".[8]

Em 1968, uma equipe do Instituto Médico Aeroespacial da Marinha Americana, na Flórida, estudou vinte pessoas saudáveis e dez pacientes com deficiências vestibulares graves em ambos os ouvidos enquanto estavam em um barco no Atlântico Norte, durante uma tempestade. Imparcialmente, os pesquisadores relataram observar que a maioria apresentava "uma sensação de medo". No entanto, enquanto todos os membros do grupo saudável desenvolveram sintomas típicos de enjoo de movimento, inclusive vômito, isso não aconteceu com nenhum dos pacientes do outro grupo.[9] O resultado mostra que a sinalização vestibular é imprescindível para a ocorrência do enjoo de movimento.

Se você estiver sentado em uma cabine sem janelas em um barco que balança, e tiver um sistema vestibular saudável, ele dará ao cérebro a certeza de que você está sendo chacoalhado. Porém, como tudo se move junto com o seu corpo, seus olhos transmitem que você está parado. Acredita-se que esse conflito seja a fonte do problema. Por que isso daria vontade de vomitar? Talvez porque vários venenos — incluindo o álcool — afetem os sinais visuais e vestibulares, e, se você engolir veneno, vomitá-lo é uma boa ideia.

Mas por que, durante qualquer viagem de balsa, é fácil encontrar algumas pessoas gemendo e pálidas em um canto, enquanto outras batem papo, felizes e nem um pouco afetadas? Ninguém sabe ao certo. Porém, outro estudo, no qual a cinetose foi experimentalmente induzida em peixes (sim, é sério), sugere que, para pessoas saudáveis, as variações de massa das "pedras do ouvido" nos otólitos no lado direito e no lado esquerdo podem ter um papel em determinar quem precisa ou não correr para buscar um saquinho de vômito.[10]

SUPERSENTIDOS

A única maneira certa de evitar ou melhorar o enjoo de movimento é tentar solucionar o conflito sensorial, de forma que os sinais dos olhos e do sistema vestibular entrem em consenso. Se você estiver na cabine sem janelas de um barco, isso significa subir para o convés, para ver e sentir as ondas. Se você estiver em um carro, significa fechar seu livro, desligar seu telefone e se concentrar no mundo passando pela janela. Essas são estratégias simples para lidar com o sistema vestibular. Porém, há formas mais dramáticas de controlá-lo — com resultados potencialmente poderosos.

Todos conhecemos o efeito sonífero de sermos levemente balançados. Ele também é associado ao sistema vestibular. Em 2019, uma equipe suíça mostrou que adultos que dormiam em camas que balançavam para a frente e para trás a cada quatro segundos, se movendo por um total de 10,5 centímetros, dormiam melhor e apresentavam melhores resultados em testes de memória. Um estudo associado com ratos descobriu algo semelhante em animais saudáveis — mas não em um grupo desenvolvido para não ter órgãos otolíticos funcionais. Os pesquisadores não sabem exatamente por que isso acontece, mas acreditam que, com o envio de sinais otolíticos ritmados, o balanço pode exercer uma ação sincronizadora no cérebro, auxiliando um sono mais profundo.[11]

Pouco tempo depois, naquele mesmo ano, uma equipe diferente apresentou um estudo que descobriu que o estímulo vestibular pode ajudar até a amenizar a ansiedade. Eles posicionaram eletrodos atrás das orelhas de estudantes voluntários, para estimular os nervos que transmitem informações dos otólitos e canais semicirculares para o cérebro. Após três sessões de 38 minutos, os níveis de ansiedade nesse grupo diminuíram 25% (esses efeitos não foram registrados no grupo que recebeu tratamento placebo). Algumas pessoas relataram a sensação de se inclinarem ou girarem durante o tratamento, mas ninguém sentiu enjoo.[12]

As correntes elétricas usadas no estudo eram muito fracas, e causaram apenas sensações leves. Se você começasse a girar em um círculo, graças ao reflexo vestíbulo-ocular, seus olhos se moveriam na

GRAVIDADE E MAPEAMENTO DE CORPO INTEIRO

direção oposta ao movimento da cabeça. Mas, é claro, eles não podem girar em um círculo completo. Então, quando chegam ao ponto limite, voltam para uma nova posição inicial. Se você continuar girando, esse movimento ocular repetitivo vai causar tontura.

Ao ensinar um movimento de balé chamado *fouetté* — a impulsão de uma perna elevada, geralmente acompanhando uma pirueta, que requer um giro —, professores de balé costumam incentivar os alunos a manter a cabeça parada, o olhar fixado em um único ponto até o último momento, depois virar a cabeça rápido, e repetir isso, para prevenir a tontura. "*Não* é assim que eu ensino", me conta Yoko Ichino. "A posição dos olhos não é tão importante, porque é o *corpo* que precisa saber onde você está." Ela diz que, depois de executar vinte *fouettés*, talvez não consiga enxergar com clareza, mas insiste que não se sentiria tonta. "Porque é meu *corpo* que sabe minha orientação, não meus olhos."

No entanto, com certeza é possível que ter uma profissão que envolve dar muitos giros tenha modificado o cérebro de Ichino para lidar com o movimento. Provas disso são apresentadas, em parte, por estudos fascinantes sobre membros de uma ordem sufista islâmica fundada em Cônia, na Turquia, em 1273, por Jalaladim Rumi, um mestre e sábio muçulmano. Rumi costumava girar enquanto meditava e escrevia poesia. Após sua morte, seus seguidores adotaram o giro como uma forma de meditação. Uma de suas cerimônias de sema, que podem durar até uma hora, envolvem girar no sentido anti-horário, rodando ao mesmo tempo em torno de outros participantes. Membros da ordem são conhecidos como os mevlevi — ou os "dervixes rodopiantes".

Um "semazen" que participa de uma cerimônia de sema gira para a esquerda, usando o pé direito para impulsionar o corpo, e faz um caminho circular. Ele deve manter o corpo relaxado e os olhos abertos, mas sem focar em nada, para a visão ficar borrada. Ao som de pelo menos um cantor, um flautista, um tocador de tímpano e outro de címbalo, ele gira, gira, gira...[13]

Tradicionalmente, o treinamento para virar membro da ordem leva 1.001 dias. Ele inclui a prática necessária para conseguir girar por tanto tempo sem cair nem ficar tonto, e há indícios de que isso não apenas mude a forma como o cérebro processa sinais vestibulares, como também muda o próprio cérebro.

Em 2017, dez membros da ordem que participaram de uma média de duas sessões de giro por semana, por dez anos e meio, permitiram que seus cérebros fossem mapeados. Os resultados mostraram que áreas do córtex envolvidas na percepção de movimento eram bem mais finas do que o normal. Os pesquisadores suspeitam que os giros excessivos tenham causado mudanças no cérebro para reduzir a percepção de movimento durante os rodopios — permitindo que eles fiquem de pé e mantenham o controle durante as cerimônias.[14]

O sema é, obviamente, uma cerimônia religiosa. Uma das suas intenções é amenizar o "ser material". Os giros ocorrem em um espaço redondo, que simboliza o universo. O colete do semazen, que ele retira ao iniciar o ritual dos giros, simboliza seu ego. Seu chapéu comprido e cilíndrico tem o formato de um túmulo tradicional, para simbolizar o túmulo do ego. Seu casaco branco é a mortalha do ego. Os dois braços estendidos, com a palma da mão direita aberta, indicam a recepção de Deus. Enquanto gira, o semazen se dissolve em existência divina e entra em contato com a eternidade.

A cerimônia tem um significado profundamente espiritual. Também há indícios de que esse estímulo raro do sistema vestibular, causado pelos giros, pode ter uma relação direta com as experiências espirituais do dervixe.

Apesar de a ordem mevlevi ter levado a dança rodopiante religiosa ao extremo, outras tradições religiosas, como o vodu, também contam com danças agitadas, envolvendo movimentos rápidos da cabeça e giros. As cerimônias de vodu envolvem vários estilos de dança, mas os transes costumam ocorrer durante as mais frenéticas. Para os seguidores do vodu, um dançarino que entra em transe se permite incorporar um espírito. De acordo com relatos, podem ocorrer mudanças radicais nas percepções dessa pessoa, inclusive alucinações.

Szuzsa Parrag, uma alemã-húngara que passou os últimos 18 anos estudando a dança do vodu sob a tutela de um sacerdote no Haiti, explica: "Às vezes, os limites físicos do mundo desaparecem; eu me

GRAVIDADE E MAPEAMENTO DE CORPO INTEIRO

sinto leve e profundamente conectada com as pessoas ao meu redor, com o universo, e, a partir desse ponto, posso ir para qualquer lugar. Eu me sinto muito calma, aliviada dos meus medos. Há uma voz interior que me diz 'está tudo bem, existe um ciclo contínuo de infinidade, de vida'."

Relatos de uma sensação de leveza física e de estar "fora" do corpo são coisas que o neurocientista francês Christophe Lopez conhece bem — por meio de histórias dos seus pacientes com deficiências no sistema vestibular. Às vezes esses pacientes têm infecções no ouvido interno, ou uma inflamação no nervo vestibular, embora a causa exata nem sempre seja clara. Em geral, eles relatam forte tontura. Mas Lopez observa que outro sintoma muito comum é a sensação de leveza, que costuma ser um sinal de disfunção nos órgãos otolíticos.

Em 2018, Lopez e Maya Elzière, do Centre des Vertiges do Hôpital Européen, em Marselha, apresentaram um estudo das experiências de 210 participantes com tontura grave, além de outras 210 pessoas saudáveis para comparação. Quase o triplo de pacientes relatou ter tido pelo menos uma experiência fora do corpo (14%, comparado com 5% entre o grupo saudável), e a maioria do grupo relatou experimentar a sensação mais de uma vez.[15]

Boa parte desses pacientes descreveu sensações que Lopez e Elzière conseguiam associar a problemas vestibulares, como a sensação de leveza ou de se elevar acima do próprio corpo. Um deles falou sobre uma "sensação de ser puxado por uma espiral, como um túnel". Outro descreveu uma "sensação de entrar no meu próprio corpo, por cima".

As experiências fora do corpo foram chamadas (por observadores mais espiritualizados) de exemplos de "viagem astral" ou "caminhada espiritual". Esse trabalho sugere que interrupções na sinalização normal do nosso sistema de detecção de gravidade pode interferir em nossa sensação essencial de estarmos "perto do chão" e "dentro" do nosso corpo.

Essa ideia também recebe apoio de outros estudos. Apesar de não existir um "córtex vestibular", da forma como existe um córtex visual, por exemplo, o estímulo da junção temporoparietal — a parte

SUPERSENTIDOS

do córtex conhecida por receber informações vestibulares e incorporá-las a outros sinais sensoriais, inclusive a localização de membros e dados do tato — pode provocar experiências fora do corpo. Elas podem refletir uma falha no cérebro ao integrar informações táteis e vestibulares, de acordo com um trabalho publicado na *Nature* pelo neurologista Olaf Blank, que trabalha na Suíça, e seus colegas.[16]

Longe de ser "apenas" um órgão usado para o equilíbrio, então, o sistema vestibular também tem um papel crucial na consciência corporal. Talvez no contexto de um ritual religioso em grupo, como nas cerimônias do vodu ou no sema dos mevlevi, seja mais fácil interpretar a sensação de leveza causada por distúrbios na sinalização vestibular como um evento transcendental do que como a sensação que alguém tem ao ficar dando voltas no estacionamento do supermercado, por exemplo.

A maioria das pessoas não gira nem rodopia em danças frenéticas. Mas uma das drogas favoritas da humanidade interfere no funcionamento vestibular.

Os escritos de Rumi incluem referências ao vinho. Assim como os de Omar Khayyám, famoso poeta sufista. Alguns estudiosos debatem se essas referências seriam metáforas para uma intoxicação espiritual. Mas o vinho causa efeitos vestibulares que não são completamente diferentes dos causados pelos giros.

Qual é o teste clássico para analisar o nível de uma bebedeira? Pedir para alguém andar em linha reta. O que pessoas muito bêbadas fazem? Cambaleiam e caem. Qual é uma das piores sensações quando se está bêbado? Sentir que está tudo girando. Tudo isso está ligado ao sistema vestibular.

Em um estudo, dez homens saudáveis concordaram em tomar 1,5 mililitro de uísque por quilo de peso corporal em cinco minutos, tudo em nome da ciência. Um homem britânico médio pesa cerca de 83 quilos, o que significaria cerca de 124 mililitros de uísque — cerca de quatro doses. Essa quantidade "moderada" (nas palavras dos pesquisadores) de uísque claramente afetou a capacidade deles de se manter em pé, sem se desequilibrar. Após vários testes,

GRAVIDADE E MAPEAMENTO DE CORPO INTEIRO

a equipe concluiu que o sistema vestibular tinha sido comprometido. Eles acreditam que o excesso de álcool mude a concentração do fluido dentro dos canais semicirculares, causando conflito entre os sinais enviados pelos olhos e pelos ouvidos internos sobre os movimentos da cabeça — e isso causa aquela sensação horrível de estar girando.[17]

Esse nível de embriaguez não é divertido. Mas, se você perguntar para as pessoas por que elas consomem álcool, um dos motivos será que a bebida ameniza a realidade e tira você "de si mesmo". O álcool causa vários impactos no cérebro e na forma como nos sentimos. Mas um dos impactos psicológicos pelos quais algumas pessoas anseiam talvez seja parcialmente induzido pelas mudanças nesses canais minúsculos, bem no fundo de nossos ouvidos.

Embora os pacientes estudados por Elzière e Lopez tenham problemas vestibulares graves, ainda existe uma variação nítida no funcionamento desses sentidos em pessoas jovens e saudáveis. E essas diferenças têm efeitos que mudam vidas.

Uma das formas de testar a sensibilidade vestibular é fazer com que as pessoas se sentem no escuro em uma cadeira que se inclina, e então determinar qual é o mínimo de movimentação que elas conseguem detectar. Um estudo recente de Harvard usando essa técnica revelou que as pessoas mais sensíveis também apresentam um desempenho melhor em testes de navegação em que precisam usar um joystick para se manter retos.[18] Além disso, a equipe descobriu que essa tarefa era mais difícil em gravidades baixas do que altas. Esse tipo de avaliação vestibular pode ser útil para examinar astronautas antes de missões tripuladas. Se você for escolher o piloto para pousar uma nave em Marte, por exemplo, é melhor selecionar alguém com altos níveis de sensibilidade vestibular.

A sensibilidade vestibular varia entre os jovens, mas todos sofrem sua deterioração com a idade. A partir dos 40 anos, os limiares do sistema vestibular (medidos por algum teste parecido com o da cadeira que inclina) dobram a cada dez anos.[19] Quanto mais envelhecemos, mais fracas se tornam nossas reações vestibulares.[20]

SUPERSENTIDOS

A equipe por trás dessa descoberta na Massachusetts Eye and Ear Infirmary também observou que pessoas com sensibilidade vestibular mais fraca têm um desempenho pior em testes de equilíbrio, e que resultados insatisfatórios indicam um risco muito maior de sofrer quedas — algo especialmente perigoso para idosos. Na verdade, com base em uma série de estudos conduzidos pela equipe, estima-se que as disfunções vestibulares sejam responsáveis por até 152 mil mortes por ano apenas nos Estados Unidos.[21] Se esse número estiver correto, elas seriam a terceira maior causa de mortes entre norte-americanos, só ficando atrás de doenças cardíacas e câncer.[22]

Outra pesquisa apoia esse resultado desanimador. Uma equipe diferente, na faculdade de medicina da Universidade Johns Hopkins, conduziu um estudo vestibular de três anos com mais de 5 mil homens e mulheres com mais de 40 anos. Eles passaram por testes de equilíbrio e desempenho, para avaliar quem tinha disfunções vestibulares notáveis e quem não tinha, e quais poderiam ser os sintomas e sinais iniciais.[23]

A equipe descobriu que o risco de disfunção vestibular aumentava constantemente com a idade e naqueles diagnosticados com diabetes. Oitenta e cinco por cento das pessoas com mais de 80 anos apresentavam problemas vestibulares — 23 vezes mais do que as pessoas na faixa dos 40 (os diabéticos apresentavam 70% mais risco, provavelmente por danos causados por altos níveis de glicose no sangue nas células ciliadas e em pequenos vasos sanguíneos no sistema vestibular). Surpreendentemente, cerca de um terço dos participantes do estudo tinha algum problema vestibular no começo, mas não percebia — e eles apresentavam três vezes mais chance de sofrer uma queda do que aqueles que começaram com reações vestibulares normais. Os voluntários que já estavam cientes de seus problemas de equilíbrio apresentavam um risco doze vezes maior de cair.

Muitas pessoas de meia-idade ou idosas não são diagnosticadas com disfunções vestibulares, e suas dificuldades costumam ser notadas apenas após um acidente, como uma queda. Esse trabalho mostra que o teste de equilíbrio precisa fazer parte dos cuidados primários

GRAVIDADE E MAPEAMENTO DE CORPO INTEIRO

básicos, defende o pesquisador Loyd B. Minor, diretor de otorrino-laringologia e cirurgia de cabeça e pescoço da universidade.

Mesmo assim, as estatísticas só contam uma parte da história. Para pessoas idosas que sabem ter problemas de equilíbrio, o *medo* de cair por si só pode causar vários tipos de impactos prejudiciais, como a recusa de convites para sair de casa. O seguinte comentário foi feito por uma participante de 88 anos do estudo britânico que pedia para as pessoas falarem sobre seus problemas sensoriais e suas vidas: "Eu não quero dar trabalho para a minha família se quebrar um braço ou coisa parecida. Então preciso ser sensata. Embora eu sinta falta de sair, digo... 'Não, obrigada'."

A disfunção vestibular pode aumentar a possibilidade de queda de várias maneiras. É claro que as pessoas que não sabem determinar ao certo como seu corpo está orientado têm mais possibilidade de perder o equilíbrio e tropeçar. Problemas vestibulares também causam uma tontura geral. E uma equipe de Harvard que trabalhou com cientistas da NASA mostrou que o estímulo dos otólitos tem efeito direto no fluxo sanguíneo para a cabeça.[24] Degradações do utrículo e do sáculo podem causar diminuições temporárias no fluxo de sangue para o cérebro, deixando a pessoa desnorteada e instável.

Para aqueles com problemas vestibulares inegáveis, há exercícios que podem ajudar. O ideal é que eles sejam recomendados por um médico, mas há muita informação disponível na internet (é só pesquisar "reabilitação vestibular").* Para as outras pessoas, muitos dos exercícios que desafiam a localização de membros também treinam os sentidos vestibulares. Movimentos dinâmicos, como os que fazem parte de escaladas, pilates ou tai chi chuan, que exigem movimentos da cabeça e treino do equilíbrio, vão ajudar.

Se você tem filhos, talvez possa até pegar os brinquedos deles emprestados. Um dos favoritos dos meus meninos nas tardes de verão é uma bola do tamanho de uma de basquete, com uma borda larga ao redor do centro (parece um Saturno de plástico.) Você precisa ficar

---

* É essencial buscar fontes científicas confiáveis e sempre realizar qualquer terapia ou exercício com acompanhamento médico. [*N. da E.*]

SUPERSENTIDOS

de pé na borda e se equilibrar. Eles passam uma eternidade brincando com ela. E é um excelente treino para o sistema vestibular. De fato, assim como a maioria das crianças adora atividades que estimulam a propriocepção, elas amam estímulos vestibulares — e, de novo, tudo isso pode ser encontrado de graça na maioria dos parquinhos. Um escorrega não é um estimulador do sáculo? Um gira-gira não é *a* forma perfeita de agitar os canais semicirculares e os otólitos?

Na verdade, pense nas coisas das quais as crianças parecem ser biologicamente programadas para gostar — de escalar coisas a construir torres, de brincar com areia a pintar com os dedos. Se você pedisse a um especialista em sentidos para montar um programa para desenvolver todos os muitos sentidos delas, esses seriam exatamente os tipos de atividades que ele apresentaria. As crianças são motivadas a usar e aprimorar seus sentidos, porque eles são inestimáveis para a sua capacidade de se desenvolver.

Não é razoável esperar que adultos brinquem em parquinhos, pelo menos não sem uma criança. Mas nós podemos surfar, dirigir carros de corrida, andar de montanha-russa e brincar em parques aquáticos, escorregando por toboáguas e brinquedos — e ter nossa cota de diversão vestibular dessa forma.

Você não *precisa* saber que os sentidos vestibulares existem para aproveitá-los e usá-los. Mas, ao compreendê-los, consegue ter mais noção do que significa ser humano. Começando como uma simples cavidade que permitiu que um animal marinho antigo se orientasse no oceano, o sistema vestibular evoluiu muito — assim como nossa compreensão de tudo que ele faz por nós. De fato, dos muitos sentidos que não têm o reconhecimento merecido, o vestibular talvez seja o menos valorizado.

É nítido que os sentidos vestibulares são importantes para a nossa segurança, tão essenciais para o nosso impulso básico de sobreviver e prosperar. Mas há outros sentidos que têm uma importância ainda maior. Na verdade, apesar de permanecerem obscuros, se, de algum jeito, eu os removesse do seu corpo agora, você provavelmente só sobreviveria por alguns minutos...

8

Sensibilidade interior

Mergulhe em águas profundas usando apenas o seu fôlego

Qual foi a coisa mais assustadora que já aconteceu com você?

Consigo pensar em alguns exemplos. Como a vez em que escalei, quando criança, o portão de um terreno particular, achando que seria uma transgressão tranquila — e dei de cara com um pastor-alemão latindo e correndo na minha direção. Quando saí do metrô e voltei andando para casa tarde da noite, certa de que alguém estava me seguindo. Quando dirigi por um campo cheio de minas terrestres, rumo a um posto de controle israelense, com tiros soando na escuridão.

Pense em como você se sentiu em um momento específico. Talvez, diante da memória, um eco da sensação ressurja... Sei que isso acontece comigo.

Sabe aquela primeira pontada de medo? Ela é causada por sinais do sistema nervoso do hipotálamo no cérebro que correm para as glândulas adrenais, causando uma onda de adrenalina. Enquanto a adrenalina circula pelo sangue, ela aciona vários tipos de mudanças projetadas para acionar a reação de "lutar ou fugir", termo criado por Walter Cannon, grande fisiologista de Harvard. Os batimentos cardíacos aceleram, para impulsionar o fluxo de sangue vital para os músculos. A respiração também se torna mais rápida, e pequenas vias aéreas nos pulmões se abrem. Essas mudanças permitem a entrada de mais oxigênio para suprir as necessidades ampliadas do coração. Ao mesmo tempo, o sangue é desviado de funções não urgentes, como a digestão.[1]

Enquanto as ameaças com certeza podem ser físicas, elas também podem ser psicológicas. Se um cachorro pulasse em cima de você de repente, ou se o seu chefe jogasse um projeto enorme e urgente na sua mesa, seu cérebro e seu corpo reagiriam instantaneamente de

SUPERSENTIDOS

forma parecida. Se a ameaça não recuar no mesmo instante — se o cachorro não acabar sendo, na verdade, o labrador fofo do vizinho, ou se o chefe ignorar seus pedidos pela extensão do prazo —, uma via de estresse hormonal se abre. O hipotálamo se comunica com as glândulas pituitárias, que, por sua vez, enviam sinais hormonais para as glândulas adrenais. Esse processo inicia a liberação de glicocorticoides, inclusive o cortisol, que, entre outras coisas, aumenta os níveis de glicose no sangue, para dar mais energia. Se e quando a ameaça passar, o processo também é interrompido, e outros tipos de sinal acalmam você, passando para o modo "descansar e digerir".

Porém, em todas as circunstâncias — seja correndo do cachorro, em um "fugir" ao pé da letra, ou relaxando em uma espreguiçadeira sob o sol, bebericando um coquetel, em "descansar e digerir", ou simplesmente indo ao mercado —, o cérebro precisa vigiar de perto exatamente quais mudanças internas ocorrem. E ele faz isso graças a uma rede de sensores internos especializados.

Faz tempo que os cientistas reconheceram a necessidade vital desse sistema de detecção e regulagem interna. Em 1878, o famoso fisiologista francês Claude Bernard escreveu:

A fixidez do *milieu intérieur* é a condição da vida livre e independente... todos os mecanismos vitais, por mais variados que sejam, possuem apenas um objetivo, aquele de preservar constantemente as condições da vida no ambiente interior.[2]

Ao comentar sobre essa observação em 1922, o fisiologista e médico inglês John Scott Haldane escreveu: "Jamais houve outra declaração tão fecunda feita por um fisiologista." Quatro anos depois, Walter Cannon deu ao processo de manter nosso *milieu intérieur* o nome de "homeostase" (do grego *homeo* — "como" —, e do latim *stasis* — ficar parado), que é usado até hoje.[3]

Para o corpo e o cérebro funcionarem bem e evitarem danos e morte, vários fatores devem ser mantidos dentro de limites. Se os batimentos cardíacos ficam baixos demais, uma quantidade insuficiente de sangue chega ao cérebro — e você morre. Se a pressão dispara,

SENSIBILIDADE INTERIOR

os vasos sanguíneos estouram — e você morre. Se os pulmões se recusam a inflar, o suprimento de oxigênio é interrompido — e você já entendeu. As oscilações podem não representar problemas — até mesmo quando se trata de fatores cruciais, dependendo das circunstâncias — porém, se qualquer um desses itens essenciais ultrapassar seus limites mínimos e máximos, teremos um problema real.

Quando Cannon bolou o termo "homeostase", os fisiologistas já se dedicavam a tentar entender os limites de algumas dessas variáveis. Eles sabiam que, no geral, quando algo fora do normal ocorre — caso a pressão sanguínea tenha um aumento repentino, por exemplo —, o corpo encontra uma forma de controlar o problema. Alguns dos processos envolvidos na homeostase também eram compreendidos. Porém, em muitos casos, os fisiologistas não tinham ideia de como um "estado em distúrbio" era detectado nem como era controlado. Na visão de Cannon, levando em consideração a importância realmente fundamental da homeostase na fisiologia, isso era uma vergonha. Hoje em dia, os fisiologistas não têm mais motivos para se envergonhar. Mas alguns deles com certeza se surpreenderam com as descobertas feitas apenas neste século.

Atualmente, nós sabemos que regiões do tronco encefálico, que fica pouco acima da medula espinhal, contêm células que impulsionam vários tipos de processos corporais, incluindo a contração do coração, a respiração, a digestão, a dilatação dos vasos sanguíneos, o suor, a deglutição e o vômito. A atividade dessas células também é direcionada por sinais vindos da região cerebral mais próxima — o hipotálamo, que é dedicado à homeostase.

Como elas captam as informações de que precisam para executar o trabalho? Por meio de um sistema de sentidos que, juntos, são contemplados por um termo genérico criado por ninguém menos que Sir Charles Scott Sherrington: "interocepção" — a sensibilidade interior.[4] Ao permitir a homeostase, esses sentidos interiores não apenas permitem a manutenção das nossas vidas, mas também que nós possamos levar nossos corpos ao limite e sobreviver.

★ ★ ★

SUPERSENTIDOS

É dia 6 de junho de 2012; o mar ao redor da ilha de Santorini, na Grécia, é cristalino. O mergulhador austríaco Herbert Nitsch se prepara para tentar quebrar seu próprio recorde mundial pelo mergulho mais profundo só com o ar dos pulmões. Sob as regras oficiais da categoria Sem Limites, Nitsch vai prender a si mesmo em um trenó, que o levará até o fundo e depois o trará de volta à superfície. Seu recorde atual, batido cinco anos antes, é de 214 metros. O objetivo hoje são 244 — o equivalente à altura de um arranha-céu de 70 andares.

O preparo para um mergulho como esse requer treinamento intensivo. Um homem saudável consegue armazenar seis ou sete litros de ar nos pulmões. Por meio de exercícios extensivos, Nitsch aumentou sua capacidade pulmonar para dez litros, e, agora, consegue aumentar ainda mais, para quinze, usando uma técnica chamada bombeamento bucal.[5] Quando ele faz isso, parece estar engolindo o ar, tomando um gole após o outro. Nitsch sabe que, para completar o mergulho, vai precisar segurar a respiração por cerca de quatro minutos e meio. Porém, como o recorde atual é seu, com um tempo de nove minutos e quatro segundos, isso não deve ser problema.

Mesmo assim, ele entende que, conforme for descendo para profundezas maiores, precisará minimizar as exigências do seu corpo por oxigênio, o que significa permanecer completamente calmo. O que Nitsch chama de "consciência corporal" — sintonizar-se com o estado do próprio corpo e manter um controle mental forte sobre ele — será essencial, porque o mergulho desafiará intensamente a capacidade do cérebro de manter o ambiente corporal interior dentro dos padrões muito limitados que são fundamentais para a saúde e a própria vida.

O principal sinal homeostático que ele sabe que terá que superar é a vontade de respirar. Tente fazer isso por conta própria. Prenda a respiração e se concentre na sensação. Quando você chegar ao ponto em que não aguenta mais segurar, o motivo não será a falta de oxigênio, mas a detecção do aumento dos níveis de dióxido de carbono no sangue.[6]

O dióxido de carbono se acumula como um resíduo da geração de energia em nossas células. Nós precisamos nos livrar dele, porque

SENSIBILIDADE INTERIOR

sua reação com a água no sangue aumenta a concentração de íons de hidrogênio. O "H" da escala pH, usada para medir o nível de acidez ou alcalinidade de uma solução — que, por acaso, foi criada por um químico dinamarquês que trabalhava no laboratório Carlsberg, criado principalmente para melhorar a produção da cervejaria Carlsberg —, significa hidrogênio. Mais íons de hidrogênio significam mais acidez — condição que, na fabricação de bebidas fermentadas, altera reações bioquímicas e pode estragar uma cerveja, e no sangue, pode matar você.

Os receptores químicos que reagem aos íons de hidrogênio monitoram o sangue. Na superfície da medula, no tronco encefálico, também existem receptores que monitoram o dióxido de carbono no líquido cefalorraquidiano, o fluido que banha o cérebro e a medula espinhal. Quando sinais indicam o aumento dos níveis de dióxido de carbono, você é compelido a inalar. Se não puder fazer isso (talvez porque esteja tentando quebrar um recorde mundial de mergulho livre), você vai receber avisos ainda mais fortes para obedecer.[7]

Porém, de acordo com Nitsch, é possível treinar a si mesmo para se tornar menos sensível a esses sinais. O principal regime de treinamento dele nesse sentido não ocorre dentro da água, mas no sofá de sua casa. "Eu desenvolvo essa capacidade antes de fazer qualquer mergulho sério — seja para uma competição, um treinamento ou até férias. Então, fico deitado no sofá, assistindo a algum programa bobo que seja fácil de acompanhar, tipo *The Big Bang Theory*, para me distrair com algo em que não precise me concentrar de verdade. Então prendo a respiração. Eu expiro e seguro meus pulmões vazios. Posso começar com um minuto e meio. Depois respiro normalmente, e prendo a respiração de novo, devagar, mas aumentando o tempo aos poucos. Faço isso por uma hora."

Ao treinar sua tolerância ao CO_2 dessa forma, ele consegue aumentar o tempo que demora até sentir a necessidade urgente de respirar.

No entanto, não é apenas o aumento de CO_2 que faz você arfar. Para prender a respiração, é preciso manter o músculo do diafragma imóvel, e os sinais mecanorreceptores do diafragma parado contribuem para a sensação de desconforto cada vez maior. Porém, com

SUPERSENTIDOS

a prática, também é possível aprender a superar esse incômodo (garante Nitsch).

Em geral, o acesso ao oxigênio não é problema para nós, e somos estimulados a respirar bem antes de ele acabar. Mas continuamos monitorando o oxigênio no sangue. Sabe-se há muito tempo que essa tarefa é de responsabilidade dos glomos caróticos — grupamentos de células sensoriais nas artérias carótidas, que fornecem sangue à cabeça e ao pescoço. No entanto, foi só em 2015, cerca de noventa anos depois de Walter Cannon escrever sobre como os glomos caróticos devem "sentir o sabor do sangue",[8] que Nanduri Prabhakar e seus colegas na Universidade de Chicago identificaram o sensor de oxigênio tão procurado. Eles descobriram que o sistema de detecção de oxigênio depende de uma enzima chamada heme oxigenase 2. Quando níveis de oxigênio no sangue diminuem, a atividade dessa enzima é interrompida. Neurônios sensoriais nos glomos caróticos registram isso e enviam sinais para a medula, causando um aumento no ritmo da respiração.[9]

Para Nitsch, se preparando para mergulhar, ou para você (bem, e para mim), sentado à sua mesa, outros sentidos interiores também são vitais. Os barorreceptores — sensores de alongamento mecanorreceptores — enviam sinais sensoriais sempre que o coração se contrai. Eles mantêm o cérebro informado sobre a frequência e sobre a força dos batimentos cardíacos.[10] Isso é fundamental, tanto para o controle geral da pressão arterial quanto para o "reflexo barorreceptor". Se você estiver lendo este livro deitado e de repente ficar de pé, sua pressão cairá muito rápido, mas (espera-se) por um período muito breve, porque os sinais barorreceptores avisarão ao coração para bater mais rápido, para enviar mais sangue para o cérebro.

Em pontos diferentes do sistema circulatório — em algumas veias maiores e em partes da cabeça —, outro grupo de barorreceptores monitora a pressão sanguínea geral. Seus sinais ajudam o cérebro a regular a quantidade de água no sangue, e, assim, seu volume — além da pressão que ele exerce nas paredes dos vasos sanguíneos.

Em 2018, Ardem Patapoutian e sua equipe solucionaram um mistério de cem anos, relatando à revista *Science* que descobriram as proteínas dos canais iônicos envolvidas no funcionamento dos barorreceptores: era a PIEZO2 (a mesmíssima proteína que é importante para o tato e a propriocepção), além de uma proteína relacionada, chamada de PIEZO1. No mesmo ano, o laboratório anunciou que outra proteína, chamada GPR68, age como um receptor que detecta o fluxo do sangue.[11]

Quando Herbert Nitsch treina seus pulmões para acomodar o máximo possível de ar, o trabalho no laboratório de Patapoutian sugere que os mecanorreceptores que expressam PIEZO2 também sentem a expansão dos pulmões e lhe dizem quando parar. Não que Nitsch obedeça sempre. "No começo é desconfortável prender a respiração com os pulmões muito cheios, porque você sente a pressão, e não é legal", explica ele. "Mas, se você continuar, passa a se sentir confortável com mais ar preso. Isso é algo que dá para treinar."

Para Herbert Nitsch, que naquele dia pretendia aumentar seu recorde mundial de mergulho em trinta metros, todos esses sistemas sensoriais foram testados. Vinte e um minutos antes da hora marcada para o mergulho, ele entrou na água em sua roupa de neoprene, com o protetor nasal e o óculos de mergulho a postos. A equipe do seu barco, além de um grupo de fotógrafos e jornalistas, o observava. Mergulhadores de apoio, prontamente equipados, que iriam ao seu auxílio caso fosse necessário, se preparavam.

Aos 42 anos, havia mais de uma década que Nitsch se preparava para aquele mergulho. Tudo começou quando, aos 29 anos, ele programou uma viagem de dez dias ao Egito para mergulhar e a empresa aérea perdeu seu equipamento. Obrigado a usar um snorkel, ele descobriu que conseguia ir mais fundo, por mais tempo, fazendo quase a mesma coisa que os mergulhadores faziam com seus equipamentos para respirar. Quando um amigo perguntou qual era a profundidade máxima que ele alcançava, Nitsch conseguiu descer até 34 metros. Dois meses depois, o mesmo amigo ligou para avisar que ele tinha alcançado dois metros menos que o recorde austríaco de mergulho livre. "E ele me explicou que o que eu estava fazendo não era snorkeling, mas mergulho livre", lembra Nitsch — e foi assim que sua paixão nasceu.[12]

SUPERSENTIDOS

Voltando a junho de 2012. A essa altura, Nitsch tem 33 recordes de mergulho livre. Ele está pronto para enfrentar as pressões que irão encolher seus pulmões até o tamanho de limões e descer a sete metros por segundo até as profundezas mais escuras, sabendo que *não pode* respirar. O preparo físico era uma coisa. Mas, para conseguir fazer isso, ele sabe que seu corpo precisa exigir o mínimo de oxigênio possível — e estar extremamente relaxado. Sua técnica para fazer isso surgiu de forma natural, explica ele:

> Imagine a situação — primeiro, você passa anos fazendo planos para esse evento, e então há câmeras, pessoas assistindo, e todo mundo está focado em você, e você tem que agir como se não desse a mínima. Como se estivesse dando uma volta pela rua em um domingo preguiçoso e resolvesse voltar para casa. Embora você seja o centro dessa movimentação, precisa agir assim. Então, o que eu faço, mais ou menos, é sair do meu corpo e enxergar a cena como se estivesse de fora. É bem mais fácil fazer isso com os olhos fechados. Aí você imagina o evento todo, com você mesmo no centro da imagem, mas não é você, porque você só está assistindo, nada nervoso. Você é um observador, e, portanto, está calmo.

Nitsch foi atado ao trenó comprido. Ele estava preso a uma corda e a pesos, para descer pela água. Na base, há dois tanques de ar, cujas válvulas se abririam automaticamente quando a corda terminasse, para liberar ar acima da cabeça dele e impulsioná-lo de volta para a superfície.

Vinte segundos antes da hora marcada para o mergulho, os mergulhadores de apoio o cercam. Ele termina de encher os pulmões de ar, levanta uma mão enluvada para avisar que está pronto — e começa a afundar.

Cem metros... 115... 120. Uma câmera presa ao seu corpo exibe seu rosto, determinado; a roupa de neoprene cheia de bolhas. No barco, alguém grita: "Três minutos!"

A corda desce e desce, até alcançar 253,2 metros. Então, de repente, os tanques de oxigênio se abrem, e ele começa a subir. Ao

SENSIBILIDADE INTERIOR

alcançar 24 metros, o trenó vai parar automaticamente, para um intervalo de descompressão de um minuto. Essa parada é essencial para eliminar o nitrogênio e outros gases, que se dissolvem sob a pressão do sangue. Caso ela não ocorra, os gases podem formar bolhas, que vão para o cérebro e bloqueiam o fluxo sanguíneo.

As câmeras mostram que, ao alcançar cerca de 100 metros abaixo da superfície, ele perde a consciência. Os mergulhadores de apoio esperando na altura dos 24 metros imediatamente chegam à conclusão de que ele desmaiou por falta de oxigênio, e correm para levá-lo para a superfície. Nitsch, agora alerta, tenta puxar a corda para impedi-los, porém é tarde demais.

Na superfície, ele pega uma máscara de oxigênio e volta para a água, descendo por nove metros, na esperança dessa descompressão atrasada ser suficiente. Porém, cerca de quinze minutos depois do início do mergulho, sua situação é problemática de verdade. "Senti que estava perdendo o controle dos músculos", lembra ele. Imediatamente, uma lancha o leva de volta para a costa. Ao chegar ao hospital, ele já sofreu uma série de mini AVCs.

Um aumento de nitrogênio no sangue pode causar narcose por nitrogênio. A sensação é parecida com estar bêbado, explica Nitsch. Isso, aliado ao fato de que ele dormiu pouco nos dias anteriores ao mergulho, fez com que adormecesse dentro d'água... Mesmo dormindo, ele não respirou. Mas a doença de descompressão causada pela ausência da parada planejada foi desastrosa. Sua memória e seus movimentos foram afetados. Disseram que ele passaria a vida em uma cadeira de rodas, precisando de cuidados especiais.

No entanto, apenas sete meses depois, Nitsch se recuperou de tal forma que recebeu autorização médica para voltar a mergulhar. Agora, após oito anos, ele diz que ainda tem certas dificuldades de equilíbrio e coordenação, e também de articulação. Mas, embaixo da água, se sente da mesma forma como antes. Ele executa mergulhos livres com frequência, mas por lazer, não para competir.

Talvez poucos de nós tenham vontade de praticar mergulho livre — pelo menos no nível de Nitsch. Mas seus métodos de treinamento mostram que o funcionamento dos sentidos interiores pode ser mo-

SUPERSENTIDOS

dificado. E, mais do que isso, embora seus sinais sejam usados pelo cérebro para automaticamente controlar o corpo, nós podemos nos tornar conscientes de alguns deles de forma intuitiva, como nosso batimento cardíaco.

As consequências disso só estão sendo reconhecidas agora. Mais adiante, vou falar sobre uma nova pesquisa surpreendente que conecta esses processos à maneira como sentimos emoções. Mas os efeitos sob nosso bem-estar físico e mental também podem ser essenciais.

Um dos sinais "inconscientes" aos quais Herbert Nitsch precisava atentar era seu próprio batimento cardíaco. Se o coração acelerasse muito, ele usaria oxigênio demais, rápido demais. Mas pelo menos ele sabia que, quando segurasse a respiração, seus batimentos diminuiriam automaticamente. Na verdade, durante os treinamentos de CO_2 no sofá, sua frequência cardíaca costuma chegar a frequências menores do que as detectáveis por monitores cardíacos. "Eu recebo uma mensagem de erro quando alcanço dez batidas por minuto!", me conta ele. É claro que muitas pessoas usam monitores cardíacos em relógios ou pulseiras inteligentes para acompanhar o desempenho do coração (pessoalmente, sempre fico horrorizada com o que acontece depois que bebo álcool). Mas e se eu pedisse para você contar seus batimentos cardíacos sem sentir seu pulso ou sem olhar no relógio inteligente? Você conseguiria?

A realidade é que cerca de 10% das pessoas são capazes de fazer isso muito bem, entre 5% a 10% são simplesmente péssimos, e o restante fica no meio-termo. Esses números vêm de estudos nos quais as pessoas precisam contar os próprios batimentos cardíacos em intervalos de tempo variados enquanto um oxímetro toma as medidas reais. O pesquisador então compara os dois resultados. Outro teste de interocepção cardíaca envolve tocar uma série de bipes para uma pessoa e perguntar se os bipes acompanham ou não as batidas do coração. Cerca de uma entre dez pessoas tem um ótimo desempenho nessa tarefa, enquanto 80% simplesmente não conseguem acertar nunca.[13]

Junto com seus colegas na Universidade de Sussex, na Inglaterra, Lisa Quadt estuda como funciona a capacidade de detectar batimen-

SENSIBILIDADE INTERIOR

tos cardíacos e pesquisa quais são os possíveis efeitos de ter talento ou não para isso. Durante uma visita aos laboratórios, ela me pergunta se quero testar minha habilidade; não resisto e aceito. Depois de me sentar, prendo o dedo indicador da minha mão esquerda não dominante em um oxímetro de plástico, que está ligado ao laptop dela. O aparelho medirá minha frequência cardíaca com precisão. "Vamos fazer seis tentativas", explica Lisa. "O computador vai dizer 'comece', então você conta as batidas do seu coração até ele dizer 'pare'. Aí você diz o número em voz alta."

Sigo as instruções, contando e relatando meus números repetidas vezes. No fim das contas, descubro que tenho uma habilidade especial. Minha precisão é de 0,97. Quase perfeita. À primeira vista, isso pode parecer um fato bobo. Não importa se você é capaz de perceber se o seu coração está batendo ou não, ele bate de toda forma, e seu tronco encefálico está no controle, não é?

Bem, acontece que isso faz diferença para a maneira como nos exercitamos. E, conforme leio estudos sobre o assunto, minha nova presunção pela percepção dos meus sentidos internos desaparece.

Exercícios físicos fazem bem — é claro. Então, se você estiver em forma, encarar uma corrida de cinco quilômetros a uma velocidade de dez quilômetros por hora, por exemplo, é melhor do que uma corrida (ou caminhada rápida) de dois quilômetros à velocidade de sete quilômetros por hora. No entanto, todos nós precisamos desenvolver preparo físico. E, como já sabemos, algumas pessoas têm mais facilidade com isso do que outras. Sempre pensei que essa variação estivesse relacionada a um preparo básico: uma pessoa que caminha um pouquinho mais do que outra, por exemplo, teria uma vantagem levemente maior. Isso é verdade, sem dúvida. Mas um estudo alemão publicado em 2007 revelou que a sensibilidade interior também faz diferença.

A equipe aplicou um teste parecido com o que fiz com Lisa Quadt em 34 participantes, e então pediu que pedalassem em uma bicicleta ergométrica por quinze minutos. Eles foram orientados a pedalar como quisessem. A equipe descobriu que as pessoas que eram *boas* em detectar seus batimentos cardíacos apresentavam aumentos um

SUPERSENTIDOS

pouco menores na frequência cardíaca e no fluxo sanguíneo, e percorriam distâncias bem menores.[14]

Os dois grupos tinham um preparo físico semelhante, então esse não era o motivo. Os pesquisadores só conseguiram concluir que aqueles que sentiam os próprios batimentos cardíacos com mais exatidão eram mais sensíveis a cargas físicas: eles *sentem* mais pressão fisiológica, então forçam menos o corpo. Em contraste, os detectores ruins, ao serem menos impactados, pedalavam mais rápido, porque sentiam menos pressão. Portanto, as pessoas com talento para sentir os batimentos cardíacos têm mais dificuldade em entrar em forma e desenvolver seu preparo físico, porque fazer exercícios é mais desagradável para elas.

No entanto, a relação entre a sensibilidade interior e o preparo físico não é tão simples. Pesquisas também mostram que adultos e crianças mais sensíveis à frequência cardíaca tendem a ser mais magros. E existem alguns motivos interativos em potencial para isso.

Um deles é o fato de que pessoas sensíveis podem preferir não pedalar com força em um experimento de laboratório, mas, no mundo real, são mais capazes de se esforçar dentro dos seus limites, quando comparadas a pessoas menos sensíveis. Em outras palavras, talvez elas tenham mais autocontrole quando se trata de exercícios físicos. Isso pode significar menos lesões, bem menos dor e uma rotina de exercícios mais bem-sucedida e prática. E fazer exercícios regularmente pode ser uma forma de melhorar a sensibilidade aos batimentos cardíacos. É certo que pessoas acima do peso ou obesas tendem a apresentar resultados piores nesse quesito.[15]

Mesmo assim, deixando de lado o peso e o preparo físico, ainda não se sabe o que torna algumas pessoas mais sensíveis aos batimentos cardíacos do que outras. Nós sabemos que existe um espectro de sensibilidade mecanorreceptora, e, como barorreceptores dependem de mecanorreceptores, talvez essa seja uma explicação. Porém, o estado das vias do sistema nervoso que transmitem essa informação entre o coração e o cérebro também tem um papel.

Na verdade, se essas vias estiverem em boas condições, vários benefícios podem ser esperados — desde uma saúde cardiovascular

SENSIBILIDADE INTERIOR

melhor e níveis mais baixos de inflamação até uma memória de trabalho melhor e menos estresse.

Um dos nervos mais importantes do corpo é o nervo vago (itinerante). Ele transmite informações sensoriais do coração (e dos pulmões e do trato digestivo) para o cérebro.[16] E também leva sinais de "calma" e "descansar e digerir" do cérebro para essas regiões. Quanto mais forte for a atividade do nervo vago, mais facilidade você tem de entrar nesse estado depois que uma ameaça passar. A atividade forte é chamada de um bom "tônus vagal".[17]

É bem fácil verificar seu tônus vagal. Apenas conte sua pulsação (você pode fazer isso diretamente, pressionando um dedo no lado interno do pulso). Ele acelera um pouco quando você puxa o ar, e diminui nas expirações?

Caso a resposta seja positiva, isso é uma boa notícia. O teste reflete o funcionamento do nervo vago, ao permitir que mais sangue recém-oxigenado circule enquanto você inspira, mas também ao diminuir a tendência do coração a disparar quando você expira. Quanto maior for a diferença entre os dois, maior o seu tônus vagal.[18]

O auge do tônus vagal ocorre na infância. Na vida adulta, ele é tão variável quanto a altura. Acredita-se que os genes contribuam com cerca de 65% dessa variação. Mas o estilo de vida também a influencia. Pessoas acima do peso e que se exercitam pouco tendem a ter um tônus vagal baixo, enquanto exercícios físicos ajudam a treiná-lo.[19] Inclusive, já foi dito que esse é o principal motivo pelo qual se exercitar faz bem à saúde. E, como um bom tônus vagal significa que o corpo consegue se acalmar rapidamente após o fim de uma ameaça, o corpo e a mente colhem os benefícios dele.

Pessoas com um tônus vagal forte conseguem regular o nível de glicose no sangue com mais facilidade (e isso pode reduzir o risco de desenvolver diabetes ou ajudar aqueles com diabetes tipo 2 a manter seus níveis regulados). Elas também têm menos probabilidade de sofrer derrames ou doenças cardiovasculares.[20] Talvez isso aconteça, em parte, porque um dos papéis do nervo vago é diminuir

SUPERSENTIDOS

a inflamação. A inflamação é uma parte fundamental da reação do sistema imunológico a infecções ou ferimentos. Porém, se ela resistir por longos períodos sem ser detectada, pode danificar órgãos e veias sanguíneas.

O neurocirurgião norte-americano Kevin Tracey foi pioneiro no estímulo elétrico do nervo vago para reduzir uma inflamação. Ele descobriu que essa terapia — executada por um aparelho semelhante a um marca-passo — é capaz de curar a artrite reumatoide, uma doença autoimune.[21]

Tracey presume que seus pacientes precisarão de terapia de estímulo pela vida inteira. Mas, para o restante de nós, se pudermos encontrar formas de fortalecer nosso tônus vagal, a promessa é que não apenas nossos cérebros receberão dados sensoriais de órgãos como o coração com qualidade maior, mas também que nosso processo de "se acalmar" funcionará melhor, e conseguiremos passar mais tempo no estado "descansar e digerir". Certamente existem provas de que pessoas com um bom tônus vagal relatam sentir menos raiva e são mais capazes de controlar suas emoções.[22] Elas também podem ter o benefício de uma memória de trabalho melhor — do tipo necessário para manter e manipular informações na mente.[23]

Há indícios de que a prática regular de meditação possa ajudar, incentivando o cérebro e o corpo a iniciarem uma reação calmante e "relaxante". Marcelo Campos, professor na faculdade de medicina de Harvard, é apenas um dos médicos a observar que um sono saudável, meditação e a prática de mindfulness podem influenciar a variabilidade da frequência cardíaca. Mas as atividades físicas parecem ser uma forma especialmente poderosa de melhorá-la. Após treinamentos intervalados de alta intensidade, até pacientes com insuficiência cardíaca crônica apresentaram um aumento no tônus vagal, reduzindo irregularidades prejudiciais ao coração.[24]

Graças a Aristóteles, costumamos pensar que os sentidos só oferecem informações sobre aquilo que está ao nosso redor. Espero que os capítulos nesta segunda parte do livro tenham deixado claro que nosso mundo sensorial interno é intenso e complexo — mas não inacessível.

SENSIBILIDADE INTERIOR

Nós somos capazes de nos conectar, e nos conectamos, com os sinais sensoriais sobre o que acontece dentro de nossos corpos. E dependemos desses sentidos para tudo, desde conquistas como as de Nitsch até façanhas bem menos extremas, mas igualmente importantes para nós, enquanto indivíduos — completar um desafio "do sofá para uma maratona de cinco quilômetros", por exemplo, com todos os benefícios para a sensibilidade interior que o preparo físico acarreta.

Como também já descobrimos, até mesmo alguns dos sentidos aristotelianos não se encaixam perfeitamente na categoria "externos". Os receptores de olfato e paladar não detectam as barreiras entre o interior e exterior, cumprindo seu dever de detectar substâncias químicas interessantes, sejam quais forem. E, no próximo capítulo, vou tratar de outro tipo de sensibilidade que também ignora essa distinção.

9

Temperatura

Por que gatos e cachorros nos deixam felizes

Procure por "mais quente" no Google, e uma lista de opções bem variadas de buscas populares vai aparecer: o lugar mais quente na Terra, o planeta mais quente no sistema solar, o cachorro mais quente, a pimenta mais quente.

O *cachorro* mais quente (ou The hottest dog, em inglês)?

Talvez você já saiba que se trata de um canal do YouTube, mas foi novidade para mim. Pelo menos é algo que não tem nada a ver com temperatura, embora todos os outros itens na lista com certeza estejam relacionados.

Você lembra como, um século atrás, os fisiologistas sentiam vergonha por não compreenderem a homeostase? Para cientistas que estudam os sentidos, este é o equivalente moderno. Como disse um artigo recente: "Algumas sensações fisiológicas têm origens claras e se desenvolvem de forma previsível, mas a sensação térmica não é uma delas." No entanto, nós pelo menos entendemos por que uma pimenta malagueta, um banho escaldante, um dia de verão em Nova Délhi, e por que um conjunto de outras coisas, como a hortelã e a Inglaterra no fim do outono, por exemplo, são frias.

Ainda mais impressionante, porém, são as novas pesquisas que revelam conexões entre a sensação de temperatura e a maneira como pensamos e sentimos. Acontece que esse sistema sensorial não tem apenas uma utilidade prática. Ele também apresenta uma variedade de impactos no nosso bem-estar psicológico, e, talvez, na nossa saúde física.

Neste capítulo, vamos falar sobre como essa classe de sensibilidade ocorre e o que ela significa para nós enquanto indivíduos (porque nem todo mundo sente as temperaturas da mesma maneira). Também vamos conhecer as formas frequentemente surpreendentes

TEMPERATURA

como ela nos afeta, não importa se estamos conscientes de suas influências ou não — e como podemos manipular o sistema para nosso próprio bem.

Para compreender como sentimos a temperatura, vale voltar no tempo evolutivo — até o ancestral comum entre um tipo de nanoplâncton e todo o reino animal.

Não sabemos exatamente como era esse ancestral antigo. Mas ele evoluiu algumas adaptações sensoriais que foram passadas para nós. Como sabemos disso? Se você analisar seu DNA, vai encontrar genes de uma classe de sensores chamada canais receptores de potencial transitório (TRP). Se você examinar o DNA de um nanoplâncton coanoflagelado moderno que flutua no fundo das águas antárticas, encontrará genes incrivelmente semelhantes.[1] Esses sensores são muito antigos, e, apesar de terem se desenvolvido para apresentar uma variedade imensa de utilidades por todo o reino animal, é uma subfamília conhecida coletivamente como "TRPs termais" que nos permite sentir temperaturas. Esses receptores são encontrados em vários órgãos pelo corpo, incluindo o cérebro, o fígado e o sistema digestivo, assim como, é claro, a pele.

Sensores TRP termais individuais, encontrados nas membranas de terminações nervosas livres, reagem a variações de temperatura diferentes. Os cientistas ainda estão estudando ao que *exatamente* elas reagem e o que nós sentimos como resultado. Mas as conclusões mais recentes defendem que elas funcionam assim:

Sensores de calor/ativados pelo calor:[2]

- TRPV1 (calor/calor perigoso). Esses sensores reagem a temperaturas acima de 43°C, ácidos, capsaicina (o ingrediente que "queima" nas pimentas) e o veneno de tarântulas. Esse foi o primeiro canal de temperatura a ser descoberto nos seres humanos, em 1999. Sua ativação pode causar dor.
- TRPV2 (calor perigoso?). Segundo membro dessa família a ser identificado, ele pode ser ativado por calor extremo, acima de 52°C.

No entanto, ainda se discute se ele é usado predominantemente para sentir calor forte ou alguma outra coisa, em parte porque se descobriu que ele tem outros papéis dentro do corpo (no relaxamento do estômago e dos intestinos, por exemplo).

- TRPV3 (calor). Esses receptores são ativados por temperaturas variando entre 32° C e 39° C, e também por vanilina, cânfora, cinamaldeído (encontrado em paus de canela) e olíbano.
- TRPV4 (quente/neutro). Reage a temperaturas variando entre 27° C a 35° C.

Sensores ativados pelo frio:[3]

- TRPM8 (gelado/frio). Nosso principal sensor do frio, reage a temperaturas abaixo de 26° C, ao mentol (encontrado em hortelãs e alguns enxaguantes bucais) e eucaliptol (um óleo extraído das árvores de eucalipto, também usado em enxaguantes bucais e cremes para a pele).*
- TRPA1 (frio e frio perigoso, doloroso). Esses receptores começam a reagir quando a temperatura cai para menos de 17° C. O TRPA1 também é ativado pelas substâncias químicas nas cebolas que nos fazem chorar e nos compostos que dão ao wasabi sua ardência. Mas essas substâncias não parecem frias... Então, será que o TRPA1 realmente é um sensor de frio doloroso? Ainda restam dúvidas. No entanto, como ratos criados para não terem o receptor TRPM8 começam a sentir uma superfície fria quando a temperatura cai para menos de 10° C, sabe-se que os mamíferos possuem outro sensor de frio.

Quando você entende ao que esses tipos individuais de receptores reagem, os motivos para um curry, uma onda de calor, uma gota de ácido forte e uma xícara de café serem "quentes" e para uma folha de hortelã e um copo de água serem "frios" se tornam bem claros.

---

* O TRPM8 também é o sensor de frio para animais de sangue frio, como os sapos — porém, nessas espécies, ele reage a temperaturas apropriadamente mais baixas (no entanto, os sapos também são sensíveis ao mentol).

TEMPERATURA

Mesmo assim, entender que uma xícara de café recém-passado e um dia de verão em Nova Délhi são quentes faz sentido. Mas por que uma garfada de salada apimentada estimula o mesmo receptor sensorial?

Acredita-se que isso acontece porque as pimentas evoluíram para enganar o sistema de detecção de calor dos mamíferos para benefício próprio. A capsaicina pode ser encarada, então, como uma arma química na batalha contra ser ingerida (embora não seja uma arma muito eficiente quando se trata de humanos. Existem até indícios de que nós domesticamos as pimenteiras em pelo menos cinco ocasiões diferentes; os seres humanos gostam de pimenta a esse ponto.[4] De toda forma, nós somos uma exceção. Os únicos outros mamíferos conhecidos por buscarem a planta são os escandêncios, que possuem uma mutação do TRPV1 que os tornam menos sensíveis à capsaicina).[5] Outras espécies também acionam esse mesmo receptor. David Julius, que liderou uma série de trabalhos sobre sensibilidade a temperaturas na Universidade da Califórnia, em São Francisco, descobriu que certas toxinas de aranhas também se conectam a eles.[6]

Se você consome algo em temperatura ambiente e sente calor ou frio na boca, garganta ou lábios, isso ocorre porque o estímulo químico dos receptores de temperatura enviou sinais pelo nervo trigêmeo, que se ramifica para os olhos, o nariz, a língua e a boca, e para o cérebro. A "sensibilidade do trigêmeo" não é olfato e não é paladar.[7] Ela nos permite detectar substâncias químicas ácidas e cáusticas, como amônia em alvejantes, assim como o calor químico das pimentas e o frio da hortelã, por exemplo.

Outras partes do corpo também são sensíveis ao calor da pimenta ou ao frio de algo como mentol. Se você passar um creme com mentol no braço, vai sentir um formigamento gelado no local. Mas os lábios são especialmente sensíveis, e isso ocorre porque esses vários receptores não estão presentes na mesma densidade por toda a pele. É bem fácil explorar isso por conta própria. Nesse momento, enquanto digito, é janeiro em Yorkshire (parece fazer uma eternidade desde que precisei ligar aquele ventilador no Capítulo 1). Minha casa tem aquecimento, mas, mesmo assim... Se eu tocar as costas da minha mão esquerda com os dedos da direita, vou sentir

SUPERSENTIDOS

um pouquinho de frio. Agora, se eu pressionar os dedos contra a boca, o frio se destaca.[8]

Essa reação se torna um pouco complicada, porque a temperatura da parte do corpo que sente a temperatura também faz diferença. Se você colocar uma mão em um balde de água fria e a outra em um balde de água quente, depois colocar as duas em um balde de água morna, por causa do padrão anterior de estímulo ao receptor, a mão direita lhe dirá que a água está quente, enquanto a esquerda afirmará que está fria. Porém, em pouco tempo, o sistema se estabilizará, e você sentirá a temperatura morna corretamente.

Embora as pontas dos dedos e as palmas das mãos não sejam tão sensíveis a temperaturas quanto os lábios, elas ainda são hábeis. E as informações de temperatura que conseguem coletar oferecem várias revelações. Por exemplo, se você fechar os olhos, esticar as palmas das mãos, e alguém colocar um bloco de madeira sobre uma e um bloco de metal sobre a outra, seria possível identificar qual é qual apenas pelo fato de que o metal diminui a temperatura da pele mais rápido do que a madeira, então a sensação é mais fria.

No entanto, esse tipo de diferenciação não é o trabalho mais importante dos sensores de temperatura. Eles têm dois papéis principais. O primeiro é oferecer as informações necessárias para nossa capacidade de manter a temperatura corporal entre $36,5\,^{\circ}C$ e $37,5^{\circ}C$. Como o corpo e o cérebro param de funcionar de forma correta quando saímos dessa variação, essa é uma tarefa imprescindível. A segunda é avisar quando algo perigosamente quente ou frio encosta em você.

O próprio hipotálamo, controlador-mestre da homeostase, possui receptores de temperatura.[9] Porém, os sinais dos que estão presentes na pele também são importantes para regular a temperatura do corpo. Se você estiver sentado à mesa ou no sofá e subitamente sentir que o cômodo está frio demais, pode levantar e pegar um casaco. Se sentir muito calor, pode tirar uma camada de roupa. Sim, o cérebro tem à disposição várias opções para regular a temperatura, porém, se seus músculos podem ajudar a fazer isso, você sentirá o impulso de obedecer a essa vontade inconsciente.

TEMPERATURA

Se a temperatura no seu escritório ou na sua sala mudar, mesmo que um pouco, você irá perceber. No entanto, essa sensibilidade maravilhosa não é associada a uma percepção precisa do grau da mudança — e nós tendemos a exagerá-la. É por isso que, se você abrir uma frestinha na janela, sempre aparece alguém reclamando que a sala "está congelando".[10] Essa reação exagerada é interessante para os cientistas, é claro, mas também para outro grupo mais inesperado.

Um "frio" repentino — uma "queda" notável na temperatura — com frequência é interpretada como um sinal da presença de um espírito por pessoas que acreditam nessas coisas (uma sala com *correntes de ar*, sem dúvida. Sabe-se muito bem que os fantasmas tendem a preferir castelos caindo aos pedaços do que casas ecológicas com temperatura controlada e janelas e portas bem ajustadas).

O parapsicólogo Ciarán O'Keeffe, da Universidade Nova de Buckinghamshire, se interessa por esse efeito. Em seu livro, *In Search of the Supernatural*,* O'Keeffe e Yvette Fielding descrevem uma investigação no castelo de Hever, em Kent. Antigo lar de Ana Bolena, ele é "um castelo saído de um conto de fadas". O'Keeffe se prepara para posicionar alguns monitores de temperatura pela sala de jantar imponente. Os relatos de aparições fantasmagóricas no castelo de Hever incluem menções a locais frios, observa ele:

> No entanto, vale lembrar que a correlação entre assombrações e temperatura é muito mencionada pela mídia e talvez fique na cabeça das pessoas... Aqui no castelo de Hever, estou especialmente ciente da estrutura da construção e de como existem canais para a circulação de ar muito óbvios, como a lareira...

Acrescente um vento frio saindo da lareira com uma bela dose de crença no sobrenatural, e é fácil ter um encontro "fantasmagórico".

Porém, nós não reagimos apenas ao leve esfriamento do corpo. O termômetro não precisa subir muito para você ir ao outro extremo.

---

* "Em busca do sobrenatural", em tradução livre. [*N. da T.*]

Tom Hardy, Idris Elba e Gerard Butler figuram na "lista definitiva dos homens mais quentes do mundo" de 2020 — de acordo com a estação de rádio Heart, pelo menos.[11] O preparador físico Joe Wicks também entrou para a lista (e, sinceramente, como uma das inúmeras mães que pulou e deu socos no ar durante as aulas de Wicks no YouTube todas as manhãs durante a quarentena pelo coronavírus, para mim *havia* um incentivo além de manter a forma.)

Em inglês, é comum usar o termo "quente" (*hot*) para descrever alguém que inspira excitação sexual, mesmo que ligeiramente. Porém, é claro, não são *eles* que estão quentes. Somos nós que ficamos fogosos em certas partes do corpo.

Para explorar esse assunto, basta olhar para um estudo com pessoas seminuas e câmeras térmicas. Voluntários do sexo feminino e masculino sentaram-se (individualmente), nus da cintura para baixo, para assistir a programas variados, de *Mr. Bean* a vídeos de turismo canadense e filmes pornô. O tempo todo, as câmeras focalizavam seus órgãos genitais.

Discretamente, em outro cômodo, os pesquisadores da Universidade McGill, no Canadá, monitoravam as mudanças de temperatura no corpo dos participantes até um centésimo de grau de variação. Os resultados mostraram um aumento da temperatura genital, causado pelo aumento do fluxo sanguíneo, apenas enquanto os voluntários assistiam aos filmes pornô. Na média, tanto para homens quanto para mulheres, as temperaturas subiram em cerca de 2° C.[12]

Se esse aumento tivesse acontecido pelo corpo todo, eles teriam febre. Então, sim, em certas regiões, as pessoas ficam "quentes" mesmo.

Reagir de forma exagerada até à menor mudança de temperatura faz sentido. Quando se trata de manter nossa temperatura corporal, há pouquíssima margem para erro. Nós precisamos detectar qualquer mudança — seja ela causada por um processo externo ou interno — no instante em que ela acontecer. Mas a forma como nosso sistema de detecção de temperatura funciona significa que há espaço para outros efeitos bem mais esquisitos.

TEMPERATURA

De fato, os receptores de temperatura são encontrados nas extremidades das terminações nervosas, cujo trabalho principal parece ser transmitir essa informação para o cérebro. No entanto, a história não termina por aí, como mostra um experimento brilhante do meio do século XIX.

Esse é bem fácil de tentar por conta própria. Ou com um amigo, de preferência.

33. Encontre duas moedas idênticas, do mesmo tamanho.
34. Coloque uma na geladeira e a deixe lá por cerca de dez minutos.
35. Enquanto isso, aqueça a outra na sua mão, com a temperatura da pele.
36. Sente-se em uma cadeira, incline a cabeça para trás e coloque a moeda quente na testa. Concentre-se no seu peso.
37. Agora, troque-a pela gelada. Ela parece mais pesada?

Foi um fisiologista alemão e psicólogo experimental chamado Ernst Heinrich Weber que relatou, em 1846, que, ao posicionar uma moeda fria na testa de um voluntário, a pessoa afirmava que ela parecia tão pesada, ou mais pesada, do que *duas* moedas quentes, porém idênticas à primeira.

A descoberta maravilhosamente intrigante de Weber conseguiu permanecer esquecida por mais de um século. Então, em 1978, dois pesquisadores norte-americanos, Joseph Stevens e Barry Green, decidiram testá-la por conta própria. Eles descobriram que não só Weber estava certo como também não era apenas a testa que podia ser enganada dessa forma. Quando pesos frios e quentes foram posicionados no antebraço de voluntários, o mesmo efeito ocorreu. E a diferença de peso era extrema. Um peso frio de dez gramas passava a impressão de ter cem gramas sobre a pele.[13]

Como isso acontece? Pesquisas adicionais revelaram que as extremidades de algumas fibras C que, no geral, enviam sinais de tato, também apresentam reações discretas ao frio. Como seu dever principal (e que é muito bem-feito) é sinalizar toques, quando o cérebro recebe sinais delas, interpreta que eles indicam certo

SUPERSENTIDOS

grau de pressão, e não frio, então a moeda gelada é registrada como mais pesada.

Na verdade, Stevens e Green fizeram várias descobertas fascinantes sobre temperatura, incluindo:

- O resfriamento diminui o sabor de *umami*, mas aumenta o salgado do glutamato monossódico.[14]
- O mesmo estímulo parece menos firme quando a temperatura da pele está abaixo do normal (32° C).[15]
- O resfriamento da pele diminui a acuidade tátil espacial (a capacidade de detectar pontos de contato diferentes), porém, se você tocar algo que seja frio por conta própria, essa capacidade é acentuada.[16]

No entanto, a ilusão da moeda não funciona como a ilusão do tabuleiro de xadrez do Capítulo 1. Ela não é um exemplo do cérebro nos enganando para nosso próprio bem. Em vez disso, é um exemplo de como os dados sensoriais enganam o cérebro. Porém, ela ajuda a mostrar que algumas sensações aparentemente bizarras (é sério que uma moeda gelada parece mais pesada?) podem ser reais e ter uma explicação plausível.

E, falando sobre coisas bizarras e recentemente explicadas, vamos dar uma olhada no TRPV1, nosso sensor de calor forte. Porque, em certos animais, ele se adaptou de forma muito extraordinária.

O morcego-vampiro comum tem um focinho achatado, orelhas como a do Spock, de Guerra nas Estrelas, e dentes afiados como navalhas, que ele usa para "praticar hematofagia", como diria um zoólogo — ou "se alimentar de sangue", nas palavras de qualquer outra pessoa. Esse morcego, que mora no continente americano, gosta de atacar animais adormecidos. Bezerros são seus favoritos.

Como ele encontra suas presas na escuridão? Cheiros e sons ajudam (ele tem até células cerebrais que reagem especificamente a sons de respiração).[17] Mas esse morcego também vem equipado com um sistema sofisticado de detecção de calor corporal. Próximo à sua folha nasal estão focetas com sensores infravermelhos. Esses sensores conseguem detectar o calor irradiado por seres de sangue quente. Mas também fazem outras coisas. É um sistema com uma sensibilidade tão gloriosa, tão macabra, à radiação infravermelha que consegue informar ao morcego em que parte de um animal inconsciente o sangue está mais perto da superfície — sendo assim, o local perfeito para uma mordida.

Em 2011, uma equipe liderada por David Julius relatou que o receptor essencial para essa detecção de infravermelho é nada menos do que uma forma modificada do TRPV1. No restante do corpo do morcego, assim como no nosso (assim como no de todos os mamíferos, na verdade), a forma padrão funciona como um detector de calor forte. Porém, nessas focetas, uma versão mais curta reage à temperatura levemente menor de 30° C do sangue pulsando sob a pele.[18]

Embora outros animais sejam capazes de detectar o calor corporal de suas presas, por enquanto o morcego-vampiro parece ser o único a usar o TRPV1 para isso. Nós simplesmente não possuímos essa variação. No entanto, nossos receptores TRPV1 podem ser modificados para reagir a esse tipo de temperatura. Se você já entrou no chuveiro com a pele queimada de sol, sabe que a temperatura da água com que está acostumado se torna escaldante de repente. Por quê? Porque substâncias químicas liberadas pelo sistema imunológico em reação à queimadura de sol diminuem a temperatura mínima na qual os receptores TRPV1 são acionados, fazendo com que passe de 43° C para 29,5° C. Isso ajuda seu corpo a evitar lesões ainda piores na sua pele ferida e vulnerável.[19]

No entanto, algumas pessoas geralmente são mais ou menos sensíveis a temperaturas quentes, à capsaicina, ou às duas coisas. Pelo menos seis variações do gene TRPV1 foram encontradas em seres humanos, ajudando a explicar isso. Sim, assim como existem diferenças individuais em todos os outros sentidos de que falei até agora, também há variações fundamentais entre nós nesse sistema.

Uma variação genética específica causa uma reação nitidamente mais forte à capsaicina. Isso pode explicar por que algumas pessoas não suportam comidas apimentadas — ou pelo menos apresentam uma reação forte a elas, ficando mais vermelhas e suadas do que seus companheiros de jantar.[20]

Na outra extremidade do espectro da sensação de temperatura estão as pessoas que participam de concursos de ingestão de pimenta. Uma pimenta-jalapenho — do tipo que colocam na pizza — tem entre 2.500 e 8 mil unidades dentro da Escala de Scoville, a medida padrão da ardência de pimentas (é a medida de quantas vezes os capsaicinoides extraídos de uma quantidade exata de pimenta desidratada precisam ser diluídos com o próprio peso em água açucarada para deixarem de ser ardidos, de acordo com um painel de juízes). O jalapenho pode fazer a boca arder. Mas ele não passa de um estalinho quando comparado à bomba atômica que é a Carolina Reaper, classificada por testes de laboratórios independentes como tendo mais de 1,6 milhão de unidades Scoville.[21]

Algumas pessoas comem Carolina Reapers, as pimentas mais ardidas do mundo, por vontade própria, em concursos, sozinhas ou no tempero de asas de frango. Já que comer apenas um pouco dessa pimenta estimula um calor intenso, o hipotálamo imediatamente despacha ordens fisiológicas de resfriamento.

Apesar de poucos de nós serem corajosos (ou seriam loucos?) o suficiente para lanchar pimentas do tipo Carolina Reaper, todos sabemos mais ou menos como seria nossa reação. Se você deitar em uma espreguiçadeira sob o sol escaldante, vai começar a suar — e, quando o suor evapora, o corpo esfria. Os batimentos cardíacos também se tornarão mais acelerados, para jogar mais sangue rumo à pele; ao mesmo tempo, as veias ali relaxarão, permitindo que o fluxo sanguíneo dobre, de forma a permitir que mais calor irradie do corpo, passando para o ar — e deixando seu rosto vermelho no processo.

Um excesso de movimento só serviria para queimar energia, liberando mais calor, então (partindo do princípio que você removeu tantas peças de roupa quanto era possível/apropriado) seus músculos esqueléticos entram em marcha lenta. Você se sente cansado, um estado que o desanima de fazer qualquer coisa além de permanecer parado. Então você continua deitado onde está, "relaxando" — de novo,

TEMPERATURA

quase contra sua vontade (na verdade, "atos de livre-arbítrio são reféns de uma série de estados corporais interiores", observa Olaf Blake, o neurologista radicado na Suíça que mencionei no Capítulo 7).[22]

Tomar sol em uma espreguiçadeira é uma coisa. Mas uma pimenta Carolina Reaper sinaliza um calor infernal. Em resposta, o hipotálamo lança o maior ataque de resfriamento possível. Pessoas que já comeram essas pimentas relatam não apenas uma dor horrível, prolongada e agonizante no estômago, mas também batimentos cardíacos tão acelerados que chega a dar medo, além de um suor incontrolável. "Vomitar foi como um exorcismo", escreveu um consumidor, "porque meu corpo estava desesperado para se livrar do demônio dentro de mim."[23]

E isso leva à questão: por que as pessoas fazem isso? Vamos falar mais sobre dor no próximo capítulo, mas dores de calor como essa acionam uma onda de adrenalina, e os analgésicos naturais do corpo. Para algumas pessoas, o prazer faz a dor valer a pena. Esses "perseguidores de sensação" anseiam por estímulos, e uma Carolina Reaper com certeza entra nessa categoria. Mas talvez você encontre versões menos extremadas disso na sua própria família, não?

Quando meus filhos eram pequenos, o mais velho sempre cobria as orelhas ao ouvir fogos de artifício, enquanto o irmão, dois anos mais novo, chegava o mais perto possível deles, gritando "Mais! Mais alto!". Cerca de cinco anos depois, adivinhe quem anda mais tranquilo de bicicleta e quem dispara por trilhas nas montanhas, na velocidade máxima — e qual deles precisa de cinco copos de água para terminar um prato de frango à moda indiana enquanto o outro encharca a comida de pimenta sempre que pode? Ele sente calor — seu rosto fica vermelho; sua respiração, ofegante —, mas ele *adora*.

No entanto, extremos de temperatura vão além de fazer a gente se sentir bem. Eles também podem melhorar nossa saúde.

Em um dia de janeiro em Oslo, Noruega, no ano passado, eu estava perto da Ópera, então coberta de neve e gelo, observando as pessoas pularem de uma plataforma para o fiorde. O silêncio delas era surpreendente. Mas, quando caíam na água, que devia estar por volta de

SUPERSENTIDOS

4º C, suas veias sanguíneas periféricas se contraíam de repente, seus pelos ficavam arrepiados em uma tentativa de reter o calor corporal, os batimentos cardíacos disparavam — e elas com certeza começavam a tremer.

Não era de surpreender que nadassem rápido até uma escada, subindo depressa para a plataforma e correndo para uma sauna de madeira. O calor repentino fazia as reações de aquecimento se interromperem de imediato, e, pouco depois, o sistema inteiro dava marcha à ré.

A sauna escandinava é famosa, mas os seres humanos usam o calor, ou o frio e o calor juntos, há milhares de anos. Os antigos maias da América Central usavam cabanas de suor para melhorar a saúde e por motivos religiosos. Os gregos antigos também eram fãs de casas de banho com águas quentes e frias.[24]

Porém, para os romanos, o termalismo era uma obsessão. Cada cidade tinha uma casa de banho. Da sala morna (*tepidarium*), o banhista seguia para a sala quente (*caldarium* — parecida com uma sauna) e depois para o *frigidarium* (sala fria). Alguns médicos acreditavam piamente que banhos frios faziam bem à saúde, mesmo no inverno. O sábio romano Plínio, o Velho, que viveu, segundo registros bíblicos, na mesma época que Jesus, ironicamente observou a influência extrema de um desses defensores, um homem conhecido como Charmis de Massília. A mania saudável que ele incentivava significava que "estamos acostumados a encontrar velhos, antigos cônsules, completamente congelados, só para se exibir", escreveu Plínio, acrescentando que outros médicos gregos convenciam romanos saudáveis a tomar banhos "fervendo".[25]

O excesso de calor ou frio — e, em especial, uma troca brusca entre esses extremos — com certeza desafia o sistema cardiovascular. Muitos médicos desaconselham essa prática, devido aos impactos de mudanças tão repentinas no organismo. Quando se trata dos tipos de sauna que encontramos em academias, o conselho médico é usá-las apenas se você estiver em boas condições físicas — se conseguir caminhar por meia hora, ou escalar uma árvore, ou subir três a quatro lances de escada sem parar. Se você for capaz de fazer essas coisas,

TEMPERATURA

existem indícios de que o uso contínuo da sauna diminui a pressão sanguínea e reduz o risco de doenças cardíacas fatais e derrames. Essa descoberta vem de um estudo que acompanhou, por vinte anos, mais de 2.000 homens na Finlândia, país que supostamente tem a mesma quantidade de saunas e televisões.[26]

No entanto, você não precisa de uma sauna e de um fiorde à mão para aproveitar os potenciais benefícios de alternar entre calor e frio. Nos esportes, é comum que os treinadores intercalem banhos quentes e frios como um tratamento de recuperação geral pós-exercícios para atletas, apesar de os resultados de estudos científicos sobre isso divergirem.[27] Há muitos atletas de elite, porém, que apoiariam Charmis de Massília. Em 2017, quando Andy Murray preparava seu quadril dolorido para Wimbledon, ele passava oito a dez minutos por dia em um banho de gelo, e fazia outra imersão congelante todas as noites. "Nem todo mundo acharia isso a melhor forma de se preparar para uma boa noite de sono", disse ele à emissora de televisão BBC na época, "mas, por sorte, acabei me acostumando com a água gelada com o passar dos anos e não me importo, me sinto bem."[28]

Alternar entre a constrição de vasos sanguíneos, causada pela sensação de frio, e a dilatação de vasos sanguíneos, acionada pela subsequente sensação de calor, ajuda a estimular o fluxo do sangue e reduzir o inchaço. Existem mais do que indícios casuais de que, se você estiver machucado, essa prática pode ajudar.

No entanto, como sabemos, os romanos antigos não usavam apenas águas quentes e frias nas suas casas de banho. Também havia o *tepidarium*. Projetado para ter uma temperatura morna e agradável, o espaço com certeza não causaria aos banhistas o mesmo choque térmico que as outras duas salas. Mas isso não significa que ele não tivesse um efeito potente.

À primeira vista, uma temperatura morna não parece muito empolgante. Mas isso é só porque ela é subestimada. Eu garanto que, depois que compreendermos como ela nos afeta e como usá-la, seu uso pode melhorar tudo, desde uma rotina de trabalho até a saúde mental. Na verdade, ela afeta o cérebro de forma surpreendente.

★ ★ ★

SUPERSENTIDOS

É verdade que, em uma temperatura agradavelmente morna, nos sentimos confortáveis. O corpo não precisa se esforçar para se aquecer ou se resfriar. Pelo menos nessa temperatura fundamental para a vida, o hipotálamo consegue relaxar por um tempo. Então não é de surpreender que a temperatura morna faz com que a gente se sinta *bem*.

No entanto, você e outras pessoas podem discordar sobre o que significa "morno". E se há brigas na sua casa sobre aumentar ou diminuir a temperatura dos ambientes, é provável que uma mulher e um homem ocupem lados opostos dessa discussão.

Porém, nesse caso, talvez o motivo não tenha tanto a ver com variações genéticas nos receptores de temperatura, mas com o metabolismo basal. Trata-se da quantidade de energia que precisa ser queimada para manter o corpo funcionando enquanto você está parado. A taxa metabólica dos homens é três vezes mais alta do que a das mulheres. Isso significa que eles produzem mais calor. Para a temperatura da pele deles alcançar a zona que os dois sexos consideram confortável (cerca de 33° C), seus arredores precisam ser menos quentes. Assim, a temperatura morna em que os homens se sentem mais confortáveis (cerca de 22° C) pode ser até três graus mais fria do que a das mulheres (que relatam preferir cerca de 25° C).

As diretrizes para temperaturas aceitáveis em termostatos de escritórios são baseadas em uma fórmula criada na década de 1960, calculada — de forma bastante previsível — com base apenas no metabolismo masculino. As mulheres, então, tendem a sentir "frio demais" em ambientes de trabalho que seus colegas homens acham perfeitamente aceitáveis. Esse não é um problema bobo. Um trabalho publicado em 2019 por uma equipe de pesquisadores alemães sugere que isso não apenas faz uma diferença real no conforto, mas também na produtividade de todos os funcionários.[29]

A equipe pediu para alunos do sexo masculino e feminino solucionarem problemas matemáticos e lógicos em salas com temperaturas que variavam entre 16° C e 32,8° C. Eles descobriram que, quando a sala estava mais quente, as alunas resolviam mais problemas e apresentavam mais respostas certas. Um acréscimo de 1° C à temperatura foi associado a um aumento de quase 2% em respostas

TEMPERATURA

corretas de cálculos para as mulheres. Os homens, por outro lado, apresentavam resultados melhores nas temperaturas mais frias. Porém — e este é o fator crucial —, a redução do seu desempenho no calor foi menor do que o aumento das mulheres. Isso sugere que, para ter o máximo de produtividade em um ambiente com trabalhadores de ambos os sexos, é melhor que seja "quente demais" para os homens, mas na temperatura ideal para as mulheres. O mesmo argumento valeria para escolas.

Porém, enquanto as ações de empresas e escolas podem afetar a temperatura que sentimos, impactando a maneira como funcionamos, nós também podemos manipular nossas próprias percepções de calor. Uma forma de fazer isso é com a comida. E não estou me referindo a usar um forno ou uma geladeira.

A lista de compostos aos quais nossos receptores de calor TRPV3 reagem é esclarecedora, não é? Temos a canela, um ingrediente fundamental de pratos de inverno, incluindo tortas e arroz-doce, sem mencionar o quentão. Nós até nos referimos à canela como um tempero "que esquenta" — e isso, pelo que parece, é exatamente o que ela transmite para o cérebro.

É interessante encontrar a vanilina, de favos de baunilha, nessa lista também. Nós, ocidentais, pelo menos, tendemos a gostar do cheiro de baunilha. Dizem até que ela é capaz de melhorar o humor. Porém, há quem questione se isso ocorre porque a baunilha é um ingrediente comum em doces ocidentais, de forma que passamos a associá-la a comidas gostosas, e, assim, nos sentimos bem ao inalar seu aroma — ou se uma reação mais bioquímica ocorre. O fato de a vanilina acionar receptores de calor sugere que essa reação pode não ser completamente psicológica.

O olíbano merece ainda mais atenção. Uma bela resina dourada, removida da árvore *Boswellia sacra*, também chamada de árvore incenso, conhecida por qualquer pessoa que já tenha assistido a uma peça de Natal cristã como sendo um dos presentes que os reis magos levaram para o nascimento de Jesus. Por milhares de anos, seu valor foi alto. (Seu próprio nome em inglês, *frankincense*, é uma mistura de *franc*, do francês antigo, que significa nobre, e incenso.)

SUPERSENTIDOS

Os egípcios antigos usavam olíbano para embalsamar os mortos, porém, ele é mais conhecido na forma do incenso usado em cerimônias importantes para diversas religiões. Plínio, o Velho, escreveu em *História natural* sobre como, na Arábia Feliz (o atual Iêmen), sacerdotes recebiam dízimos na forma de olíbano e sobre métodos que os compradores deviam adotar para garantir que não fossem enganados:

> Ele é testado por... sua viscosidade, fragilidade e facilidade em pegar fogo a partir de carvão quente; ele também não deve ceder à pressão dos dentes, preferencialmente esfarelando em grãos. Entre nós, é adulterado com gotas de resina branca, que tem aparência semelhante, mas a fraude pode ser facilmente detectada através dos métodos especificados.[30]

Ele poderia estar descrevendo uma droga... e, em alguns outros registros, o olíbano é descrito como detentor de propriedades psicotrópicas. Esses relatos intrigaram Esther Fride, da Universidade Ariel, em Israel, que tem elaborado pesquisas sobre o uso medicinal da maconha e que começou a explorar os efeitos bioquímicos do olíbano. Em estudos com ratos, Fride observou algumas propriedades anti-inflamatórias, e também um aumento no ânimo dos animais.

Ela estava ciente de que muitas plantas contêm ingredientes psicoativos. Mas descobriu que o olíbano não acionava os tipos de receptores geralmente associados a esses efeitos. Para sua surpresa, ele acionava o TRPV3. Como Fride observa, os resultados insinuam que canais de TRPV3 têm um papel no controle emocional — e esse mecanismo pode explicar por que o olíbano é tão valorizado por tantas religiões, há tanto tempo.[31]

Por que os sinais de temperatura morna podem melhorar o humor? Como já sabemos, eles indicam que estamos em um estado confortável de homeostase. Mas talvez não seja só isso. A variação de temperaturas que consideramos mornas ($32\,^{\circ}$ C a 39° C) não envolve apenas nossa própria pele e temperatura corporal, mas as de outras pessoas também. Esses receptores podem indicar um contato próximo com pais, parceiros ou filhos — um estado que promove nossa sobrevivência, ou, pelo menos, a sobrevivência dos nossos genes.

TEMPERATURA

Nunca vou me esquecer, na minha época de estudante de psicologia, das imagens de estudos agora clássicos, porém extremamente tristes, da década de 1950, sobre filhotes de macacos separados das mães, que receberam a opção de se aconchegar a uma "mãe" falsa, com formato de gaiola, que oferecia leite, ou a uma "mãe" macia, coberta com pano, acoplada a uma lâmpada de 100 watts que emitia calor (mas sem leite). Os bebês macacos passaram o máximo de tempo possível na versão quente e macia. Quando outros grupos não recebiam opções — eles eram alojados com a mãe-gaiola fria ou com a mãe de pano quente —, este último tinha menos problemas para interagir com outros macacos depois de crescer.

É claro que até as mães quentes e macias não eram grande coisa. Elas não reagiam aos filhotes nem tentavam acalmá-los. Mas seu calor já fazia diferença. Os bebês humanos também, desde os primeiros momentos, associam a presença essencial de um cuidador a percepções de calor corporal. E existe uma teoria segundo a qual, à medida que crescemos, nós mantemos uma conexão inconsciente entre o calor físico e a sensação de estarmos conectados a outras pessoas. A linguagem que usamos apoia essa ideia. Nós nunca somos "frios" com amigos queridos, nem "quentes", mas "calorosos". E não falamos que pessoas que nos apoiam e nos ajudam têm um coração quente. Elas são "brandas" — de forma alguma o tipo de gente em quem daríamos um "gelo".

Uma característica muito interessante do nosso sistema de detecção de calor é que, enquanto outros receptores de temperatura se tornam insensíveis a estímulos prolongados (motivo pelo qual um banho fumegante se torna menos quente depois que você entra nele), isso não acontece com os receptores de temperatura morna. Isso significa que somos capazes de continuar sentindo e aproveitando o calor humano enquanto ele durar.

E se você estiver solitário, sentindo falta desse calor? Existe algum substituto?

Há uma infinidade de trabalhos provando que animais de estimação nos fazem bem. A temperatura corporal de cachorros e gatos é um pouco mais alta que a nossa, e parte do seu estímulo psicológico pode estar relacionada ao calor físico que oferecem. Mas, se você não tiver um bichinho, talvez possa tentar outra coisa.

Em 2012, uma equipe da Universidade de Yale pediu a um grupo de voluntários com idades entre 18 e 65 anos para escrever em um diário registros dos seus banhos e observações sobre como se sentiram antes e depois. A equipe descobriu que pessoas mais solitárias tomavam mais banhos e permaneciam mais tempo neles. A conclusão? Que nós inconscientemente usamos experiências quentes, como banhos, para afastar a sensação do "frio" social — de isolamento.[32]

Depois desse primeiro estudo, outros grupos repetiram a dinâmica com resultados semelhantes, enquanto outros não conseguiram replicar a descoberta, levando os críticos a questionarem a existência dessa conexão. No entanto, um trabalho publicado em 2020 sugere que o motivo para as discrepâncias entre os resultados pode ter sido o fato de os estudos não levarem em conta a temperatura ambiente — o calor, ou não, do dia. Em dias calorentos, pessoas solitárias podem não sentir tanta necessidade de se cercarem por água quente. Em dias frios, no entanto, a equipe norte-americana descobriu que as pessoas sentem mais desejo por contato social, e esse desejo pode ser resolvido quando se aquecem. Neste caso específico, o efeito foi alcançado com uma cinta aquecida (daquelas vendidas especificamente para amenizar dores e desconfortos na coluna).[33]

Outros estudos mostram que pessoas que relatam se sentir mais quentes também afirmam se sentir mais socialmente conectadas e satisfeitas. Ainda será necessário conduzir trabalhos adicionais para esclarecer as conexões em potencial entre a detecção de temperatura e nossas percepções sociais. Mas os estudos já existentes são, no mínimo, intrigantes. Não esqueça que, como falamos no Capítulo 5, nossos receptores de carinho têm reações especialmente fortes a toques na temperatura da pele. Desde nossas primeiras horas de vida, o calor, junto com um toque delicado, nos informa que estamos seguros quando há outra pessoa ao nosso lado.

Se nos sentimos bem em temperaturas mornas e até no calor de saunas, e o frio também não é tão ruim assim, o calor escaldante e o frio congelante são outra história, é claro. Agora chegou a hora de falarmos sobre como os sentidos nos causam dor.

10
Dor

Por que corações partidos doem

Durante o trabalho de parto de seu primeiro filho, a esposa de Pavel Goldstein preferiu não tomar anestesia. "Foi um parto muito demorado — cerca de 32 horas", diz ele, "e ela me pediu para segurar sua mão... e falar menos. Então eu obedeci, e isto pareceu ajudar."

Qualquer um que já tenha consolado uma criança com o joelho ralado ou até esfregado a própria mão machucada sabe que o contato físico alivia a dor. Mas, atuando como psicólogo e neurocientista na Universidade do Colorado, nos Estados Unidos, Goldstein quis ir além da percepção de que segurar a mão da esposa tinha ajudado. Aquele momento o levou a embarcar em uma série de estudos para explorar exatamente como e em que circunstâncias o tato ameniza o sofrimento. Sua pesquisa, junto com outras investigações sobre como diminuir a dor — assim como estudos sobre pessoas completamente insensíveis à dor, e outras que a sentem de um jeito esquisito —, tem desvendado os mistérios de um dos astros do conjunto de sentidos necessários para a sobrevivência.

Da mesma forma como não detectamos sons, nós não detectamos dor. O que sentimos são os danos, ou um dano iminente em potencial, ao corpo. Isso é a "nocicepção" — a detecção de estímulos nocivos. Este processo sensorial pode ser separado das percepções de dor, já que uma coisa pode acontecer sem a outra. No entanto, quando os detectores de danos — os nociceptores — alertam o cérebro sobre uma ameaça contra a integridade corporal, geralmente vem a sensação de dor. A dor, então, é o sentimento associado à detecção de danos.

Mas *como* é essa sensação?

SUPERSENTIDOS

Em parte, por ser algo tão pessoal, a dor é notoriamente difícil de definir e medir. Aristóteles só conseguiu pensar em descrevê-la como uma "sensação desagradável". Hoje, nós ainda não sabemos exatamente como o cérebro constrói a experiência tão pessoal que é uma dor (e sejamos justos com Aristóteles: a definição moderna padrão para dor é "uma experiência sensorial e emocional desagradável, associada com ferimentos reais ou potenciais no tecido";[1] então, dois mil anos não esclareceram muito as coisas). Porém, no século XXI, pelo menos temos algo que os cientistas da área declaram ser uma revolução na compreensão da biologia sensorial da dor.

O filósofo francês René Descartes foi o primeiro a identificar a dor (e a percepção de temperatura, aliás) como um "sentido" individual, em 1664.[2] Nos anos iniciais de sua pesquisa, ninguém sabia se a dor era resultante da ativação de receptores dedicados e terminações nervosas ou do *excesso* de ativação de terminações com um papel sensorial. Uma vez que, por exemplo, luzes "que cegam" e sons "de estourar os tímpanos" são dolorosos, William James defendia, no fim do século XIX, que esta última opção era a correta. Em 1903, no entanto, Sir Charles Scott Sherrington se sentiu apto a comentar: "Há indícios consideráveis de que a pele possui um conjunto de terminações nervosas com o objetivo específico de serem receptivas a estímulos que machucam a pele, estímulos que, continuando a agir, a machucam ainda mais."[3]

Em 1906, Sherrington escreveu pela primeira vez sobre os "nociceptores" — "detectores de estímulo prejudicial". Desde então, pesquisas em laboratórios de anatomia usando neurônios fora do corpo, assim como pequenas salas de experimento físico da dor sancionadas pelas autoridades governamentais — no qual voluntários aceitavam ter as mãos queimadas, os dedos do pé esmagados, os dedos pressionados com gelo e até balões inflados dentro de seus retos —, confirmaram a teoria de que a dor tem seu próprio maquinário sensorial dedicado.[4]

Os sensores de danos são encontrados em nossa pele, nossos órgãos internos, músculos, ossos e juntas, assim como nas membranas que cercam o cérebro e a medula espinhal. Eles respondem a um ou mais dentre três tipos de estímulos nocivos ou potencialmente nocivos: temperaturas extremas (os neurônios que expressam TRPV1 são classificados como nociceptores), substâncias químicas perigosas e impactos mecânicos — como o corte ou o esmagamento de células.[5]

Se você tirasse uma panela do forno com as mãos, isto faria com que sinais atravessassem as fibras A-delta, sensores de danos, em uma velocidade por volta de vinte metros por segundo, causando um choque de dor repentino e agudo — e você largaria a panela. Após o choque inicial, sinais passariam um pouco mais devagar, a dois metros por segundo, pelos neurônios de dor lentos da fibra C, resultando em uma segunda onda de dor mais difusa, ardente ou latejante, que não deixaria você esquecer que sua mão está machucada e deve ser protegida para se curar. Enquanto algumas terminações nociceptoras de fibra A-delta ou C reagem a temperaturas altas, por exemplo, ou pressões intensas, outras são "polimodais" — elas podem reagir a vários perigos. Exatamente o que vai acionar seus sinais depende de quais receptores estão presentes na membrana. Algumas reagem a extremos de calor ou frio, outras sinalizam a presença de substâncias químicas perigosas ou danos físicos.[6]

As substâncias químicas que podem causar dor geralmente o fazem por motivos diferentes — porque se conectam com um receptor com um trabalho principal diferente (como é o caso da capsaicina e do TRPV1); porque são capazes de danificar células de verdade; ou porque sinalizam que células foram danificadas.

Os ácidos sem dúvida são capazes de danificar as células, e nós, assim como outros animais, possuímos uma série de sensores para identificá-los.[7] É necessário ocorrer uma mudança e tanto no pH para o TRPV1 detectar um ácido e soar o alarme. Porém, outros detectores, incluindo os canais iônicos sensíveis a ácidos, conseguem registrar mudanças bem discretas. Alguns neurônios nociceptores não apenas têm um conjunto de tipos diferentes de sensores de danos, mas também de sensores de ácidos.

O álcalis também é capaz de causar "queimaduras químicas" e dor extrema.[8] A soda cáustica, por exemplo, que você joga no ralo do chuveiro para desentupir o cano é um álcali potente, como diz o rótulo, e seu contato com a pele deve ser evitado a todo custo.

SUPERSENTIDOS

Porém, um exemplo mais rotineiro pode estar na cozinha. Algumas pessoas até o utilizam como remédio, mas com frequência se enganam de forma bem dolorosa com a posologia.

Quando o alho é cortado ou espremido, libera um composto chamado alicina. Ela é uma arma poderosa. É capaz de diminuir o crescimento, ou até de matar, uma série de micro-organismos variados, incluindo bactérias resistentes a antibióticos (algo que faz em parte ao desativar enzimas cruciais para a geração de energia). O alho é usado na medicina há milênios, por diversos povos, desde os babilônios até os vikings, como tratamento para problemas intestinais, vermes, infecções respiratórias e muito mais.[9] Há indícios modernos que confirmam pelo menos algumas dessas alegações de saúde. Porém, embora o consumo do alho seja seguro, esfregá-lo na pele não é recomendado...

Em 2018, um médico apresentou um estudo de caso de uma mulher britânica com uma infecção por fungo no dedão do pé. Por quatro semanas, em até quatro horas por dia, ela colocou fatias de alho cru no dedo, na esperança de matar o fungo. E talvez até teria certo sucesso nessa empreitada, se não fosse pelas queimaduras químicas de segundo grau que deixaram seu pé inchado e cheio de bolhas horríveis.[10] O tratamento caseiro equivocado com certeza foi doloroso, porque acionou os canais sensíveis a álcalis nos nociceptores polimodais, mas também porque causou dano físico às células, que é detectado por nociceptores e causa dor.

Já falamos sobre o calor e as substâncias químicas. A terceira classe principal de danos e, assim, um motivo para dor, é física — mecânica.

Beliscar, esmagar, pisar, espetar, quebrar... os impactos mecânicos incluem tudo, desde um dedão espetado por uma agulha até os métodos de tortura favoritos da Inquisição Espanhola (embora eles também gostassem de usar carvões em brasa). A forma como as forças nocivas, ou potencialmente nocivas, são sentidas ainda é investigada. Mas sabe-se que, ao sofrer danos, as células liberam substâncias químicas que acionam os nociceptores, ou causam reações imunológicas que deixam os nociceptores mais agitados — ou até mesmo as duas coisas.[11]

Vamos supor que você prenda um dedo na porta. Quando as células são esmagadas, elas liberam dois peptídeos conhecidos como substância P e CGRP, na sigla em inglês, o peptídeo relacionado ao gene da calcitonina. Eles expandem os vasos capilares mais próximos, permitindo que um exército de células imunológicas invada a região, causando inchaço durante o processo. Em pouco tempo, seu dedo começará a inflar.

A histamina é outro composto com um papel fundamental na reação inflamatória a um ferimento ou infecção (e a certos alergênicos, motivo pelo qual tomamos anti-histamínicos para combater a rinite alérgica). A histamina dilata os vasos sanguíneos. Ela torna as paredes dos vasos sanguíneos mais permeáveis, permitindo que agentes de defesa de primeira linha, como as substâncias químicas que ajudam a coagular o sangue e as que formam anticorpos, cheguem ao tecido danificado. Assim como a substância P e o peptídeo relacionado ao gene da calcitonina, ela deixa os neurônios de dor mais agitados.[12]

Não importa se o problema é mecânico, químico ou termal, então; compostos liberados durante a resposta imunológica deixam a região supersensível. Para a detecção de danos, a inflamação é equivalente a uma seca no cerrado australiano. Basta uma faísca para tudo pegar fogo. É por isso que as regiões inchadas e vermelhas em torno de um machucado são especialmente dolorosas, e o motivo pelo qual os anti-inflamatórios aliviam a dor.

Alguns tipos de danos a células podem causar coceira. A pele queimada de sol, por exemplo, pode coçar e doer ao mesmo tempo. Mas dor e coceira não são sensações parecidas, é claro, e podem fazer você tentar buscar alívio de formas muito diferentes (se você se cortar, com certeza não vai ter vontade de coçar o machucado). Existe uma classe específica de neurônios sensoriais, conhecida pelo nome fácil de MrgprA3, que é intermediária da coceira.[13] Porém, uma das moléculas para as quais eles têm receptores é a histamina. As queimaduras solares podem causar coceira por causa da liberação local de histamina na pele danificada — e um medicamento anti-histamínico com frequência ajuda com a coceira em regiões levemente danificadas pelo sol.[14]

SUPERSENTIDOS

Se alguma substância nos machuca, ela é uma forte candidata a ser utilizada por outras espécies que não nos querem, ou a outros animais, por perto. Já sabemos que a pimenta evoluiu para afetar nosso sistema de sensação de calor doloroso. Mas várias plantas e animais se aproveitam do fato de a histamina ser capaz de acionar dor e coceira. O veneno de abelhas, por exemplo, aciona uma explosão de histamina — além de uma dor aguda e de coceira. Os pelos minúsculos, ocos, defensivos e semelhantes à urtiga-comum, enquanto isso, incluem a histamina no coquetel químico horrível que injetam em qualquer animal que seja tolo o suficiente para comê-la.

Pense na pior dor que você já sentiu. Foi algo torcendo, apertando, queimando ou apunhalando, quebrando, estourando, insuportável, latejante ou firme, rasgando, torturante, entorpecente, agonizante ou horrível? Talvez, se você já deu à luz um bebê, a resposta seja muitas das opções acima.

Dê outra olhada na lista e note que alguns dos termos que usamos para descrever a dor são distintivos — eles descrevem o tipo de dor (torção, punhalada, e assim por diante). Outros descrevem o grau de incômodo — se foi agonizante ou torturante (ou, caso não seja tão ruim assim, se foi leve ou fraca). Como as recentes edições à definição original de Aristóteles mostram, nós agora compreendemos que a experiência da dor é bidimensional. Primeiro, existe o elemento distintivo — onde se localiza a dor e de que tipo exatamente ela é: aguda, de algo rasgando, e assim por diante. Então, há o componente emocional: quão incômoda ela é — quão exaustiva ou insuportável, ou até boa?

Não existe um único centro de processamento cerebral para sinais dos sensores de danos. Mas também há várias vias pelas quais essas informações transitam,[15] além de uma rede de regiões cerebrais que são tipicamente ativadas. Essa rede costuma ser chamada de "matriz da dor".[16] Uma via de transmissão de dor importante leva as informações sobre os danos pela medula espinhal até o hipotálamo, que ordena um aumento automático nos batimentos cardíacos, na respiração e no suor, e a transferência do fluxo sanguíneo para os músculos. São mudanças fisiológicas que ajudam você a fugir ou a combater seja lá o que esteja lhe causando mal.

Essa informação sobre os danos também é levada para uma região mais acima: o tálamo, nossa estação de transmissão sensorial. Dali, ela é enviada para os córtices somatossensoriais primário e secundário. O processamento nessas regiões permite determinar o local específico e o tipo de dor — se você acabou de pisar em alguma coisa, onde exatamente o seu pé dói? Foi um objeto longo e reto ou pontiagudo? Foi uma peça de Lego, talvez, ou um alfinete aberto?

Os sinais de danos enviados também atravessam outra via, do tálamo para a amídala (como um suricato, sempre em sentinela, incansável, essa região está sempre alerta a perigos em potencial), o córtex insular (que recebe todas as informações de sensações internas e representa os estados corporais internos) e o córtex cingulado anterior (que tem relação com as emoções, assim como com o controle de impulsos e o processo de tomada de decisões). Acredita-se que a ativação dessa via gere o aspecto *emocional* da dor — a sensação de que ela é terrível, ou enjoativa, ou insuportável, e algo que você nunca mais quer sentir de novo.

Alguns dos indícios sobre o papel dessas várias regiões na geração de percepções de dor vêm de mapeamentos cerebrais de voluntários saudáveis enquanto eram machucados de propósito. Outra linha de evidências importante consiste em estudos sobre pessoas que têm reações bizarras a ferimentos no momento em que eles ocorrem.

Christian Keysers, da Universidade de Amsterdã, na Holanda, é especialista na neurociência da emoção e empatia. Ao longo de sua pesquisa, ele entrevistou várias pessoas com malformações congênitas do córtex cingulado anterior. As entrevistas foram esclarecedoras — apesar de estranhas. Keysers me conta: "Uma dessas pessoas é mecânica de carros e, quando se corta, ela *sabe* que se cortou, porque ocorre uma reação do córtex somatossensorial. Mas ela não transmite aquela motivação aversiva de 'Ah, merda, que coisa horrível, eu não devia mais fazer isso'."

"Tipo, em *Jornada nas estrelas*, há um androide com um chip de emoção que pode ser desligado para que ele analise as situações sem apego emocional. Essas pessoas são assim. O mecânico consegue analisar o fato de que se cortou, mas não chora, não carrega esse peso afetivo do 'machucou'."

Isso se estende à compreensão dessas pessoas sobre os acidentes e ferimentos dos outros. "Se você exibir um vídeo de alguém tropeçando e torcendo feio o tornozelo, essas pessoas conseguem analisar a situação e dizer que aquilo provavelmente não foi bom — mas, se você perguntar se a cena é difícil de assistir, elas nunca dizem que sim. Ao perder o peso emocional da própria dor, você também para de dar importância à dor dos outros."

Pessoas que vivem sem o lado emocional da dor têm dificuldade em sentir empatia pelo sofrimento alheio e não aprendem com tanta facilidade a evitar fazer coisas que podem danificar seu corpo. Mas há outro grupo que tem ainda mais dificuldade com essa lição importante.

Nestes casos raros, o problema não costuma estar nos sensores de dor nem nas regiões do cérebro envolvidas com o processamento da dor, mas em algum lugar no meio do caminho. Por exemplo, uma pessoa com duas versões mutadas de um gene chamado SCN9A não possui um canal de sódio fundamental para a propagação de sinais de danos pelas terminações nervosas. Isso significa que ela não vai sentir dor alguma. Algo que pode parecer uma vantagem — nenhuma dor! — acaba sendo, é claro, um problema enorme, já que essas pessoas não percebem quando se machucam. Ou, se percebem, não se incomodam com isso.

Geoff Woods, geneticista clínico da Universidade de Cambridge especializado nesse tema, ficou famoso ao descobri-la no Paquistão, quando lhe pediram para dar uma olhada em um menino que ganhava dinheiro com apresentações de rua, em que caminhava por carvões em brasa ou dava punhaladas no próprio braço, tudo sem exibir o menor sinal de dor. Antes de Woods conseguir encontrá--lo, no entanto, o menino pulou de um telhado para impressionar os amigos e foi embora andando, mas acabou morrendo depois pelos danos que a queda causou ao seu cérebro.[17]

A jornada dos dados sobre danos que "sobem" pelos receptores até as regiões relacionadas à dor no cérebro é chamada de "via ascendente". Mas ela, por si só, não determina o quanto um tapa, um joelho inflamado ou até um tiro realmente doem. Os sinais cerebrais que "descem" podem exercer várias influências sobre quanta dor sentimos — e se ela nos incomoda, ou não.[18]

Em 1843, o lendário explorador e ativista abolicionista David Livingstone montou uma missão no belo vale de Mabotsa, na África do Sul. "Aqui", escreveu ele em seu livro *Missionary Travels and Researches in South Africa** "um evento ocorreu envolvendo algo sobre o qual muito me questionam na Inglaterra, e que, não fosse a importunação dos amigos, eu pretendia contar aos meus filhos apenas na senilidade...".[19]

Um bando de leões estava atacando vacas. Livingstone decidiu ajudar os homens locais a matar um ou dois dos animais, na esperança de que isso assustasse os outros. Ele conseguiu atirar em um leão — "Mirei bem no seu corpo e disparei os dois canos", mas não o matou. Enquanto Livingstone recarregava a arma para outra tentativa, ele ouviu alguém gritar:

> Tomei um susto e dei meia-volta para olhar ao redor, e vi o leão pulando em mim... Ele pegou meu ombro ao saltar, e nós dois caímos juntos no chão. Com seus rosnados horríveis em meu ouvido, ele me sacudiu como um cachorro sacode um rato. O choque causou estupor... causou um estado sonolento, no qual não havia dor nem pavor, embora [eu estivesse] muito consciente de tudo que acontecia. Foi como aquilo que pacientes sob efeito de anestesia descrevem, ao ver toda a operação, mas sem sentir o bisturi.

Livingstone descreveu a ausência de dor — apesar de o osso ter sido esmigalhado "em pedacinhos" e de o leão ter dado nada menos do que onze mordidas na parte superior de seu braço — como "uma provisão misericordiosa do nosso benevolente Criador por diminuir a dor da morte".

★ "Viagens missionárias e pesquisas na África do Sul", em tradução livre. [*N. da T.*]

A história de Livingstone está longe de ser a única desse tipo. Alguns contos de campos de guerra também atestam o fato de que é possível sofrer o tipo de dano físico que leva os sensores à loucura, mas não sentir dor. No entanto, a interpretação de Livingstone sobre o motivo por trás disso talvez seja excessivamente pessimista. Seria mais positivo pensar que, com a vida sob extremo perigo, uma dor agonizante o deixaria paralisado para tomar quaisquer atitudes necessárias para a sobrevivência (neste caso, outro homem deu um tiro no leão, que saiu correndo para mordê-lo — ato que sem dúvida foi possível porque o animal sentia uma supressão de dor semelhante — antes de morrer devido aos ferimentos).

Enquanto o propósito evolucionário da dor é nos incentivar a evitar o perigo e seguir um comportamento que leve à cura — isto é, descansar e evitar o uso da parte do corpo machucada —, e nos ensinar uma lição, sentir dor nem sempre ajuda. O resultado, como argumenta Giandomenico Iannetti, neurocientista sensorial na University College de Londres, é que temos meios de moderá-la. Quando se trata de dor aguda, Iannetti afirma que "geralmente, nós sentimos aquilo que é útil sentir".

Nossas sensações podem ser influenciadas de diversas formas diferentes. Nós, é claro, produzimos nossos próprios analgésicos. Os sinais enviados por sensores de danos acionam a liberação de uma variedade de substâncias inibidoras da dor, inclusive endorfinas e encefalinas (nossos opioides endógenos, que reduzem a dor ao se conectar ao chamado mu-opioide), e canabinoides.

Em 2019, uma mulher escocesa que descobriu ter uma mutação genética que eleva a sinalização canabinoide endógena foi parar nas manchetes de jornal.[20] Além de não sentir praticamente dor alguma, ela está quase sempre feliz e nunca sofre de ansiedade, apesar de ter uma memória ruim... É como se ela vivesse naturalmente em um estado que a maioria das pessoas precisa consumir maconha para alcançar.

Esse importante processo "descendente", do cérebro para baixo (e não do corpo para cima), para acabar com a dor inibe os sinais de danos vindos da medula espinhal, efetivamente os amortecendo.

DOR

Mas por que Livingstone não sentiu dor alguma, já que torcer um tornozelo — ou parir um bebê, aliás — é tão doloroso?

Um motivo provável é que sua amídala gritava PERIGO para o hipotálamo, aumentando assim a rapidez e a força dos batimentos cardíacos. E os sinais de sensação interior, enviados pelo coração para o cérebro a cada contração, inibiram certos tipos de processamento sensorial — o processamento de dor em específico.[21] Quanto mais rápido bate o coração, mais as percepções de dor são amenizadas, permitindo que você continue a correr — ou a lutar — para salvar a própria vida.

Além disso, Livingstone poderia estar ocupado demais focando sua atenção consciente limitada nos perigos aos quais estava exposto e em como sair daquela situação para ter ciência dos sinais de danos chegando ao cérebro. Esse fenômeno agora é explorado para lidarmos melhor com a dor durante procedimentos médicos normalmente torturantes. Em uma pesquisa na Universidade de Sheffield Hallam, por exemplo, dois jogos de realidade virtual imersiva criados pelo desenvolvedor Ivan Phelan já foram usados por pessoas com queimaduras graves durante trocas de curativos, exatamente por isso.

Em um dos jogos, os jogadores ganham pontos ao acertar bolas de basquete dentro de cestas; no outro, eles devem caminhar por uma paisagem, circulando ovelhas para prendê-las em um cercado. Uma jovem chamada Megan Moxon, que derramou água fervendo em cima de sua barriga e pernas acidentalmente, fala sobre a diferença que os jogos fazem: "Como você não olha para o curativo enquanto ele é trocado, não pensa nisso. Eu tinha uma parte muito ruim, branca, da pele, sensível demais. Mas, enquanto estava na realidade virtual, nem me mexi. Não senti nada."[22]

Talvez por terem explicado a Moxon que o jogo amenizaria a dor, uma mudança nas suas expectativas de dor tenha causado uma diferença fisiológica também. Quando *esperamos* que algo seja muito doloroso, nosso cérebro "liga" os sinais dos sensores de danos, fazendo tudo doer mais.[23] O lado positivo é que, quando esperamos que alguma coisa seja indolor, a sensação não costuma ser das piores.

Se você disser a alguém que um comprimido feito de açúcar é um "analgésico", isso pode acionar a liberação dos opioides endógenos do próprio corpo dela, que amenizam os sinais dos sensores de danos e diminuem a dor.[24] Os placebos podem, então, ter efeitos biológicos notáveis.

Levando em consideração que nossa maneira de encarar a dor influencia como nos sentimos, e que nossos próprios analgésicos podem fazer a gente se sentir bem, algumas pessoas sentem prazer com a dor. Autoflagelação, cerimônias de iniciação, o "barato da corrida" resultante da reação dos sensores de danos ao ácido produzido por músculos levados à exaustão, assim como, é claro, competições de ingestão de pimenta são exemplos de como algumas pessoas sentem dor *e* prazer ao mesmo tempo.

Mas mesmo pessoas que gostam de situações dolorosas não se empolgam com todas as variedades. Então, se você aprecia sadomasoquismo, mas acabou de bater com o dedinho na quina da porta, o que fazer para diminuir a dor?

Você pode falar um palavrão. Porque isso faz diferença mesmo, como confirma um estudo executado na Universidade de Keele. Os voluntários tiveram que enfiar a mão em água congelante pelo máximo de tempo possível. Alguns tinham permissão para falar um palavrão (eles podiam escolher qual) durante o processo, e essas pessoas relataram sentir menos dor. Suas alegações foram apoiadas pelo fato de que elas conseguiram manter a mão na água gelada por uma média de 44 segundos a mais para homens e 37 segundos a mais para mulheres. Não se sabe bem o motivo para os palavrões terem ajudado, mas os pesquisadores acham que talvez seja porque eles acionam o sinal de "perigo", capaz de diminuir a dor. (Pesquisas adicionais encontraram resultados semelhantes para falantes de japonês; o efeito, então, não se restringe ao Reino Unido, onde xingar ao reagir a dores é muito mais comum e culturalmente aceitável.)[25]

Você também pode tentar confundir o cérebro. Giandomenico Iannetti liderou uma pesquisa sobre o assunto. Ele aplicou um laser quente nas costas das mãos de um grupo de voluntários e descobriu que, quando eles cruzavam um braço por cima do outro, a dor diminuía. Iannetti acredita que bagunçar o mapeamento de sinais normais do cérebro, com a mão direita passando para o lado esquerdo do nosso mundo, e vice-versa, cause isso.

Todos nós sabemos, porém, que, se você bater com uma parte do corpo, esfregá-la pode ajudar. Acredita-se que isso aconteça porque os sinais de dor e tato estão integrados à medula espinhal; fibras A-beta, que transportam mensagens de tato, se conectam com o mesmo neurônio secundário — a próxima etapa na via de transmissão do receptor sensorial para o cérebro — que as fibras C. Uma inundação de sinais de tato pode reduzir os sinais de danos enviados adiante.[26]

Pavel Goldstein explorou especificamente o toque de outra pessoa. Seus estudos revelaram que, enquanto o toque de um desconhecido não ameniza a dor do calor aplicado ao antebraço, o toque de um ente querido, sim. O motivo para isso, aparentemente, é que, quando estamos com alguém com quem temos um vínculo afetivo, um estado de sincronia fisiológica se desenvolve. Os batimentos cardíacos, a respiração e até as ondas cerebrais começam a entrar no mesmo ritmo, ativando a rede de recompensas do cérebro e promovendo a analgesia. Goldstein descobriu que a dor é capaz de atrapalhar essa sincronia — mas o toque consegue reestabelecer a conexão.[27] "O toque romântico talvez seja um dos mais poderosos, mas não a única possibilidade para um efeito analgésico." No entanto, ele acrescenta que "o toque não é uma panaceia e deve ser usado com muito cuidado."

Sem dúvida, o toque é um bom e velho antídoto para a dor. Porém, muito antes do desenvolvimento da anestesia geral na metade do século XIX, nós, é claro, já tínhamos acesso a vários medicamentos para reduzir o sofrimento.

Braseiros datados de cerca de 3.000 a.C. contendo sementes e restos queimados de cannabis (que age nos receptores de canabinoides) foram encontrados no Cáucaso, e há indícios de que o ópio de papoulas era usado na Mesopotâmia pelo menos alguns séculos antes disso. Arqueólogos descobriram o que parece ser um estabelecimento de produção de drogas em larga escala na cidade de Ebla,

SUPERSENTIDOS

perto de Aleppo, no noroeste da Síria, datado de cerca de 4 mil anos atrás. Restos de papoula (para ópio, para alívio de dor), heliotrópio (usado para tratar infecções virais) e camomila (para reduzir inflamação) foram encontrados em recipientes grandes no local.[28] Na Grécia Antiga, o casco de salgueiro, que contém ácido salicílico, que por si só (como sua versão sintética, o ácido acetilsalicílico — a aspirina) consegue aliviar dores e febres, parece ter sido usado com regularidade.

No entanto, nem sempre o ópio foi ingerido para amenizar a dor física. Poetas do período romântico, incluindo Samuel Taylor Coleridge e Thomas de Quincey, elogiavam seus efeitos estimulantes e criativos. Porém, o Dr. Joseph Crawford, da Universidade de Exeter, Inglaterra, analisou os comportamentos e experiências de mulheres escritoras no mesmo período e concluiu que elas usavam o ópio mais por seus efeitos sedativos e calmantes, como uma forma de lidar com aborrecimentos e depressão.[29]

Pesquisas confirmam que o ópio e a heroína, assim como nossos próprios opioides naturais, aliviam a dor psicológica. E, na verdade, o paracetamol também, afetando a atividade no córtex cingulado anterior e na ínsula, duas regiões do cérebro envolvidas na resposta emocional aos sinais de danos e que também são associadas à sensação de dor psicológica resultante da rejeição social.

Como registrou a equipe norte-americana e canadense em seu agora clássico trabalho de 2010 que mostrou que o paracetamol alivia dor social, há uma "sobreposição expressiva entre a dor física e a social". Não se trata apenas da forma como o cérebro processa esses tipos de dor, mas da bioquímica de sua supressão.[30]

Quando nos referimos à rejeição de um grupo de amigos ou ao término de relacionamento romântico como *sofrimento*, estamos certos. De uma perspectiva evolutiva, existe um bom motivo para isso. Se você dirigir rápido demais, bater o carro e quebrar as costelas, a dor resultante lhe puniria por fazer algo que ameaçou sua sobrevivência e lhe faria pensar duas vezes antes de repetir a experiência. Se, em uma sociedade ancestral, na qual indivíduos dependiam em excesso um do outro, você fosse rejeitado pelo seu grupo social, sua

DOR

sobrevivência correria um risco real. Roubar de um vizinho ou fazer sexo com o parceiro de outra pessoa, por exemplo, são equivalentes sociais de dirigir rápido demais.

Pesquisas recentes sobre sociedades pelo mundo sugerem fortes indícios de que a sensação de vergonha evoluiu como uma punição por quebrarmos regras do nosso grupo social.[31] Ela funciona, assim, como uma versão psicológica da dor física moderada. Porém, a exclusão social, que seria para nossos ancestrais uma ameaça ainda mais grave do que a de umas costelas quebradas, dói *de verdade*. Quando sentimos dor, somos consumidos pelo desejo de nos livrarmos dela. E fazer de tudo para se livrar da dor da rejeição social pode ter aumentado drasticamente nossas chances de sobrevivência.

Vale enfatizar, porém, que, enquanto a vergonha e esse tipo de dor social são, no âmago, adaptativas, isso não significa que elas sejam sempre úteis ou que você sempre será capaz de consertar o que foi socialmente quebrado. Isso pode ser muito verdadeiro se o seu grupo específico desenvolver regras sociais intolerantes ou distorcidas, significando que a sua vergonha e exclusão resultam de algo sobre o que você não tem controle (a aparência do seu rosto ou do seu corpo, por exemplo), ou de uma atitude ou estilo de vida que inerentemente não coloca outra pessoa em perigo.

Depois disso tudo, você pode estar se perguntando: se a dor tem relação com substâncias químicas, impactos mecânicos, ameaças sociais e calor, por que sons altos e luzes fortes são tão dolorosos? Quando se trata de luzes fortes, a resposta foi descoberta apenas em 2010, com um estudo que demonstrou que uma grande proporção dos neurônios nociceptivos que reage à pressão na superfície do olho também reage a luzes fortes (pelo menos esse foi o motivo em experimentos com ratos). Em 2015, pesquisadores da Universidade Northwestern publicaram detalhes do que parece ser o sistema de dor do ouvido. Eles descobriram que, embora a cóclea não contenha nociceptores padrões, ela é o lar de um conjunto de neurônios ativados apenas por níveis de som perigosos — apesar de ainda não ter sido determinado se eles reagem à morte de células ciliadas auditivas (devido a sons altos) ou às próprias ondas sonoras.[32]

SUPERSENTIDOS

Todas as pesquisas sobre dor física e psicológica tornam extremamente claro que a dor é fundamental para a sobrevivência. Pelo menos, na maior parte do tempo. Não há espaço neste livro para escrever sobre dor crônica nem sobre os perigos do uso viciante de analgésicos vendidos apenas sob prescrição médica, que já foram discutidos em outros trabalhos. Mas as pesquisas sobre os detalhes bioquímicos dos processos sensoriais envolvidos na dor, seu alívio e os fatores psicológicos que a influenciam oferecem a promessa de métodos melhores para nos ajudar a *não* sofrer por nada.

11

Frio na barriga

Aprenda a tomar decisões melhores

> Geralmente, eu sofro mais no segundo dia. Depois disso, não sinto mais uma vontade desesperada de comer. A fraqueza e a depressão mental ocupam seu lugar. A digestão prejudicada transforma o desejo por comida em um anseio pelo alívio da dor. Com frequência, tenho dores de cabeça intensas, com episódios de tontura ou de leve delírio. A exaustão completa e um senso de isolamento do mundo marcam os estágios finais do sofrimento. A recuperação costuma ser demorada, e o retorno à saúde normal às vezes chega a ser desanimador de tão lento.

Este foi o relato de Emmeline Pankhurst, uma das líderes do movimento sufragista no Reino Unido, escrevendo em 1912 sobre seus períodos de greve de fome durante prisões por protestos violentos.[1] Para Pankhurst, assim como para suas companheiras militantes que buscavam igualdade de votos para mulheres, as greves de fome eram uma forma de chamar a atenção para a resistência do governo em reconhecer as protestantes encarceradas do movimento como prisioneiras políticas, e não criminosas.

O primeiro caso documentado ocorreu apenas três anos antes, quando a artista e sufragista Marion Wallace-Dunlop foi condenada por danificar de forma maliciosa as paredes da Câmara dos Comuns (ela transcreveu um trecho da Declaração Britânica de Direitos em uma parede do St. Stephen's Hall), sendo enviada para a prisão de Holloway como delinquente criminal. Wallace-Dunlop se recusou a comer "até a questão ser esclarecida de forma justa", o que durou 91 horas. Então, foi liberada por temerem sua morte.[2] A greve de fome logo foi adotada por suas companheiras sufragistas. Era uma ferramenta política poderosa, comovente e pacífica, que depois seria reproduzida por, entre outros, o IRA, Mahatma Gandhi e Nelson Mandela, durante sua prisão na ilha Robben.

A fome, é claro, consiste no sentimento consciente de que queremos comida. Ela evoluiu para nos motivar a tomar uma atitude diante de sinais sensoriais que indicam que o corpo precisa de mais combustível. Fazer greve de fome — rejeitar comida — significa se recusar, propositalmente, a seguir um dos impulsos mais fortes que podemos sentir. Christabel Pankhurst, filha de Emmeline e líder da União Social e Política das Mulheres, observou que a prática era uma marca do "triunfo do espírito sobre a fisicalidade".[3]

Aquilo até o qual a fome evoluiu e os contextos nos quais a vivenciamos hoje em dia são duas coisas diferentes. Porém, ela certamente pode ser um sinal de que precisamos de mais nutrientes específicos, como carboidratos, para nos manter em movimento. O processo conta com um sistema para sentir os estoques do corpo — um sistema fundamental, que é comum a plantas e animais. Não importa se você está falando de uma roseira no seu quintal, de uma lesma ou de um ganso alimentado à força com grãos na indústria do *foie gras*: todos sentem quando é necessária uma renovação de nutrientes vitais e água, e quando eles foram consumidos em excesso.[4]

Para as plantas, um dos sensores principais de nutrientes só foi identificado há pouco tempo. Ele reage especificamente ao fósforo, do qual elas precisam para manter seu crescimento normal. Esses sensores informam às raízes quando absorver mais fosfato (a fonte de fósforo no solo) e quando parar. E, assim como a fome nos impulsiona, junto com outros animais, a buscar comida, a ausência do fósforo tem o mesmo efeito nas plantas: ela estimula as raízes a crescerem para os lados, se expandindo pela camada superior do solo, onde o fósforo tende a se acumular e a ser encontrado mais facilmente.[5]

Para nós, humanos, os sinais sensoriais relacionados à ingestão e à digestão de comida são bem mais complexos, é claro, e são mais abrangentes, afetando nossas emoções, nossos pensamentos e comportamentos, exercendo um efeito potencialmente profundo em nossas vidas.

★ ★ ★

FRIO NA BARRIGA

Em 1912, um ano no qual a violência, a prisão e as greves de fome das sufragistas aumentaram, o fisiologista norte-americano Walter Cannon escreveu que a fome é "caracterizada por dores extremamente desagradáveis, resultantes de fortes contrações do estômago vazio — dores que desaparecem após a ingestão de comida".[6] Hoje, cerca de 820 milhões de pessoas em todo o mundo são subnutridas, o que significa que seu consumo de calorias está abaixo do mínimo necessário para o funcionamento do corpo.[7] Para elas, a experiência da dor de fome é bastante conhecida. Porém, em muitos países, há comida em excesso, e agora sabemos que as causas da percepção de fome são mais complicadas: elas se guiam por uma variedade de sinais do corpo, assim como, é claro, por hábitos — como sabe muito bem qualquer um que já tenha se sentido faminto ao entrar em uma cozinha.

De fato, pense um pouco na última vez que você comeu. O que o motivou? Você estava sentindo *fome* mesmo? Ou simplesmente era a "hora" do café da manhã? Ou você estava cansado e achou que um lanchinho fosse animá-lo? Com certeza você consegue se lembrar de alguma ocasião em que saiu para jantar sem fome alguma, mas bastou sentir o cheiro de algo gostoso para o seu apetite surgir.

A sensação de fome — um estado mental — sem dúvida pode acontecer sem que o corpo nos avise que estamos vazios. E, quando começamos a comer, vários fatores externos podem influenciar o momento em que nos sentimos "satisfeitos". Até mesmo algo tão simples quanto o tamanho do prato tem impacto. Coloque uma porção de comida em um prato grande e você acreditará que ela é menor do que a mesma porção servida em um prato menor (não são apenas os humanos que caem nessa ilusão; até alguns répteis acreditam nela).[8]

A capacidade de se concentrar nos sinais do estômago, então, pode ajudar muito as pessoas que querem controlar o peso. Sinais mecanorreceptores físicos sobre o grau de distensão do estômago e dos intestinos afetam a percepção de saciedade e fome,[9] e, em um mundo sensorialmente confuso de excessos, eles podem ser os indicativos mais confiáveis sobre a quantidade de comida de que você precisa de verdade.

SUPERSENTIDOS

Historicamente, os pesquisadores que tinham o objetivo de avaliar a percepção de saciedade do estômago usavam técnicas desagradáveis, que envolviam inserir balões pelo esôfago e depois inflá-los. Uma técnica mais recente e mais "fácil para o participante" (como afirmou um estudo) requer que o voluntário beba água até o ponto de sentir o estômago "confortavelmente" cheio, e então um pouco mais, até sentir que está cheio "ao máximo".[10] Essas percepções são guiadas por sinais dos canais mecanorreceptores nas terminações de neurônios sensoriais no estômago. No entanto, trabalhos recentes mostram que a sensibilidade desses receptores pode ser afetada por certos hormônios — em específico, hormônios liberados por células do trato digestivo equipadas com receptores de sabor.[11]

Como vimos no Capítulo 4, esses poros semelhantes a gustativos detectam níveis de vários nutrientes na comida que é digerida. Então faz sentido que seus sinais afetem nosso nível de saciedade. Acredita-se que uma refeição muito nutritiva fará os mecanorreceptores sinalizarem "cheio!" com o estômago menos distendido do que quando você ingere uma comida com pouco conteúdo nutricional. Isso faz todo o sentido. Imagine uma tigela de sopa cheia de pedaços de batata e frango, e outra somente com um caldo ralo. Você vai precisar tomar mais do caldo para conseguir ingerir nutrientes vitais. Assim, o volume de uma refeição por si só não deve ser fundamental para a saciedade. Deixar que os sinais de um sentido essencial relacionado à alimentação (o "paladar" fora da boca) influenciem a ação de outra sensação (a distensão física do estômago) ajuda a ajustar a percepção de quando devemos baixar o garfo.

Voltando agora para aqueles estudos de ingestão de água — quando se testa uma pessoa mais de uma vez, é possível estabelecer a consistência com a qual ela se sente satisfeita de forma "confortável" ou "máxima" após beber a mesma quantidade de água. Os voluntários que relatam, após muitos testes, que os mesmos volumes de água os deixam satisfeitos de forma "confortável" ou "máxima" possuem mais "precisão interoceptiva gástrica" — ou "sensibilidade estomacal". Os estudos mostram que a precisão da sensibilidade estomacal de uma pessoa está relacionada com sua percepção de batimentos

FRIO NA BARRIGA

cardíacos.[12] Os níveis de habilidade desses dois tipos de sensibilidade interior estão relacionados.

Também há indícios de que pessoas com transtornos alimentares como a bulimia e a anorexia não têm grande sensibilidade estomacal; elas simplesmente não são tão precisas quanto outras pessoas quando se trata de perceber quando ou o quanto seus estômagos estão cheios. Na verdade, elas parecem ter dificuldades gerais com o monitoramento de sinais corporais interiores (como sugerem os resultados sobre a correlação entre estômago e batimentos cardíacos).[13] Ainda não se sabe se isso pode ser parte do motivo, ou, alternativamente, parte das consequências de seus transtornos alimentares, mas a psicóloga Rebecca Brewer, da Royal Holloway, na Universidade de Londres, está estudando a questão. Ela espera executar estudos longitudinais, acompanhando um grupo de pessoas desde os 10 anos e avaliando-as a cada dezoito meses, mais ou menos, medindo sua sensibilidade interior a cada encontro e registrando se ocorreram mudanças, além do surgimento de quaisquer transtornos alimentares.

Se a sensibilidade estomacal fraca for parte do motivo para transtornos alimentares (e, só para deixar claro, ninguém está sugerindo que isso pode explicar um distúrbio complexo como a anorexia em sua totalidade), por que algumas pessoas são mais sensíveis que outras? Será que a capacidade de sentir o estômago é influenciada pela genética? Ninguém estudou isso de forma explícita. Porém, como um espectro de sensibilidades associadas foi encontrado para outros sentidos que usam mecanorreceptores — como Gary Lewin descobriu para o tato, a audição e para a sensibilidade à pressão arterial —, a ideia parece plausível.

Na teoria, para as pessoas que não comem pouco, e sim em excesso, aprender a prestar mais atenção aos sinais físicos do preenchimento do estômago pode ajudar. Como explica Karyn Gunnet Shoval, ex-instrutora do Centro de Estudos do Estresse da Universidade de Yale e agora coach de saúde, pode ser útil aprender a identificar o quanto você realmente precisa comer, com base nas sensações físicas do estômago, em uma escala de um a dez.

SUPERSENTIDOS

Algumas estratégias podem ajudar, como beber um copo de água e depois se concentrar em como suas percepções do preenchimento do estômago mudam. Gunnet Shoval diz que podemos detectar esses sinais para avaliar nossa fome verdadeira. É possível aprender que, mesmo que seja "hora" de jantar ou um hábito nos impulsione a comer algo, se a escala estiver marcando "cinco", por exemplo (que sinaliza "estou com fome, mas não a ponto de ser um grande problema se eu não comer nada agora"), nós não precisamos comer nada; enquanto, se for "três", precisamos comer, mas em menor quantidade do que se fosse "um". "Seria perguntar a si mesmo 'O que eu devo comer para me sentir melhor?', sem chegar a extremos", explica ela.

Uma estratégia alternativa, se você quiser tentar comer menos, pode ser simplesmente *imaginar* que está cheio. Em um experimento recente na Universidade de Utrecht, um grupo de pessoas passou um minuto imaginando estar com fome ou satisfeitas. Então tiveram que escolher entre uma variedade de opções de comida, incluindo porções de tamanhos variados de pipoca, sorvete de chocolate e batatas fritas, como "recompensa". As pessoas que se imaginaram satisfeitas optaram por porções menores do que as que imaginaram estar com fome. Isso indica, segundo os pesquisadores, que estimular mentalmente estados viscerais, como a sensação de saciedade, pode afetar escolhas reais com consequências imediatas.[14]

Porém, se você realmente precisa comer, imaginar que está satisfeito não vai adiantar, é claro. E, apesar de Emmeline Pankhurst e suas colegas grevistas de fome serem capazes de usar a pura força de vontade para passar dias sem se alimentar em nome de uma causa, quando se trata da maioria dos mortais, a fome pode trazer à tona lados menos nobres, nos impulsionando a fazer de tudo para encontrar comida. Essa, de toda forma, é a explicação para pessoas que ficam mal-humoradas ao sentir fome, causando rabugice em adultos que tentam se comportar e ataques de birra em crianças pequenas com menos autocontrole.[15]

Enquanto muitos de nós conhecem bem esse mau humor, pelo menos até certo grau, os impactos psicológicos dos sinais sensoriais

FRIO NA BARRIGA

relacionados à comida não param por aí. Em conversas rotineiras, com frequência falamos sobre "frio na barriga": você está prestes a comprar uma casa? Que frio na barriga. Essa sensação tende a acompanhar decisões importantes — do tipo menos caracterizada por avaliar os prós e contras, e mais por tender inconscientemente a favor de uma opção e não de outra.

Só porque a tendência é inconsciente não significa que não se baseie em fatos. O conhecimento — ou o aprendizado — implícito consiste em associações, ou padrões, que o cérebro aprendeu em certo nível, mas dos quais você ainda não se deu conta. Esse é um tipo de aprendizagem evolutivamente primitivo, e, embora haja um espectro de sua habilidade na população geral, não tem relação com o QI.[16] É possível ter uma pontuação de gênio no QI mas ser ignorante quando se trata de aprendizagem implícita, e vice-versa. Ao olharmos com mais atenção para resultados de estudos de laboratório que mostram o aprendizado implícito em ação, o motivo para isso fica bem claro.

Muitos desses estudos envolveram rastrear os estados fisiológicos de voluntários enquanto participavam de um jogo de apostas com regras que não foram reveladas. Para se dar bem no jogo, os participantes precisavam tentar entender os padrões de ação e efeito — as regras — conforme jogavam. No entanto, o nível de complexidade delas tornava muito difícil entendê-las de forma lógica. Mesmo assim, considerando seu grau de experiência, alguns jogadores começaram a mostrar que as aprenderam, ou que, no mínimo, ganharam noção suficiente delas para conseguir fazer escolhas inteligentes — escolher apostar quando a chance de vitória realmente era alta e recuar quando a chance era baixa. Porém, no momento em que os pesquisadores perguntavam a esses participantes quais eram as regras, eles geralmente respondiam que não faziam ideia. Então *como* foi que as aprenderam?

A resposta está em seus estados fisiológicos.[17] Enquanto os voluntários jogavam, alguns desses estados (como os batimentos cardíacos e o suor da pele) eram medidos. Os estudos mostraram que eles se tornavam sutilmente diferentes em situações em que seria melhor

SUPERSENTIDOS

apostar, em comparação com quando isso seria uma péssima ideia. O cérebro adora vencer. E a amídala aprende rápido quais são as situações de "vitória" (seja em um jogo ou em outro cenário que afete a capacidade de sobreviver e prosperar) e "fracasso".[18]

Ao detectar uma ameaça, ela aciona a reação de luta ou fuga de Walter Cannon, instruindo o hipotálamo a aumentar os batimentos cardíacos e a quantidade de suor, e induzindo outras mudanças corporais. Se a ameaça for nítida, essa reação é forte. Se for confusa e leve (acionada, por exemplo, por indícios de que você pode estar com uma mão de cartas ruim), ela é fraca. Mas ainda é possível detectar os sinais sensoriais confusos e leves de uma reação fisiológica fraca a uma ameaça, sem ter consciência de qual é a ameaça em si. Seus sinais corporais podem, então, impulsionar você a tomar uma decisão correta de forma inconsciente, impulsiva (e não logicamente calculada). Pessoas sintonizadas com seus sinais corporais devem, portanto, ter uma capacidade melhor de aprendizado implícito. E, como a habilidade e a consciência da sensibilidade interior não têm relação com o QI, a capacidade de empregar esse tipo de aprendizado também não deveria ter.

Levando em consideração que não somos igualmente sintonizados com esses sinais internos, Hugo Critchley e Sarah Garfinkel, da Universidade de Sussex, se perguntaram se isso pode afetar o processo de tomada de decisão e o sucesso no mundo real. Para explorar esse tema, eles queriam encontrar um grupo de pessoas que precisavam fazer avaliações rápidas de grandes quantidades de informação, encontrar padrões em conjuntos de dados complexos e tomar decisões ágeis e altamente arriscadas. Eles miraram, então, em corretores de bolsas de valores. Essas pessoas precisam fazer todas essas coisas, e suas boas decisões são recompensadas com quantias altas de dinheiro e a manutenção de seus empregos, enquanto as decisões ruins podem colocá-las no olho da rua. Na teoria, então, uma boa sensibilidade corporal pode ser muito valiosa.

Junto com outros colegas, Critchley e Garfinkel estudaram corretores da Bolsa de Valores de Londres. Os resultados, publicados em 2016, foram impressionantes. Primeiro, os corretores apresentavam

FRIO NA BARRIGA

resultados melhores na percepção de batimentos cardíacos do que um grupo correspondente de pessoas com empregos diferentes. De fato, isto sugeria que a boa sensibilidade interior ajuda a ter sucesso no mercado financeiro. Porém, a equipe também descobriu que o nível de sensibilidade interior de um corretor determinava quanto dinheiro ele ganhava — e quanto tempo sobrevivia no mercado. Dentro desse superespectro elevado de sensibilidade interior, aqueles com a pontuação mais elevada eram os mais bem-sucedidos.[19]

"Os corretores do mercado financeiro com frequência falam da importância da intuição para escolher ações rentáveis", escreve a equipe. "Nossa pesquisa sugere que a intuição que molda essas decisões vai além das entidades míticas da doutrina financeira — trata-se de sinais fisiológicos reais e valiosos."

Perceber uma leve mudança nos seus batimentos cardíacos não tem a ver com intuição. Mas, como sabemos, a detecção da frequência cardíaca é amplamente usada como um indicador da sensibilidade corporal geral. Em uma situação de ameaça, o sangue é desviado do intestino, enquanto a adrenalina relaxa o músculo involuntariamente aplainado dele, ação detectada pelos receptores de alongamento locais. O cérebro registra as mudanças e começa a identificar situações em que elas precisam acontecer, sem você se dar conta disso de forma consciente, mas causando uma sensação de "pressentimento". Esse parece ser o caso dos corretores financeiros com mais sensibilidade interior. E é por isso que, quando alguém não sabe o que fazer, é normal escutar: "confie na sua intuição."

Se "confiar na intuição" é um conselho antigo confirmado pela ciência, e aquela história de que precisamos beber dois litros de água por dia? Inúmeros artigos indicam a ingestão de dois litros de água como a solução para perder peso, ter menos rugas, se concentrar melhor e várias outras coisas. Mas até que ponto isso é verdade? Para chegarmos a uma conclusão, primeiro temos que entender como a sede funciona.

Nós precisamos beber água com frequência porque, ao contrário dos camelos, não desenvolvemos métodos extraordinários para conser-

SUPERSENTIDOS

var água dentro do corpo. Como diz a famosa regra prática, um ser humano consegue sobreviver três semanas sem comida, mas apenas três dias sem água (o número real de dias varia, é claro, dependendo de quanta água você perdeu em suor e respiração, e também se você está vomitando ou sofrendo de diarreia, dois fatores que diminuem esse prazo fatal).

Mesmo assim, abaixo da superfície do corpo há água, água por todos os cantos... Em 1945, um grupo pioneiro de fisiólogos na Universidade de Illinois revelou o quanto — e onde.

A equipe assumiu a tarefa de analisar a composição química do corpo de um homem de 35 anos que tinha morrido recentemente. Ele pesava 70 quilos e tinha 1,83 metro de altura. São um peso menor e uma altura maior do que as do norte-americano médio de hoje, mas suas estatísticas de elementos vitais são citadas mesmo assim, porque a equipe não ignorou nenhum órgão em sua busca por analisar seus componentes materiais. O corpo humano, concluíram, é, entre outras coisas, formado por 14,39% de proteínas, 1,596% de cálcio, 0,771% de fósforo — e 67,85% de "umidade".

Essa tabela de resultados pavorosa revela que a água era responsável por quase 74% do peso do coração dele, e o mesmo valia para o cérebro e a medula espinhal. Embora os rins estivessem no topo da lista com 79,47%, quase um terço do peso dos ossos era água. Até nos dentes dele, o valor era 5%.[20]

Estudos mais recentes sugerem que o fato de o valor total de 67% do peso de um adulto equivaler a água é maior do que o normal. Mesmo assim, se você fosse, de alguma forma, sugado de todos os seus líquidos, com certeza perderia cerca de metade do peso corporal (um pouco menos se você for especialmente musculoso, e bem mais se tiver bastante gordura no corpo).[21]

Nós precisamos de água para uma série de funções essenciais: para o sangue, para transportar oxigênio pelo corpo; para se livrar de resíduos na urina e nas fezes; para proteger o cérebro de impactos; para o suor, para regular a temperatura corporal — e muito mais. Não é de surpreender, então, que sejamos extremamente sensíveis a mudanças na concentração de substâncias químicas e minerais dis-

FRIO NA BARRIGA

solvidas, e, portanto, ao conteúdo relativo de água no sangue. Uma concentração maior indica desidratação — e esse é um problema imediato, porque pode significar que as células não estão mantendo o volume necessário para fazerem seu trabalho corretamente.

Há mais de setenta anos, os fisiólogos sabem que o cérebro não apenas regula a proporção de água nos fluidos corporais como a detecta diretamente. Existem células nas regiões do hipotálamo (o controlador-mestre da homeostase) que detectam diretamente a concentração de partículas dissolvidas e, em especial, do sódio (dos sais) no sangue.[22] Se essa concentração sair só um pouquinho da faixa aceitável absurdamente limitada, medidas para ajustá-la entram em ação na mesma hora. Primeira: os rins são instruídos a perder menos água na urina, o que significa manter mais no sangue. Segunda: você sente sede, sendo impulsionado a beber.

Por muito tempo, acreditava-se que essa sensibilidade do cérebro à hidratação do sangue fosse o único fator da sede. Mas alguns fisiólogos se incomodavam com a teoria. Afinal, depois de você ingerir líquidos, o nível de água no sangue leva dez minutos para se ajustar. E, mesmo assim, todos conhecemos a sensação de tomar um gole demorado de bebida gelada e sentir que a sede foi saciada na mesma hora. Em 2019, uma equipe da Universidade da Califórnia, em São Francisco, descobriu por quê. Nesse estudo, eles usaram ratos como modelos e descobriram que, quando um desses animais começa a beber, sinais sensoriais da boca e da garganta temporariamente desligam os neurônios de sede no hipotálamo. Esse sinal "rápido", que é mais estimulado por bebidas geladas, parece rastrear o volume de líquido ingerido.

Mas a história não termina por aí. Outros trabalhos com ratos mostraram que o "desligamento do neurônio da sede" também é acionado por água salgada — mas por pouco tempo. Algo claramente indica que aquele não é um fluido hidratante e reverte a decisão de "saciar a sede". E, também em 2019, a equipe relatou o que era esse algo: um segundo nível de sensores, provavelmente no começo do intestino delgado, capaz de detectar quando, e a que grau, uma bebida (ou comida) pode ser hidratante de verdade. Graças a sinais

SUPERSENTIDOS

enviados pelo nervo vago até o cérebro, esses sensores então conseguem atualizar e refinar as percepções de sede.[23]

Os pesquisadores estudaram até a reação cerebral dos ratos à desidratação e ao ato de beber — e também à fome e ao ato de comer —, chegando ao nível de neurônios unitários. "Foi a primeira vez que assisti em tempo real a neurônios unitários integrando sinais de partes diferentes do corpo para controlar um comportamento como beber", observou Zachary Knight, o neurocientista que liderou a pesquisa. "Isso abre a porta para estudarmos como todos esses sinais interagem. Por exemplo, como o estresse e a temperatura corporal influenciam a sede e o apetite."[24]

Então voltamos à pergunta sobre quanta água precisamos *de verdade*.

As origens do conselho sobre a ingestão de dois litros ou oito copos de água por dia são um pouco obscuras. Porém, alguns pesquisadores a rastrearam até as orientações do Conselho Nacional de Pesquisa dos Estados Unidos, publicadas em 1945 — mesmo ano em que a equipe de Illinois analisou o cadáver —, segundo as quais os adultos devem "consumir" um mililitro de água por caloria de comida. Isso, de fato, equivaleria a dois litros por dia para mulheres e dois litros e meio para homens. No entanto, observe a palavra "consumir".

Boa parte dos alimentos que ingerimos contém água, e essa água faz diferença. Naturalmente, a quantidade de exercícios físicos que você pratica e o clima em que vive também afetam suas necessidades. Porém, para aqueles que, assim como eu, vivem em um clima temperado e passam tempo demais sentados, acredita-se que beber cerca de um litro de fluidos por dia seja o suficiente. Mesmo que eles não venham na forma de água pura. Chá e café frequentemente são considerados desidratantes, mas isso é um erro; eles também contribuem para o volume total de ingestão de água, de acordo com a pesquisa de Heinz Valtin, da faculdade de medicina de Dartmouth, nos Estados Unidos.[25]

E quanto à alegação de que nos tornamos notavelmente desidratados antes mesmo de sentirmos sede de verdade? Então devemos ingerir líquidos como precaução?

FRIO NA BARRIGA

Seria muito estranho que qualquer animal, incluindo o ser humano, tivesse desenvolvido um senso de sede tão distorcido. A água é tão vital, e seu nível no sangue é mantido em limites tão acurados, que seria de fato muito estranho se nós precisássemos dela — mesmo que fosse pouco — e não sentíssemos sede. A única advertência real nessa teoria é que é possível nos distrairmos ao ponto de ignorarmos os sinais iniciais da sede. Uma criança em um parquinho é um exemplo clássico. Por que parar de brincar para beber água quando ela ainda não está *desesperada* de sede? E, se você sabe que vai estar em uma situação em que não terá acesso fácil a água (enquanto faz uma prova, por exemplo), é uma boa ideia levar uma garrafinha com você.

No geral, quando se trata de permanecer hidratado, a atitude mais sensata, pelo que parece, é seguir o que você sente. E, se você estiver tentando beber e o líquido não descer com facilidade pela garganta, é provável que esteja hidratado em excesso, de acordo com uma pesquisa da Universidade de Melbourne. A equipe estudou pessoas que tinham bebido muita água ou que estavam um pouco desidratadas, e que então receberam um copo de água para beber. Os participantes precisavam relatar quanto esforço era necessário para tomar um gole, em uma escala de 1 a 10. A nota média do grupo desidratado foi 1, indicando um esforço mínimo. O outro grupo teve bem mais dificuldade; a média de suas notas foi cerca de 5.[26]

A equipe diz que os resultados mostram a existência de outro indicador, além do nosso nível de sede, que avalia se precisamos de água ou não. Também é outro sinal de que conseguimos determinar muito bem quando e o quanto precisamos beber. "Apenas beba de acordo com a sede, e não seguindo um cronograma complexo", aconselhou Michael Farrell, que fez parte da equipe.[27]

Nós também, é claro, sabemos muito bem quando precisamos lidar com o resultado prático final de beber (e comer), que é ir ao banheiro. Os receptores de alongamento na bexiga e no reto são responsáveis por isso.[28]

Embora nosso sistema de sensibilidade e regulação de água possa ser extremamente sensível, há um grupo inteiro de pessoas que costumam viver desidratadas: os idosos. A sensibilidade interior ten-

SUPERSENTIDOS

de a piorar com a velhice, observa Geoff Bird, da Universidade de Oxford. Na verdade, segundo ele, um dos sinais mais óbvios desses déficits em pessoas mais velhas é a desidratação. Como a idade enfraquece nossa percepção instintiva de quando precisamos de mais água, pode ser difícil fazer idosos beberem o suficiente.

Essa deterioração pode acontecer no nível dos próprios receptores: eles podem se desbastar e se tornar menos sensíveis com o tempo. "Também pode existir alguma ligação com a transmissão dessa informação para o cérebro; sua representação no cérebro se torna mais confusa, diz Bird. E, como veremos no Capítulo 14, uma sensibilidade interior falha pode causar impactos na vida dos idosos que vão além de fatores físicos.

Para as outras pessoas, compreender os sentidos relacionados com a sede e a fome pode nos ajudar a comer e beber de forma mais saudável. Tantos conselhos alimentares se referem à nossa escolha de comidas — evite pizza, corte os doces, e assim por diante —, porém, se levarmos em consideração o que nossos *sentidos* dizem, podemos aprender a confiar em mensageiros sinceros mais úteis (como o estômago e os receptores de alongamento do trato intestinal) e tentar, pelo menos, colocar as vontades dos outros (ahh, esse doce é tão gostoso!) em seu devido lugar.

Parte três

Uma sinfonia de sensações

Nas duas primeiras partes deste livro, analisei os sentidos isolados ou em pequenos grupos muito próximos. Isto foi necessário para explorar como nosso vasto repertório de sentidos nos ajuda. No entanto, eles raramente operam por conta própria, preferindo se unir, como se formassem uma sinfonia de sensações — e isso pode elevar nossas percepções de observações sensoriais básicas (de que uma fruta é vermelha, o dia está quente) para uma apreciação sofisticada de nós mesmos, das outras pessoas e do mundo como um todo.

Quando falamos sobre ter "senso" de direção ou "sentir" o sofrimento de alguém, por exemplo, estamos nos referindo a experiências que basicamente dependem da informação absorvida por uma variedade de sentidos. Nesta parte do livro, explicarei como essas duas coisas acontecem.

Também vou falar sobre como padrões de variação em muitos sentidos significam que certos grupos de pessoas podem ter experiências radicalmente diferentes na vida. Para começo de conversa, o gênero faz diferença: enquanto grupo, as mulheres não sentem as coisas da mesma forma que os homens.[1] Mas todos nós também conhecemos homens e mulheres com um senso de navegação incrível, por exemplo, ou que são emotivos demais, ou que percebem instantaneamente como outras pessoas estão se sentindo. Nós também conhecemos exemplos do oposto: pessoas com péssimo senso de direção, emocionalmente rasas ou que não parecem ter a mínima noção dos sentimentos dos outros. Essas não são diferenças insignificantes na experiência humana. Quando compreendemos que elas são sustentadas por nossa "configuração" sensorial, ganhamos uma compreensão nova e profunda de nossos pais e filhos, de nossos parceiros e amigos, e de nós mesmos.

12

Senso de direção

Por que eu vivo me perdendo?

Como é que algumas pessoas transitam por aí sem qualquer dificuldade, enquanto outras se perdem na primeira curva errada que fazem?

Infelizmente, eu faço parte do último grupo. Minha vida nunca ficou em risco de verdade por causa disso — mas só porque tomo o cuidado de nunca me colocar em situações em que algo assim pode ocorrer. Porém, quando vim morar em Londres, antes de telefones celulares serem comuns, meu guia de ruas era tão valioso quanto minha bolsa. Agora, se vou a pé ou de carro para cinco lugares diferentes perto da minha casa, não preciso usar o GPS. Para qualquer outra coisa, *sempre* uso o celular, com minha coleção de aplicativos de mapas. Só existe um lugar no mundo em que me sinto livre do medo constante de acabar desesperada e irremediavelmente perdida, e tenho certeza de que isso influencia meu amor por esse lugar. Ah, Nova York, com suas maravilhosas ruas numeradas — você faz eu me sentir como se soubesse aonde estou indo.

Para pessoas como eu, um senso de direção ruim pode parecer algo intrínseco e inevitável. É como ter olhos castanhos, por exemplo, ou braços compridos. No entanto, a capacidade de se localizar conta com um conjunto de sentidos, incluindo alguns que conhecemos na Parte Dois deste livro. E, como já sabemos, nossos sentidos podem ser treinados. Quando compreendemos como eles se unem para permitir que a gente encontre o caminho certo (e as barreiras que temos), nos tornamos capazes de apreciar não apenas o motivo pelo qual existem diferenças nessa habilidade, mas também como podemos melhorar, independentemente de sermos bons nisso ou não.

SENSO DE DIREÇÃO

Uma informação importante nas variações da capacidade de navegação humana é a seguinte: ela não tem qualquer ligação com a inteligência.

Dan Montello, um geógrafo cognitivo da Universidade da Califórnia, em Santa Barbara, supervisionou um estudo agora clássico que documentou esse fato. Vinte e quatro alunos voluntários foram levados individualmente de carro por algumas rotas em um bairro residencial desconhecido com várias colinas e ruas serpenteantes. Então eles tiveram que responder a perguntas sobre a disposição espacial de onde estavam. Por exemplo, a partir de um ponto de referência, eles tinham que apontar a direção em que ficava outro ponto (que não conseguiam enxergar dali) e desenhar um mapa da área. O processo foi repetido uma vez por semana, por dez semanas, usando uma variedade de rotas que passavam pelos mesmos pontos de referência, e todas pelo mesmo bairro.

Foram encontradas diferenças enormes no desempenho dos alunos. Embora alguns deles melhorassem aos poucos a cada sessão durante as dez semanas, a maioria ou "pescava tudo" em uma única sessão ou simplesmente não entendia nunca; eles começavam mal e jamais melhoravam. Montello chama esse grupo de "cachorros", para as pessoas que são mais perdidas que um cachorro que caiu do caminhão de mudança... Lembre-se, estamos falando de alunos que estudaram em uma faculdade muito prestigiosa. Suas memórias para fatos e sua inteligência geral deviam estar muito acima da média. Porém, enquanto alguns rapidamente desenvolviam um mapa mental da vizinhança, outros sofriam.[*]

Mary Hegarty, colega de Montello, como diretora do Spatial Thinking Lab da UCSB, liderou a criação da que agora é conhecida como a Escala de Senso de Direção de Santa Barbara.[2] O questionário pede para você indicar em que grau concorda e discorda de declarações como "Sou ótimo em fornecer orientações para chegar em algum lugar", "Tenho uma memória ruim quando se trata de lembrar onde deixei as coisas" ou "Eu me perco com muita facilidade em cidades desconhecidas". Hegarty descobriu que a pontuação das pessoas na escala se correlaciona bem com resultados em estudos

SUPERSENTIDOS

no mundo real como o de Montello, e também com testes de laboratório sobre a capacidade navegacional.

Em geral, os testes de laboratório usam ambientes em realidade virtual. É comum que permitam apenas um tipo de informação sensorial: a visual. É certo que, ao transitarmos, nós contamos demais com a visão, especialmente com a capacidade do cérebro de monitorar o chamado "fluxo ótico". Esse é o padrão do movimento *aparente* de objetos conforme *você* se desloca. Mas as pessoas cegas também aprendem a se locomover pelo mundo — a desenvolver o conhecimento de onde virar em cada esquina, e de criar um mapeamento mental da posição de vários pontos de referência em relação a outros.

As duas estratégias (a baseada em rotas e a do mapeamento mental) são importantes para a navegação. A das rotas pressupõe que a pessoa se lembre de pontos de referência e curvas em um caminho específico. Se eu quiser ir da minha casa para o centro da cidade, por exemplo, sei que preciso virar à esquerda na minha rua, atravessar a rotatória, virar à direita no cruzamento esquisito que parece que me faz entrar na contramão em uma rua com cara de ser mão única, mas que não é, e então virar para a esquerda. Esse tipo de estratégia funciona muito bem em jornadas regulares e muito usadas, mas é inflexível. E se houver uma obra na rotatória e eu não puder seguir em frente?

Então preciso bolar uma nova rota na minha cabeça (ou recorrer ao GPS). Esse tipo de navegação trabalha com o mapeamento mental do ambiente — o tipo que Montello testou com os alunos. Descobrir o caminho usando mapeamento mental costuma ser visto como uma abordagem superior, porque é flexível e permite que você encontre atalhos. Porém é mais difícil, em termos cognitivos. Bons navegadores, segundo Mary Hegarty, automaticamente selecionam a melhor estratégia para a situação.

Como as pessoas cegas não têm dificuldade com ambas as estratégias, fica claro que há sentidos além da visão que contribuem com nossa capacidade de encontrar o caminho certo. De fato, os sinais do mapeamento corporal, que criam "memórias musculares" do corpo com o passar do tempo, e os sinais vestibulares em especial, que nos

SENSO DE DIREÇÃO

ajudam a compreender para qual lado estamos olhando e a velocidade com que nos locomovemos, são todos importantes. Se você estiver dentro de um carro, a propriocepção não vai ajudar. Mas a sinalização vestibular, sim.

Tudo o que sabemos sobre como o cérebro reúne essas informações sensoriais em representações úteis do ambiente, formando a base do senso de direção, vem principalmente de estudos sobre a atividade de neurônios unitários nos animais. E boa parte deles ocorreu em laboratórios da University College de Londres.

A Assembleia do Nobel nem sempre tem facilidade para explicar ao público por que uma descoberta é tão merecedora de um prêmio, porém, no caso do Prêmio de Fisiologia ou Medicina de 2014, não houve qualquer dificuldade: "As descobertas de John O'Keefe, May-Britt Moser e Edvard Moser solucionaram um problema que vinha ocupando filósofos e cientistas há séculos: como o cérebro cria um mapa do espaço que nos cerca e como conseguimos navegar por um ambiente complexo?"

Como nós sabemos onde estamos? Como conseguimos encontrar o caminho de um lugar para outro? E como podemos armazenar essas informações de forma a sermos capazes de encontrar imediatamente o caminho na próxima vez que estivermos no mesmo local? Como a Assembleia do Nobel comentou, essas eram questões de extrema importância e que passaram muito tempo sem resposta. O trio de cientistas descobriu um sistema de posicionamento, um tipo de "GPS interno" no cérebro que nos torna capazes de nos orientar pelo espaço.

John O'Keefe venceu sua metade do prêmio pela descoberta, em 1971, de células "de lugar" no hipocampo, uma região do cérebro importante para a memória.[3] Usando eletrodos em miniatura para monitorar a atividade de neurônios unitários nos cérebros de ratos enquanto os animais vagavam por um espaço delimitado, O'Keefe notou que alguns sempre se ativavam quando os ratos estavam em um local específico, mas não em outros. Porém, alguns se tornavam ativos em pontos diferentes — e assim por diante. Ele concluiu que

SUPERSENTIDOS

lembranças da atividade de uma célula de lugar funcionavam efetivamente como um mapa do ambiente.

O casal de neurocientistas noruegueses Edvard e May-Britt Moser, cujo trabalho de pós-doutorado foi orientado por O'Keefe, descobriu células de grade no córtex entorrinal, região próxima ao hipocampo, em 2005.[4] Os Moser também monitoravam a atividade de neurônios individuais e identificaram alguns que, ao contrário das células de lugar, não se tornavam ativos em locais específicos, mas em vários. Essas células disparam em grupo, cada uma mapeando uma região hexagonal discreta do chão conforme o animal se move sobre ele. Ao essencialmente desenvolver um mapa com grade de coordenadas em um espaço bidimensional enquanto se movimenta, o rato obtém informações precisas sobre a distância entre os objetos em si, e entre os objetos e ele mesmo.

Células de lugar e células de grade já foram encontradas nos cérebros humanos, assim como uma variedade de outros neurônios especializados em navegação.[5] Como, por exemplo, as células de direção da cabeça, sobre as quais "todo mundo esquece, porque não ganharam o Prêmio Nobel", observa Kate Jeffery, diretora do Instituto de Neurociência Comportamental da University College de Londres (Jeffery também foi orientada por O'Keefe no pós-doutorado). "Mas, nos últimos trinta anos", diz ela, "o interesse sobre o seu funcionamento aumentou muito." De fato, as células de direção da cabeça codificam a orientação do crânio, fornecendo um ponto de referência para as células de grade e de lugar.[6]

As células de borda, enquanto isso, disparam quando você chega perto de um limite, como uma parede, e as células de percepção espacial se tornam ativas quando você olha para um local, mas não vai até lá. Estas células de percepção espacial, que os ratos não têm, permitem que nós e outros primatas "usemos a visão de longo alcance", como explica Jeffery. Elas nos deixam "usar nossos olhos como se fossem um braço muito comprido".

Os sinais visuais claramente alimentam o GPS interno, ainda mais em ambientes estranhos.[7] Mas existe um limite de informações que eles conseguem transmitir. Como saber se é você que está se

SENSO DE DIREÇÃO

deslocando ou se são as coisas ao seu redor? Você já deve ter tido a experiência de estar sentado dentro de um trem imóvel, com outro trem esperando ao lado, e então perceber que um deles começou a sair da estação — mas não conseguir determinar qual... até o cérebro registrar que o sistema vestibular não enviou sinais de movimento, então não pode ser o seu.

Os sinais do canal semicircular horizontal, em específico, alimentam células de direção da cabeça. Eles informam para qual lado estamos virados e nos ajudam a entender onde estivemos e para onde vamos. Esse canal é, portanto, fundamental para a navegação.

Também existe um sentido que pode permitir jornadas extraordinárias e infalivelmente precisas por muitos milhares de quilômetros. Ele é usado pelos pássaros, pelas abelhas... e, apesar de ser uma opinião muito controversa, alguns cientistas cogitam a possibilidade de nós também fazermos uso dele. Esse sentido é a magnetocepção — a detecção de um campo magnético. Para os propósitos da navegação, isso significa o campo magnético da Terra.

Alguns anos atrás, de férias nas Terras Altas da Escócia, eu, junto com um leão-marinho faminto, observei salmões atravessando o pequeno estuário do rio Forss, e depois mergulhando na água fresca. Não foi uma tarefa fácil. Eles se debatiam pela água rasa de um rio esvaziado por um longo verão seco. Mesmo assim, aquilo mal se comparava à jornada que já tinham feito. Alguns anos antes, os salmões teriam deixado sua bacia natural mais acima do rio. Depois de sair nadando para se alimentar nas águas próximas à Groenlândia, eles agora voltavam por aquele mesmo trecho de rio para se acasalar.

As tartarugas marinhas fazem algo parecido, e muitos pássaros e borboletas também migram para longe. Enquanto você (bem, eu) se perde até ao sair de um hotel em busca de um lugar onde tomar café da manhã, no outono, as borboletas-monarcas atravessam até 5 mil quilômetros a partir do nordeste dos Estados Unidos para passar o inverno no México.

Não se sabe exatamente como as borboletas-monarcas — e os salmões e as tartarugas marinhas, ou os pombos-correios, ou as andorinhas-do-ártico — realizam essa proeza navegacional.* Mas as características do campo magnético da Terra variam de acordo com a latitude. E os animais são capazes de sentir e rastrear essas variações de muitas formas.[8]

Em 2012, pesquisadores alemães encontraram células detectoras de campo magnético no salmão. Essas células, tiradas de tecido do nariz, continham grupos microscópicos de cristais de magnetita — um óxido de ferro extremamente magnético. Acredita-se que funcionem como ponteiros de bússola minúsculos, e, quando giram na tentativa de se alinhar com o campo magnético da Terra, eles acionam mecanorreceptores.[9]

As variações no campo podem ser usadas, assim, como pontos de referência. Na teoria, um alevino de salmão recém-nascido pode ser marcado por um elemento do campo magnético local — talvez por sua intensidade. Para voltar àquela área geral mais tarde, ele teria que encontrar a costa, depois nadar para o norte ou para o sul ao longo dela, até chegar ao seu estuário.[10]

A magnetita também foi encontrada no bico de pombos-correios, no cérebro de tartarugas marinhas e na barriga de abelhas.[11] E foi identificada em quantidades minúsculas no cérebro humano, fazendo alguns pesquisadores se perguntarem se conseguimos usá-la para sentir o campo magnético da Terra — mas, por enquanto, não existe qualquer indício de que isso seja possível.

Os pássaros migratórios — junto com as borboletas-monarcas e as moscas-das-frutas — também possuem um tipo diferente de sensor magnético, localizado nas retinas. É uma proteína chamada criptocromo, que reage a campos magnéticos na presença de luz.

Uma versão dessa proteína foi encontrada nas nossas retinas, assim como nas retinas de alguns mamíferos.[12] E, quando moscas-das-frutas foram geneticamente modificadas para produzir a versão humana em vez da própria, elas continuaram capazes de se alinhar a campos

---

* Na verdade, de acordo com ornitólogos, no caso dos pássaros, sem dúvida existe certa competição acirrada para resolver essa questão, já que a pessoa que conseguir entender isso se tornará um astro do meio acadêmico.

SENSO DE DIREÇÃO

magnéticos (moscas-das-frutas que foram modificadas para serem incapazes de produzir a versão delas ou a humana não conseguiram).[13] Será que *nós* podemos usar o criptocromo para detectar o campo magnético da Terra e nos localizar? Parece que temos as ferramentas. Porém, enquanto outros cientistas não questionam as descobertas com as moscas-das-frutas, com certeza há ceticismo sobre sermos capazes de usar a proteína com o mesmo propósito. Sugere-se que, uma vez que o estímulo do criptocromo esteja atrelado à presença da luz, seus sinais talvez estimulem nosso senso de tempo do dia — nosso relógio biológico. A intensidade da luz é um indicador excelente do tempo do dia e da estação do ano, mas também existem padrões sazonais e diurnos no campo magnético da Terra, e podemos usar essas informações em prol dos nossos ritmos circadianos.[14]

Em março de 2019, porém, Joe Kirschvink, do Instituto de Tecnologia da Califórnia, defensor de longa data da possibilidade da existência da magnetocepção humana, publicou um estudo em parceria com colegas atestando que o cérebro humano é capaz de reagir inconscientemente ao campo magnético da Terra — ou, pelo menos, alguns cérebros humanos conseguem, porque nem todos os participantes do estudo reagiram a manipulações do campo magnético.

A equipe construiu um cubo com paredes que bloqueavam a entrada de qualquer radiação eletromagnética. Cada voluntário sentou individualmente lá dentro, no escuro, usando um capacete para eletroencefalograma. O capacete permitia que os pesquisadores monitorassem a atividade elétrica no cérebro dos participantes e observassem como ela mudava conforme manipulavam o campo magnético dentro do cubo. Quando o campo estava orientado para baixo e se movendo em sentido anti-horário, acontecia uma reação — uma queda na amplitude de ondas alfa. A equipe interpretou isso como uma indicação de que o cérebro percebia que precisava prestar atenção em algo: que a posição do campo magnético (que geralmente seria da Terra) estava mudando, enquanto a pessoa permanecia parada.[15]

Nem todo mundo reagiu da mesma forma, mas alguns voluntários apresentaram mudanças expressivas na amplitude de ondas alfa — que, em um deles, diminuiu temporariamente em 60%. Que

SUPERSENTIDOS

sensor pode estar envolvido? Como os estudos foram conduzidos na escuridão, a magnetita parece ser a melhor aposta. Mas, por enquanto, ninguém sabe.

No geral, porém, a possibilidade de os humanos conseguirem sentir e usar o campo magnético da Terra ainda é controversa. Mas é indiscutível que com certeza *conseguimos* usar sentidos além da visão, da propriocepção e dos fornecidos pelo sistema vestibular para nos localizar.

Embora se presuma que o salmão usa a magnetocepção para chegar às redondezas de seu rio nativo, há fortes indícios de que é o olfato que o guia para a bacia exata em que foi chocado. Outros animais também usam esse sentido para se locomover — incluindo nós, humanos. De fato, nós somos capazes de farejar o caminho, vendados, até um local cujo cheiro só sentimos uma vez.[16]

Essa descoberta da psicóloga Lucia Jacobs, da Universidade da Califórnia, em Berkeley, se encaixa bem com trabalhos recentes sobre animais que identificaram células no hipocampo que reagem a características não espaciais de um ambiente — como odores e texturas —, disparando células semelhantes às de lugar quando um animal se move.[17] Acredita-se que o sistema permita memórias de "o que aconteceu aqui". Para o meu cachorro, pode ser o caso de "Sim, foi embaixo dessa árvore que deixei aquele pedaço de sanduíche! Vale a pena voltar aqui!" Para você, pode ser: "Sim, aquele cheiro maravilhoso de café! Era depois daquela esquina, descendo a rua..."

Em 2018, uma equipe canadense relatou que pessoas com mais capacidade de se lembrar de cheiros (nesse estudo, os voluntários precisavam identificar uma variedade de aromas, incluindo manjericão e morango) conseguem se localizar melhor em ambientes virtuais. A equipe descobriu que pessoas que sofreram danos ao córtex orbitofrontal medial, que é importante para processar odores, não apenas tinham dificuldade para identificar cheiros — e, assim, de se lembrar deles —, mas também apresentavam problemas com a memória espacial.[18]

Nosso nariz distinto, em formato de pirâmide, surgiu na cena evolutiva do *Homo* com o *Homo erectus*. E Jacobs teoriza que ele tenha

SENSO DE DIREÇÃO

evoluído dessa forma para facilitar a navegação por longas distâncias. O *Homo erectus* evoluiu em um clima extremamente imprevisível, observa ela, quando os hábitats florestais se transformavam em pastos. Essas mudanças no clima e no ambiente incentivaram a evolução de características que aprimoraram a capacidade de se locomover sobre duas pernas, permitindo que os humanos arcaicos se deslocassem por distâncias maiores para encontrar comida e outros recursos (o *Homo erectus* foi o primeiro hominídeo identificado a migrar para fora de África.)[19] Mas encontrar comida é uma coisa. Para sua família sobreviver, você precisa levar essa comida para casa — e isso exigia uma navegação a distância decente. O olfato é como o forro do nosso mundo, sobre o qual podemos nem ter consciência, mas que usamos o tempo todo para nos manter orientados", diz Jacobs. "Talvez a gente não veja um bosque de eucaliptos se passarmos por ele à noite, mas o cérebro descodifica os aromas e cria um mapa."[20]

Os primeiros marujos e navegadores usavam o olfato para se localizar. Segundo descreviam as sagas sobre as jornadas de marinheiros vikings, eles usavam os sentidos para navegar para longe da terra à vista — e voltar. Eles observavam baleias seguindo correntes específicas; ouviam os cantos dos pássaros e os sons de ondas batendo nas pedras; provavam o mar, buscando sinais de água doce saindo de rios; e farejavam o cheiro de terra no vento. Os navegantes polinésios antigos, que atravessavam centenas de quilômetros entre ilhas e depois voltavam, supostamente também usavam o cheiro da terra para alcançar seus destinos.

De fato, navegadores modernos das ilhas do Pacífico que usam técnicas de navegação tradicionais relatam usos extraordinários de seus sentidos.[21] O marinheiro neozelandês David Lewis conta detalhes de muitos métodos em seu livro maravilhoso, *The Voyaging Stars: Secrets of the Pacific Island Navigators*.* Entre as muitas histórias memoráveis, uma trata de um homem chamado Tevake, que pilotava sua canoa sob céus nublados que escondiam as informações de

---

★ "As estrelas viajantes: segredos dos navegadores das ilhas do Pacífico", em tradução livre. [*N. da T.*]

direção do Sol (ou outras estrelas). Lewis escreve que Tevake sentou de pernas cruzadas, praticamente nu, no chão de sua canoa, usando os testículos para sentir o formato das ondulações do oceano...

> Ele permaneceu no rumo ao manter uma ondulação específica do leste-norte-leste à popa, ondulação essa que foi efetivamente oculta para mim pelas ondas enormes que quebravam, agitadas pela ventania... Parece incrível que aquele homem tenha sido capaz de se guiar pelo mar aberto no oceano Pacífico através de uma leve ondulação que provavelmente se originou a milhares de quilômetros de distância... Ele avistou terra como o esperado... depois de navegar por algo entre 72 e 77 quilômetros sem ter um vislumbre do céu.[22]

Trata-se de uma navegação de longuíssima distância, do tipo que permite novas jornadas, assim como viagens de volta para locais conhecidos.

Nem todo mundo é um explorador de verdade, mas todos nós guardamos memórias sensoriais de locais onde estivemos — e os principais são as relacionados com comida.

Onde você comeu o melhor hambúrguer da sua vida? Ou experimentou o morango mais doce? Ou saboreou e se esforçou ao máximo para não devorar de uma vez o bolo mais delicioso? É provável que você não apenas se lembre da aparência e do cheiro do restaurante ou do estabelecimento, mas dos sons ao redor — porque, dependendo do ambiente, os sons também podem oferecer texturas valiosas para nossa cartografia cognitiva — e da sua localização. Para nossos ancestrais, as lembranças do local de fontes maravilhosas de comida significavam muito mais do que uma memória feliz. Elas faziam a diferença entre a sobrevivência e a fome.

Como a capacidade de navegação depende de uma variedade de sentidos, as diferenças individuais de sensibilidade para cada um deles afetam nosso talento para nos localizarmos.

Há fortes indícios de que as pessoas com problemas vestibulares podem sofrer de verdade. "Acho que pessoas com danos vestibulares

SENSO DE DIREÇÃO

contam demais com a visão e o fluxo ótico", diz Kate Jeffery. "Se elas fecharem os olhos, podem ficar muito desorientadas, não apenas em termos de permanecer em pé, mas sem saber para que direção estão viradas."

Porém, até irregularidades vestibulares mínimas podem causar problemas.

Com luz suficiente, nós conseguimos andar por um caminho reto em um ambiente desconhecido. Mas o que acontece quando escurece?

Se você acreditar no filme de terror *A bruxa de Blair*, a resposta é que começamos a andar em círculos. Essa é a crença popular, mas será que está correta? Em 2007, Jan Souman, psicólogo no Instituto Max Planck de Cibernética Biológica em Tübingen, na Alemanha, foi contatado por um programa de tevê alemão sobre ciência chamado *Kopfball*, e ouviu a mesma pergunta. Souman precisou confessar que não sabia a resposta — os estudos necessários nunca tinham sido executados —, mas ficou curioso o suficiente para iniciar seu próprio projeto.

Ele conduziu experimentos iniciais em voluntários vendados, que foram orientados a caminhar em linha reta por um campo. Os resultados revelaram que, de fato, eles começaram a andar em círculos, alguns com circunferências de apenas vinte metros (e achando que caminhavam em linha reta). Às vezes eles desviavam para a esquerda; outras vezes, para a direita. Os pesquisadores concluíram que isso refletia uma incerteza cada vez maior sobre a direção do "para a frente".

Em testes subsequentes na floresta de Bienwald, na Alemanha, e no deserto do Saara, na Tunísia, voluntários rastreados por GPS não foram vendados. Souman e sua equipe os orientaram que caminhassem por horas. E observaram que, quando o Sol e a Lua apareciam no céu, essas pessoas não tinham muita dificuldade em caminhar em linha reta. Porém, assim que as nuvens atrapalhavam, elas começavam a andar em círculos — e nem percebiam. Era nítido que o Sol e a Lua eram usados como ponto de referência, mesmo que o processo não fosse consciente.[23]

Em um estudo relacionado, uma equipe de pesquisadores franceses primeiro testou o funcionamento vestibular de voluntários. Eles

SUPERSENTIDOS

precisavam subir em uma plataforma de força, que registra o equilíbrio da distribuição de peso nos pés de uma pessoa. Se a postura estiver perfeita, a distribuição é equilibrada. Os voluntários também precisavam posicionar verticalmente uma barra, para que os pesquisadores medissem seu senso subjetivo do que é "vertical". Então eles foram levados para um galpão vasto e vazio — e, portanto, relativamente seguro — em Bordeaux, vendados e orientados a caminhar em linha reta.

O resultado? Muita gente perdeu o rumo. Porém, quanto maior fosse o desequilíbrio na distribuição de peso inicial, mais os voluntários saíam da linha reta e pior era seu senso subjetivo de uma linha vertical alinhada. Os pesquisadores concluíram que irregularidades muito leves no sistema vestibular são capazes de prejudicar a noção de "reto" de uma pessoa, o suficiente para fazê-la andar em círculos.[24] Leves imperfeições na estrutura física do sistema vestibular podem, então, ajudar a justificar a performance navegacional fraca dos "cachorros" de Montello.

Nesse estudo, não existem diferenças entre os sexos. Homens e mulheres demonstraram a mesma propensão a perder o rumo. Na verdade, em estudos sobre navegação, é comum que homens e mulheres apresentem a mesma proporção de resultados positivos — porém, quando uma discrepância é encontrada, ela favorece os homens.[25] Por quê?

Talvez seja porque os homens parecem preferir o mapeamento mental à navegação baseada em rotas. Pelo menos essa preferência foi observada em estudos liderados por Hegarty e também por Sarah Creem-Regehr, na Universidade de Utah, que descobriu que voluntários do sexo masculino tendiam a tomar mais atalhos do que as mulheres, enquanto as mulheres preferem rotas conhecidas.[26] Creem-Regehr sugere que isso talvez ocorra porque, para nossos ancestrais, tomar atalhos seria mais perigoso para mulheres do que para homens. Se uma mulher se deparasse com a toca de um predador, por exemplo, ela estaria mais vulnerável.

Parece uma teoria plausível. Mas a antropóloga Elizabeth Cashdan, também da Universidade de Utah, queria explorar a rea-

SENSO DE DIREÇÃO

lidade do que acontece em sociedades tradicionais pequenas. Ela e seus colegas estudaram o povo tsimane da floresta tropical boliviana, que conhecemos no capítulo sobre audição, e o povo twe, que mora na savana aberta da Namíbia. Os dados coletados por Helen Davis, agora na Universidade de Harvard, revelaram que meninos e meninas twe e tsimane apresentam resultados igualmente bons em testes de habilidade navegacional — como estar parado em um lugar e apontar para a direção de outro que não conseguem ver. Porém, embora se observe uma diferença entre os sexos entre adultos do povo twe, o mesmo não acontece com os tsimane.

Cashdan tem uma teoria para explicar essa descoberta. Os tsimane, que vivem no meio da mata densa, tendem a não perambular muito. Porém, os homens twe perambulam muito mais do que as mulheres. Eles viajam longas distâncias para visitar namoradas, por exemplo (a sociedade deles não é monógama). Como resultado, sua experiência em navegação é maior do que a das mulheres. A influência de fatores ambientais, e não do sexo biológico, parece explicar a performance superior dos homens.[27]

Será que isso também é válido para o Ocidente? Kate Jeffery explica que, mesmo nos dias de hoje, os homens dirigem mais do que as mulheres, então têm mais experiência navegacional. Isso significa que sua capacidade de usar e integrar informações de sentidos relevantes é testada e treinada com mais frequência.

Porém, é preciso ressaltar que os homens também tendem a passar mais tempo jogando no computador do que mulheres. E isso pode ser importante para interpretar algumas pesquisas nessa área. Talvez os homens apresentem resultados melhores em testes de navegação baseados em realidade virtual porque têm mais experiência interagindo com essa tecnologia (os pesquisadores tentam amenizar esse tipo de coisa em seus estudos, mas nem sempre é fácil). Ou a experiência com os videogames pode ser mais impactante. Por exemplo, suas habilidades no mundo real podem ser aprimoradas por um jogo de aventura que requer que você navegue por um mundo virtual e oferece uma bússola para orientação.

SUPERSENTIDOS

Por outro lado, hoje em dia, quantos navegadores ocidentais conseguiriam realizar as viagens de longa distância que os homens do povo twe fazem (sem tecnologia)? Ou até chegar minimamente perto de se afastar da terra em um barco até perdê-la de vista e contar com a sensibilidade dos órgãos genitais para permanecer no rumo certo?

Como já sabemos, a vida moderna tem entorpecido muitos dos nossos sentidos. Mas também há outro perigo. E a pior parte é que muitos de nós (inclusive eu) a aceitamos, acreditando que ela seja nossa salvação. Na verdade, talvez ela seja equivalente a um relaxante muscular para fisiculturistas: melhora a situação superficialmente, porém é mais parecida com um veneno do que com um remédio milagroso.

Até aqui, enquanto estávamos evoluindo, não havia, é claro, aplicativos de mapas para nos ajudar a transitar. E, segundo Dan Montello, esse tipo de tecnologia prejudica a capacidade de formarmos mapas mentais de ambientes. Ele mesmo não os utiliza. "Tenho bastante certeza de que seu uso habitual enfraquece a capacidade das pessoas de se situarem por conta própria", me explica ele.

Em 2019, um apoio experimental a essa ideia foi publicado por uma equipe liderada pelo psicólogo Hugo Spiers, da UCL. Spiers e seus colegas exploravam as regiões do cérebro ativas quando os alunos navegavam por uma simulação do campus da própria faculdade ou do campus de outra instituição, muito menos familiar, que visitaram alguns dias antes. Informações sobre que caminho seguir eram exibidas para alguns voluntários, para que a equipe também conseguisse investigar os efeitos do GPS.

Nos alunos sem informações semelhantes às do GPS, a equipe observou que o hipocampo se envolvia no acompanhamento da jornada virtual até um local recém-descoberto no campus desconhecido. No entanto, outra região, chamada córtex retrosplenial, lidava com a tarefa quando eles transitavam pelo seu próprio campus habitual. Esse trabalho foi importante para mostrar que duas partes diferentes do cérebro orientam a navegação, dependendo de estar-

SENSO DE DIREÇÃO

mos em um lugar muito conhecido ou relativamente novo. Porém, a equipe também notou que, nos dois grupos, quando as instruções do GPS eram oferecidas, o hipocampo/córtex retrosplenial desistiam de acompanhar o caminho.[28] "Nós queríamos saber se andar por um lugar muito familiar seria parecido com usar um GPS, já que você não precisa pensar muito para onde vai quando está em um local conhecido", comentou Spiers. "Mas os resultados mostram que não é o caso; o cérebro se dedica mais a processar o espaço quando você usa a memória."[29]

Ao enfraquecer nossas habilidades naturais para rastrear direções, o GPS e os aplicativos de mapas estão, pelo que parece, nos tornando mais ineficientes quando se trata de navegação. Montello diz que esse é um bom exemplo do "infantilismo tecnológico", e acrescenta que: "Se você quiser que seus filhos sejam capazes de se localizar sem o uso de tecnologias de navegação, terá que deixar que eles pratiquem por conta própria."

No mundo moderno, essa tarefa não é necessariamente fácil. Mas, se você tem dificuldade para se localizar e sofre em cidades modernas, alguém com essas mesmas características teria se dado bem em ambientes ancestrais, defende Jeffery (a pergunta que eu fiz de verdade foi: como é que eu e muitas pessoas parecidas comigo temos um senso de direção tão ruim se isso é tão importante para a sobrevivência?). Sem o amontoado de prédios, haveria informações sensoriais amplas, em grande escala, oferecendo marcas de orientação que são simplesmente impossíveis de obter a partir de um escritório no centro de Londres — cadeias de montanhas, que sempre seriam visíveis durante o dia; bandos de pássaros vindos da direção que você sabe ser a de uma fonte de água escondida; uma visão clara do Sol; sombras contínuas. Sem paredes gigantes, estradas serpenteantes ou jornadas subterrâneas, seria mais difícil nos desorientarmos.

Porém, levando em consideração a maneira como muitos de nós vivemos, se você tiver um péssimo senso de direção, o que fazer para aprimorá-lo — além de deletar seus aplicativos de mapas?

Quando você estiver ao ar livre, tente prestar atenção nos sinais naturais. "Se eu sair de uma estação de trem e não quiser consultar

SUPERSENTIDOS

minha bússola, olho para o Sol", diz Jeffery. E, na teoria, é possível treinar pessoas a usar as sombras para determinar sua posição em relação aos ponteiros de uma bússola, acrescenta Hegarty.

Tanto ela quanto Jeffery recomendam simplesmente prestar mais atenção no ambiente ao redor. Enquanto você caminha ou dirige, faça um esforço consciente para notar pontos de referência, como igrejas ou lojas, e preste atenção no momento em que vira em alguma rua. Você também pode tentar olhar para trás com regularidade, técnica usada por alguns animais, como as vespas-cavadoras, que montam seus ninhos no chão e criam colônias formadas por um número entre cinquenta e cem ninhos reservas.

Também existem algumas ferramentas tecnológicas de treinamento que podem ajudar.

Qualquer pessoa que andasse pelo campus cheio de folhas da Mount Holyoke College, em Massachusetts, em 2009, poderia ter visto um membro do corpo docente usando um chapéu muito esquisito. Sue Barry, a professora de neurobiologia que conhecemos no Capítulo 1, o ganhou de presente do marido, Dan, no Dia das Mães. Com abas largas e listras em tons de marrom, cor-de-rosa e amarelo, o acessório era, nas palavras dela, "ridículo". Barry não o usava por motivos sentimentais, mas porque, graças a um dispositivo vibratório dentro da coroa, ela finalmente podia aprender a superar uma dificuldade que tivera por toda a vida. "Dez anos atrás, meu senso de direção era patético", confessa Barry. "Eu era capaz de ir de um lugar para o outro seguindo determinado caminho e pontos de referência que conhecia bem. Mas nunca sabia como eles se conectavam. Sabe *Jornada nas estrelas*? Era como se eu fosse teletransportada para locais diferentes. E eu passava muita vergonha. Se um amigo fizesse uma visita e a gente quisesse ir ao museu, eu entrava no carro sem fazer a menor ideia de como chegaríamos lá. E eu teria que admitir que, sim, fazia dez anos que eu morava na cidade, que é relativamente pequena... mas eu *não tinha a menor ideia de como chegar aos lugares*."

O presente criado por Dan Barry era um chapéu que detectava a direção norte. Ele uniu uma bússola eletrônica, um microprocessa-

SENSO DE DIREÇÃO

dor e um motor, que vibrava sempre que a frente do chapéu encarava o norte. Sue podia segurar o motor na mão ou prendê-lo no chapéu. "Então, eu andava por aí e, quando virava para o norte, sentia uma vibração repentina. Era um sinal associado com a minha ação — de virar para o norte — que me fazia perceber que 'Ah, estou mudando minha direção em relação ao Polo Norte'. E assim, é claro, quando eu usava o chapéu, estava ciente da minha direção, porque esse era o objetivo. E então comecei a pensar 'Ah, esse ponto de referência fica ao norte daquele outro, e este daqui fica ao sul, ou ao leste, ou ao oeste de algum outro'. Comecei a criar um mapa na minha cabeça. Cheguei ao ponto — eu usava o chapéu com tal frequência — que, andando pelo campus da faculdade, indo de um prédio para o outro, se eu seguisse para o norte, sentia a vibração mesmo se estivesse sem o chapéu."

O senso de direção do seu marido, segundo ela, é "incrível". Mas Barry logo entendeu que ele, assim como amigos e vizinhos com habilidades navegacionais igualmente fantásticas, estava, de forma consciente ou não, usando estratégias para entender onde se localizava em relação aos pontos cardeais. Ela os testou, pedindo para apontarem para o norte quando estavam na sua casa — e todos acertavam. "Eu perguntava: 'Como você sabe?' Um deles sabia onde uma estrada norte/sul importante ficava com relação à nossa posição. Outro apontou para o céu e disse: aquela ali é a estrela do norte — então o norte fica para lá. Um terceiro, que gostava de jardinagem, disse: 'Bom, meus rododendros sempre ficam com mais musgo do lado norte.' Há várias maneiras de fazer isso. Mas você precisa prestar atenção. Para mim, essa é a parte fundamental. E acho que as pessoas que prestam atenção desde a juventude desenvolvem hábitos a serem utilizados mais tarde sem nem se dar conta do que fazem."

O senso de direção de Sue Barry foi treinado pelo uso do chapéu (e, depois, de um aplicativo de celular também criado pelo marido) e por seu recém-descoberto gosto pelo uso da posição do Sol no céu e de pontos de referência locais. Agora, ele é bom o suficiente para ela não precisar de ajuda. "Eu não diria que tenho um ótimo senso de direção... Outras pessoas que conheço simples-

SUPERSENTIDOS

mente 'sentem' o caminho correto. Eu preciso me esforçar mais. Porém sei o que fazer agora."

Alguns pesquisadores também têm explorado outras formas de criar um sentido de bússola que pareça o mais natural possível, sem usar vibrações, que não associamos normalmente a direções, mas a sons, que detectamos vir de determinados pontos espaciais.[30]

Para mim, olhando para o futuro, meu maior aprendizado com a história de Sue Barry e com as pesquisas na área é *preste mais atenção.* Tenho a tendência a andar e dirigir pensando em várias coisas que não têm ligação alguma com o local onde estou. Agora, eu pelo menos tento não apenas notar, mas me *concentrar* em referências, sons, cheiros, curvas... Também tento lembrar que a navegação é um exemplo maravilhoso de como o cérebro processa dados multissensoriais de formas fantásticas — e, enquanto para algumas pessoas esse processo parece simples, para outras é necessário ter mais foco (talvez muito mais). Porém, ao contrário de ter braços compridos, por exemplo, isso *é* algo que podemos mudar.

E, na verdade, como mulher, prestar mais atenção aos cheiros e sons do meu mundo pode me ajudar a me tornar melhor e mais rápida do que homens com a mesma resolução. O estereótipo de que os homens têm um senso de direção melhor que o das mulheres tem apoio limitado e inconsistente em pesquisas acadêmicas. No entanto, como veremos no próximo capítulo, quando se trata das diferenças entre os sexos sobre sentidos individuais, é quase certo que as mulheres sempre sejam melhores.

13

A lacuna entre os sexos

Como homens e mulheres sentem o mundo de formas diferentes

Uma vez que vivemos em nossas bolhas de percepção, pode ser difícil entender as diferenças caleidoscópicas entre as bolhas de outras pessoas. Mas, embora os indivíduos possam ser extremamente distintos, enquanto grupo, as mulheres sentem as coisas de um jeito diferente dos homens.[1]

Em praticamente todos os sentidos que foram testados, as mulheres demonstram mais sensibilidade. Elas — nós — são mais capazes de distinguir cores, são mais sensíveis a aromas, a sabores, ao tato e até (ao contrário da opinião popular) são mais resistentes à dor.

Não se sabe exatamente o que causa essa lacuna sensorial. Porém, como as mulheres tendem a ser melhores em todas as categorias, é provável que isso ocorra, pelo menos em parte, pela maneira como o sistema nervoso feminino lida com sinais sensoriais, e não devido a diferenças entre os órgãos dos sentidos em si.

O olfato é um sentido que, pelo menos historicamente falando, é visto como mais feminino. A primeira pista científica de que as mulheres sentem melhor os cheiros foi descoberta em 1899, com estudos pioneiros na França que revelaram que as mulheres conseguiam detectar odores mais fracos, tinham mais talento para identificar aromas e achavam mais fácil diferenciar dois cheiros parecidos — descobertas que foram replicadas desde então, e observadas em crianças e adultos.[2]

Um desses estudos foi, de longe, o maior experimento olfativo em massa a ser realizado até hoje. Em setembro de 1986, os onze milhões de assinantes, em mais de 140 países, da *National Geographic* encontraram em suas revistas um cartão que poderiam raspar e

SUPERSENTIDOS

cheirar. Cada um tinha seis fragrâncias: androsterona (um metabólito da testosterona), acetato de isoamila (que tem um odor frutado), galaxolida (um almíscar sintético), eugenol (composto encontrado em canela, folhas de louro e cravos), metanotiol (cheiro de repolho podre/meias fedidas) e rosa.

Nada menos do que 1,42 milhão de leitores responderam com suas reações aos seis odores que sentiram, junto com classificações de intensidade e preferência, e algumas informações biográficas. Cerca de 1.700 até mandaram cartas falando sobre seu olfato.

Algumas eram divertidas. Por exemplo:

Achei que vocês gostariam de saber que, depois de preencher a pesquisa, mostrei os seis aromas para o meu golden retriever. Ele só se interessou pelo cheiro número cinco, que eu achei o mais desagradável de todos. Por que isso aconteceu?

Outros eram bem emotivos, como:

Tenho 85 anos. Depois que meu marido faleceu, eu sentia tanta saudade dele que ia no seu armário e abraçava seus ternos, porque ainda tinham o cheiro de sua pele, de uma leve fumaça de cigarro e perfume Old Spice. Eu ficava abraçando as roupas, sonhando acordada, com os olhos fechados, chorando.

Outros faziam alusão à superioridade do olfato feminino. Um homem escreveu que sua esposa era tão sensível que devia ser contratada para experimentar cheiros. A mulher era uma "especialista", escreveu ele, acrescentando: "Ela é capaz de sentir cheiro de cerveja do outro lado da linha do telefone."[3]

O estudo foi projetado em conjunto com dois pesquisadores de olfato do instituto Monell. Eles descobriram, entre outras coisas, que as mulheres são mais sensíveis a cheiros. Trabalhos bem mais recentes confirmaram que as mulheres sentem melhor os cheiros de outras pessoas, e também os de casa. Ao inalar o odor das axilas de uma pessoa, elas sabem determinar com mais precisão se o

A LACUNA ENTRE OS SEXOS

cheiro é de um homem ou de uma mulher e a quem ele pertence. Quando odores corporais são "mascarados" com substâncias químicas aromáticas diferentes, os odores femininos tendem a se tornar indetectáveis para os homens, mas a capacidade das mulheres de sentir odores masculinos quase não é impactada.[4]

Porém, o olfato de muitas mulheres é bem mais instável do que o dos homens. A fase do ciclo menstrual, a gravidez, a menopausa... tudo isso está associado a mudanças no olfato e no paladar.

Há indícios de que o olfato de uma menina ou de uma mulher se torna mais sensível no período fértil, na fase lútea do ciclo menstrual.[5] Por volta dessa época, ela também tende a achar a androsterona (composto especialmente encontrado no odor corporal masculino, mencionado no Capítulo 3) menos desagradável. E tem mais: outro odor corporal "masculino", a androstadienona, aumenta as percepções das mulheres sobre a beleza de rostos e vozes masculinos — mas apenas durante o período fértil.

De fato, já foram observados diversos tipos de variações e picos sensoriais ao longo do ciclo menstrual. Uma equipe de fisiologistas do Instituto Himalaia de Ciência Médica, na Índia, é apenas uma das que encontraram mudanças nas preferências em relação ao sal. Em seu estudo, mulheres em estágios diferentes do ciclo menstrual receberam amostras de pipoca borrifadas com soluções salinas de intensidades variadas e precisaram avaliar o quanto gostavam delas. As que estavam menstruadas preferiram a porção não borrifada, sem sal. No entanto, para as mulheres no período fértil, descobriu-se que, quanto mais salgado, melhor.[6] Durante essa fase, também há indícios de que algumas mulheres achem o gosto de carne vermelha menos agradável. A sensibilidade ao azedo também parece diminuir, em teoria porque isso faz as mulheres desejarem mais comidas com sabor ácido.[7]

Por que essas mudanças de paladar ocorrem? Ninguém tem certeza. Porém, de todos os grupos de alimentos, a carne é a mais provável de conter infecções de diversos tipos, ameaçando uma gravidez em potencial. Quanto à descoberta sobre o sabor azedo, as frutas ácidas, como as cítricas, também tendem a conter alto teor de açúcar,

SUPERSENTIDOS

uma fonte fácil de energia — e existem indícios de que, na época da ovulação, as mulheres também tendem a desenvolver uma preferência por doces. O sal, por sua vez, é necessário para manter os líquidos dentro do corpo, e as mulheres precisam reter mais água do que o normal durante a gravidez.

Porém, quando se trata de desejos óbvios durante o ciclo menstrual, a maioria das mulheres não destacaria a fase fértil, mas o período pré-menstrual — e o relacionaria ao chocolate. Existem debates sobre o motivo por trás desses desejos — eles são biológicos ou culturais, ou as duas coisas, ou nenhuma delas?[8] Estudos futuros irão descobrir.

Mas existe um estado de ser que costuma estar associado com desejos extremos, e até bizarros, por comida, assim como outras mudanças nos sentidos, e que foi mais estudado, chegando até ao nível dos receptores, pelo menos em animais. É a gravidez, claro.

Minha segunda gravidez foi um pesadelo olfativo. O cachorro fedia demais, meu primeiro filho era um terror com suas fraldas exalando nuvens de fedentina, e eu cheguei ao ponto de acordar meu marido no meio da madrugada para ele ir escovar os dentes. Sério.

★ ★ ★

Sempre tive um nariz sensível, e isso também se intensificou na minha gravidez. Horrível. Às vezes tenho dificuldade em estar no meio de multidões, por causa de tantos perfumes, odores corporais e tal.

Esses relatos de mulheres grávidas foram coletados pela psicóloga Leslie Cameron, da Carthage College, nos Estados Unidos, para uma avaliação de estudos sobre gravidez e olfato.[9] Como Cameron observa, a ideia de o olfato ser amplificado na gravidez data de pelo menos 1895, a partir do trabalho de um cientista holandês chamado Hendrik Zwaardemaker. De acordo com pesquisas no século XXI, cerca de dois terços das mulheres grávidas relatam sentir o olfato mais apurado. Em específico, elas falam sobre uma reação mais forte a odores

A LACUNA ENTRE OS SEXOS

durante o primeiro trimestre. Essas observações levaram a uma teoria de que a gravidez aguça o olfato da mulher para proteger o feto, já que a ajuda a sentir o cheiro de comidas apodrecidas ou tóxicas.

Tudo isso parece fazer sentido. No entanto, os dados são confusos.

Em alguns estudos, as mulheres grávidas relataram que seu olfato *piorou*, enquanto outras não sentiram diferença. Parte do motivo para essas inconsistências nos resultados pode ser o fato de que, quando mulheres grávidas relatam ter mais sensibilidade a cheiros, elas não necessariamente sentem isso da forma como os pesquisadores do olfato entendem.

Em investigações de laboratório sobre quão forte deve ser uma substância aromática para alguém conseguir detectá-la, as mulheres grávidas não costumam apresentar resultados superiores aos de outras mulheres. Tecnicamente, sua sensibilidade a cheiros não parece aumentar. Tampouco, de acordo com outro conjunto de estudos, a sua capacidade de identificar cheiros — ou seja, afirmar que um aroma é de canela, por exemplo, enquanto outro é de cravo. No entanto, quando você pergunta para as mulheres quais odores *parecem* mais ou menos agradáveis, diferenças palpáveis surgem. Durante a gravidez, as mulheres tendem a achar uma série de odores menos agradável ou mais desagradável — ou até, em menos casos, mais interessante.

Entre os cheiros frequentemente avaliados durante a gravidez como sendo menos agradáveis, ou até extremamente repugnantes, estão os exalados por carne vermelha, peixe, ovos, lixo, comida queimada, cigarros, odores corporais, perfumes e colônias. A lista "mais agradável" é bem menor e inclui picles, frutas e temperos.

As mulheres no primeiro trimestre de gravidez tendem a ter uma reação geral de nojo mais amplificada. Como sabemos, o nojo evoluiu para nos motivar a evitar comidas potencialmente venenosas. Sentimentos de nojo mais fortes podem, então, aumentar aversões a alimentos que apresentam um risco maior de infecção, como carne vermelha e ovos, em específico. Porém, se o olfato de uma mulher geralmente não se torna mais sensível durante a gravidez, o que explica a súbita repulsa por perfumes e colônias?

A seguinte teoria pode ajudar a explicar.

Os enjoos matinais são comuns no primeiro trimestre, em especial. Como somos tão motivados a evitar coisas que nos fazem passar mal, quando vomitamos, o cérebro faz uma análise abrangente da situação sensorial e a armazena para consultas futuras. Pessoalmente, ainda tenho forte aversão a certa marca de canja de galinha enlatada que sempre me davam quando eu ficava doente, na infância. Sei que não era a sopa que me deixava enjoada. Mas meu inconsciente não quer saber; ele é um detetive ruim e está convencido de que a culpada só pode ser ela, porque, todas as vezes em que eu me sentia mal, aquela sopa específica *sempre* aparecia.

Agora, de volta à gravidez: uma mulher que frequentemente sente enjoos e até vomita vai aprender a associar uma variedade de sinais sensoriais — e cheiros e gostos são sinais óbvios — com sentir um embrulho no estômago e botar para fora o que comeu. Faz parte do nosso instinto de sobrevivência fazer associações *exageradas*, pecar pelo excesso de cautela, e, se o cérebro achar que você *pode* ter consumido algo tóxico, expelir aquilo de dentro do corpo (e é por isso que, quando uma criança vomita no ônibus da escola, outras logo a imitam). Dessa forma, até um cheiro que antes da gravidez não era considerado ruim pode se tornar muito desagradável. Aromas mais fortes e encontrados com mais frequência — como perfumes de amigos ou até o lixo da cozinha — têm mais chance de entrar nessa equação condicionadora clássica do que cheiros mais leves.

O olfato não é o único sentido no qual as mulheres sentem alterações durante a gravidez. Nove entre dez delas dirão que o sabor da comida também muda.[10] Com frequência, isso significa ser mais sensível a alimentos com gosto amargo e menos aos doces. No entanto, estudos que usaram testes de paladar real encontraram resultados muito variados. Alguns concluíram que as mulheres grávidas são mais sensíveis ao sal; outros, que não. Alguns observam uma sensibilidade menor para compostos doces; de novo, outros, não.

Qual poderia ser a explicação para isso? Pode haver relação com a variedade natural imensa entre as sensibilidades de paladar das pessoas. Em alguns estudos, diferenças acentuadas entre indivíduos podem dominar ou até confundir as descobertas feitas com os grupos.

A LACUNA ENTRE OS SEXOS

Para compreender como a gravidez pode afetar o paladar, é útil tratarmos dos receptores de sabor em si e explorar como os hormônios relacionados à gravidez podem alterar seu funcionamento.

Nós sabemos que as papilas gustativas humanas contêm receptores para vários hormônios, e essa lista inclui a oxitocina. Chamada de o "hormônio do amor", a ocitocina é essencial para a conexão entre a mãe e o bebê, para o trabalho de parto e a lactação (é a liberação de ocitocina em reação ao toque da boca do bebê ao mamilo, ou até ao som da criança chorando, que aciona o reflexo de ejeção do leite). Os níveis de ocitocina aumentam gradualmente durante a gravidez, e há indícios de estudos com animais de que eles influenciam a sensibilidade ao sabor doce, em teoria incentivando a mulher a ingerir mais alimentos açucarados, motivando o consumo de mais calorias.[11]

Outro hormônio, a angiotensina II, importante para regular a pressão arterial — e, assim, fundamental para a saúde da mãe e do feto —, parece diminuir a sensibilidade ao sabor salgado (pelo menos isso foi provado com clareza em ratos).[12] Na teoria, isso pode incentivar uma mulher grávida a consumir sal suficiente para preservar um aumento nos fluidos sanguíneos e manter a pressão estável.

As mudanças hormonais durante a gravidez podem, possivelmente, também ter um impacto na maneira como o cérebro processa as informações sensoriais. Mas não há dados desse tipo sobre pessoas — porque ninguém pesquisou. Porém, deve ser observado que o processamento sensorial não é uma área especialmente negligenciada no campo de pesquisa dos cérebros de mulheres grávidas. O *campo inteiro* é negligenciado. E, segundo alguns pesquisadores dessa comunidade minúscula e jovem, a falta de trabalhos científicos sobre os impactos da gravidez no cérebro das mulheres não apenas é uma vergonha como também um escândalo. Para um evento de tamanha magnitude transformadora — que acarreta em um tsunami de hormônios, com os níveis de estradiol, apenas como um exemplo, chegando a valores centenas de vezes maiores do que o normal, sem contar que é algo que acontece pelo menos *221 milhões de vezes* no mundo a cada ano —, a área é absurdamente pouco estudada.[13]

SUPERSENTIDOS

Os dados que temos vêm de animais, e trabalhos observacionais sobre o comportamento deles descobriram diferenças chocantes. Esses estudos sugerem que ter uma prole aguça habilidades importantes para a sobrevivência, e que isso envolve os sentidos. Por exemplo, as ratas mães têm mais talento para lembrar o local de comidas em labirintos complexos do que as que nunca tiveram filhos. E mais, elas são surpreendentemente melhores em capturar presas.

Craig Kinsley, neurocientista da Universidade de Richmond, na Virgínia, que se tornou interessadíssimo nos potenciais impactos positivos da gravidez no cérebro após observar sua esposa cuidado do filho recém-nascido ao mesmo tempo que ainda lidava com todas as suas tarefas anteriores, descobriu que, enquanto as ratas que não são mães levam, em média, 270 segundos para pegar um grilo em uma área delimitada, as mães levam apenas cinquenta segundos.[14]

As mães humanas não costumam caçar animais para alimentar seus bebês. Mas existem indícios de que, assim como as ratas, elas tendem a se tornar mais agressivas quando provocadas. A partir das últimas fases da gravidez, as mulheres também se tornam mais capazes de registrar sinais de medo, raiva e nojo, embora sua habilidade de detectar surpresa e emoções positivas não mude. Isso faz sentido, diz Laura Glynn, da Universidade Chapman, nos Estados Unidos, que liderou o trabalho: "Se você estiver tentando proteger seu bebê, precisa conseguir detectar ameaças."

Também vieram à tona sinais de que pelo menos algumas mudanças relacionadas à gravidez podem persistir. Sem dúvida, existem evidências de que a maternidade muda a reação do cérebro feminino a hormônios por muitos anos.[15] Porém, o que isso significa em termos do funcionamento do cérebro em geral, e dos sentidos em específico... ninguém sabe ao certo. Para Glynn, essa falta de conhecimento é "quase uma crise na área de saúde feminina. Como nós podemos *não* saber as respostas?".

Como se a gravidez já não fosse desafiadora o suficiente, ainda há, é claro, a questão do parto — e a dor que o acompanha. Existe uma crença popular de que as mulheres são menos sensíveis à dor, ou pelo menos mais resistentes a ela. Nos meios científicos, essa ideia foi de-

A LACUNA ENTRE OS SEXOS

safiada, e se tornou inaceitável sugerir que exista uma diferença entre os sexos. No entanto, em 2004, uma equipe de especialistas em dor da Universidade de Bath revisou trabalhos sobre as diferenças entre os sexos quando se trata de dor e concluiu: "Até muito recentemente, era controverso sugerir que existem diferenças entre homens e mulheres na percepção e na sensação da dor, porém esse não é mais o caso."[16] Só que as evidências contradizem a crença popular.

Quando se trata de temperaturas extremas — tanto frio quanto calor —, as mulheres reagem mais, sentindo queimaduras ou calafrios mais rápido e com mais intensidade. Essa diferença entre os grupos também se estende a outros impactos potencialmente perigosos, assim como às percepções de dor. A equipe de Bath baseou suas conclusões em uma variedade de pesquisas — desde estudos de laboratório que avaliaram limites de dor até estudos de campo em hospitais que concluíram que as mulheres tendem a relatar mais dores durante a vida, em mais partes do corpo, com mais frequência e por períodos mais longos.

Sem dúvida, as mulheres relatam dores crônicas com mais frequência que os homens — dores que duram mais de doze semanas, apesar de se submeterem a tratamento. Os responsáveis podem ser os danos aos nervos, e trabalhos recentes descobriram que, quando esse tipo de dano ocorre, o sistema imunológico de homens e mulheres não reage da mesma maneira. Surpreendentemente, há diferenças nos tipos de células imunológicas que participam da reação de cada sexo. Também há fortes indícios de que essa diferença entre os mecanismos de dor masculino e feminino, que parece ser motivado por níveis mais altos de testosterona na maioria dos homens, explica, pelo menos em parte, por que as mulheres sofrem mais de dores crônicas.[17]

Também há uma conexão fascinante entre a dor crônica e a gravidez. Muitas mulheres com dores crônicas que engravidam relatam uma diminuição dos sintomas. E, em ratas grávidas, pelo menos, pesquisadores observam que, no começo, existe uma troca do mecanismo de dor, saindo do feminino e passando para o masculino. De forma impressionante, os pesquisadores relatam que, no final da

SUPERSENTIDOS

gravidez, as ratas não demonstram qualquer sinal de dor crônica. Eles suspeitam de que, neste caso, o aumento dos níveis dos hormônios estrogênio e progesterona seja responsável pela mudança para o masculino.

No entanto, a pesquisa ainda precisa ser muito elaborada, e a carência histórica de estudos focados em mulheres e seus sentidos tem consequências diárias até hoje. De acordo com o Capítulo 10, já sabemos que o ambiente típico de escritório não é necessariamente confortável para as mulheres, a começar pelas diretrizes de temperatura. Porém, se os sons de uma impressora ou de uma máquina de café parecem "altos demais", e existem diferenças de opinião sobre esses tópicos com os colegas do sexo masculino, esse é outro exemplo de uma diferença documentada de sensibilidade entre os sexos. Enquanto grupo, as mulheres são mais sensíveis a sons.[18]

Mas nem todas as notícias são ruins. Gary Lewin e sua equipe descobriram que as mulheres são cerca de 10% mais sensíveis ao toque. Isto vale para jovens adultas também. Se a diferença existe em crianças — e ainda não existem informações sobre isso —, talvez esse seja o motivo para as disparidades entre marcadores fundamentais sobre o desenvolvimento de meninos e meninas. Se as meninas têm um tato mais sensível, pode ser mais fácil aprender a segurar um lápis da maneira correta e desenvolver uma caligrafia mais legível e bonita do que a dos meninos. Então temos a fala. Para articular sons claros de discurso, é preciso sentir exatamente qual parte da cavidade oral é tocada pela língua. Vários motivos já foram sugeridos sobre por que as meninas costumam aprender a falar mais rápido do que os meninos. O tato mais sensível na boca pode ser importante.

As meninas pequenas geralmente também aprendem mais rápido a determinar as cores de forma correta e consistente. Além disso, como mulheres, elas são melhores do que os homens para distinguir cores — e parecem enxergá-las de um jeito um pouco diferente.[19] Estudos norte-americanos sugerem que, para homens e mulheres enxergarem a mesma cor, o comprimento de onda precisa ser um pouco mais longo para os homens. Isso pode significar, por exemplo, que a grama "verde" parece um pouco mais amarelada para um homem.[20]

A LACUNA ENTRE OS SEXOS

Se esses resultados parecem intrigantes e pouco definidos, bom, é porque a situação atual é assim mesmo. Nós ainda temos muito chão pela frente para definir e compreender completamente as diferenças entre os sexos quando se trata de processamento e percepções sensoriais. Porém, sejam quais forem os mecanismos subjacentes, enquanto grupos, mulheres e homens são diferentes, e as mulheres tendem a ser mais sensíveis. Em algumas situações, uma sensibilidade maior pode ser vista como algo positivo. Costuma ser muito mais fácil encontrar mulheres em equipes profissionais de avaliação de aromas e sabores, por exemplo, do que homens.[21] Em outras circunstâncias — para avaliar níveis de dor, por exemplo —, nem tanto.

Porém, quando se trata das diferenças de sensibilidade entre grupos e de como isso afeta suas vidas, existem tribos sensoriais que vão além dos sexos e que sofrem impactos imensos. No próximo capítulo, vou tratar de como nossos sentidos são fundamentais não apenas para a capacidade de sentir emoção, mas para a empatia. É possível que essa seja a esfera em que nossos sentidos mais nos dominam.

14
A sensação da emoção
Como os sentidos moldam as emoções

Seu telefone toca. Você atende, e é seu chefe com uma notícia terrível: você foi demitido. Imediatamente, seu coração acelera, seu estômago embrulha, sua respiração fica ofegante, suas mãos suam... Se você tivesse um especialista em estresse por perto, ele lhe diria para usar o cronômetro do celular para regular sua respiração, para inspirar o ar mais devagar, e expirar mais devagar ainda. Quando fazemos isso, nos acalmamos em poucos minutos. Muitos de nós sabem que esse tipo de técnica ameniza a ansiedade. Mas pense um pouco no que ela revela.

O *pensamento* que deixou você estressado não mudou. Você continua sem emprego. A única coisa diferente são as mensagens interoceptivas que os receptores nos seus pulmões enviam para o cérebro. O *corpo* agora sinaliza que você não está mais tão ansioso — e o cérebro acredita.

Aristóteles acreditava que as emoções geravam estados corporais: "O cérebro não é responsável por nenhuma sensação... Os movimentos de prazer e dor, e, em geral, toda emoção, nitidamente surgem do coração." Essa é uma ideia que expressamos de forma explícita na nossa linguagem diária. Quando você ama alguém de verdade, é "com todo o coração". Para um pedido de desculpas ser sincero, ele precisa vir "do fundo do coração". Uma recepção "de peito aberto" é genuína. Mas levar um pé na bunda pode deixar você "de coração partido".

Porém, embora a ideia de o coração ser o centro da emoção tenha persistido na linguagem, na filosofia isso não aconteceu. No século XVII, Descartes separou a mente do corpo, e essa separação equivocada resistiu por séculos. Então, em 1872, Charles Darwin

A SENSAÇÃO DA EMOÇÃO

publicou *A expressão das emoções no homem e nos animais*. No livro, ele argumenta que muitas espécies diferentes (uma lista que incluía os seres humanos) expressam emoções de formas surpreendentemente parecidas. Em pouco tempo, Carl Lange, um médico dinamarquês, e William James passaram a defender que os sinais corporais eram os responsáveis pela emoção. Em um trabalho de 1884 intitulado "What is an Emotion?",* James argumentava que, caso algo "empolgante" aconteça, "as mudanças corporais seguem diretamente a percepção do fato empolgante... nossos sentimentos sobre tal fato mudam conforme elas afetam a emoção".[1]

Em *The Principles of Psychology*** (1890), James reafirmou essa ideia de que a percepção das mudanças corporais "É a emoção". E continua:

> O bom senso diz que, quando perdemos uma fortuna, ficamos tristes e choramos; quando encontramos um urso, ficamos com medo e fugimos; quando somos ofendidos por um rival, ficamos com raiva e o enfrentamos... A conclusão mais racional é que ficamos tristes *porque* choramos, com medo *porque* trememos [meus grifos].[2]

À primeira vista, isso pode parecer ilógico. Sem dúvida, você é capaz de reconhecer uma ameaça ou um evento empolgante ou assustador antes de o seu corpo reagir, não? Isso é verdade, é claro — mas o reconhecimento não precisa ser consciente.

O tálamo, que distribui novos dados sensoriais, tem um canal direto com a amídala. E a região basolateral da amídala também é uma das primeiras a reagir a sinais das partes de processamento sensorial do córtex. Ela registra sinais sensoriais automaticamente, indicando se algo tem relevância biológica para você. Esse algo pode ser uma ameaça (como um urso) ou, ao contrário, uma ferramenta para aumentar sua chance de sobrevivência, como os sinais visuais de uma fatia de bolo de chocolate ou um amigo se aproximando de

---

* "O que é uma emoção?", em tradução livre. [*N. da T.*]
** "Os princípios da psicologia", em tradução livre. [*N. da T.*]

SUPERSENTIDOS

você em um restaurante, já que é importante manter relacionamentos sociais.[3]

Seguindo com o exemplo do urso de James, se a amídala identificar um perigo óbvio e imediato, ela envia mensagens para preparar uma reação — luta ou fuga. Como sabemos, isso envolve a ativação do eixo hipotálamo-pituitária-adrenal (eixo HPA), fazendo com que as glândulas adrenais bombeiem adrenalina, que, entre outras coisas, acelera os batimentos cardíacos e relaxa os músculos dos pulmões, permitindo maior absorção de oxigênio.[4] Os mecanorreceptores no músculo do coração, nos pulmões e nas veias sanguíneas registram essas mudanças, e seus sinais são recebidos pelo córtex insular, uma região conhecida por processar sinais sensoriais do corpo *e* por ser importante para a emoção. Após registrar essas mensagens corporais interiores, segundo a teoria, você *sente* medo.

Se você não estiver convencido, pense no que *é* o medo sem a respiração acelerada, a tremedeira e o coração disparado. Nesse sentido, o que resta da raiva, escreve James, sem "a ebulição no peito, sem o rubor no rosto, sem a dilatação das narinas, sem o cerramento dos dentes, sem o impulso de tomar uma atitude vigorosa, mas, em seu lugar, a moleza dos músculos, a respiração calma e um rosto plácido? ... A raiva evapora completamente junto à sensação de suas supostas manifestações".

Nem todo mundo engoliu esses argumentos. Walter Cannon, por exemplo, não acreditou que as sensações do corpo *causavam* emoções.[5] No entanto, as ideias de James e Lange se mantiveram firmes, embora a atual teoria da emoção baseada nelas tenha sido adaptada, levando em consideração as previsões do cérebro sobre como será o estado corporal em determinada situação para influenciar como nos sentimos.[6]

Alguns pesquisadores se mantiveram céticos sobre a ideia de que nossas variadas emoções apresentam padrões correspondentes, especiais, de sensações corporais. Mas, recentemente, houve uma flexibilização nessa posição, pelo menos da parte de alguns.

Em 2018, um grupo liderado por Lauri Nummenmaa, da Universidade de Turku, na Finlândia, perguntou a mais de mil volun-

301

A SENSAÇÃO DA EMOÇÃO

tários onde, em seus corpos, eles *sentiam* mais de cem emoções e outros estados. A lista era muito ampla. Ela incluía, por exemplo, gratidão, medo, amor, culpa, exclusão social, embriaguez, desespero, orgulho, raciocínio e lembranças. A equipe então combinou as respostas para criar um belo gráfico de corpos coloridos para estados diferentes, com pontos amarelos chamativos para as regiões que os participantes sentiam ser as mais afetadas, passando para o vermelho e depois para o preto ao se referir a locais que não tinham envolvimento algum.[7]

Surpreendentemente, houve um alto nível de unanimidade entre os participantes sobre o que sentiam e onde. Também, quase todos os estados de sentimento tinham um mapa corporal único, distinguível — uma "impressão digital da sensação no corpo". Esses mapas tendiam a incluir sensações dos órgãos e músculos — então, sensações proprioceptivas também. Para "relaxamento", por exemplo, o corpo inteiro é vermelho, com pontos amarelos nos ombros e braços. Para raiva, as mãos são amarelas, e há uma bolota amarela no alto do crânio. Para alegria, a região do coração apresenta um brilho amarelo, e um amarelo forte engloba quase a cabeça inteira, com traços de vermelho ao longo dos braços. Nummenmaa acredita que o trabalho demonstra que sentimentos conscientes (incluindo mas não se restringindo a emoções) ocorrem como resultado de um feedback do corpo — da sensibilidade interior e também de sinais de tato, mapeamento corporal e proprioceptivos.

Os participantes do estudo finlandês não eram especialistas profissionais em emoção de forma alguma. Mas algumas de suas ideias sobre como sentimos as emoções receberam apoio de pesquisas de laboratório. Por exemplo, se você estiver com raiva ou medo, sua frequência cardíaca aumenta. No entanto, na raiva, há um aumento de fluxo sanguíneo para as mãos (para preparar você para usá-las — talvez para bater em alguém), mas isso não acontece com o medo. Também, enquanto o fluxo sanguíneo é desviado do rosto durante o medo, nossa face fica corada de sangue na raiva. E, apesar de a pulsação mais rápida ser comum em ambos os estados, sabe-se que pessoas que sofrem ataques cardíacos causados por emoções fortes

SUPERSENTIDOS

apresentam maior probabilidade de passar por isso ao sentir raiva do que quando sentem medo. Algum aspecto da regulação do coração em momentos de raiva difere dos momentos de medo, conclui Hugo Critchley, da Universidade de Sussex.

Critchley e Sarah Garfinkel acreditam que nós, inconscientemente, reconhecemos padrões de sinais corporais internos e usamos as informações para alimentar percepções de emoção, da mesma forma que usamos padrões de estímulos de receptores de paladar e cheiro para criar percepções dos sabores de uma refeição.[8] Nós somos realmente excepcionais em identificar padrões pelo mundo exterior. Seria estranho se não aprendêssemos a usar os padrões de sinais corporais em benefício próprio (e, na verdade, o trabalho da dupla sobre o instinto dos corretores londrinos, descrito no Capítulo 12, mostra que fazemos isso mesmo).

Porém, se processos inconscientes detectam objetos ou eventos que representam uma ameaça ou uma vantagem para nossa capacidade de sobreviver e prosperar, por que nós precisamos sentir emoções de forma *consciente*? A resposta é que o reconhecimento inconsciente é uma coisa. Mas as emoções nos dominam. Elas nos obrigam a prestar atenção e nos impulsionam a usar todos os recursos para reagir da melhor maneira possível. Por exemplo, a raiva pode nos levar a bater em alguém — porém, se quisermos controlar esse impulso, ele pode nos guiar para encontrar formas não violentas de forçar a obediência. E, se a raiva impulsiona você a mudar algo que realmente precisa ser mudado, ela é imensamente valiosa (Aristóteles tinha uma definição interessante sobre a raiva: ela era, segundo ele, "nobre, justa, útil e doce").[9] A sensação de alegria ao encontrar um amigo, por outro lado, coloca você no estado mental adequado para consolidar ainda mais aquele relacionamento, que pode lhe ajudar a enfrentar futuras ameaças.

Em um mundo ideal, nós todos interpretaríamos nossas sensações corporais de forma correta, imediatamente compreendendo o contexto completo de cada encontro, tendo um vocabulário amplo de termos de emoção para apreciar nosso estado da melhor maneira possível, e estaríamos em completa harmonia com o que sentimos.

A SENSAÇÃO DA EMOÇÃO

Porém, imagine que uma pessoa que só toma café descafeinado chegue a uma reunião de negócios e, sem querer, se sirva de uma xícara de café normal (é fácil confundir, não é? Eu já fiz isso mais de uma vez). Como resultado, seu coração dispara, mas ela não faz a menor ideia do erro que cometeu; conclui que está se sentindo ansiosa e que provavelmente é porque não se preparou o suficiente para a reunião. Esse pensamento ameaçador causa ansiedade de verdade, que, por sua vez, torna seu desempenho muito menos confiante e persuasivo do que teria sido sem a bebida errada, que confundiu suas emoções.

Não é sempre que acontece esse tipo de engano com café. Mas é relativamente fácil imaginar como — ainda mais se as sensações são fracas ou se existe uma sobreposição significativa entre os padrões de sensação corporal associados com duas emoções, e o contexto é complexo — podemos nos apegar à classificação emocional errada. Em 1974, os psicólogos Arthur Aron e Donald Dutton demonstraram que isso é fácil de acontecer. Seu estudo, agora clássico, rapidamente se tornou um favorito entre professores de psicologia, em parte porque permite que eles animem uma aula sobre emoções com algo muito relevante para vários alunos: uma dica para ter o primeiro encontro perfeito.

O experimento de campo foi conduzido em North Vancouver, no Canadá, em homens com idade entre 18 e 35 anos, que atravessavam uma de duas pontes. A ponte suspensa de Capilano Canyon tem corrimãos muito baixos, uma tendência a balançar e sacudir, e oferece uma queda de setenta metros até as pedras e corredeiras lá embaixo. Ela é, sob todos os aspectos, uma ponte assustadora. A outra ponte é sólida, larga e firme, posicionada apenas três metros acima de um riacho próximo. E nada assustadora.

Assistentes dos pesquisadores (um entrevistador "bonito" do sexo feminino ou masculino) ficavam esperando em cada uma das pontes. Quando eles viam um homem atravessando, o abordavam e pediam para que preenchesse um questionário. Depois, o entrevistador anotava seu nome e telefone em um canto da página, rasgava o papel e o oferecia, pedindo ao homem para ligar caso quisesse conversar mais sobre o estudo.

SUPERSENTIDOS

Aron e Dutton descobriram que os homens que falavam com a entrevistadora (mas não com o entrevistador) na ponte suspensa assustadora eram mais propensos a ligar para ela do que os que a encontraram na ponte sólida, firme. Eles concluíram que o primeiro grupo tinha interpretado pelo menos parte da sua excitação psicológica relacionada ao medo de caminhar na ponte balançante como atração sexual (partindo do pressuposto de que fossem todos heterossexuais). O trabalho sugere que ir assistir a um filme de suspense ou terror ou passar um dia em montanhas-russas podem ser boas opções para um primeiro encontro bem-sucedido. Mas ele também demonstra que nosso sistema de detecção da impressão digital da sensação corporal não é dos mais exatos. De vez em quando vamos identificar o suspeito errado.[10]

Em algumas situações, os sinais corporais podem até nos enganar de forma grave, com consequências potencialmente desastrosas.*

O medo é associado com uma vigilância intensa e com a tendência, especialmente em situações de incerteza perceptivas, a tomar mais cuidado do que o necessário. Aquele farfalhar na grama? Deve ser um ladrão, não o vento. O objeto na mão de um homem negro? Deve ser uma arma, não um celular. Essa descoberta chocante veio de uma pesquisa de Critchley, Garfinkel e seus colegas, publicada em 2017.[11] Imagens de pessoas brancas e negras segurando uma arma ou um telefone celular foram exibidas rapidamente para pessoas *em* contração cardíaca (quando barorreceptores do batimento cardíaco disparam sinais) ou entre contrações. Quando as imagens eram exibidas no batimento cardíaco, era mais provável que os participantes *interpretassem* o objeto como sendo uma arma se estivesse na mão de uma pessoa negra.

---

* O leitor deve levar em conta que, além da longa discussão biológica que a autora traz, há neste ponto um importante aspecto sociocultural: o racismo institucional da sociedade. A pesquisa a seguir leva em consideração vieses racistas da polícia contra grupos minorizados, no caso populações negra e latina nos Estados Unidos. É interessante realizar uma leitura atenta das notas e do livro *Então você quer conversar sobre raça*, de Ijeoma Oluo. [*N. da E.*]

A SENSAÇÃO DA EMOÇÃO

A mensagem principal desse trabalho, segundo os pesquisadores, é que os batimentos cardíacos mais fortes e rápidos — do tipo acionado pela amídala ao registrar um perigo e que é sinalizado de volta para o cérebro como uma informação sensorial do corpo — aumentam as chances de você interpretar algo inocente como sendo ameaçador; e, se você tende a acreditar que existe uma possibilidade maior de pessoas negras empunharem armas do que pessoas brancas, você enxergará uma arma.

Os pesquisadores acreditam que esse tipo de erro de julgamento, devido aos sinais de batimentos cardíacos acelerados, pode ajudar a explicar as estatísticas relativamente altas de pessoas negras baleadas em comparação com pessoas brancas.* De acordo com o banco de dados constantemente atualizado sobre violência policial do *The Washington Post*, nos últimos cinco anos, a polícia norte-americana matou a tiros cerca de mil pessoas anualmente, a maioria delas desarmada. Uma análise de 2017 descobriu, porém, que 15% de negros mortos pela polícia estavam desarmados, em comparação com 6% de brancos. Dados mais recentes mostram que o número de disparos da polícia norte-americana contra pessoas desarmadas caiu bastante desde 2015, porém negros e latinos permanecem desproporcionalmente presentes nessa lista.[12]

Algumas pessoas são, é claro, muito melhores do que outras quando se trata de controlar suas emoções e ações — e *não* perder a cabeça e reagir por impulso. Isso acontece, em parte, devido a conexões mais fortes de repressão entre o córtex pré-frontal e a amídala. Elas se desenvolvem durante a infância e no começo da vida adulta — e algumas pessoas criam um controle cortical mais forte sobre suas emoções do que outras.

Mas a força com que sentimos os sinais corporais em primeiro lugar também é importante. Assim como o aroma do jasmim do seu vizinho pode parecer insuportavelmente forte para você enquanto ele mal o sente, você pode ser mais sensível a sinais corporais

---

* Novamente, o leitor deve ter em mente que, apesar que não vir expresso no texto, há um viés racial e racista implícito nas estatísticas trazidas. [*N. da E.*]

SUPERSENTIDOS

relativos a emoções. Esse tipo de diferença é muito importante. É algo que pode até determinar se vocês dois vão se dar bem ou não. Porque a posição individual de cada um no espectro da capacidade e consciência da sensibilidade interior afeta de forma profunda — e até determina — nossa vida emocional.

Stephen foi casado duas vezes. Foram duas festas de casamento. Ele disse "sim" duas vezes. Mesmo assim, ele não tem qualquer memória feliz dessas ocasiões — nem, na verdade, dos casamentos em si, ou de qualquer outro relacionamento.

Stephen conheceu a primeira esposa em um curso preparatório de enfermagem quando tinha apenas 16 anos. Seis anos depois, os dois se casaram. Três anos depois, se divorciaram; ela nunca foi a mulher da sua vida, diz Stephen. Quase duas décadas depois, em 2009, ele conheceu a segunda esposa em um site de relacionamentos. Stephen se jogou no namoro e, no ano seguinte, com o pai e os dois irmãos dela presentes, o casal oficializou a união em um cartório de Sheffield, onde ambos moram — e onde agora converso com Stephen, na cafeteria de um cinema. Ele sorriu para as fotos de casamento porque reconheceu que essa era a atitude esperada, mas diz que, "do meu ponto de vista, todos os atos que exigem uma reação emocional parecem falsos. A maioria das minhas reações é aprendida. Em um ambiente em que todo mundo está alegre e feliz, me sinto como se estivesse mentindo. Fingindo. E estou mesmo... Então é uma mentira."

A felicidade não é a única emoção com que Stephen tem dificuldade. Animação, vergonha, nojo, ansiedade, até amor... ele também não sente nada disso. "Eu sinto alguma coisa, mas sou incapaz de distinguir qual é a emoção." As únicas que ele reconhece são medo e raiva.

Problemas de emotividade tão profundos são, às vezes, associados com o autismo, que Stephen não tem, ou psicopatia, que ele também não tem. Recentemente, aos 51 anos, finalmente lhe deram um diagnóstico: um distúrbio pouco conhecido chamado alexitimia (pronuncia-se aléxi-ti-mia, do grego *a* — não —, *lexis* — palavra — e *thymos* — emoções). Surpreendentemente, levando em consideração o quanto ela é desconhecida, estudos mostram que cerca de

A SENSAÇÃO DA EMOÇÃO

um em cada dez adultos estão no espectro da alexitimia. Isso significa que todos nós devemos conhecer alguém com certo grau desse transtorno.

Apesar do nome, o problema verdadeiro de pessoas com alexitimia não é que lhes faltem palavras para explicar as emoções, mas que lhes faltam as emoções em si. Mesmo assim, nem todo mundo com a condição passa pelas mesmas experiências. Algumas pessoas têm lacunas e distorções no repertório emocional típico, ou podem parecer emocionalmente "inexpressivas". Algumas percebem que sentem uma emoção, mas não sabem determinar qual, enquanto outras confundem sinais associados a um estado com outra coisa — talvez interpretando o frio na barriga com fome.

O termo em si vem de um livro publicado em 1972 e tem origens na literatura psicodinâmica freudiana.[13] Os conceitos freudianos agora saíram de moda para a maioria dos psicólogos acadêmicos, como explica Geoff Bird, professor de psicologia da Universidade de Oxford: "Sem querer desrespeitar essas tradições, mas, nos campos cognitivo, neurológico e experimental, poucas pessoas ainda se interessam por qualquer coisa associada a Freud."

Porém, quando Bird leu sobre pessoas com alexitimia, ficou intrigado com as descrições. "Na verdade, é algo fantástico. Para a maioria das pessoas, em um nível baixo de emoção, você pode ter algumas dúvidas sobre o que exatamente está sentindo, mas, quando suas emoções são fortes, você *sabe* identificá-las." E, mesmo assim, de alguma forma, ali estavam pessoas que simplesmente não sabiam.

Bird executou uma série de estudos sobre a alexitimia. Ele descobriu, por exemplo, que pessoas com o distúrbio não têm dificuldade em reconhecer rostos ou distinguir imagens de pessoas sorrindo ou emburradas. "Com exceção de alguns casos de alexitimia muito avançada, embora elas diferenciem um sorriso de uma cara emburrada, não fazem ideia do que as expressões *significam*. É muito incomum mesmo." Para Stephen, embora ele com certeza reconheça um sorriso e saiba corresponder a ele, existe um atraso. Seu sorriso quando me aproximei da sua mesa na cafeteria não foi automático. Eu percebi que ele precisava conscientemente detectar o meu e decidir imitá-lo.

SUPERSENTIDOS

Muitas das pessoas com o distúrbio que conversaram com Bird falam sobre já terem escutado dos outros que elas são diferentes, apesar de algumas terem reconhecido o problema em si mesmas desde o começo. "Acho que deve ser parecido com não conseguir enxergar cores", diz Bird, "e é como se todo mundo falasse sobre como tal coisa é vermelha e tal coisa é azul, e você se desse conta de que existe um aspecto da experiência humana do qual não está participando."

Além de caracterizar com mais detalhes a alexitimia, Bird e seus colegas também descobriram o motivo para ela acontecer. Em situações que Stephen reconhece como sendo, na teoria, muito emocionantes — como dizer "Eu te amo" para alguém —, ele percebe algumas mudanças no seu corpo. "Sinto o coração disparar e uma onda de adrenalina, mas, para mim, a sensação sempre é assustadora. Não sei o que fazer. Fico com vontade de sair correndo ou reagir de forma verbalmente agressiva." Medo e raiva — e confusão — são fáceis para ele entender. "Todo o restante é parecido.... uma sensação de 'Ahnn, não estou muito confortável com isso — que situação estranha'."

Para Rebecca Brewer (ex-aluna de Bird, agora trabalhando na Royal Holloway, na Universidade de Londres), isso faz sentido. "Na alexitimia, as pessoas geralmente sabem que sentem uma emoção, mas não entendem qual. Isso significa que elas ainda podem passar por uma depressão, talvez porque lutem para diferenciar emoções negativas e tenham dificuldade em identificar as positivas. Com a ansiedade é parecido; a pessoa pode sentir uma reação emocional associada à aceleração dos batimentos cardíacos — talvez animação —, mas não saber interpretá-la e ficar assustada com o que está acontecendo com seu corpo."

Bird, Brewer e outros cientistas descobriram que pessoas com alexitimia têm uma capacidade reduzida — e, às vezes, uma total incapacidade — de produzir, detectar ou interpretar essas mudanças corporais.[14] Pessoas com o distúrbio apresentam QIs dentro da variação normal e conseguem identificar normalmente se estão vendo uma aranha, um parceiro em potencial atraente ou uma xícara de

A SENSAÇÃO DA EMOÇÃO

café. Porém, elas não passam pelas mudanças corporais necessárias para sentir uma emoção, ou — como parece ser o caso de Stephen — não reagem a esses sinais interoceptivos de forma apropriada. Em 2016, Bird e Brewer, junto com Richard Cook, da City University, em Londres, publicaram um trabalho que caracterizou a alexitimia como um "déficit geral de interocepção".[15]

As pessoas na outra extremidade do espectro — que apresentam bons resultados nos testes de sensibilidade interior descritos no Capítulo 9 — tendem a sentir emoções com mais intensidade e com mais nuances. Na verdade, essas pessoas são melhores para reconhecer não apenas as próprias emoções, mas também as dos outros, um primeiro passo crucial para a empatia. Por outro lado, pessoas como Stephen têm dificuldades não apenas com as próprias emoções, mas com a empatia também.

Isso não significa que ele não se importe com outras pessoas. Stephen não tem dificuldade em compreender que um funcionário cujo parente próximo acabou de falecer, por exemplo, pode estar passando por um momento difícil e precisar tirar folga do trabalho. Mas, para nós que não sofremos de alexitimia, quando ficamos felizes por um amigo que acabou de ter um filho ou choramos ao ver no jornal a foto de uma criança sofrendo em uma cidade destruída pela guerra, não sentimos essas emoções porque pensamos em como eles devem estar se sentindo, mas porque automaticamente as sentimos "junto". O funcionamento da empatia, porém, precisa ser explicado por meio de uma história mais ampla da sensibilidade humana.

Elaine Hatfield é professora de psicologia na Universidade do Havaí. No fim da década de 1980, ela trabalhava como terapeuta, atendendo pacientes junto com um colega, Richard Rapson. Ela e Rapson começaram a conversar sobre como tinham facilidade para captar os "ritmos" do sentimento dos pacientes a cada momento — e, consequentemente, como seus humores mudavam a cada consulta, a cada hora.

Em um livro subsequente, Hatfield escreve sobre como, na companhia de um paciente deprimido, ela experimentava uma "sensação

SUPERSENTIDOS

morta, sonolenta". "Sou tão propensa aos efeitos entorpecentes dos deprimidos", escreve ela, "que é difícil até manter uma conversa mínima com eles; sempre me vejo caindo no sono."[16]

Esse tipo de observação levou a dupla, junto com o psicólogo John Cacioppo (que se tornou famoso por pesquisas pioneiras sobre solidão) a examinar suas causas: como um cachorro uivante incentiva outro a uivar, ou como um bebê chorando em um berçário faz todos o imitarem. Eles nomearam esse processo automático, inconsciente, de "contágio emocional".

Acredita-se que o contágio emocional seja a base primitiva evolucionária da empatia, e ela é nitidamente importante para a sobrevivência. Quando escutamos um grito, entramos imediatamente em alerta, prontos para lutar ou fugir. Quando observamos um colega de trabalho novo se aproximando com um sorriso enorme, a reação é oposta: reconhecemos que ali existe um aliado e amigo em potencial, e começamos a sentir carinho por ele também.

Embora a visão e a audição sejam importantes para detectar o estado emocional dos outros, o olfato também tem seu papel. Pam Dalton, do Instituto Monell, investigou o impacto do estado emocional de uma pessoa em seu odor corporal. Como vimos no Capítulo 4, o hálito, a urina e até o sangue contêm moléculas aromáticas, porém, a principal fonte de odor corporal são as axilas. Dalton e seus colegas colecionaram amostras de axilas de pessoas que foram levadas a sentirem-se estressadas no laboratório. Outro grupo cheirou esses odores enquanto assistia a vídeos de mulheres fazendo algo potencialmente estressante — como arrumar as crianças para a escola enquanto preparavam o café da manhã —, porém o rosto, os movimentos e a postura das mulheres não expressavam estresse ("Nós analisamos centenas — ou mais — de vídeos para encontrar o certo!", lembra Dalton).

Quando as pessoas que assistiam aos vídeos sentiram os odores de corpo "estressado", avaliaram que as mulheres no vídeo estavam mais nervosas do que quando sentiam uma fragrância leve e neutra ou amostras de axilas coletadas de voluntários que fizeram exercícios físicos. Com os odores "estressados", os espectadores do sexo mas-

A SENSAÇÃO DA EMOÇÃO

culino (mas não as do feminino) também classificaram as mulheres como menos confiáveis, menos competentes e menos confiantes. E, mesmo assim, os espectadores não classificaram nenhum dos três odores como sendo mais ou menos agradáveis, nem como sendo muito diferentes dos outros. A equipe concluiu que estava ocorrendo uma sinalização subconsciente.[17]

Esse estudo, publicado em 2013, foi o pontapé inicial para vários outros experimentos na área. Em 2018, uma equipe do Instituto Max Planck de Química, em Mainz, publicou os detalhes de um método "objetivo" para decidir qual classificação etária atribuir a um filme.[18] A equipe mediu a composição do ar de compostos emitidos pelo corpo humano durante 135 exibições de onze filmes diferentes. No total, mais de 13 mil pessoas participaram. Os pesquisadores descobriram que os níveis no ar de uma substância química específica, chamada isopreno, se correlacionavam com as classificações etárias atribuídas aos filmes. "O isopreno parece ser um bom indicador da tensão emocional de um grupo", comentou o líder da equipe, Jonathan Williams. E ficou claro por que isso acontecia. O isopreno é alojado no tecido muscular e liberado quando nos mexemos — ao nos encolhermos na poltrona do cinema, por exemplo, ou tensionarmos nossos músculos por medo ou animação.

No mesmo ano, uma equipe italiana publicou um trabalho revelando as consequências potencialmente graves de sentir o cheiro do medo de outra pessoa. Os cientistas relataram que alunos de odontologia que tratavam manequins médicos vestidos com camisas antes usadas por estudantes durante uma prova estressante apresentavam resultados piores do que os que trabalhavam com manequins que vestiam camisas usadas durante uma palestra tranquila (ser pior era ruim; dentes "saudáveis" foram danificados).[19] Os estudantes de odontologia aparentemente "absorveram" o estresse sentido antes por seus colegas, e isso prejudicou seu desempenho. Ainda estão sendo estudados quais exatamente são os compostos que usamos no dia a dia para sentir o cheiro de medo ou de outras emoções. Mas vale manter em mente que não importa quais sejam essas substâncias: se você as produz, também sente seu aroma.

SUPERSENTIDOS

Digamos que você esteja prestes a fazer uma prova importante ou uma apresentação para um grande grupo de pessoas. Se você for como eu, talvez fique nervoso só de pensar nisso. Mas pode haver uma forma de manter a calma: desodorante. Como ela acredita não produzir um odor corporal muito forte, Dalton não costuma usar desodorante. Mas, se ela sabe que vai encarar uma situação estressante, passa um pouco desse produto. Seu objetivo é se proteger de sinais aromáticos produzidos pelo próprio corpo com o potencial de serem psicologicamente problemáticos. Dalton acredita que seria bom se todos nós compreendêssemos melhor como os cheiros nos afetam: "Se não estivermos cientes daquilo que nos influencia, não podemos nos proteger", explica ela.

Então usamos a visão, o olfato, a audição e, talvez, também o tato para captar informações sobre o estado emocional de outras pessoas. Mas como isso nos permite *compartilhar* dessas emoções — e sorrir de felicidade verdadeira diante da boa notícia de um amigo, ou chorar com ele diante da sua perda? O casal de neurocientistas e parceiros de pesquisa Christian Keysers e Valeria Gazzola tem uma teoria convincente sobre isso.

A cerca de dez quilômetros do centro de Amsterdã fica o Instituto Holandês de Neurociência e o Social Brain Lab, que a dupla administra em conjunto. No espaço principal do laboratório existem cerca de vinte mesas, uma cafeteira impressionante e um piano vertical antigo, com partituras de Schubert abertas no suporte. Gazzola toca piano. "Gosto mais de Chopin e Beethoven", diz ela, sorrindo. "O pai de Chris achou o livro de partituras em um brechó e me deu. Ainda não tentei tocar."

Porém, se alguém entrasse agora e tocasse as partituras de Schubert, Gazzola não apenas escutaria a música, mas, ao observar os dedos do pianista sobre as teclas, processaria os movimentos em seu córtex pré-motor. Essa parte do cérebro prepara os músculos para o movimento. E há indícios que sugerem que ele faz parte de um "sistema espelho" — um sistema que oferece um tipo de compreensão em primeira mão dos gestos físicos de uma pessoa. Ampliando essa ideia, Keysers e Gazzola acreditam que um sistema espelho nos per-

313

A SENSAÇÃO DA EMOÇÃO

mite simular as emoções de outra pessoa — e isso ocupa um papel fundamental no funcionamento da empatia.

A pesquisa começou com macacos e uvas-passas e uma palestra feita em 1999, quando Keysers era doutorando na Universidade de St. Andrews, na Escócia. O neurofisiologista Vittorio Gallese, da Universidade de Parma, na Itália, participou como palestrante visitante. Ele falou sobre como, em 1990, junto com sua equipe, identificou um "neurônio espelho" no córtex pré-motor de macacos. Quando um animal pegava uma uva-passa de uma bandeja, esse neurônio disparava no cérebro. Quando o macaco observava Gallese pegar a uva-passa da bandeja, ele também disparava. O neurônio reagia independentemente de o macaco executar a ação por conta própria ou observar outro animal, ou pessoa, executá-la.[20] Durante a palestra, Gallese sugeriu a ideia de que, talvez, os neurônios espelho pudessem nos dar uma compreensão intuitiva das ações físicas de outras pessoas.

Keysers ficou fascinado com a ideia. Duas semanas depois de apresentar sua tese de doutorado, ele seguiu direto para Parma, para trabalhar com o grupo. Estudos adicionais com os macacos mostraram que cerca de 10% de seus neurônios pré-motores eram espelhos e reagiam a coisas levemente diferentes. Usemos como exemplo o ato de comer amendoins. Alguns neurônios se tornam ativos quando um macaco, ou outro animal ou humano, quebra a casca; alguns quando o amendoim é retirado da casca; e outros quando ele é levado até a boca. O padrão de atividade deles age como um registro da sequência das ações individuais que culminam na ingestão do amendoim — um tipo de versão de controle muscular de um programa de computador, que permite que o macaco copie essas ações e aprenda por observação.[21]

Até o momento, foram encontrados neurônios espelho em sete regiões diferentes do cérebro dos macacos: em duas do córtex pré-motor, nas áreas que lidam com o movimento dos olhos e também no córtex somatossensorial, que, é claro, processa os sinais de tato e proprioceptivos.

SUPERSENTIDOS

Vivenciar de forma indireta as ações de outro animal aceleram a capacidade do macaco de dominar uma nova tarefa, como tirar amendoins da casca. Em teoria, isso também seria útil para nós, é claro. Ter uma compreensão implícita daquilo que o corpo de outra pessoa faz também pode ajudar em atividades em que indivíduos precisem trabalhar juntos — como caçar, jogar futebol ou dançar.

A velha máxima permanece: se você quiser aprender a fazer alguma coisa, a prática leva à perfeição. Mas há indícios de que, conforme praticamos esses tipos de tarefa, nos tornamos melhores em prever não apenas os resultados das ações de nossos próprios corpos, mas também o resultado de outras pessoas. Se você colocar um jogador de basquete para assistir a um vídeo de uma pessoa arremessando uma bola em uma quadra, ele saberá com bastante precisão onde a bola irá parar.[22] Se, por exemplo, fizermos a mesma coisa com um jornalista sem a menor experiência motora com basquete, o resultado não será tão exato. "Se algo não estiver no seu vocabulário motor, você ainda pode fazer previsões, mas elas serão mais visuais, estatísticas", explica Keysers. Isso esclarece por que, mesmo para um jogador de basquete extremamente talentoso, quanto mais ele jogar, melhor se tornará em prever o resultado do movimento físico de outros jogadores — e melhor se tornará no jogo.

Agora, pense no trabalho de propriocepção de Yoko Ichino na companhia Northern Ballet. Em muitas de suas aulas, os dançarinos podem permanecer de olhos abertos, mas as cortinas sobre os espelhos continuam fechadas. Incapazes de ver o próprio corpo, tudo que eles enxergam são os movimentos técnicos e precisos *da professora*. Concentrados neles e na sensação de seus corpos, em vez de se olharem no espelho, os bailarinos se colocam "no lugar dela", sem dúvida se aprimorando mais rápido.

Uma advertência importante quanto a isso é que ninguém ainda fez qualquer descoberta conclusiva sobre neurônios espelho individuais no córtex pré-motor de humanos. No entanto, existem indícios de estudos de mapeamento cerebral, por exemplo, que apoiam a ideia de que temos um sistema motor espelho, que nos permite ter uma percepção intuitiva daquilo que o corpo de outra pessoa faz.[23]

315

A SENSAÇÃO DA EMOÇÃO

Se um sistema espelho nos permite "entrar" nas ações físicas de outra pessoa, será que algo parecido se aplica a percepções corporais e emoções, e à empatia?

Gazzola e Keysers usaram mapeamentos cerebrais para explorar a ideia. É difícil induzir uma emoção positiva, como felicidade, em um aparelho claustrofóbico e barulhento tal como o de ressonância magnética. Então eles começaram com a emoção de nojo, que é mais fácil de provocar. Através de uma máscara para anestesia, eles exalaram aromas desagradáveis, como ácido butanoico, que tem cheiro de manteiga estragada ("Deu muito certo. Mas tivemos de remover um participante, porque ele começou a vomitar", lembra Keysers). Eles descobriram que, em específico, partes inferiores da ínsula (que sabemos ser importante para as emoções) eram ativadas intensamente pelo cheiro que gerava nojo e quando um participante via nojo nos outros. O nível de atividade não era igual — talvez três ou quatro vezes mais forte para a experiência real do que para as indiretas —, mas o padrão de atividade cerebral era o mesmo.[24]

A ínsula, é claro, recebe vários tipos de sinais sensoriais, inclusive dados de olfato, paladar e interoceptivos. Uma região dorsal (superior) da ínsula é capaz de enviar sinais de movimento para o estômago. Um dos propósitos desse circuito é acionar o vômito quando você notar sinais de veneno ou comida estragada — se o gosto na sua boca parece podre, por exemplo, ou se alguém próximo está vomitando. Essa mesma região dorsal também recebe sinais sensoriais das vísceras, inclusive do estômago e dos intestinos. "Para nós, é uma região muito interessante, porque não abriga representações abstratas da emoção, mas *viscerais*", observa Keysers.

Com o sistema espelho para movimentos, acredita-se que mapeamos as ações e sensações associadas de outras pessoas — como o toque de uma casca de amendoim ou de uma raquete de tênis na mão — nos circuitos neurais que normalmente seriam usados para induzir e sentir tal ação em nós mesmos. E com a emoção do nojo, pelo que parece, você imita o desagrado de alguém usando o circuito cerebral que reproduziria o seu próprio.[25] Parece que, se você nunca sentiu nojo, não seria capaz de reproduzir nem de

SUPERSENTIDOS

empatizar com o nojo de outra pessoa. Se, como Gazzola e Keysers suspeitam, esse tipo de processo espelho se estender a outras emoções, talvez seja por isso que pessoas com alexitimia não sentem empatia.

O trabalho também ajuda a compreender por que algumas pessoas com autismo têm dificuldade com a empatia. Esse tipo de problema é considerado uma característica fundamental do transtorno. Geoff Bird critica a teoria. "Existe essa percepção de que pessoas com autismo não são empáticas. Mas que *bobagem*. Basta conhecer alguém autista para se dar conta disso."

De fato, ele começou a estudar a interocepção por meio de trabalhos sobre autismo. No começo da década de 2010, Bird passou a associar certos sintomas do autismo — como a falta de atenção ou até uma aversão aos olhos de outra pessoa — à alexitimia.

Então ele voltou sua atenção para as alegações sobre empatia. Estudos na área chegaram a resultados conflitantes. Alguns determinaram que não, pessoas com autismo não sentem empatia, enquanto outros concluíram o oposto. Relatos individuais de pessoas com autismo também variavam: enquanto alguns diziam não "entender" a empatia, outros afirmavam compreender e ter sentimentos empáticos tão fortes que chegavam a ser opressivos.

Bird, junto com outros colegas, incluindo Uta Frith, psicóloga e especialista em autismo, se perguntaram se a presença ou a ausência da alexitimia podia ser um fator fundamental. Enquanto cerca de uma a cada dez pessoas da população geral apresenta alexitimia, estudos sugerem que, para os autistas, o número pode chegar à metade.

A equipe recrutou adultos com autismo para ir ao laboratório com um ente querido — que geralmente era a mãe, lembra Bird. "Parece horrível dizer isto, mas demos choques elétricos nelas." A ideia era mapear as partes do cérebro que reagem quando uma pessoa se machuca. Então, enquanto eles observavam, ainda com o cérebro sendo monitorado, seu ente querido recebia um choque. Cerca de metade dos voluntários autistas apresentou reações cerebrais iguais às observadas no grupo de pessoas que não tinha autismo nem alexitimia. No entanto, cerca de metade deles claramente tinha alexitimia.

A SENSAÇÃO DA EMOÇÃO

E, uma vez que o distúrbio foi levado em consideração, não havia diferença nos indicadores cerebrais de empatia por dor entre pessoas com e sem autismo. "Isso foi importante para nós", explica Bird. "Muitos dos déficits interpessoais no autismo podem ser explicados pela alexitimia."

O estudo foi publicado em 2010.[26] Desde então, Bird e seus colegas reuniram mais indícios de que, para pessoas com autismo e falta de empatia, a responsável pelo problema é a alexitimia, causada por dificuldades com a sensibilidade interior.[27] Mas por que as questões interoceptivas *são* relativamente comuns no autismo? Como veremos no próximo capítulo, vários tipos de excesso e falta de sensibilidade (e, com frequência, as duas coisas) foram observados em autistas.

Em um estudo separado, Keysers e colegas mapearam os cérebros de um grupo de adultos autistas enquanto eles viam fotografias ilustrando várias emoções. "O que encontramos foi uma *hiper*-reação em regiões relacionadas à empatia", relata ele. O trabalho sugeriu que — nesse grupo específico — a reação empática não era prejudicada, mas exaltada. Trabalhos nos Estados Unidos, enquanto isso, encontraram uma hiperativação das amídalas em pessoas com autismo quando são alvos de olhares diretos.[28] Elas parecem interpretar o olhar como uma ameaça intensa.

Para Keysers, o motivo para pelo menos algumas pessoas com autismo terem dificuldade com interações sociais e evitarem rostos pode ser, assim, não um desinteresse em rostos ou em outras pessoas, mas porque, quando elas olham para alguém, recebem informações em excesso — estímulo *demais*, que tentam evitar.

É possível, concorda Bird, que, para algumas pessoas autistas com alexitimia, o distúrbio não seja resultado de uma incapacidade de produzir ou registrar as sensações corporais da emoção, mas de terem treinado a si mesmas para suavizar essas sensações, por serem incômodas. Se os sinais corporais de emoção são opressivos, pode ser melhor tentar ignorá-los — tentar aprender a *não* sentir.

E se você crescesse em um ambiente tão terrível que o faria viver dominado pela angústia? Lieke Nentjes, da Universidade de Amsterdã, estudou psicopatas em presídios e descobriu que eles apre-

SUPERSENTIDOS

sentam resultados relativamente ruins em testes de sensibilidade interior. Ela também observou que o fator que parece distinguir pelo menos alguns psicopatas criminosos violentos de psicopatas "bem-sucedidos", que não cometem crimes horríveis, é uma infância traumática. "Uma coisa que me deixou impressionada quando conversei com eles foi a maneira como foram criados, ou não — o abuso emocional, o abuso sexual, a negligência, muita violência física", conta ela. "Os psicopatas têm talento para saber o que outras pessoas pensam. Mas eles me falam que a emoção não serve de nada; quando eram crianças, a única coisa que sentiam era medo." Então aprender a não se conectar com sinais sensoriais interiores normais pode ser uma forma de se adaptar a um ambiente terrível? "Mais pesquisas ainda precisam ser feitas, porém essa pode ser uma explicação", diz Nentjes.

Sem dúvida, Stephen teve uma infância difícil. Sua mãe, que ele agora acredita ter sofrido de uma depressão pós-parto não diagnosticada, o sujeitava a abuso emocional, desmerecendo-o, evitando elogios. Quando ele tinha 6 anos, ela colocou fogo na casa em uma aparente tentativa de matar a si mesma e aos filhos. Stephen passou o restante da infância entrando e saindo de lares temporários. Para ele, aprender a não sentir também seria um mecanismo de sobrevivência. Bird acrescenta, no entanto, que há muitas pessoas com alexitimia que não tiveram infâncias terríveis e que não se lembram de terem sido dominadas pelas emoções — mas, em vez disso, apenas de nunca senti-las de verdade.

A conexão entre uma sensibilidade interior fraca e dificuldades emocionais levou alguns pesquisadores a explorar o treinamento desse tipo de sensibilidade como um tratamento potencial para essas dificuldades. Porém, como uma boa sensibilidade interior está ligada a vários tipos de benefícios — incluindo, como vimos no Capítulo 11, um "instinto" mais apurado, assim como mais bem-estar emocional e empatia —, pode haver benefícios mais amplos para todos nós...

Sarah Garfinkel e Lisa Quadt, da Universidade de Sussex, reuniram evidências preliminares de que o treinamento de sensibilidade

A SENSAÇÃO DA EMOÇÃO

interior pode ajudar pessoas que têm dificuldade para discernir quais emoções sentem e que, como resultado disso, frequentemente sofrem de ansiedade. Elas esperam que o método de treinamento alivie a ansiedade em pessoas com autismo, ao reduzir a confusão sobre as sensações indicadas por seus corpos.[29]

Em um estudo piloto, Quadt aplicou em um grupo de estudantes voluntários saudáveis uma série de testes de contagem de batimentos cardíacos, como aquele que eu fiz, mas também lhes dava feedback em todas as rodadas. "Então uma pessoa podia dizer que contou 33 batimentos cardíacos, mas, na verdade, tinham sido 44", explica ela. Depois, outra tarefa interoceptiva cardíaca frequentemente usada era aplicada, na qual uma série de bipes era tocada, e a pessoa precisava dizer se ela seguia o ritmo do seu coração ou não. De novo, Quadt dava feedback aos estudantes após cada teste individual, informando se tinham acertado ou errado. Então, ela pedia que fizessem exercícios físicos — como polichinelos, ou subir uma ladeira íngreme perto do laboratório — para acelerar o coração, facilitando a contagem dos batimentos. Depois disso, eles voltavam para refazer as tarefas, novamente recebendo feedback.

Cada sessão de treinamento levava cerca de trinta minutos, e os voluntários a repetiam duas vezes por semana, por seis semanas. Porém, ao chegarem à terceira semana do estudo, quase todos apresentavam melhoras significativas na precisão e na percepção interoceptivas. As avaliações de ansiedade que Quadt coletava a cada sessão também apresentaram uma queda de 10% a 12%. Esse era um grupo de estudantes voluntários saudáveis, sem qualquer distúrbio psicológico diagnosticado. O treinamento afetou até esses níveis de ansiedade diária.

Agora, a equipe está executando um teste com 120 adultos autistas, para ver se o treinamento também funciona para essas pessoas. Porém, talvez ele seja capaz de ajudar qualquer um que tenha dificuldade com suas emoções. E será que existe uma forma fácil de treinarmos sozinhos?

"Ah", responde Quadt, sorrindo. "Bem, estamos criando um aplicativo..." Enquanto isso, aqui vão as recomendações dela:

SUPERSENTIDOS

38. Sente em um local tranquilo e configure um temporizador (no celular, no relógio ou na assistente digital da sua casa, talvez) para contar um minuto, mas não o inicie por enquanto.
39. Feche os olhos e tente sentir seus batimentos cardíacos.
40. Agora, ligue o temporizador e tente contar os batimentos.
41. Repita isso, mas sinta seu pulso desta vez, para tirar uma medida exata (esse é o feedback que deve ajudar sua percepção interoceptiva a melhorar).
42. Repita todos os passos.

Se você não conseguir sentir seu coração batendo, pode tentar praticar um exercício primeiro, para facilitar.

Enquanto problemas com empatia são causados pela alexitimia, mas não pelo autismo, a alexitimia continua sendo mais comum em pessoas com autismo do que com pessoas sem a condição. Outros distúrbios, incluindo a esquizofrenia, também apresentam uma "insipidez" emocional. Problemas com a sensibilidade interior também podem explicar esses sintomas relacionados à emoção.

De fato, a descoberta consistente, em vários estudos, de dificuldades com sensibilidade interior na precisão ou na percepção da própria precisão, ou as duas coisas, em pessoas com uma ampla variedade de distúrbios — incluindo esquizofrenia, autismo, transtornos alimentares e depressão, sem contar a psicopatia clínica — faz Geoff Bird se perguntar se déficits na sensibilidade interior podem representar a explicação de um longo mistério da psicologia: por que metade das pessoas que se enquadram nos critérios diagnósticos para uma psicopatologia também se enquadra nos critérios para uma segunda, e metade das pessoas que se enquadra nos critérios para duas também se enquadra nos critérios para três. Parece haver um fator de risco geral subjacente para desenvolver qualquer tipo de psicopatologia, denominado fator P —, mas ninguém foi capaz de determinar sua identidade. "Existe uma boa chance de ser a interocepção", acredita Bird.

Ele e sua equipe descobriram que pessoas com alexitimia não apenas têm dificuldade com emoções e empatia, mas também para dormir. Bird acredita que isso pode ocorrer porque elas não sen-

A SENSAÇÃO DA EMOÇÃO

tem os sinais físicos, musculares, da fadiga. Dificuldades crônicas de sono, por sua vez, causam vários tipos de problemas emocionais, cognitivos e físicos.

Assim, se uma sensibilidade interior fraca interferir com o processamento de emoções e o relacionamento com outras pessoas, e com o sono — e, portanto, com a capacidade de aprender e tomar decisões sensatas, e até, como sugerem as evidências, a percepção de se identificar como um ser único e contínuo[30] —, é plausível que ela seja o centro de uma variedade de diagnósticos. Também já foi observado, acrescenta Bird, que problemas com a sensibilidade interior podem surgir durante a puberdade, a gravidez e a menopausa. Esses são estágios da vida associados à aparição de uma série de problemas e distúrbios psicológicos, incluindo ansiedade, depressão e esquizofrenia (que costuma se desenvolver no início da vida adulta).[31]

"São conclusões muito recentes", diz Bird com um misto de cuidado e entusiasmo. "Porém, se conseguirmos começar a dizer que sim, a interocepção afeta de forma difusa todas essas coisas comprometidas por diferentes condições psiquiátricas *e* que sabemos que ela apresenta problemas durante a puberdade, a gravidez e a menopausa, então teremos uma noção mecanicista de onde surgem as doenças psiquiátricas."

Parece empolgante, digo a ele. Bird concorda com a cabeça. "É empolgante *mesmo*". Ele faz uma pausa, balança um pouco a cabeça. "Pode ser uma teoria idiota... Mas também pode ser muito, muito boa."

Quando pensamos nas nossas emoções — alegria, medo, raiva, amor, e assim por diante —, a dor não costuma aparecer nessa lista. Mas, como vimos no Capítulo 10, ela possui um componente emocional importante. Quando algo acontece com um ente querido, às vezes sentimos como se compartilhássemos do seu sofrimento. Estudos recentes mostram que, até certo ponto, isso é mesmo verdadeiro.

Keysers e Gazzola, e, em um estudo independente, a pesquisadora de neurociência social Tania Singer encontraram provas de que, quando sentimos a dor de outra pessoa, algumas das mesmas regiões do cérebro envolvidas nas percepções de dor pessoais são ativadas.

SUPERSENTIDOS

Em um estudo amplamente citado, publicado em 2004, Singer e seus colegas colocaram membros de dezesseis casais em um aparelho de ressonância magnética. Quando uma pessoa recebia um choque elétrico, a equipe notava, conforme o esperado, atividade nas regiões do cérebro associadas com os aspectos discriminativos e emocionais da dor. Quando uma pessoa via uma imagem do parceiro levando um choque, embora as regiões discriminativas não reagissem, as de dor emocional claramente davam sinal de vida. A ínsula anterior, em específico, se iluminava.

Desde então, foram executados vários trabalhos que confirmam a existência dessa rede de "empatia pela dor" e o fato de que ela não diferencia o nosso sofrimento físico ou psicológico do de outra pessoa.[32] "O princípio básico é o mesmo", observa Singer.

O que esse trabalho mostra é que, para sentir o que outra pessoa sente, precisamos, em um nível neurológico, quase nos fundir a ela — dissolver, pelo menos um pouco, a distinção que mantemos entre o "eu" e o "outro". Algumas pessoas, como Stephen, não se fundem com facilidade, se é que fazem isso. Porém, outras se aproximam bem mais da extremidade oposta do espectro.

Em 2017, recebi a tarefa de escrever uma reportagem jornalística sobre uma nova pesquisa referente a algo chamado "percepção indireta da dor", também conhecida como "dor espelho". O trabalho dizia que 27% da população que assiste, escuta ou até fica sabendo de relatos de alguém sendo fisicamente machucado sente uma pontada aguda de dor na mesma parte do corpo ou uma dor mais geral, nauseante, no corpo inteiro.[33] Apenas *27% das pessoas?* Até eu ler o estudo, achava que todo mundo sentia isso.

Minhas próprias percepções indiretas de dor são muito passageiras e não doem de verdade. Elas são mais parecidas com explosões elétricas que irradiam e desaparecem depois de poucos instantes. Às vezes eu as sinto na mesma região que a pessoa machucada, porém é frequente que aconteçam nas minhas pernas.

Hugo Critchley e Jamie Ward, o especialista em sinestesia do Capítulo 1, foram os dois coautores do trabalho. Como o estímulo de um sentido (visão ou audição) aciona as percepções de outro (dor),

A SENSAÇÃO DA EMOÇÃO

a dor indireta é chamada de sinestesia em algumas ocasiões, porém é mais encarada como o fracasso em diferenciar corretamente as sensações que você tem de verdade das que está apenas simulando.

Por que simulamos dor nesse grau — em alguns casos, até no local em que ela é sentida? Já foi sugerido que talvez seja porque representações tão localizadas nos ajudem a aprender a reagir a uma situação potencialmente nociva. Quando Alessio Avenanti, da Universidade de Bolonha, e seus colegas mostraram a adultos vídeos de pessoas recebendo uma injeção na mão, a equipe notou uma inibição dos neurônios motores que ativavam os músculos nas mãos dos espectadores. Presume-se que isso aconteça porque aprendemos na infância a não mexer uma mão machucada, para evitar que piore. Esse tipo de descoberta sugere que todos nós temos um sistema complexo de dor espelho, que representa mais do que apenas a dimensão emocional da dor.[34]

No entanto, pessoas que sentem a dor espelho apresentam algumas características no cérebro que não existem nas que não sentem. Elas — isto é, nós — têm mais massa cinzenta (relacionada a maior atividade) na ínsula e no córtex somatossensorial, e menos em uma região chamada junção temporoparietal direita (rTPJ), que está envolvida nas representações de "eu" *versus* o "outro".

Quando a equipe do estudo de 2017 mapeou os cérebros do grupo da dor espelho usando fMRI, encontrou mais comunicação entre a região anterior da ínsula e a rTPJ. A conclusão? Essas pessoas "falham sistematicamente em atribuir representações corporais compartilhadas aos outros". Ou seja, nós não reconhecemos nossas simulações como uma imitação e achamos que aquilo que acontece com outra pessoa está acontecendo conosco.

Outro membro dessa equipe de pesquisa era Michael Banissy, professor de psicologia da Goldsmiths, na Universidade de Londres. Banissy é uma referência internacional no estudo de um fenômeno relacionado, frequentemente chamado de "sinestesia de toque espelho" (embora, mais uma vez, o termo "sinestesia" seja equivocado). Christian Keysers descobriu que, quando vemos outra pessoa ser tocada, tendemos a ativar partes do cérebro semelhantes às que se

SUPERSENTIDOS

ativam quando nós próprios recebemos um toque. Para pessoas com o toque espelho, essa reação é "hiperativada", explica Banissy, de forma que elas realmente sentem o toque em sua pele. Essas pessoas também apresentam maior tendência a imitar os outros, acrescenta ele, e são mais vulneráveis à ilusão da mão de borracha. No geral, "elas têm dificuldade para impulsionar o 'eu' e inibir o 'outro'".[35]

A pesquisa de Banissy sugere que cerca de 1,6% da população geral vivencia o tato espelho.[36] Isso equivale a mais de um milhão de pessoas apenas no Reino Unido. Fiona Torrance, a mulher com múltiplas sinestesias que conhecemos no Capítulo 1, também sente o toque espelho e a dor espelho. De fato, ela relata não apenas uma confusão, mas uma dissolução extraordinária dos limites entre as suas sensações e as de outras pessoas.

Agora com pouco mais de 40 anos, Fiona lembra que, desde muito nova, sentia como se "entrasse" no corpo de pessoas conhecidas, ou até no de animais. Criada na África do Sul, sempre que ela via libélulas, mosquitos, borboletas e pássaros no céu, "sentia como se meu corpo estivesse voando". Quando ela via os pais se abraçando, "se me concentrasse na minha mãe, sentia como se eu *fosse* minha mãe recebendo o abraço. Se me concentrasse no meu pai, sentia como se *fosse* meu pai recebendo o abraço". Em determinado momento de nossa conversa, eu distraidamente toco meu queixo com a caneta, e os dedos de Fiona vão para o próprio queixo. Ela explica que sentiu o toque exatamente como se minha caneta tivesse encostado em seu rosto.

Para Fiona, essa sensação de entrar em um corpo diferente trouxe algumas vantagens. Na infância, ela não precisou praticar muito para aprender a tocar violão, como a maioria das pessoas faz. Isso não ocorreu por causa de sua sinestesia de som com cor, ou, no mínimo, não foi o motivo principal. "Na verdade, estava conversando sobre isso com minha mãe um dia desses", conta Fiona. "Ela disse: 'Seu pai nunca colocou seus dedos nas cordas. Você sempre aprendia a tocar as músicas de ouvido.' Mas lembro que, se observasse meu pai, eu sentia que *era* ele e conseguia ver na minha cabeça onde os seus — os meus — dedos estavam nas cordas. Foi assim que aprendi."

A SENSAÇÃO DA EMOÇÃO

É um relato parecido com a história do macaco que aprende a abrir um amendoim ao observar e simular os movimentos dos outros, mas com uma tarefa bem mais complexa.

Os hiperestímulos dela não terminam por aí. Enquanto a minha dor espelho é leve e rápida, a de Fiona não funciona da mesma maneira... Certa vez, um amigo a convidou para assistir ao filme *Millennium: os homens que não amavam as mulheres* no cinema. A experiência foi horrível: "Quando a personagem Salander é torturada, senti como se meu próprio corpo fosse surrado."

A dor emocional também é difícil de ser testemunhada. Se ela vê alguém sofrendo, sente um aperto no peito. O processo de captar dor e outras emoções acontece automaticamente com Fiona, o tempo todo, mesmo quando ela está caminhando pela rua.[37] "Acho que este era o maior medo da minha mãe quando eu era criança", conta ela. "Que eu teria um monte de lembranças das emoções das pessoas que passavam por nós."

Para Fiona, algumas das dicas mais claras sobre como os outros se sentem vêm da cor de uma "nuvem" que ela enxerga ao redor deles, geralmente nas mãos e pés. Para ela, azul indica dor. Laranja, ou talvez cinza, significa doença. Um preto-arroxeado quer dizer raiva — mas, se for uma pessoa que costuma ser alegre e fica irritada, seu verde habitual escurece (a cor do pai dela costumava sair de um verde-oliva para um verde-musgo quando ele ficava bravo).

Fiona diz que também enxerga cores em animais. Ela tem um monte de bichos de estimação e me conta que consegue determinar como eles estão por meio das cores. Na infância, ela morava em uma fazenda e tinha uma cadela da raça collie. "Um dia, apesar de ela não ter qualquer sintoma de doença, vi laranja no seu verde e fiquei desconfiada. Alguns dias depois, ela começou a dar sinais óbvios de uma intoxicação, por ter ingerido um veneno que foi borrifado pela fazenda. Nós fomos correndo para o veterinário. Depois de uma semana internada, ela sobreviveu."

Auras coloridas... Uma capacidade de usá-las como indicadores de emoções e doenças... São alegações impressionantes. Se você estiver cético, eu entendo. Porém, embora Jamie Ward não tenha muita

SUPERSENTIDOS

certeza dos motivos por trás da sinestesia de emoção com cor de Fiona, ele está convencido de que há algo a ser estudado ali — suas histórias não são inventadas, ela passa por isso de verdade — e de que alguma descoberta importante pode ser feita.

Apesar de ser difícil ficar perto de pessoas com dor, Fiona relata que essas experiências lhe dão uma intuição intensa e imediata sobre a saúde emocional e física dos outros. Pesquisas modernas podem explicar um pouco (talvez totalmente) como isso acontece. Em uma época diferente, e talvez em um local diferente, é fácil imaginar que Fiona seria reverenciada como uma curandeira tradicional — ou julgada como uma bruxa.

Na verdade, pessoas sem a sinestesia de emoção com cor ou, de fato, sem qualquer sinestesia, mas com sensibilidades sensoriais, também relatam sentir uma empatia intensa, assim como um contato mais direto com o mundo. E, para alguns pesquisadores, isso é intrigante. Será que um perfil de processamento sensorial distinto ajudaria a explicar a personalidade de pessoas que acreditam ser "sensitivas"? E as outras pessoas? Será que sentidos menos aguçados significam ser "insensível"?

No próximo capítulo, vou falar sobre a ideia de que padrões distintos de funcionamento de uma variedade de sentidos têm uma forte conexão com nossa personalidade. Porque já ficou claro que, para compreender a si mesmo, sua família e seus amigos — para saber *quem* são essas pessoas —, você precisa entender de verdade *como* eles sentem.

15

Sensibilidade

O que realmente significa ser uma pessoa "sensível"

Pense em alguns dos seus amigos — ou nos seus filhos, se tiver. Quais adjetivos você usaria para descrevê-los? "Aventureiro", talvez, para um, ou "forte"? Talvez "frágil" para outro; até "sensível".

Todos nós conhecemos o conceito da pessoa "sensível" — do tipo que se magoa com comentários ríspidos, que começa a chorar ao escutar uma história triste (ou feliz) e que é o estereótipo do "estraga-prazeres" nas festinhas. Mas novas pesquisas mostram que esses atributos de *personalidade* estão conectados com uma sensibilidade *sensorial* maior.

Na verdade, vários tipos diferentes de estudos agora associam a maneira como sentimos com nosso comportamento.

Como veremos, para pessoas em extremos sensoriais, a vida pode ser, de fato, muito difícil. Porém, compreender como as diferenças sensoriais explicam certos distúrbios — incluindo o autismo e o transtorno do déficit de atenção com hiperatividade (TDAH), assim como o transtorno de processamento sensorial (um distúrbio pouco conhecido que, de acordo com certas estimativas, afeta uma a cada vinte pessoas — então, talvez, uma criança em cada sala de aula) — pode revelar como as configurações sensoriais afetam todos os aspectos das nossas vidas.

- O humor de outras pessoas me afeta.
- Estímulos como luzes fortes, tecidos ásperos ou sirenes próximas me deixam desnorteado com facilidade.
- Eu pareço mais ciente das sutilezas no meu ambiente.
- Eu me assusto com facilidade.

SUPERSENTIDOS

- Sentir muita fome desperta reações fortes em mim, acabando com a minha concentração ou humor.
- Organizar minha vida de forma a evitar situações incômodas ou opressivas é uma grande prioridade para mim.

Esses seis itens foram tirados do teste de "Pessoa Altamente Sensível" (PAS), com 27 pontos.[1] Se você marcar 14 ou mais, pode ser uma PAS. Quando encontro Elaine Aron, a psicóloga norte-americana por trás do conceito e do teste, e pergunto sua pontuação, ela sorri: "Acho que eu me enquadro em todos os itens."

Agora com pouco mais de 70 anos, Aron passou décadas desenvolvendo o conceito da alta sensibilidade como uma característica de personalidade, que tem como base a sensibilidade de processamento sensorial geral. Seu trabalho pioneiro no campo foi motivado pelas próprias experiências. Na infância, ela se sentia diferente da maioria dos colegas. "Acho que era principalmente porque eu não me encaixava bem em grupos de meninas animadas", conta ela. "Eu tentava, mas não conseguia. Na verdade, outro dia, encontrei um boletim do jardim de infância em que a professora escreveu: 'Elaine é uma criança muito sensível e tranquila.'" Ela solta uma risada calma. "Então mais alguém reparou nisso."

Quando estava na faculdade, na Universidade da Califórnia, em Berkeley, as coisas não melhoraram. Às vezes ela se via chorando em banheiros, lutando contra as pressões práticas e sociais da vida de estudante. Foi só quando uma terapeuta sugeriu, em 1990, que ela era "altamente sensível" que Aron começou a se perguntar o que isso significava no sentido científico. Seu primeiro passo foi entrevistar pessoas que relatavam sensações parecidas com as suas (esses participantes foram recrutados por intermédio da Universidade da Califórnia, em Santa Cruz, e uma organização local de arte). "Eu só estava curiosa", diz Aron. "Achei que, se eu entrevistasse pessoas que acreditavam ser altamente sensíveis, descobriria o que isso significa."

A partir dessas entrevistas, Aron identificou sessenta fatores — principalmente sensoriais e emotivos — que pareciam estar associados com a alta sensibilidade. Seu marido, Arthur Aron (um dos

329

SENSIBILIDADE

psicólogos por trás do estudo da ponte suspensa assustadora/ponte segura), pegou as informações e as classificou de forma estatística, e, juntos, os dois criaram o primeiro teste de PAS. Ela conta que, quando terminaram, eles ficaram fascinados com a variedade de itens conectados (de forma que, se alguém dizia sim para uma característica, provavelmente diria sim para outras). Pessoas muito sensíveis à dor também tinham grande chance de ser altamente meticulosas, profundamente impactadas pela arte e música *e* de ter a tendência a notar sutilezas no ambiente ao redor, por exemplo. Porém, então, ela percebeu que esses itens aparentemente diferentes eram conectados por uma grande profundidade de processamento.

Aron concluiu que pessoas como ela são mais abaladas pelo que acontece no ambiente externo. Por serem "sensíveis", qualquer coisa, desde uma música tocando na cafeteria até bobagens rotineiras desagradáveis, afeta as pessoas de forma mais profunda, acionando uma resposta intensa. Sua sensibilidade sensorial, que é configurada como "alta", significa que podem se tornar desorientadas por luzes ou sons fortes, ou pelas emoções de outras pessoas. Em certo nível, esses estímulos são toleráveis, apesar de ainda afetá-las (eu me encontrei com Aron em uma cafeteria na orla, perto de sua casa em Tiburon, no condado de Marin, e, levando em consideração a música tocando baixinho no interior e o barulho de transeuntes ou carros ocasionais vindos do lado de fora, demoramos um pouco para encontrar o lugar certo para sentarmos...). Porém, enfrentar uma tempestade sensorial frenética — como um dormitório de faculdade, uma festa agitada ou até um escritório com baias — pode ser complicado se não houver muitos intervalos para se recuperar. "As coisas que os outros notam são comportamentos superficiais de pessoas altamente sensíveis, como se irritar com excesso de barulho, chorar sem motivo aparente ou não gostar de tomar decisões sob pressão", observa Aron. "Porém, o aspecto mais importante é que elas processam informações de forma mais profunda e abrangente."

O próximo passo dela depois das entrevistas foi conduzir uma pesquisa por telefone com 299 habitantes do condado de Santa Cruz. Esses residentes selecionados de forma aleatória foram entrevista-

SUPERSENTIDOS

dos e receberam um teste rápido de PAS. Com base nos resultados, Aron calculou uma estimativa inicial de que, talvez, 20% das pessoas sejam altamente sensíveis — o que, é claro, significa que 80% não são.[2] E esses eram residentes de uma área relativamente rica, lar de uma universidade importante; elas não representavam nem os Estados Unidos como um todo, que dirá o planeta. No entanto, desde esse estudo por telefone, milhares de pessoas foram entrevistadas, diz Aron, e a divisão média de um quinto de pessoas serem altamente sensíveis e quatro quintos não permanece igual.

Dentro da população de PAS, parece existir um espectro de sensibilidade, mas todas as outras pessoas ficam fora dele. Aron defende que a maioria das pessoas simplesmente não é "sensível", e a diferença entre os dois grupos é "tão grande quanto entre gêneros". "O impacto que isso tem na gente é *enorme*", diz ela.

Uma divisão clara entre uma minoria de sensíveis e uma maioria insensível pode parecer algo extremo, com base em uma pesquisa limitada. Mas ela recebeu apoio subsequente de estudos sobre tudo, desde bebês até a peixinhos coloridos norte-americanos.

Em 1993, apenas alguns anos após a pesquisa por telefone de Aron, David Sloan Wilson, da Universidade de Binghamton, no estado de Nova York, liderou uma das primeiras investigações sistemáticas sobre a existência de algo equivalente a tipos de personalidade em animais. Ele e sua equipe coletaram percas-sol adultos de lagos próximos à Universidade de Cornell, a cerca de uma hora de distância de carro. Quando os filhotes deles deixaram de ser girinos, foram levados para uma lagoa experimental na Cornell para observação.

Os pesquisadores logo notaram diferenças claras e consistentes entre peixes individuais. Depois de colocarem um objeto novo — uma armadilha de pesca cilíndrica — no lago, alguns peixes foram explorá-lo no mesmo instante. Esses mesmos peixes também tendiam a não fazer questão de nadar perto de outros peixes e se aproximavam mais dos pesquisadores que entravam na água. Quando eles foram levados para o laboratório, se acostumaram bem rápido com o tanque. "Todas essas diferenças indicavam um grau de coragem", observaram os pesquisadores.

SENSIBILIDADE

Em contraste, outros peixes tinham medo das armadilhas e apresentavam outro conjunto de consistências: no lago, eles nadavam próximos uns dos outros, tendiam a evitar se aproximar das superfícies e eram mais propensos a fugir quando um pesquisador invadia seu habitat. Quando foram levados para o laboratório, demoraram mais do que os outros para se adaptar.[3]

A equipe concluiu que havia percas-sol "tímidos" e "ousados". E a classificação dos peixes tinha consequências não apenas para eles próprios, mas também para outras espécies no ecossistema. Quando viviam no lago, os ousados comeram três vezes mais copépodes (um pequeno crustáceo) do que os tímidos. Caçar copépodes é mais arriscado do que escolher as dáfnias, que vivem em algas, porque eles tendem a ser encontrados perto da superfície, onde é mais fácil para pássaros famintos e outros peixes maiores pegarem um perca-sol. Embora os ousados e os tímidos fossem da mesma espécie, eles tinham uma dieta nitidamente diferente, assim como um comportamento contrastante.

Um dos motivos para esse resultado ser importante é que, como escrevem os pesquisadores: "Apesar de todo mundo que trabalha com animais saber que eles têm personalidades diferentes, a natureza dessas diferenças individuais em uma população raramente foi o foco de um estudo." O trabalho também revelou uma diferença clara entre tímidos e ousados. Mas por que *deveria* existir essa divisão de personalidade entre percas-sol? Por que, aliás, a mesma dicotomia seria notada em estudos subsequentes sobre várias espécies, como bodes, chapis-reais e até porcos?[4]

Em 2019, encontrei David Sloan Wilson em uma conferência. Um biólogo evolucionista de renome, ele estava lá para falar sobre um novo trabalho fascinante com grupos de humanos. Mas eu queria mesmo perguntar o que ele achava das ideias de Elaine Aron e suas referências a estudos com animais aparentemente relacionados, incluindo o seu sobre os percas-sol.

Ele ficou animado no mesmo instante. "Adoro esse trabalho! É uma ótima ideia, e parece mesmo acontecer em outras espécies. Existe um vídeo sobre os porcos. Você já viu?" Fiz que não com a

SUPERSENTIDOS

cabeça. "Então, os porcos estão correndo por um caminho e viram à esquerda no final, para encontrar comida. Todos aprendem a fazer isso. Eles seguem reto, viram à esquerda e chegam à comida. Então, você coloca um obstáculo diferente — um balde — no final, pouco antes da curva. Alguns simplesmente o ignoram, seguem em frente e viram à esquerda. Outros param no meio do caminho, passam um minuto olhando para o balde, todos muito tímidos. Esses são os altamente sensíveis — pense no Wilbur, de *A menina e o porquinho*. Então, você passa a comida para a direita. Os que pararam no balde logo aprendem a virar à direita para encontrar a comida. Os outros — os que não prestam atenção — continuam seguindo para o mesmo lado. Eles demoram muito mais para aprender a virar à direita."

Repetidas vezes, alguns animais em um grupo foram classificados como mais impetuosos — e corajosos —, enquanto outros são mais responsivos, reativos, flexíveis e sensíveis ao seu ambiente. Jaap Koolhaas, da Universidade de Groningen, liderou uma revisão de trabalhos sobre as diferenças de agressividade em várias espécies de pássaros e mamíferos, e sugeriu que a diferença fundamental entre indivíduos "agressivos" e "não agressivos" realmente era relativa à sensibilidade ou insensibilidade ao ambiente. Em algumas espécies de pássaros, os machos "agressivos" desenvolviam rotinas mais rápido e apresentavam comportamentos mais rígidos, enquanto os membros "não agressivos" do grupo eram mais flexíveis e responsivos a informações sensoriais sobre o que acontecia ao seu redor.[5]

Aron acredita que essas duas formas de ser refletem estratégias de sobrevivência distintas.[6] Se os tempos forem de escassez, um pássaro mais ríspido pode lutar pela comida. O mais cuidadoso e observador pode, em vez disso, se lembrar de onde viu uma árvore distante com uma boa quantidade de frutas e voar até lá.

Animais e pessoas "sensíveis", que reagem com maior intensidade a vários tipos de sinais sensoriais, observam por mais tempo e reagem mais devagar. Isso pode fazer com que pareçam mais tímidos, menos impulsivos e mais avessos ao risco (apesar de Aron enfatizar que, quando encontram uma situação familiar que ofere-

SENSIBILIDADE

ce uma oportunidade que outros deixaram passar, eles conseguem aproveitá-la bem rápido). Em contraste, animais e pessoas que reagem *menos* a esses sinais sensoriais funcionam mais no piloto automático, tomando decisões mais apressadas.

O trabalho com os percas-sol foi inspirado em uma pesquisa com crianças. Na década de 1950, dois psicólogos, Stella Chess e Alexander Thomas, foram pioneiros no estudo do temperamento de bebês — como, desde os primeiros dias, as crianças parecem demonstrar padrões distintos de comportamento, com algumas sendo tranquilas, e outras, peculiares ou inquietas.[7] Na época, a maioria dos psicólogos acreditava que a personalidade era determinada pela experiência; e, depois da Segunda Guerra Mundial, havia o medo de qualquer discussão sobre diferenças genéticas. Porém, como diz Aron, "Chess e Thomas foram além disso tudo, focando aquilo que todos os pais e professores sabem — as crianças são diferentes entre si".

Nas décadas de 1980 e 1990, Jerome Kagan e Nancy Snidman, psicólogos de Harvard, desenvolveram ainda mais essa pesquisa e caracterizaram um traço de temperamento que é muito parecido com a alta sensibilidade. Primeiro, Kagan e Snidman estabeleceram que não apenas havia diferenças nítidas entre os temperamentos dos bebês como essas diferenças tendiam a persistir ao longo da vida. O trabalho foi iniciado em 1986, com quinhentas crianças de quatro meses de idade. Quando os bebês recebiam uma série de brinquedos novos coloridos, cerca de 20% consistentemente balançavam os braços e as pernas e choravam, 40% permaneciam inabaláveis, e o restante ficava no meio-termo.

Conforme essas crianças cresceram, elas voltaram várias vezes para novos testes e entrevistas.[8] Aos 11 anos, 20% daquelas que gritaram e agiram de maneira "reativa" no começo foram classificadas como tímidas após entrevistas com os pesquisadores, e elas também tinham reações fisiológicas mais intensas ao estresse. Dos bebês tranquilos, cerca de um terço se tornou confiante e sociável. A maioria das crianças tinha seguido para um meio-termo de reatividade. Apenas 5% dos bebês calmos "não reativos" se tornaram pré-adolescentes "reativos", e o mesmo número foi observado em bebês reativos que se tornaram calmos. Era óbvio que o ambiente — em termos de vida familiar e escolar — tinha influência nisso. Mas o trabalho foi interpretado como uma prova de que existe uma contribuição genética para o temperamento dos bebês e para a personalidade no começo da adolescência.[9]

Thomas Boyce, professor emérito de pediatria e psiquiatria na Universidade da Califórnia, em São Francisco, passou mais de quarenta anos trabalhando com crianças. Sua pesquisa o levou a classificar a maioria delas como "dentes-de-leão". Assim como a planta, elas são flexíveis e, contanto que seu ambiente não seja terrível, se dão bem em qualquer lugar ("Em um ambiente difícil ou bom, elas basicamente permanecem estáveis — apresentam os mesmos resultados", diz David Sloan Wilson, que também é fã do trabalho de Boyce).

Porém, cerca de 20% — a mesma proporção que Kagan e Snidman identificaram como bebês "reativos" e que Elaine Aron classifica como adultos altamente sensíveis — são o que ele chama de "orquídeas". As orquídeas são mais sensíveis ao ambiente externo. Em um ambiente negligenciado, abusivo, sofrem demais. Porém, em locais quentes, nutritivos, elas florescem.

Boyce explorou essa teoria no laboratório. Ele observou como as crianças reagem a vários tipos de situações, desde conversar com estranhos até receber uma gota de suco de limão na língua. Ele descobriu que, enquanto algumas crianças — as que chamou de orquídeas — têm reações intensas de luta ou fuga e apresentam um aumento notável dos níveis de cortisol, o hormônio conhecido como "hormônio do estresse", por exemplo, as outras têm uma reação fisiológica bem mais discreta.[10]

Vários estudos associaram a alta reatividade — ou ser uma orquídea, na terminologia de Boyce — a uma versão específica de um gene envolvido na regulação dos níveis do neurotransmissor serotonina.[11] Um estudo sobre crianças criadas em orfanatos na Romênia durante o período terrivelmente negligente antes da queda de Ceauşescu, em 1989, descobriu que, aos 11 anos, ao serem adotadas, aquelas que tinham a versão curta do gene apresentavam níveis mais elevados de problemas emocionais. Entre esse grupo, as que então sofreram um número relativamente grande de eventos estressantes apresentavam as maiores pontuações de problemas emocionais gerais

SENSIBILIDADE

aos 15 anos. No entanto, as que passaram por poucos eventos estressantes nesse período apresentaram a maior *queda* na pontuação de problemas emocionais. As crianças mais vulneráveis que foram para lares carinhosos e relativamente livres de estresse prosperaram, como Boyce teria previsto.[12]

Elaine Aron acredita que as orquídeas provavelmente viram PAS na vida adulta, e Boyce apoia a ideia. "Aquilo que ela encontra em seus pacientes adultos é muito semelhante ao que vemos em crianças orquídeas", diz ele.

Michael Pleuss, psicólogo na Queen Mary, na Universidade de Londres, realiza pesquisas na mesma área. Ele prefere o termo "sensibilidade ambiental". Para Pleuss, pessoas ambientalmente sensíveis têm mais capacidade de registrar e processar sinais do ambiente — não importa se os sinais são bons (pais amorosos ou exposição a música e artes visuais, talvez) ou ruins (como abandono ou um desastre natural).

Em 2018, uma equipe liderada por Pleuss, que incluía Aron, publicou descobertas sobre crianças britânicas usando um novo teste para Crianças Altamente Sensíveis. Esse questionário de doze itens, inspirado no teste de PAS de Aron para adultos, foi projetado para jovens com idades entre 8 a 19 anos. Ele investiga apenas experiências de processamento sensorial (por exemplo, "Não gosto de barulhos altos", "Adoro sabores gostosos"); observações de sutilezas ("Eu reparo quando pequenas coisas mudam no meu ambiente"); e a sensação de opressão (por exemplo, "Acho desagradável quando muita coisa acontece ao mesmo tempo").

Testes em grupos separados de crianças identificaram três categorias: cerca de 20% a 35% eram altamente sensíveis, 41% a 47% tinham uma sensibilidade mediana, e entre 25% a 35% demonstraram baixa sensibilidade.[13] Isso parece se enquadrar nas descobertas dos três grupos infantis de Kagan.

O que isso significa para o modelo de Boyce? Pleuss argumenta que, talvez, um terceiro grupo de "tulipas" moderadamente sensíveis estivesse se escondendo no buquê de personalidades.[14]

Não importa se você chama as crianças em uma extremidade do espectro de orquídeas, altamente sensíveis, ambientalmente sensíveis

SUPERSENTIDOS

ou reativas: parece claro que a maneira como outras pessoas lidam com elas pode fazer uma diferença imensa em seu bem-estar psicológico, não apenas nos anos de adolescência mas na vida adulta.

Aron publicou um trabalho que concluiu que adultos com pontuações altas no teste de PAS e que tiveram infâncias problemáticas também passaram por abalos emocionais especialmente graves.

Elaine Aron diz que precisamos manter em mente que, embora ela se enquadre em todos os 27 itens do seu teste de PAS, algumas pessoas não se enquadrariam em nenhum: Fogos de artifício? *Pode soltar.* Festas barulhentas? *Adoro.* As pessoas nesses extremos vivem em dois mundos diferentes, defende ela. Não adianta insistir para uma criança altamente sensível que é divertido chegar perto de um show de fogos de artifício, assim como é inútil insistir para um amigo que enxerga #ovestido como azul e preto que ele é branco e dourado. Aquilo que encaramos como a realidade simplesmente *é* a realidade apenas para nós.

Se uma criança altamente sensível tem um pai ou um professor expressamente não sensível, a vida pode ser complicada — para o pai e o professor também, diz Aron. "O desafio de educar uma criança altamente sensível é que você quer alcançar um equilíbrio ao convencê-la a experimentar coisas novas das quais ela tem medo, mas não insistir ao ponto em que a situação se torna traumática ou ela se sente mal. É preciso prestar atenção ao que a criança diz."[15]

Carie Little Hersh, professora adjunta de antropologia na Universidade de Northeastern, em Boston, nos Estados Unidos, tem um blog sobre a importância da antropologia na vida diária. Em um post, ela escreve sobre a leitura de um dos livros de Elaine Aron, *Use a sensibilidade a seu favor: pessoas altamente sensíveis.* "Foi como encontrar meu *O código Da Vinci* pessoal — foi instigante, convincente, uma solução perfeita para um mistério sobre mim mesma que eu nem sabia que existia. Passei a vida inteira com a sensação de que me desgastava mais do que os outros, ficava mais desnorteada e mais estimulada em excesso. Porém, por ter sido criada em uma família católica com uma ética de trabalho protestante e com a intolerância norte-americana por qualquer sinal de fraqueza, eu encarava minha

SENSIBILIDADE

sensibilidade e minha perceptividade aumentada como fracassos pessoais que precisavam ser superados."[16]

Hersh apresenta alguns impasses pelos quais costuma passar — e os tipos de resposta que geralmente recebe:

- Por que músculos doloridos, sapatos apertados ou encostos de cabeça de carro incômodos me deixam tão irritada depois de dez minutos que eu faria de tudo para acabar com a sensação? *Tome um ibuprofeno e pare de reclamar.*

- Por que, apesar da minha curiosidade e interesse, não aguento passar mais de vinte minutos em um bar barulhento ou em um festival de rua e me dá vontade de voltar correndo para casa? *Pare de ser chata e relaxe.*

- Por que estou completamente esgotada e desnorteada às cinco da tarde? *Você só é preguiçosa.*

Apesar de seus filhos terem personalidades diferentes, de certa forma, eles também são sensíveis, escreve ela. Eles odeiam segurar coisas grudentas, detestam se molhar, se recusam a usar qualquer tecido que não seja *fleece*, reconhecem o estado emocional de outras crianças com rapidez. Nem ela nem eles gostam de mudanças.

Na longa experiência de Aron, pessoas altamente sensíveis que prosperam são, de fato, aquelas que crescem em ambientes carinhosos — as orquídeas que receberam o equivalente humano de um substrato especializado para o solo, calor e muita luz. Dependendo de onde você vive, porém, pode ser difícil para um grupo específico de pessoas altamente sensíveis encontrar essas condições ideias de crescimento na infância e na vida adulta.

"Homens sensíveis são muito diferentes dos outros homens", observa Aron. Isso pode ser um problema se você for criado em uma cultura que não encara as sensibilidades sensoriais e as reações emocionais intensas como algo masculino. "Para eles, é um fator importante, porque as pessoas associam o comportamento sensível com a feminilidade — então pode ser fácil pensar que eles são mais femininos. Mas não são."

SUPERSENTIDOS

Ted Zeff, psicólogo que trabalhava na área da baía de São Francisco, se especializou em terapia para meninos e homens altamente sensíveis. Grande apoiador do trabalho de Elaine Aron, um apoio recíproco, Zeff analisou homens em vários países para explorar como a alta sensibilidade é encarada fora da América do Norte. Zeff faleceu em 2019, mas consegui conversar com ele sobre seu trabalho antes de sua morte. Ele enfatizou que a "visão distorcida" de que há algo errado com homens altamente sensíveis tem base cultural. "Um participante da minha pesquisa, que era um homem tailandês altamente sensível, me contou que, como a bondade e a sensibilidade são muito bem-vistas na Tailândia, ele foi eleito representante da sua classe na escola", explicou Zeff. "Os homens que entrevistei na Índia, na Tailândia e na Dinamarca declararam que raramente sofriam discriminação por serem sensíveis — enquanto homens na América do Norte sofrem com frequência." Outros estudos apoiam isso. Uma pesquisa de comportamento na China e no Canadá descobriu que, enquanto na China crianças "tímidas" e "sensíveis" eram vistas como boas colegas de brincadeira, no Canadá o oposto acontecia.[17]

Historicamente, em uma sociedade, as PAS eram conselheiras eclesiásticas e xamãs, acreditava Zeff. No mundo moderno, Aron descobriu que elas são maioria em algumas carreiras — especialmente em profissões autônomas, criativas (a cantora e compositora Alanis Morisette é uma PAS autoproclamada que se tornou amiga de Aron por meio da pesquisa). Se os sinais sensoriais causam mais impacto em você, eles dominam e ocupam sua atenção. Faz sentido, então, que alguém mais sensível a notas musicais se torne mais imerso nelas, ou que alguém cativado pelas cores de um jardim possa querer pintá-las.

As sensibilidades sensoriais são, como sabemos, comuns entre sinestésicos, que também são maioria em áreas criativas — com uma exceção notável: a alta gastronomia. Associações peculiares entre música e cor também podem ser agradáveis para pessoas que não são sinestésicas — as pinturas de Kandinsky, um sinestésico famoso, são um bom exemplo —, porém, como observa Charles Spence, o chef Jozef Youssef e Ophelia Deroy, pesquisadora de sentidos da

SENSIBILIDADE

University College de Londres, em um trabalho recente: "a criatividade sinestésica, quando expressada na forma comestível, pode não ser muito apetitosa."[18]

Também é muito fácil entender como alguém que, por causa de suas sensibilidades sensoriais, nota coisas que outras pessoas não veem pode ter dificuldade em explicar essas percepções. Alguns verões atrás, recebi um e-mail de um ex-executivo de relações públicas da cidade de Washington, chamado Mike Jawer. Havia pouco tempo que eu tinha escrito uma matéria sobre sensibilidade sensorial. Ele a lera e queria perguntar se algum dos meus entrevistados tinha passado por experiências paranormais. O motivo para a pergunta, explicava Jawer, era que ele próprio tinha entrevistado várias PAS, e muitas compartilharam histórias extraordinárias.

O interesse de Jawer no assunto começou enquanto ele trabalhava em uma investigação da Agência de Proteção Ambiental dos Estados Unidos sobre quais características de certos ambientes de prédios ou escritórios poderiam causar a síndrome do edifício doente, na qual algumas pessoas, mas não todas, fazem várias queixas relacionadas à saúde devido a questões do prédio, geralmente seu local de trabalho. Jawer conversou com vários indivíduos e logo percebeu que havia uma conexão entre os trabalhadores que relatavam dores de cabeça e problemas respiratórios em prédios específicos quando comparados com os que não reclamavam: eles também tendiam a relatar várias sensibilidades sensoriais. Algumas pessoas desse grupo lhe contavam que tinham outros tipos de experiências estranhas... elas viam fantasmas, enxergavam auras ou sentiam presenças. Isso levou Jawer a investigar um grupo mais amplo de PAS. Novamente, ele notou uma preponderância de percepções anômalas entre elas.

Jawer e eu não interpretamos essa descoberta da mesma maneira. Ele tem uma forte interpretação espiritual sobre tudo isso (acreditando que pessoas mais sensíveis conseguem detectar fenômenos supernaturais verdadeiros), e eu, não. Mas sua curiosidade e abertura para novas ideias o levaram a fazer observações intrigantes, e, se analisadas sob o ponto de vista da sensibilidade sensorial, elas fazem sentido, não fazem?

SUPERSENTIDOS

Pessoas altamente sensíveis a vários tipos de sentido ouvem cheiros e sentem sons e coisas que ninguém mais percebe. Se outras pessoas no mesmo ambiente não as detectarem e, portanto, negarem que sejam reais, isso pode levar uma pessoa sensível a ter ideias sobrenaturais.

A pesquisa que pode apoiar essa teoria vem de um estudo diferente sobre frequentadores de um show, em 2003. Para o trabalho, a compositora britânica Sarah Angliss ajudou a bolar experimentos psicológicos que incorporassem "músicas silenciosas" — um infrassom muito abaixo das frequências que a maioria das pessoas consegue detectar com os ouvidos, e, assim, que não conseguem ouvir, mas que estimulam mecanorreceptores em outros pontos do corpo.[19] Como Angliss explica, o infrassom "tempera músicas de órgãos em catedrais pelo Reino Unido". Já foi sugerido que ele contribui para a sensação de admiração, especialmente no contexto de uma cerimônia religiosa.

Sem saber onde estavam se metendo, 750 pessoas incautas foram ao teatro Purcell Room, no centro de Londres, para escutar composições de Philip Glass, Debussy, Angliss e outros. Embora elas não soubessem, algumas músicas, mas não todas, tinham recebido uma dose de infrassom, criada e cuidadosamente controlada por um gerador executado por especialistas em acústica do Laboratório Nacional de Física do Reino Unido. No fim da apresentação, a plateia preencheu um questionário que perguntava se teve "experiências diferentes" durante alguma composição específica, e, caso a resposta fosse positiva, para descrevê-las.

No geral, músicas que incluíam infrassom receberam 22% mais relatos de experiências desse tipo. Os participantes escreveram sobre sentir um "frio no pulso", uma "sensação estranha" na barriga, o coração acelerar, nervosismo e memórias repentinas de perdas emocionais.[20] Nem todo mundo teve experiências assim, indicando que algumas pessoas reagiam mais ao infrassom do que outras. O infrassom é causado naturalmente por trânsito intenso, motores e até ventoinhas de aparelhos de ar-condicionado. Em outros contextos, ele foi associado a relatos de assombrações de fantasmas e especialmente da "sensação de uma presença" — pelo menos para algumas pessoas.

341

SENSIBILIDADE

Como Richard Wiseman, da Universidade de Hertfordshire, um dos dois psicólogos do projeto da música silenciosa (o outro era o pesquisador de fantasmas Ciarán O'Keeffe, mencionado no Capítulo 10), contou ao jornal *The Guardian* na época, a expectativa, com base no local em que você está, pode facilmente influenciar como as percepções de infrassom são interpretadas: "Se você entrar em um prédio moderno e de repente se sentir mal, mas não entender por quê, pode ser a síndrome do edifício doente. Se você entrar em um castelo escocês velho com má fama, seria um fantasma."

Se você tem sensibilidades sensoriais e uma pontuação alta no traço de personalidade "abertura para novas experiências", a probabilidade de ver um fantasma pode ser ainda mais alta. "Tolerância para ambiguidade, ambivalência emocional e sinestesia perceptual" são características de uma pessoa aberta. E pessoas mais abertas também têm mais chance de acreditar em fenômenos paranormais.[21]

O traço de "alta sensibilidade" não aparece em modelos de personalidade usados com frequência, incluindo o mais popular, de cinco tipos. Como sabemos, ele define a personalidade de acordo com níveis de extroversão, neuroticismo, abertura para novas experiências, simpatia e escrupulosidade.

No entanto, esse modelo tem alguns problemas. Um deles é que os psicólogos discordam do significado exato de "extroversão". Outro fator é que o sentido de "extrovertido" e "introvertido" mudou com o tempo. Quando o psiquiatra suíço Carl Jung definiu os termos em 1921, ele descreveu pessoas introvertidas como aquelas que direcionam sua "energia psíquica" para dentro, para seus próprios pensamentos e sentimentos, enquanto extrovertidos direcionavam seu foco para fora, para o mundo ao redor. Um introvertido analisa suas opções com cuidado antes de tomar uma decisão, explicou ele, e tenta evitar estresse.[22] É uma definição bem parecida com a de uma pessoa altamente sensível.

No entanto, não é isso que uma pontuação baixa de extroversão significa hoje. Atualmente, a introversão é vista mais em termos de ser menos responsivo a recompensas sociais — a ver *menos* van-

SUPERSENTIDOS

tagens em estar com outras pessoas. É claro que isso influencia o comportamento das pessoas. Acredita-se que, como os extrovertidos sentem mais prazer ao interagir com os outros, eles são motivados a serem sociáveis e terem um comportamento mais arriscado, em uma tentativa de impressionar as pessoas. Em contraste, os introvertidos simplesmente não sentem a mesma necessidade de interagir.

Com certeza é possível ser animado, entusiasmado e agitado — ser extrovertido, de acordo com a definição comum — e ser altamente sensível. De fato, embora a própria Aron seja altamente sensível e introvertida, ela descobriu que 30% das PAS são extrovertidas.[23]

Jacquelyn Strickland, uma terapeuta extrovertida altamente sensível, conversou com muitas PAS com o passar dos anos e faz questão de explicar a diferença entre alta sensibilidade e introversão. Uma pessoa extrovertida altamente sensível precisa ganhar energia com o mundo exterior, escreve ela. Mas também precisa passar tempo sozinha para descansar e se recuperar. "Depois que nossas energias, tanto físicas como mentais, são recarregadas por nos recolhermos, nós 'saímos' para manifestar nossas visões, nossas paixões ou nosso trabalho no mundo."[24]

Sendo extrovertido ou introvertido, se você for uma pessoa altamente sensível, saber disso já é importante, acredita Aron — porque então, como explica ela, você não vai sentir que precisa agir como os outros 80%. Apesar de ter se dedicado muito para divulgar sua pesquisa por meio de livros, retiros e um filme, *Sensitive and in Love*,* ela quer fazer mais. Pensando nas suas próprias experiências na faculdade e em como tantos de seus colegas calouros eram nitidamente diferentes dela, Aron diz: "Eu adoraria conversar com orientadores, porque sinto que algumas PAS abandonam a faculdade por se sentirem oprimidas... Certamente algumas cometem suicídio."

Dependendo das circunstâncias, para pessoas com pontuações altas no teste de PAS, a rotina com certeza pode ser um desafio. Para algumas, no entanto, as variações sensoriais — hipersensibilidades aguçadas ou hipossensibilidades entorpecidas — são tão extremas

---

* "Sensíveis e apaixonados", em tradução livre. [*N. da T.*]

SENSIBILIDADE

que elas ultrapassam o limite e constituem um distúrbio. Uma pessoa altamente sensível pode precisar passar muito tempo em casa para se recuperar de uma festa. Uma pessoa com sensibilidades sensoriais extremas pode ter dificuldade até para sair de casa.

Sensibilidades sensoriais em excesso ou em falta costumam ser detectadas em pessoas com autismo. Elas também são fundamentais para o transtorno de processamento sensorial, que alguns pesquisadores acreditam representar o outro extremo do espectro altamente sensível. Enquanto pesquisas na última década transformaram a maneira como o distúrbio é encarado, agora também existe uma mudança no pensamento sobre o papel da sensibilidade atípica no autismo. Para alguns dos principais pesquisadores sobre autismo, essas dificuldades sensoriais estão saindo dos bastidores e entrando no palco principal.

Quando era bebê, Jack Craven só dormia se estivesse no colo de um adulto sentado com a coluna ereta, com uma mão pressionada com firmeza do topo de sua cabeça. "Se a gente relaxasse ou caísse no sono, ele voltava a berrar", lembra sua mãe, Lori. "A gente se revezava em turnos de quatro horas. Era muito difícil, na verdade."

Mais tarde, quando Jack começou a andar, Lori se lembra de, uma vez, colocá-lo no chão de mármore brilhante da Bloomingdale's, loja de departamentos famosa de Nova York. "O piso refletia muito, e seu corpo inteiro começou a tremer. Parecia que ele estava tendo um ataque epilético." Desde pequeno, Jack não suporta lugares barulhentos: "Se houvesse barulho, ele berrava", lembra Lori. "Na verdade, ele berrava o tempo todo..."

Aos 6 anos, Jack começou a dizer para os pais que queria morrer e que "Deus cometeu um erro quando me fez". Lori diz que não sabia que crianças daquela idade eram capazes de pensar assim, e acrescenta: "Imagina seu filho dizendo uma coisa dessas?"

Agora, aos 15 anos, Jack ainda tem sensibilidades sensoriais profundas. Para Lori, que o educa em casa, em Roswell, ao norte de Atlanta, na Geórgia, parte do processo de ajudar Jack foi incentivá-lo a apreciar e controlar o que ela afirma serem seus "superpoderes". E, na verdade, embora as sensibilidades de Jack dificultem a sua vida, assim como a de seus pais e sua irmã, ele tem mesmo habilidades impressionantes.

"Existe um teste que você pode fazer: olhe para uma imagem e depois desvie o olhar, e então se lembre de todos os detalhes que conseguir. Jack consegue se lembrar de *tudo*", diz Lori. Não apenas Jack tem uma capacidade excelente de absorver detalhes visuais, como também é afinadíssimo: "Ah, meu Deus, Jack canta muito bem! Ele também muda de tom — tipo, consegue cantar as partes de Lennon e de McCartney nas músicas dos Beatles. E tem muita facilidade para imitar sotaques."

Quando Jack fica fascinado por uma coisa específica, seu foco total pode levá-lo a tomar atitudes que a maioria dos garotos da sua idade nem cogitaria. Na primeira vez que conversei com Lori, pelo Skype, quando Jack tinha 12 anos, nossa conversa foi interrompida em certo momento por batidas altas do outro lado da linha. Ela olhou para o teto. "Está ouvindo isso? Ele compra armas de brinquedo na loja de segunda mão, desmonta tudo, pinta as peças, troca as molas e as torna melhores e mais rápidas... acho que ele tem umas sessenta armas de plástico lá em cima."

A quantidade de pessoas autistas com problemas sensoriais — frequentemente sensíveis demais — chega a 90%, e a atenção de Jack aos detalhes, sejam visuais ou sonoros, também é característica do autismo.[25] Períodos de foco intenso, por outro lado, são reconhecidos como um sintoma do transtorno do déficit de atenção com hiperatividade, mesmo que pouco reconhecido.

Por um tempo, Lori e o marido cogitaram os dois diagnósticos. Mas o autismo não parecia se encaixar. "Quando ele está com você, ele está *com* você — focado", diz Lori. E, apesar de os médicos sugerirem o TDAH, os medicamentos que são eficientes em crianças com o transtorno não faziam diferença alguma para Jack. De toda forma, Lori foi cuidadosa: "Quando você tem um menino, é comum que os médicos façam pouco-caso e digam, ah, é TDAH, tome esse remédio. Mas eu não queria apagar os sintomas. Eu queria lidar com a situação."

SENSIBILIDADE

A busca de Lori por alguém que pudesse ajudá-los a encontrar a raiz dos problemas de Jack a levou até Elysa Marco, na época pediatra neurologista na Universidade da Califórnia, em São Francisco. Quando Jack tinha 11 anos, Lori o levou para conhecê-la. Marco concordou que Jack não apresenta as dificuldades sociais básicas do autismo. Em vez disso, ela determinou que ele tem o transtorno do processamento sensorial. Embora os ouvidos, olhos e outros órgãos sensoriais de Jack sejam completamente normais, a forma como seu cérebro lida com a chegada de informações sensoriais não é.

Hoje em dia, Elysa Marco é considerada uma especialista mundial em TPS. Porém, doze anos atrás, ela nunca tinha ouvido falar do distúrbio. Como especialista em autismo, no entanto, seus pensamentos se voltavam cada vez mais para o papel dos problemas sensoriais nos sintomas de muitos dos seus jovens pacientes. Em seus consultórios, ela atendia crianças com uma variedade de dificuldades cerebrais. "E eu percebi que, quando as famílias chegavam, eu queria falar sobre ataques epiléticos, dores de cabeça ou problemas de comunicação das crianças com autismo", conta Marco. "Os pais também queriam abordar essas coisas. Mas eles preferiam discutir os minutos dos seus dias, a rotina, tão difícil porque não conseguiam convencer os filhos a entrar no banho para lavar o cabelo, já que a criança não deixava ninguém encostar na sua cabeça, ou não conseguiam fazê-la vestir uma camisa, porque ela começava a berrar descontroladamente, ou não podiam bater uma sopa no liquidificador, porque o filho tampava as orelhas e saía correndo."

Na década de 1960, Jean Ayres, uma terapeuta ocupacional e psicóloga pedagógica que trabalhava na Califórnia, identificou pela primeira vez o TPS (ou o transtorno de integração sensorial, como denominou na época) como algo distinto. Algumas pessoas com TPS são pouco responsivas, o que as leva a querer estimular um sentido ou sentidos específicos, enquanto muitas são responsivas em excesso quando se trata de um ou mais sentidos. Algumas são responsivas em excesso a alguns sentidos e pouco responsivas a outros.

SUPERSENTIDOS

Lucy Jane Miller foi aluna de Ayres e passou mais de trinta anos pesquisando o TPS. Agora professora de pediatria na Rocky Mountain University of Health Professions, no Colorado, e fundadora da Fundação do Transtorno do Processamento Sensorial, Miller desenvolveu testes de avaliação para diagnósticos, coordenou pesquisas sobre tratamentos e se esforçou ao máximo para divulgar a existência do TPS. De acordo com alguns estudos, uma porcentagem entre 5% e 16% das pessoas são afetadas por alguma forma do distúrbio.[26]

No verão de 2008, Miller deu uma palestra no Instituto de Investigação Médica de Transtornos de Neurodesenvolvimento (MIND) da Universidade da Califórnia, em Davis, sobre dificuldades com o processamento sensorial. Elysa Marco estava na plateia. "Foi como se uma lâmpada imensa tivesse sido acesa na minha mente", lembra Marco. "Fiquei muito animada. Pensei: certo, é assim que preciso pensar e examinar minhas crianças."

Marco destaca que as sensibilidades sensoriais são comuns na infância — e nem sempre significam que uma criança sofre de distúrbios. "Se você levar seu filho para assistir a um espetáculo de fogos de artifício e ele tampar as orelhas e aguentar até o fim, depois vocês voltarem para casa e ficar tudo bem... então é só levar tampões de ouvido. Mas se você não conseguir levá-lo para lugar nenhum porque ele pode escutar o som de alguma coisa estourando, ou se ele passa horas gritando sempre que você limpa a casa com o aspirador de pó, ou se ele berra e se coça todo sempre que você troca a fralda dele, então a coisa muda de figura."

Em seus consultórios, Marco observou que muitos pais das crianças com TPS que ela atende relatam sintomas parecidos, porém mais fracos, menos debilitantes. Lori Craven faz parte desse grupo.[27] "Eu me lembro de, na quarta série, terminar um trabalho e não me recordar de nada do que tinha feito, porque uma criança do meu lado estava batendo com o lápis na mesa", me conta Lori. "E me lembro de fazer uma prova e ficar ouvindo o rabisco dos lápis, de ouvir o tique-taque do relógio, o zumbido das luzes fluorescentes, e das minhas lágrimas caindo no papel... Eu pensava: o que está acontecendo? Como é que todo mundo consegue fazer a prova e só eu fico

SENSIBILIDADE

paralisada? Também, desde muito nova noto que, quando escuto algum som especialmente barulhento e repentino, apesar de ninguém mais dar bola, eu sinto como se tivesse levado um choque nos cotovelos. É como se algo me atingisse fisicamente."

Até hoje, Lori sempre carrega tampões de ouvidos para onde vai. Ela os coloca quando os vizinhos cortam a grama ou quando um bebê começa a chorar nas proximidades. "Ninguém gosta do som de uma criança se esgoelando, mas eu simplesmente não consigo me acalmar. Com os tampões de ouvido, ainda escuto tudo, mas me incomodo menos." Lori também reconhece que tem problemas com a propriocepção, mas, nesse caso, é uma questão de falta de responsividade. Nas aulas de educação física que exigiam coordenação motora, ela diz que era "toda desajeitada... Faço yoga quase todos os dias agora e me dei conta de que meu processamento proprioceptivo é absurdamente horrível."

Para Lori, esses são problemas "incômodos" com os quais consegue lidar por conta própria. Ela nunca recebeu um diagnóstico relacionado aos sentidos, mas sabe em primeira mão como o excesso de estímulo sensorial pode ser profundamente desnorteante. É difícil se concentrar quando toda a sua atenção está focada no tique-taque de um relógio ou no rabisco de um lápis. Problemas de atenção são, é claro, um sintoma do TDAH, mas a responsividade baixa pode acionar um comportamento associado tanto com o TPS quanto com o TDAH.

Em um evento sobre problemas de processamento sensorial em Chicago, conheci Rachel Schneider, uma jovem simpática e animada com TPS. Nós sentamos para conversar em uma antessala sem graça próxima do salão em que ela logo daria uma palestra. Dizer que foi difícil para ela se acomodar seria amenizar muito a situação. "Como eu estou me sentindo nesta sala, agora? *Péssima*. Esta sala é horrível. Estou tentando não me concentrar nas luzes para não me incomodar. Estou tentando não prestar atenção no eco — porque escuto minha voz na minha garganta, e no ar, e reverberando pelas paredes. E estamos sentadas com esse espaço entre nós, então estou flutuando no meio da sala, e uma parte de mim diz: 'Espero que isso não me deixe nervosa na hora em que eu subir no palco...' A porta está *trancada*? Ninguém vai entrar, né?"

Sem dúvida, Rachel tem hipersensibilidade a luzes e sons. Ela também é uma "esponja" emocional, pelo que me conta. Quando alguém entra em um ambiente, ela sabe imediatamente como a pessoa está se sentindo — e, se o sentimento for ruim, isso a tira do prumo.[28]

A mãe de Jack Craven, Lori, diz que a mesma coisa acontece com o filho. Quando Lori reservou um quarto em São Francisco para a consulta de Jack com Elysa Marco, ela não percebeu que o hotel ficava em uma parte turbulenta da cidade. "Assim que pisávamos na rua, Jack agarrava nossas mãos com todas as forças e tremia, ficava apavorado", lembra Lori. "Ele dizia: 'Não gosto de São Francisco! Aqui é cheio de gente triste!'" (em casa, Lori, o marido e a filha sempre precisam reagir com carinho a tudo que Jack diz ou faz, não importa o quanto ele os magoe. Se reagirem com firmeza, "teremos que lidar com uma explosão").

Schneider continua explicando que, no entanto, ela tem reações entorpecidas ao tato e, como Lori Craven, a sinais proprioceptivos. Ela sente *necessidade* de contato físico. "Gosto de abraços!" E ela sente compulsão por mexer nas coisas — com um colar no seu pescoço, por exemplo. Schneider descobriu que a melhor forma de receber informações proprioceptivas é aplicar pressão sobre seus membros ou se mover. Ela conta que, às vezes, sente vontade de levantar e ficar pulando.

Por que uma falta de responsividade ao tato e a sinais proprioceptivos faria com que ela os desejasse? A teoria do processamento preditivo da percepção pode ajudar a explicar. Como sabemos, percepção não se trata apenas de interpretar passivamente dados sensoriais. Porém, quando os dados não ficam claros, somos motivados a reunir mais. Como Anil Seth explica, "Posso minimizar os erros de previsão sensorial ao mudar minhas previsões ou mudar os dados — quando me mexo, por exemplo".

Aproximar-se de um vaso pouco iluminado pode aumentar a quantidade de informações disponíveis, permitindo que você reúna

SENSIBILIDADE

mais sinais visuais detalhados e, assim, gere uma percepção mais precisa — vendo que ele tem uma estampa de árvores, talvez, enquanto antes parecia ser de pessoas. Para alguém cujo cérebro não recebe muitos sinais proprioceptivos, o estímulo dos proprioceptores com a pressão dos músculos ou o movimento dos membros é o equivalente de se aproximar do vaso. São coisas que ajudam a melhorar a precisão das percepções do posicionamento espacial de várias partes do corpo.

A movimentação constante para capturar mais dados sobre a posição do corpo pode ser interpretada como hiperatividade, ou pelo menos como uma dificuldade em permanecer parado e se concentrar na tarefa atual. Pode haver uma sobreposição, então, em como o transtorno de processamento sensorial e o transtorno do déficit de atenção com hiperatividade se apresentam.[29] Na verdade, um estudo norte-americano liderado por Lucy Jane Miller, que fez perguntas para pais sobre sintomas de TDAH e TPS, descobriu que cerca de 40% das crianças com sintomas de um distúrbio tinham sintomas de ambos (estima-se que cerca de uma em cada seis crianças com TDAH tenha dificuldades sensoriais que interferem em sua rotina). E também existe uma sobreposição com o autismo.

Leo Kanner, psiquiatra da Johns Hopkins, publicou o primeiro trabalho sobre autismo em 1943.[30] Nos primeiros estudos de caso, ele notou peculiaridades sensoriais. Algumas das crianças que ele descreveu detestavam o aspirador de pó, por exemplo. Já faz tempo que sabemos que problemas sensoriais são muito comuns no autismo. Mas os sintomas característicos principais eram (e continuam sendo) déficits na comunicação e interação com outras pessoas, padrões repetitivos e restritivos de comportamento, interesses ou atividades — balançar o corpo ou uma obsessão por beisebol, talvez.

Por muitos anos, as pesquisas sobre autismo se concentraram nos problemas sociais. No entanto, em 2013, a "Bíblia da psiquiatria", o *Manual diagnóstico e estatístico de transtornos mentais (DSM-5)*, acrescentou problemas sensoriais entre os principais sintomas:

SUPERSENTIDOS

Hiper ou hiporreatividade a estímulos sensoriais ou interesses incomuns em aspectos sensoriais do ambiente (por exemplo, aparente indiferença a dor/temperatura, reação adversa a sons ou texturas específicas, excessivamente cheirar ou tocar objetos, fascínio visual com luzes ou movimento).

Isso ajudou a mudar as coisas, diz Marco: "Mais membros da área médica passaram a reconhecer a existência desses comportamentos sensoriais e a aceitar que precisamos pensar em como uma criança assimila informações sensoriais e como essa informação é sentida e afeta seu comportamento."

Caroline Robertson, diretora da Iniciativa de Pesquisa sobre Autismo na Faculdade de Dartmouth, nos Estados Unidos, e Simon Baron-Cohen, diretor do Centro de Pesquisa sobre Autismo na Universidade de Cambridge, na Inglaterra, publicaram juntos uma revisão das evidências em 2017, chegando à seguinte conclusão de encerramento: "os sintomas sensoriais são características primárias, básicas, da neurobiologia do autismo." Isso marca, segundo a dupla, "uma mudança revolucionária" no conceito de autismo, quando comparado aos anos iniciais de estudo.[31]

Pesquisas neurobiológicas lideradas por Elysa Marco também mostram que o autismo é diferente do transtorno de processamento sensorial. Quando Rachel Schneider conversa comigo sobre a publicação desse trabalho, sua empolgação é nítida. Ela praticamente bate na mesa. "Foi essencial! ESSENCIAL! Quando me contaram, fiquei tão animada que queria pular o carnaval!" Ela faz uma breve pausa. "E olha que eu *não* gosto de carnaval."

Para Rachel, esses trabalhos foram importantes principalmente porque revelaram a existência de uma base neurobiológica para suas dificuldades diárias — eles provavam para as pessoas que esses problemas eram reais. Marco e sua equipe relataram encontrar uma "rede" mais fraca na conexão entre áreas do cérebro que lidam com informações sensoriais básicas em grupos de crianças com TPS e em um grupo diagnosticado com autismo. Mas também existem diferenças entre os grupos. Apenas as crianças com autismo apre-

SENSIBILIDADE

sentavam fraqueza nas conexões importantes para o processamento social-emocional — nas regiões que conectam a área que lida com o processamento visual de rostos e a amídala (que detecta ameaças), por exemplo.[32]

Dificuldades em fazer contato visual e interpretar expressões faciais são características comuns do autismo. Marco e sua equipe descobriram que, quanto mais fracas forem as conexões entre as regiões de processamento de faces/emoções, maiores serão as dificuldades sociais de uma criança.

Ainda estão sendo desenvolvidas maneiras de caracterizar diferenças sensoriais em pessoas com autismo de forma mais apropriada. E parte do motivo para que as dificuldades sensoriais não recebam a atenção que merecem como *causas* potenciais dos problemas sociais de pessoas com autismo provavelmente é que, como diz Caroline Robertson, "as evidências não eram fortes o suficiente... Mas acredito que sejam agora".[33]

Christian Keysers, o neurocientista e especialista em empatia que encontramos no Capítulo 11, se interessa pelo assunto. Uma dificuldade em comparar os resultados de estudos de mapeamento de cérebro em pessoas autistas é que ocorre muita variação na extensão dos problemas centrais. Algumas pessoas com autismo não falam. Outras são extremamente verbais. O próprio Kanner notou que, enquanto algumas crianças autistas formavam certo grau de relacionamentos sociais, outras nunca faziam isso.

Então, Keysers e seus colegas decidiram coletar dados com o maior grupo de pessoas com autismo que conseguiram reunir: 166 homens com idade entre 7 e 50 anos, e também 193 homens sem autismo, para comparação. Em vez de começar com qualquer presunção sobre as diferenças que poderiam encontrar entre os dois grupos, a equipe mediu a atividade do cérebro dos participantes por quinze minutos e deixou o órgão "falar". Sim, poderia haver muita variação entre as pessoas autistas no estudo —, mas Keysers e seus colegas queriam saber o que poderia *unir* seus cérebros.

Nada se destacou. O mais incomum em relação aos cérebros de pessoas com autismo era a conectividade altamente elevada entre o tálamo, que recebe e transmite as informações sensoriais que chegam ao corpo, e os córtices sensoriais primários; no estudo, principalmente os córtices somatossensorial, auditivo e visual primários. E tem mais: quanto maior fosse essa "supraconectividade" em um indivíduo, maiores seriam seus níveis de características autistas. Uma forte conectividade entre o tálamo e esses córtices sensoriais sugere mais informações visuais, sonoras e táteis; os sinais que chegam têm um impacto maior.

Porém, no grupo sem autismo, havia um padrão interessante: a conectividade entre essas regiões era mais forte nas crianças e enfraquecia com a idade.[34]

Para imaginar ou pensar sobre algo, você precisa ser capaz de desconectar sua experiência interna de estímulos exteriores. "Se você fechar os olhos e pensar na última vez em que jogou tênis, e eu mapear seu cérebro, verei que seus córtices sensoriais agora não são mais controlados pelo tálamo, mas pelos córtices de níveis mais elevados", diz Keysers. Normalmente, com a idade, nossa capacidade de fazer isso melhora. Nós nos tornamos mais capazes de nos distanciar de ondas de sinais dos receptores sensoriais — de "sair" do momento sensorial presente. "O que vemos é que, no cérebro autista, não acontece assim." O plano da equipe não era observar processamentos sensoriais incomuns. "A gente só queria ver o que os dados diriam. E essa foi a informação que mais se destacou."

Esse é um exemplo do excesso de sensibilidade em sobrecarga — e nos ajuda a compreender a importância da capacidade do cérebro neurotípico de se afastar do mundo sensorial ao redor.

Na teoria, a descoberta pode ajudar a explicar a super-responsividade a estímulos táteis, sonoros e visuais. E a conclusão de que níveis de hiperconectividade correspondem à gravidade de características autistas é importante. "Tudo isso leva à sensação de invasão causada pelo mundo exterior", resume Keysers. "O mundo exterior tem uma conexão mais forte com o cérebro dessas pessoas, e talvez elas não separem seus processos interiores do que acontece do lado de fora com tanta frequência." Isso se encaixa, então, com a ideia mencionada no capítulo anterior de que algumas pessoas autistas

SENSIBILIDADE

desenvolvem alexitimia porque se sentem oprimidas pelos sinais sensoriais da emoção.

Em termos de outros sentidos, a sensibilidade excessiva ao tato pode ter uma série de impactos diferentes em uma criança em desenvolvimento.[35] Odiar a sensação de uma fralda encostando na pele é uma coisa. Mas sentir o carinho da mão da mãe como uma lixa é bem diferente, já que a importância do toque humano para o desenvolvimento social e emocional típico é bem estabelecida. A sensibilidade excessiva a luzes e sons também pode impedir o desenvolvimento de habilidades sociais, porque dificulta a permanência em locais públicos, como lojas e escolas, onde aprendemos padrões de interação com outras pessoas.

Porém, Caroline Robertson quer ir além de propostas abrangentes e intuitivamente interessantes como essas e chegar aos detalhes das diferenças sensoriais entre pessoas com autismo. São trabalhos de laboratório como esses, acredita ela, que incentivam o argumento de que, para algumas pessoas com autismo, o motivo por trás das dificuldades sociais são os problemas sensoriais.

Robertson e Baron-Cohen acreditam que agora existem indícios claros de que as diferenças de processamento sensorial em pessoas que acabam sendo diagnosticadas com autismo podem ser observadas no começo da vida (por volta de seis meses de idade, antes de qualquer problema social se tornar aparente) e que a severidade desses sintomas prevê a futura gravidade do autismo desse indivíduo — incluindo seu nível de problemas sociais e também cognitivos, de raciocínio.

A própria Robertson está focada na visão. Usando um mundo virtual em 3D de aparência natural, ela entende cada vez mais que, enquanto as pessoas não autistas tendem a se sentir atraídas por rostos e textos, as pessoas autistas focam partes de cenas que se destacam pela cor ou orientação, por exemplo. Robertson defende que isso é uma prova convincente da preferência visual focada em detalhes das pessoas com autismo — o tipo de foco que faz com que elas sejam descritas como incapazes de "enxergar a floresta que as árvores formam" (também comprova que, para elas, as faces são relativamente menos interessantes; quando se cresce prestando pouca atenção em rostos, pode ser difícil aprender a interpretar significados prováveis de expressões faciais ou olhares).

Outro trabalho descobriu que algumas pessoas autistas têm dificuldade em escutar a diferença entre sons de discurso. Isso pode dificultar não apenas a compreensão, mas a articulação da fala.

Em um nível mais básico, há indícios de níveis alterados de um neurotransmissor importante chamado GABA (ácido gama-aminobutírico) em regiões do cérebro envolvidas no processamento de sons, sinais visuais e toques. Estudos assim, escrevem Caroline Robertson e Simon Baron-Cohen, sugerem que o sistema GABA "é fundamental para a neurobiologia do autismo".[36]

Um suposto neurotransmissor "inibidor", o GABA "acalma" o sistema nervoso. Na teoria, a disfunção de GABA, causando um desequilíbrio na agitação e inibição neural, pode explicar o excesso e a falta de reações. "Pode ser que existam diferenças regionais nesse desequilíbrio", explica Robertson. "Para algumas pessoas, o sistema somatossensorial é muito afetado, enquanto, para outras, é a visão. Esse desequilíbrio também pode levar a uma vulnerabilidade que é muito sensível em certos contextos — por exemplo, não sou muito sensível ao toque o tempo todo, mas, quando estou sendo estimulada em excesso, chego ao meu limite de sobrecarga mais rápido."

Níveis anormais de GABA também foram associados ao transtorno do déficit de atenção com hiperatividade. Isso pode explicar por que existem tantas características comuns — por que problemas sensoriais e dificuldades de atenção frequentemente estão presentes tanto no autismo quando no TDAH, por exemplo.[37]

O autismo e o TDAH são, é claro, distúrbios relativamente comuns. No Reino Unido, há evidências de que 1,5% da população esteja no espectro do autismo, e estima-se que medicamentos para o TDAH tenham sido receitados a uma em cada duzentas crianças abaixo de 16 anos.[38] Entender o papel das diferenças de sensibilidade no que diz respeito aos sintomas desses distúrbios pode, em teoria, abrir novas vias de tratamento. Por exemplo, se concentrar na forma como um cérebro "supersensível" reage a sinais sensoriais pode

SENSIBILIDADE

reduzir sua intensidade, tornando-o menos dominador, potencialmente ajudando pessoas com uma variedade de diagnósticos.[39] Esta é uma das coisas que Elysa Marco está estudando em seu laboratório agora.

Porém, no sentido mais amplo, trabalhos como o de Elaine Aron deixam claro que, para todos nós, nosso nível literal de sensibilidade pode influenciar de forma muito profunda as nossas vidas. Quando, na introdução, escrevi que nossos sentidos não apenas nos informam, mas nos *formam*, era nessa pesquisa que eu estava pensando, junto com a série de estudos que encontram diferenças entre pessoas por causa de sentidos específicos.

16
Senso de mudança

Agora que tudo foi definido, vamos falar em geral sobre todas as percepções...

Aristóteles, *Da alma*

Agora que tudo foi definido... vamos dar uma olhada para o lugar aonde nossa jornada pelos sentidos nos trouxe — e para a estrada que ainda há pela frente.

Primeiro, está claro que temos mais do que cinco sentidos. O modelo de Aristóteles pertence à história da ciência, não às salas de aula. Enquanto aprendemos sobre nossos sentidos, aprendemos também que eles têm origens antigas. Formas de vida que evoluem juntas sentem juntas e, então, temos mais coisas em comum com tudo — desde bactérias até minhocas e camarões — do que poderíamos ter imaginado.

Pense naquelas formas de vida primitivas, que conseguiam detectar mudanças no seu ambiente e no próprio estado corporal e reagir a elas — sem a ajuda de um cérebro. Essa história está escrita em nossas papilas semelhantes às gustativas, em nossos receptores de cheiro e até nos espermatozoides. Como agora sabemos, as percepções sensoriais conscientes refletem apenas uma fração do que detectamos de verdade. De fato, em termos de sensibilidade, se removermos as experiências conscientes e centrais de cena, será que somos mesmo tão diferentes de uma bananeira ou de um carvalho?

Um dos motivos para a sensibilidade das plantas ter sido tão lamentavelmente subestimada também é culpa de Aristóteles: "Nas plantas, não encontramos sensações nem qualquer órgão sensorial,

SENSO DE MUDANÇA

ou qualquer característica parecida com isso."[1] Essa é uma opinião que persiste — embora nem todo mundo acredite nela.

Vejamos o príncipe Charles. Há anos, ele é ridicularizado por conversar com as plantas, porque acredita que isso as ajuda a crescer. Se você fala diretamente com uma planta, só vai inundá-la de dióxido de carbono. Mas uma variedade de fontes, desde um episódio de *Os caçadores de mitos* até um estudo recente do Instituto Nacional de Biotecnologia da Agricultura da Coreia do Sul, determinou que *gravações* de pessoas falando, ou de música, incentivam, sim, o crescimento das plantas, talvez por alterar a expressão de genes. A investigação de *Os caçadores de mitos* descobriu que as plantas cresciam melhor em estufas onde gravações eram tocadas, e cresciam mais ainda quando expostas a música clássica — mas o gênero *death metal* era o que mais as estimulava.[2]

Como sabemos, plantas não escutam, mas sentem vibrações e várias outras coisas. E compreender como outras formas de vida sentem as coisas é algo que nos coloca no nosso lugar, não acha? — como apenas outro ser incrível, multissensorial, completamente integrado às fontes de informações fundamentais para a sobrevivência aqui, no nosso planeta Terra.

Essas origens antigas mostram que, é claro, os sentidos surgiram muito antes do raciocínio. E essa história significa que as informações recebidas por eles ainda influenciam nossas decisões, o tempo todo. Em alguns casos, elas tomam decisões por nós. Sempre que você pega um copo de água porque está com sede, ou liga o aquecedor para amenizar o frio, seus sentidos estão impulsionando suas ações. Porém, como agora sabemos, a forma como eles influenciam o cérebro pode ser muito mais profunda.

Nós entendemos que as percepções sensoriais são vitais para o aprendizado implícito — do tipo que nos permite identificar padrões no mundo sem saber conscientemente o que eles são. Sim, esse tipo de aprendizado pode ser primitivo, mas nós, humanos, ainda o utilizamos o tempo todo. E, para as pessoas com mais talento para ele, há uma série de vantagens. Você se lembra dos corretores de Londres — sua sensibilidade interior mais aguçada impulsionava sua

SUPERSENTIDOS

inteligência para ganhar dinheiro. Porém, para todos nós, esse tipo de sensibilidade é fundamental para nossa capacidade de sentir emoções e empatizar com outras pessoas. Trata-se da sensibilidade social no seu auge. Alguns pesquisadores até acreditam que são sinais do corpo — dos órgãos e dos músculos — que geram nossa percepção de ser — que criam a sensação subjetiva do "eu".[3]

O que também se tornou aparente é que existe um amplo espectro de experiências sensoriais, impulsionadas por variações genéticas, experiências de vida e cultura. Esse conhecimento deveria nos ajudar a sermos mais tolerantes com as opiniões de vizinhos e amigos. Se alguém reclamar que um cômodo está "quente demais", que a comida ficou "muito salgada" ou que as flores "estão fedendo", e você não concordar, talvez seja melhor aceitar que nem todo mundo pensa igual — e até compartilhar a mensagem de que nossas percepções da realidade podem ser muito diferentes. A opinião contrária de alguém não deve, então, ser vista como uma afronta ao seu bom senso (mas pode ser difícil convencer grandes chefs de cozinha disso — até Jozef Youssef admite, com uma risada, que ele, assim como outros chefs, acredita saber exatamente quanto sal é necessário em um prato para ele ter o gosto certo...).

Mas não importa como sentimos o mundo, existem consequências que são difíceis de superar. Em alguns casos, conviver com elas pode ser complicado. Tomemos como exemplo as hipersensibilidades ao toque de algumas crianças com transtorno sensorial ou o autismo — ou a influência de problemas com o processamento de sons na psicose. Outras variações, porém, ajudam a motivar experiências diferentes; atletas olímpicos e músicos premiados atribuem pelo menos alguma parte do seu sucesso à maneira como sentem seus mundos interiores e exteriores. Mas elas podem ser marcantes até para aquelas pessoas com diferenças mais leves, influenciando profundamente a maneira como interagimos com outras pessoas e moldando carreiras.

Como aprendemos, no entanto, também é muito possível mudar a maneira como sentimos — e, assim, mudar a nós mesmos. Desde Tim Birkhead fazendo barulho em um banheiro universitário (ele

SENSO DE MUDANÇA

não queria me contar que era um banheiro — acho que ficou com medo de parecer inadequado conduzir um experimento em um espaço como esse —, mas era) até praticar exercícios com os olhos fechados, mencionei vários métodos para aprimorar os sentidos.

Não, nem todo mundo consegue virar primeira bailarina nem fazer mergulhos em águas profundas, mas *podemos* treinar nossos sentidos vestibulares e também a propriocepção, para o mapeamento corporal, e nos tornarmos mais "próximos" do nosso próprio coração, tirando proveito de todos os benefícios emocionais e físicos consequentes. Nós podemos aprender a enganar a dor (pelo menos até certo ponto) e usar nosso senso de temperatura não apenas para propósitos práticos, mas para influenciar nosso estado psicológico. Também podemos aprimorar nosso senso de direção — e nossa capacidade de sentir empatia por outras pessoas. E quando se trata de mudanças fundamentais, o que seria mais essencial do que literalmente aprender a enxergar o mundo de forma diferente?

Com a prática, também podemos transformar nosso olfato muito normal em algo sensacional. Nadjib Achaibou, o perfumista que adoraria que todo mundo tirasse o olfato da fossa — e inalasse o ar enquanto fazemos isso —, me diz: "Tenho um ditado: você precisa parar de respirar e começar a *cheirar*. É impossível parar de respirar, e você sempre vai sentir o cheiro das coisas — então é melhor fazer isso de forma *consciente*."

Porém, entre todas as formas com que podemos mudar nossos sentidos, existe uma que ainda não abordei. Na verdade, eu estava guardando para o final. Porque ela é a mais rápida e a mais potente de todas.

> Se as portas da percepção fossem limpas, o ser humano veria tudo como é, Infinito. Pois o ser humano se fechou, e permanecerá fechado até conseguir enxergar tudo através das estreitas rachaduras em sua caverna.
>
> William Blake, *O casamento do céu e do inferno*

Quando tomou mescalina pela primeira vez, na primavera de 1953, o escritor Aldous Huxley foi uma cobaia consensual, realmen-

360

SUPERSENTIDOS

te disposto, para o psiquiatra britânico Humphry Osmond. Osmond acreditava que drogas psicodélicas (termo que cunhou a partir das antigas palavras grega *psyche*, que significa mente ou alma, e *deloun*, mostrar) podiam ser úteis para tratar doenças mentais.[4] Por sua vez, Huxley queria descobrir se, com a mescalina, ele conseguiria ultrapassar as barreiras de sua realidade pessoal e ganhar a percepção profunda da vida mental de um visionário, médium ou místico.

Huxley achava que deitaria com os olhos fechados e teria visões maravilhosas de "arquiteturas animadas" e "dramas simbólicos". Como ele explica em *As portas da percepção*, isso não aconteceu. Mas suas percepções alteradas de objetos comuns foram reveladoras. Huxley ficou fascinado com as cores de pétalas de flores e com a dobra do tecido de sua calça. O que ele via, pré-mescalina, como um simples arranjo de uma rosa, um cravo e uma íris em um vaso de vidro se transformou: o cravo se tornou "uma incandescência emplumada", e a íris, "rolos lisos de uma ametista sensitiva".[5]

Inúmeras pessoas escreveram sobre suas experiências com psicodélicos. Mas ninguém fez isso com tanta beleza quanto Huxley. Suas experiências o levaram a um senso de unidade com o mundo físico. Ele descreve, por exemplo, que passou minutos — "ou vários séculos" — não apenas encarando as pernas de bambu de uma cadeira mas sendo elas, tendo dissolvido seu senso de si mesmo e a distinção entre ele e aquelas pernas de cadeira.

Humphry Osmond se interessou pelo poder potencial dos psicodélicos para compreender e tratar doenças mentais. Porém, quando o LSD e a mescalina passaram a ser associados à contracultura da década de 1960, obter autorização para usá-los em experimentos se tornou muito mais difícil. Investigações sobre seus usos psiquiátricos foram interrompidas. Recentemente, no entanto, isso mudou. Mais de seis décadas depois da publicação de *As portas da percepção*, pesquisas neurocientíficas finalmente revelam as mudanças cerebrais que servem de base para experiências psicodélicas como as de Huxley.

Em 2016, os primeiros estudos de mapeamento cerebral de pessoas sob efeito do LSD foram publicados. De forma consistente com pesquisas semelhantes sobre outros alucinógenos clássicos (a psiloci-

SENSO DE MUDANÇA

bina de cogumelos e a DMT do ayahuasca), o trabalho mostra que o LSD cria mais desordem e também mais conectividade no cérebro, ligando regiões que normalmente não se comunicam.[6]

Essa conectividade, ou flexibilidade, ampliada foi associada com uma maior flexibilidade de pensamento, libertando a pessoa de ideias antes enraizadas. E os mesmos impactos foram relatados por pessoas que tomam drogas psicodélicas no contexto de estudos clínicos para investigar seus efeitos em depressão e ansiedade.

O trabalho com o LSD revelou que as áreas do cérebro que se tornam "superconectadas" incluem a ínsula, que, é claro, recebe informações sensoriais e é importante para a emoção, e o córtex frontoparietal, associado com a representação de conhecimento sobre o mundo, e com o tempo. Quando os pesquisadores analisaram quais redes cerebrais se tornavam mais interativas com essas duas regiões sob a influência do LSD, identificaram quatro — todas relacionadas a áreas sensoriais. Em uma delas, o córtex motor era importante; outras duas incluíam regiões do córtex visual; e na quarta, o córtex auditivo era essencial.

Em 2019, outro estudo com LSD produziu uma nova descoberta fundamental para o campo. Ela mostrou que a droga inicia um tipo de abertura das comportas entre o tálamo, que transmite informações sensoriais, e o córtex.[7] A transmissão "excessiva" de informações sensoriais sobre o mundo interno e externo resultante pode ser a base não apenas das percepções sensoriais alteradas características de drogas como o LSD, mas também do senso de dissolução do ego — de se tornar mais unificado com o mundo físico. A enchente do rio sensorial para o córtex pode fortalecer, como explica Enzo Tagliazucchi, do Instituto Holandês de Neurociência, autor principal do estudo de 2016, a conexão entre nosso senso de nós mesmos e o ambiente ao redor, "potencialmente diluindo os limites da individualidade".

Isso é impressionante, não é? Se Tagliazucchi estiver certo, o volume de informações sensoriais passando pelo cérebro instrui nosso senso de separação — ou não — do mundo físico ao redor.

Há outros estados em que as pessoas relatam uma sensação de transcendência. Não se sabe bem como isso acontece durante tais

SUPERSENTIDOS

experiências. Mas essas coisas não ocorrem em escritórios ou bares lotados. Geralmente elas se manifestam em lugares remotos, naturais — na floresta, em uma noite estrelada perfeita, talvez. Ou, na minha experiência pessoal, em Uluru, no coração vermelho da Austrália. Nunca vou me esquecer, há mais de vinte anos, de estar parada em sua base, olhando para as poucas nuvens que passavam pelo céu de um azul puro, tomada pela sensação poderosa de que o tempo havia parado, mas também de ser infinita. Eu me sentia pertencendo a algo eterno. Experiências assim, que abalam a mente, não são instigadas por nossos cérebros pensantes. Elas são mais profundas. Mais "primitivas"... Mais sensoriais.

A sensação logo passou. E os efeitos farmacológicos das drogas psicodélicas também passam, é claro. Porém, de acordo com o testemunho de várias pessoas que participaram de testes recentes com drogas psicoterapêuticas, as ramificações psicológicas da intensa dissolução do ego podem mudar vidas.[8] Há uma infinidade de estudos de caso que apoiam isso. Por exemplo, um participante de um estudo de psilocibina executado por uma equipe da Imperial College, em Londres, era um homem que vinha lutando havia trinta anos contra a depressão. Como contou para a revista *Mosaic*, ele tinha praticamente perdido as esperanças de que poderia melhorar. Uma dose da droga, porém, transformou tudo. "Eu não conseguia acreditar no quanto ela mudou as coisas, tão rápido. Meu estilo de vida, meu comportamento, a maneira como eu via o mundo, simplesmente tudo, em um dia."[9]

Alterar temporariamente a forma como o cérebro recebe informações sensoriais ou o tipo de informação que ele recebe pode, pelo que parece, chocar e reformar a maneira como alguém encara a vida.

É claro que esse tipo de alteração não nos guia para uma compreensão da "realidade". Huxley notoriamente escreveu que a mescalina permitira que ele visse as coisas "como elas realmente são". Nós sabemos que, obviamente, não é isso que acontece. Nossos sentidos só conseguem nos dar contato imperfeito e indireto, com o que está "lá fora". As drogas psicodélicas apenas substituem uma alucinação controlada da realidade por outra.

363

SENSO DE MUDANÇA

Mesmo assim, as esperanças de Huxley sobre aquilo que a mescalina podia fazer são compartilhadas por muitos de nós. Ele tinha um desejo vulcânico de vivenciar o mundo de formas diferentes, de vencer a "válvula limitadora" do sistema nervoso e do cérebro — de expandir ou até derrubar novas "rachaduras" em nossas cavernas.

Nós nunca saberemos exatamente como é enxergar o infravermelho da mesma maneira que uma cascavel-diamante-ocidental, nem sentir o campo elétrico de um dente-de-leão como uma abelha consegue, mas seria maravilhoso ter uma experiência em primeira mão de outros sentidos — de ter um gostinho de verdade de outras formas de existir, parafraseando Huxley, como um animal neste planeta específico.

Fico me perguntando o que pode acontecer primeiro. Mesmo que a magnetocepção não seja algo que fazemos naturalmente, quando conseguirmos descobrir como outros animais a utilizam, não parece muito fantasioso presumir que, um dia no futuro próximo, os seres humanos possam ser alterados para a usarem também. E penso nos ratos que, agora, conseguem sentir o infravermelho. Se esse aprimoramento visual deu certo para eles, na teoria, pode dar certo para nós. Também me lembro de um animal antigo, mencionado no Capítulo 1, que deu uma olhada para fora da água e encontrou um mundo completamente novo...

Enquanto as pesquisas necessárias para nos levar por esse caminho prosseguem, ainda podemos nos maravilhar com a abrangência real do nosso próprio repertório sensorial existente. A compreensão que agora temos dos sentidos é algo que Aristóteles — ou até sir Charles Scott Sherrington, inclusive — jamais teria imaginado. Nós saímos de cinco sentidos humanos para 32, e de uma subordinação dos sentidos para a apreciação sobre como eles comandam cada aspecto de nossas vidas, influenciando profundamente a maneira como pensamos, nos sentimos e nos comportamos.

Ainda existem, é claro, muitas perguntas. Algumas são mais focadas nos detalhes e específicas, como: quais são as proteínas exatas que limitam a sensibilidade da localização dos membros? Outras são mais abertas e curiosas:

- Até que ponto nosso equipamento individual de receptores de sabor influencia nossa saúde física?
- Se mudarmos a maneira como as pessoas sentem seu mundo interior, como isso pode afetar sua saúde mental?
- Se pudermos prevenir ou curar deteriorações nos sentidos, que diferença isso pode fazer na qualidade de vida e na saúde do cérebro em uma idade avançada?
- Será que temos sentidos que ainda não foram descobertos?

Quando se fala de animais, existem fatores significativos que sabemos desconhecer. Para Tim Birkhead, o que mais se destaca em relação aos pássaros é o seguinte: de alguma forma, enquanto passa o inverno na costa do sul da África, um flamingo consegue sentir que está chovendo a centenas de quilômetros de distância, nas salinas rasas de Botswana e da Namíbia. No entanto, ele só sai de onde está se chover o *suficiente* para fazer o longo voo de volta valer a pena. Como ele detecta o momento e a quantidade de chuva, ninguém sabe.

Não temos um mistério equivalente para os humanos. Porém, levando em consideração a transformação no conhecimento sensorial nos anos recentes, é difícil não se perguntar que tipo de descoberta importante ainda será feito.

Em seu artigo de 1889 na revista *Science*, em que mencionou o trabalho sobre "um órgão sensorial desconhecido", Christine Ladd-Franklin escreveu: "Na reflexão constante sobre questões de desenvolvimento, impossíveis de evitar nos dias de hoje, é fácil se perguntar se o futuro está destinado a dotar o ser humano com uma variedade de sentidos dos quais ele ainda não está em posse."

Talvez, em vez de serem descobertos, os novos sentidos humanos sejam criados. Mesmo assim, se Ladd-Franklin estivesse viva para repetir sua pergunta hoje, a resposta seria igual: sim, sem dúvida. E, do nosso ponto de vista moderno, podemos apreciar outra coisa: com novos sentidos, não apenas virão novas realidades, mas novas maneiras de ser.

Quem sabe aonde o futuro de nossos sentidos nos levará e no que nos transformará. Mas, por enquanto, fico satisfeita em entender

SENSO DE MUDANÇA

melhor meu próprio mundo sensorial extraordinário — em apreciá-lo, admirá-lo, usar meu conhecimento sobre seu funcionamento e também fazer o possível para protegê-lo.

E, agora, vou descer a escada escura para sair do meu sótão, verificar se os quartos dos meus filhos estão quentinhos o suficiente, e, se não, ajustar o termostato do aquecedor, decidir o que *realmente* preciso comer no meu lanche da noite, alongar meu pescoço dolorido e depois cumprir minha nova resolução de escovar os dentes em pé em uma perna só — para continuar realizando, todos os dias antes de dormir, pelo menos cinco coisas "novas", dependentes dos sentidos e certamente possíveis.

Agradecimentos

A todos os pesquisadores que reservaram um tempo para me explicar seus trabalhos fascinantes — meu muito obrigada.

Estes capítulos também contaram com a ajuda enorme de histórias pessoais. A Sue Barry, Nick Johnson, Nadjib Achaibou, Jozef Youssef, Stephen, Steph Singer, Yoko Ichino (por intermédio de Lauren Godfrey), Herbert Nitsch, Fiona Torrance, Rachel Schneider e Lori Craven — muito obrigada por compartilhar suas experiências comigo.

Algumas partes deste livro se originaram de matérias que escrevi para a *Mosaic*, que agora é, infelizmente, uma revista encerrada da Wellcome Trust. Um agradecimento enorme aos meus editores maravilhosos lá — Michael Regnier, Mun-Keat Looi e Chrissie Giles. Trechos curtos dos Capítulos 3 (Olfato), 14 (A sensação da emoção) e 15 (Sensibilidade) apareceram primeiro em matérias da *Mosaic* e foram reproduzidos aqui sob a licença Creative Commons.

Pesquisas descritas em várias matérias que escrevi para a *Research Digest* da British Psychological Society também vieram parar neste livro — obrigada aos meus colegas atuais e antigos da BPS, Jon Sutton, Matt Warren e Christian Jarrett.

Kate Douglas, você não apenas é uma revisora maravilhosa, mas uma conselheira inteligente e uma amiga querida — obrigada por todo o seu trabalho, conselhos e apoios (e especialmente por sempre vir de bicicleta na hora do almoço).

Tenho muita sorte de ter outros amigos e parentes que estavam dispostos a compartilhar seu conhecimento e reservar um tempo para dar uma olhada no meu texto. Para Dra. Jane Dixon, Dra. Anu Carr, Dr. Simon Carr e Dr. Andrew Thorpe — muitíssimo obrigada. Obrigada a você também, Sr. Bish.

AGRADECIMENTOS

Às minhas queridas amigas e colegas jornalistas e autoras de ciências Gaia Vince e Jo Marchant, obrigada por todo o apoio desde o princípio (e só nós sabemos há quanto tempo a ideia deste livro existe de verdade...).

Para Toby Mundy, meu agente maravilhoso — obrigada por seu entusiasmo e apoio durante todo o processo, e por encontrar o lar perfeito para este livro — na John Murray. Para Georgina Laylock, minha editora, sinceramente agradeço por moldar este livro em um formato diferente e muito melhor. E obrigada a Abi Scruby por seu trabalho editorial detalhista e de grande auxílio para dar forma a este livro.

Finalmente, um agradecimento eterno a James, meu marido e a pessoa que mais me apoia. E a Jakob e Lucas, meus filhos engraçados, inteligentes e curiosos, por seu amor e por expandir todas as partes da minha vida, até a escrita.

Notas

Nota da autora: Quaisquer citações ou comentários sobre pesquisas no texto que não constam nas referências a seguir foram tiradas de entrevistas que conduzi pessoalmente.

Introdução

1 https://www.newscientist.com/article/dn17453-timeline-the-evolution-of-life/

2 Smith, C.U.M., *Biology of Sensory Systems*, 2ª edição, Wiley-Blackwell (2008).

3 Hug, Isabelle, et al., "Second Messenger–Mediated Tactile Response by a Bacterial Rotary Motor", *Science*, 358.6362 (2017): 531–4.

4 Haswell, Elizabeth S., Phillips, Rob e Rees, Douglas C., "Mechano-sensitive Channels: What Can They Do and How Do They Do It?", *Structure*, 19.10 (2011): 1,356–69.

5 Albert, D. J., "What's on the Mind of a Jellyfish? A Review of Behavioural Observations on Aurelia sp. Jellyfish", *Neuroscience & Biobehavioral Reviews*, 35.3 (2011): 474–82.

6 Perbal, G. (2009), "From ROOTS to GRAVI-1: Twenty-Five Years for Understanding How Plants Sense Gravity", *Microgravity Science and Technology*, 21.1–2 (2009): 3–10.

7 https://www.aao.org/eye-health/anatomy/rods

8 Howes, David (ed.), *The Varieties of Sensory Experience*, University of Toronto Press (1991); para uma leitura realmente fascinante, acesse: http://www.sensorystudies.org/sensorial-investigations/doing-sensory-anthropology/

9 Chang, Yi-Shin, et al., "Autism and Sensory Processing Disorders: Shared White Matter Disruption in Sensory Pathways but Divergent

NOTAS

Connectivity in Social-Emotional Pathways", PloS ONE, 9.7 (2014): e103038.

PARTE UM
Capítulo 1: Visão

1 Schuergers, Nils, et al., "Cyanobacteria Use Micro-Optics to Sense Light Direction". *Elife 5* (2016): e12620.

2 https://news.northwestern.edu/stories/2017/march/vision-not-limbs--led-fish-onto-land-385-million-years-ago/; MacIver, M. A., et al., "Massive Increase in Visual Range Preceded the Origin of Terrestrial Vertebrates", *PNAS*, 11412 (2017): E2375–84.

3 Pearce, Eiluned, Stringer, Chris e Dunbar, Robin I. M., "New Insights Into Differences in Brain Organization Between Neander- thals and Anatomically Modern Humans", *Proceedings of the Royal So- ciety B: Biological Sciences*, 280.1758 (2013), https://doi.org/10.1098/ rspb.2013.0168; Pearce, Eiluned e Dunbar, Robin, "Latitudinal Va- riation in Light Levels Drives Human Visual System Size", *Biology Letters*, 8.1 (2012): 90–3.

4 Caval-Holme, Franklin e Feller, Marla B., "Gap Junction Coupling Shapes the Encoding of Light in the Developing Retina", *Current Biology*, 29.23 (2019): 4,024–35.

5 Hyvärinen, Lea, et al., "Current Understanding of What Infants See", *Current Ophthalmology Reports*, 2.4 (2014): 142–9.

6 Douglas, R. H. e Jeffery, G., "The Spectral Transmission of Ocular Media Suggests Ultraviolet Sensitivity is Widespread Among Mam- mals", *Proceedings of the Royal Society B: Biological Sciences*, 281.1780 (2014) https://doi.org/10.1098/rspb.2013.2995.

7 https://www.newscientist.com/article/mg22630170-400-eye-of-the--beholder-how-colour-vision-made-us-human/#ixzz6CVtbVn6x

8 https://ghr.nlm.nih.gov/condition/color-vision-deficiency#statistics

9 Osnos, Evan, "Can Mark Zuckerberg Fix Facebook Before It Breaks Democracy?", *New Yorker*, 10 de setembro de 2018.

10 Hunt, David M., et al., "The Chemistry of John Dalton's Color Blindness", *Science*, 267.5200 (1995): 984–8.

370

SUPERSENTIDOS

11 Jordan, Gabriele, et al., "The Dimensionality of Color Vision in Carriers of Anomalous Trichromacy", *Journal of Vision*, 10.8 (2010): 12–12.

12 Winderickx, Joris, et al., "Polymorphism in Red Photopigment Underlies Variation in Colour Matching", *Nature*, 356.6368 (1992): 431–3.

13 Provencio, Ignacio, et al., "Melanopsin: An Opsin in Melanophores, Brain, and Eye", *Proceedings of the National Academy of Sciences*, 95.1 (1998): 340–5.

14 Roecklein, Kathryn A., et al., "A Missense Variant (P10L) of the Melanopsin (OPN4) Gene in Seasonal Affective Disorder", *Journal of Affective Disorders*, 114.1–3 (2009): 279–85.

15 Terman, Michael e McMahan, Ian, *Chronotherapy*, Penguin (2012).

16 Sherman, S. e Guillery, R., "The Role of the Thalamus in the Flow of Information to the Cortex", *Philosophical Transactions of the Royal Society B: Biological Sciences*, 357.1428 (2002): 1,695–1,708, https://doi.org/10.1098/rstb.2002.1161

17 Huff, T., Mahabadi, N. e Tadi, P., "Neuroanatomy, Visual Cortex", *StatPearls* (2019), pmid: 29494110.

18 Cicmil, Nela e Krug, Kristine, "Playing the Electric Light Orchestra: How Electrical Stimulation of Visual Cortex Elucidates the Neural Basis of Perception", *Philosophical Transactions of the Royal Society B: Biological Sciences*, 370.1677 (2015), https://doi.org/10.1098/rstb.2014.0206

19 Kanwisher, N., Stanley, D. e Harris, A., "The Fusiform Face Area is Selective for Faces Not Animals", *Neuroreport*, 10.1 (1999): 183–7.

20 Cuaya, L. V., Hernández-Pérez, R. e Concha, L., "Our Faces in the Dog's Brain: Functional Imaging Reveals Temporal Cortex Activation During Perception of Human Faces", *PloS ONE*, 11.3 (2016): e0149431.

21 McCrae, Robert R., "Creativity, Divergent Thinking, and Openness to Experience", *Journal of Personality and Social Psychology*, 52.6 (1987): 1,258–68.

22 Antinori, Anna, Carter, Olivia L. e Smillie, Luke D., "Seeing It Both Ways: Openness to Experience and Binocular Rivalry Suppression", *Journal of Research in Personality*, 68 (2017): 15–22.

NOTAS

23 Davidoff, Jules, Davies, Ian e Roberson, Debi, "Colour Categories in a Stone-Age Tribe", *Nature*, 398.6724 (1999): 203–4.

24 Goldstein, Julie, Davidoff, Jules e Roberson, Debi, "Knowing Color Terms Enhances Recognition: Further Evidence From English and Himba", *Journal of Experimental Child Psychology*, 102.2 (2009): 219–38.

25 https://digest.bps.org.uk/2018/11/02/your-native-language-affects--what-you-can-and-cant-see/

26 https://www.urmc.rochester.edu/del-monte-neuroscience/neuroscience-blog/december-2018/the-science-of-seeing-art-and-color.aspx

27 http://persci.mit.edu/gallery/checkershadow

28 https://www.ted.com/talks/anil_seth_how_your_brain_hallucinates_your_conscious_reality/footnotes?fbclid=IwAR1F_kZNByH-hPf--7vRI9aTuW2nzbsBKITZIRBmgGFS8hMo2MNcrQGOUUgw

29 Otten, Marte, et al., 'The Uniformity Illusion: Central Stimuli Can Determine Peripheral Perception', Psychological Science, 28.1 (2017): 56–68.

30 https://jov.arvojournals.org/SS/thedress.aspx

31 A expressão "alucinação controlada" também aparece em um estudo de Rick Grush (http://escholarship.org/uc/item/15t2595z), que, por sua vez, atribui o termo a uma palestra na Universidade da Califórnia, em San Diego, ministrada por Ramesh Jain – que nunca foi gravada –, onde acaba o rastro.

32 http://www.sussex.ac.uk/synaesthesia/faq#howcommon

33 Simner, Julia e Logie, Robert H., "Synaesthetic Consistency Spans Decades in a Lexical–Gustatory Synaesthete", *Neurocase*, 13.5–6 (2008): 358–65.

34 Simner, Julia, et al., "Synaesthesia: The Prevalence of Atypical Cross--Modal Experiences", *Perception*, 35.8 (2006): 1,024–33.

35 Bosley, Hannah G. e Eagleman, David M., "Synesthesia in Twins: Incomplete Concordance in Monozygotes Suggests Extragenic Factors", *Behavioural Brain Research*, 286 (2015): 93–6.

36 Simner, Julia, et al., "Early Detection of Markers for Synaesthesia in Childhood Populations", *Brain*, 132.1 (2009): 57–64; Simner, Julia e Bain, Angela E., "A Longitudinal Study of Grapheme-Color Synes-

SUPERSENTIDOS

thesia in Childhood: 6/7 Years to 10/11 Years", *Frontiers in Human Neuroscience*, 7 (2013), https://doi.org/10.3389/fnhum.2013.00603

37 Farina, Francesca R., Mitchell, Kevin J. e Roche, Richard A. P., "Synaesthesia Lost and Found: Two Cases of Person-and Music-Colour Synaesthesia", *European Journal of Neuroscience*, 45.3 (2017): 472–7.

38 Ward, Jamie, et al., "Atypical Sensory Sensitivity as a Shared Feature between Synaesthesia and Autism", *Scientific Reports*, 7 (2017), https://doi.org/10.1038/srep41155

39 Tilot, A. K., et al., "Rare Variants in Axonogenesis Genes Connect Three Families with Sound-Color Synesthesia", *Proceedings of the National Academy of Sciences*, 115.12 (2018): 3,168–73.

40 Shriki, Oren, Sadeh, Yaniv e Ward, Jamie, "The Emergence of Synaesthesia in a Neuronal Network Model Via Changes in Perceptual Sensitivity and Plasticity", *PLoS Computational Biology*, 12.7 (2016), https://doi.org/10.1371/journal.pcbi.1004959

41 Forest, Tess Allegra, et al., "Superior Learning in Synesthetes: Consistent Grapheme-Color Associations Facilitate Statistical Learning", *Cognition*, 186 (2019): 72–81.

42 Treffert, Darold A., "The Savant Syndrome: An Extraordinary Condition. A Synopsis: Past, Present, Future", *Philosophical Transactions of the Royal Society B: Biological Sciences*, 364.1522 (2009): 1,351–7.

43 Baron-Cohen, Simon, et al., "Savant Memory in a Man with Colour Form-Number Synaesthesia and Asperger", *Journal of Consciousness Studies*, 14.9–10 (2007): 237–51.

44 Baron-Cohen, Simon, et al., "Is Synaesthesia More common in Autism?", *Molecular Autism*, 4.1 (2013): 40; Hughes, James E. A., et al., "Is Synaesthesia More Prevalent in Autism Spectrum Conditions? Only Where There is Prodigious Talent", *Multisensory Research*, 30.3–5 (2017): 391–408.

45 Gomez, J., Barnett, M. e Grill-Spector, K., "Extensive Childhood Experience with Pokémon Suggests Eccentricity Drives Organization of Visual Cortex", *Nature Human Behaviour*, 3.6 (2019): 611–24.

46 http://www.oepf.org/sites/default/files/journals/jbo-volume-14-issue-2/14-2%20Godnig.pdf

47 https://nei.nih.gov/news/briefs/defective_lens_protein

NOTAS

48 Patel, Ilesh e West, Sheila K., "Presbyopia: Prevalence, Impact, and Interventions", *Community Eye Health*, 20.63 (2007): 40.

49 Zhou, Zhongqiang, et al., "Pilot Study of a Novel Classroom Designed to Prevent Myopia by Increasing Children's Exposure to Outdoor Light", *PLoS ONE*, 12.7 (2017): e0181772.

50 Williams, Katie M., et al., "Increasing Prevalence of Myopia in Europe and the Impact of Education", *Ophthalmology*, 122.7 (2015): 1,489–97.

51 Consulte, por exemplo, Dolgin, Elie, "The Myopia Boom", *Nature*, 519.7543 (19 de março de 2015): 276–8, https://doi.org/10.1038/519276a

52 Wu, Pei-Chang, et al., "Outdoor Activity During Class Recess Reduces Myopia Onset and Progression in School Children", *Ophthalmology*, 120.5 (2013): 1,080–5.

53 Williams, Paul T., "Walking and Running are Associated with Similar Reductions in Cataract Risk", *Medicine and Science in Sports and Exercise*, 45.6 (2013): 1,089.

54 Smith, Annabelle, K., "A WWII Propaganda Campaign Popularized the Myth That Carrots Help You See in the Dark", *Smithsonian Magazine*, 13 de agosto de 2013.

55 Harrison, Rhys, et al., "Blindness Caused by a Junk Food Diet", *Annals of Internal Medicine*, 171.11 (2019): 859–61.

56 Gislén, Anna, et al., "Superior Underwater Vision in a Human Population of Sea Gypsies", *Current Biology*, 13.10 (2003): 833–6.

57 Gislén, Anna, et al., "Visual Training Improves Underwater Vision in Children", *Vision Research*, 46.20 (2006): 3,443–50.

58 Sacks, O., "Stereo Sue", *New Yorker*, 12 de junho de 2006; veja também: Barry S. R., *Fixing My Gaze: A Scientist's Journey into Seeing in Three Dimensions*, Basic Books (2009).

59 Barry, Susan R. e Bridgeman, Bruce, "An Assessment of Stereovision Acquired in Adulthood", *Optometry and Vision Science*, 94.10 (2017): 993–9.

60 Camacho-Morales, Rocio, et al., "Nonlinear Generation of Vector Beams From AlGaAs Nanoantennas", *Nano Letters*, 16.11 (2016):7,191–7.

61 Ma, Yuqian, et al., "Mammalian Near-Infrared Image Vision Through Injectable and Self-Powered Retinal Nanoantennae", *Cell*, 177.2 (2019): 243–55.

SUPERSENTIDOS

62 https://www.eurekalert.org/pub_releases/2019-08/acs-ncs071819.php

63 Gu, Leilei, et al., "A Biomimetic Eye With a Hemispherical Perovskite Nanowire Array Retina", *Nature*, 581 (2020): 278–82.

64 Seth, Anil K., "From Unconscious Inference to the Beholder's Share: Predictive Perception and Human Experience", *European Review*, 27.3 (2019): 378–410.

Capítulo 2: Audição

1 Acesse https://www.calacademy.org/explore-science/do-plants-hear; também Jung, Jihye, et al., "Beyond Chemical Triggers: Evidence for Sound-Evoked Physiological Reactions in Plants", *Frontiers in Plant Science*, 9 (2018), https://doi.org/10.3389/fpls.2018.00025

2 Appel, H. M. e Cocroft, R. B., "Plants Respond to Leaf Vibrations Caused by Insect Herbivore Chewing", *Oecologia* (2014), https://doi.org/10.1007/s00442-014-2995-6

3 https://evolution.berkeley.edu/evolibrary/article/evograms_05

4 http://www.shark.ch/Information/Senses/index.html

5 https://www.phon.ucl.ac.uk/courses/spsci/acoustics/week2-9.pdf

6 DeCasper, Anthony J. e Fifer, William P., "Of Human Bonding: Newborns Prefer Their Mothers' Voices", *Science*, 208.4448 (1980): 1,174–6; e, sobre a importância desse estudo, Busnel, Marie-Claire, et al., "Tony DeCasper, the Man Who Changed Contemporary Views on Human Fetal Cognitive Abilities", *Developmental Psychobiology*, 59.1 (2017): 135–9.

7 Heinonen-Guzejev, Marja, et al., "Genetic Component of Noise Sensitivity", *Twin Research and Human Genetics*, 8.3 (2005): 245–9.

8 https://digest.bps.org.uk/2019/10/04/harsh-sounds-like-screams--hijack-brain-areas-involved-in-pain-and-aversion-making-them--impossible-to-ignore/

9 Acesse https://www.psychologytoday.com/gb/blog/music-matters/201407/do-chimpanzees-music

10 Norman-Haignere, Sam V., et al., "Divergence in the Functional Organization of Human and Macaque Auditory Cortex Re-

NOTAS

vealed by fMRI Responses to Harmonic Tones", *Nature Neuroscience*, 22.7 (2019): 1,057–60; https://www.sciencedaily.com/releases/2019/07/190711111913.htm

11 Acesse https://digest.bps.org.uk/2019/10/17/culture-plays-an-important-role-in-our-perception-of-musical-pitch-according-to-study-of-bolivias-tsimane-people/; Jacoby, N., et al., "Universal and Non-Universal Features of Musical Pitch Perception Revealed by Singing", *Current Biology*, 29.19 (2019): 3,229–43.e12.

12 https://noobnotes.net/dancing-queen-abba/

13 Dolscheid, S., et al., "The Thickness of Musical Pitch: Psychophysical Evidence for Linguistic Relativity", *Psychological Science*, 24.5 (2013): 613–21.

14 Dolscheid, S., et al., "Prelinguistic Infants Are Sensitive to Space-Pitch Associations Found Across Cultures", *Psychological Science*, 25.6 (2014): 1,256–61.

15 Tajadura-Jiménez, Ana, et al., "As Light as Your Footsteps: Altering Walking Sounds to Change Perceived Body Weight, Emotional State and Gait", *Proceedings of the 33rd Annual ACM Conference on Human Factors in Computing Systems*, Association for Computing Machinery (2015).

16 Powers, Albert R., Mathys, Christoph e Corlett, P. R., "Pavlovian Conditioning-Induced Hallucinations Result from Overweighting of Perceptual Priors", *Science*, 357.6351 (2017): 596–600.

17 Woods, Angela, et al., "Experiences of Hearing Voices: Analysis of a Novel Phenomenological Survey", *Lancet Psychiatry*, 2.4 (2015): 323–31.

18 Consulte McCarthy-Jones, Simon, et al., "A new Phenomenological Survey of Auditory Hallucinations: Evidence for Subtypes and Implications for Theory and Practice", *Schizophrenia Bulletin*, 40.1 (2014): 231–5.

19 Ford, J. M. e Mathalon, D. H., 'Anticipating the Future: Automatic Prediction Failures in Schizophrenia", *International Journal of Psychophysiology*, 83.2 (2012), 232–9.

20 Sterzer, Philipp, et al., "The Predictive Coding Account of Psychosis", *Biological Psychiatry*, 84.9 (2018): 634–43; Frith, Chris, *Making Up the Mind*, 1ª edição, Blackwell Publishing (2007); Corlett, Philip R.,

SUPERSENTIDOS

et al., "Hallucinations and Strong Priors", *Trends in Cognitive Sciences*, 23.2 (2019): 114–27.

21 Marshall, Amanda C., Gentsch, Antje e Schütz-Bosbach, Simone, "The Interaction Between Interoceptive and Action States Within a Framework of Predictive Coding", *Frontiers in Psychology*, 9 (2018): 180.

22 Klaver, M. e Dijkerman, H. C., "Bodily Experience in Schizophrenia: Factors Underlying a Disturbed Sense of Body Ownership", *Frontiers in Human Neuroscience*, 10 (2016): 305.

23 Andrade, G. N., et al., "Atypical Visual and Somatosensory Adaptation in Schizophrenia-Spectrum Disorders", *Translational Psychiatry*, 6 (2016): e804, https://doi.org/10.1038/tp.2016.63

24 Hanumantha, K., Pradhan, P. V. e Suvarna, B., "Delusional Parasitosis — Study of 3 Cases", *Journal of Postgraduate Medicine*, 40.4 (1994): 222.

25 Ross, L. A., et al., "Impaired Multisensory Processing in Schizophrenia: Deficits in the Visual Enhancement of Speech Comprehension Under Noisy Environmental Conditions", *Schizophrenia Research*, 97.1–3 (2007): 173–83.

26 Leitman, David I., et al., "Sensory Contributions to Impaired Prosodic Processing in Schizophrenia", *Biological Psychiatry*, 58.1 (2005): 56–61.

27 https://www.birmingham.ac.uk/Documents/college-social-sciences/education/victar/thomas-pocklington-20-case-studies.pdf

28 Huber, Elizabeth, et al., "Early Blindness Shapes Cortical Representations of Auditory Frequency Within Auditory Cortex", *Journal of Neuroscience*, 39.26 (2019): 5,143–52.

29 Stephan, Yannick, et al., "Sensory Functioning and Personality Development Among Older Adults", *Psychology and Aging*, 32.2 (2017): 139–147.

30 https://www.nidcd.nih.gov/health/hearing-loss-older-adults

31 Lin, F. R., et al., "Hearing Loss and Incident Dementia", *Archives of Neurology*, 68.2 (2011): 214–20.

32 https://news.osu.edu/subtle-hearing-loss-while-young-changes--brain-function-study-finds/

33 Consulte: https://digest.bps.org.uk/2020/05/27/gradual-hearing-loss--reorganises-brains-sensory-areas-and-impairs-memory-in-mice/;

NOTAS

Beckmann, D., et al., "Hippocampal Synaptic Plasticity, Spatial Memory, and Neurotransmitter Receptor Expression Are Profoundly Altered by Gradual Loss of Hearing Ability", *Cerebral Cortex*, 30.8 (2020): 4,581–96.

34 Huber, Elizabeth, et al., "Early Blindness Shapes Cortical Representations of Auditory Frequency Within Auditory Cortex", *Journal of Neuroscience*, 39.26 (2019): 5,143–52.

35 Consulte: Walsh, R. M., et al., "Bomb Blast Injuries to the Ear: The London Bridge Incident Series", *Emergency Medicine Journal*, 12.3 (1995):194–8.

36 http://www.euro.who.int/en/health-topics/environment-and-health/noise; acesse também https://www.nidcd.nih.gov/health/noise-induced-hearing-loss; https://www.who.int/mediacentre/news/releases/2015/ear-care/en/

37 http://www.uzh.ch/orl/dga2006/programm/wissprog/Fleischer.pdf; https://www.newscientist.com/article/mg18224492-300-bang-goes-your-hearing-if-you-dont-exercise-your-ears/

38 Fredriksson, S., Kim, et al., "Working in Preschool Increases the Risk of Hearing-Related Symptoms: A Cohort Study Among Swedish Women", *International Archives of Occupational and Environmental Health*, 92.8: (2019): 1,179–90.

39 Acesse, por exemplo, https://www.newyorker.com/magazine/2019/05/13/is-noise-pollution-the-next-big-public-health-crisis

40 Curhan, Sharon G., et al., "Body Mass Index, Waist Circumference, Physical Activity, and Risk of Hearing Loss in Women", *American Journal of Medicine*, 126.12 (2013), https://doi.org/10.1016/j.amjmed.2013.04.026

41 Curhan, Sharon G., et al., "Adherence to Healthful Dietary Patterns is Associated With Lower Risk of Hearing Loss in Women", *Journal of Nutrition*, 148.6 (2018): 944–51.

42 Anderson, Samira, et al., "Reversal of Age-Related Neural Timing Delays With Training", *Proceedings of the National Academy of Sciences*, 110.11 (2013): 4,357–62; Song, Judy H., et al., "Plasticity in the Adult Human Auditory Brainstem Following Short-Term Linguistic Training", *Journal of Cognitive Neuroscience*, 20.10 (2008): 1,892–902.

SUPERSENTIDOS

43 https://www.youtube.com/watch?v=lAtVOK04XvA; assista também
a TED Talk de Kish, https://www.youtube.com/watch?v=uH0aihG
WB8U

44 Acesse https://www.dur.ac.uk/research/news/item/?itemno=34855

45 Birkhead, T., *Bird Sense: What It's Like to Be a Bird*, Bloomsbury
(2013).

Capítulo 3: Olfato

1 https://www.facebook.com/sheriffcitrus/posts/do-you-have-a-
-scent-preservation-kitk9-ally-hopes-that-you-dolast-night-k9-
-ally-/1443416362380828/

2 Porter, Jess, et al., "Mechanisms of Scent-Tracking in Humans",
Nature Neuroscience, 10.1 (2007): 27–9; "People Track Scents in the
Same Way as Dogs", https://www.nature.com/news/2006/061211/
full/061211-18.html

3 Louden, Robert B., ed., *Kant: Anthropology from a Pragmatic Point of
View*, Cambridge Texts in the History of Philosophy, Cambridge
University Press (2006).

4 McGann, John P., "Poor Human Olfaction is a 19th-Century Myth",
Science, 356.6338 (2017), https://doi.org/10.1126/science.aam7263

5 "The Olfactory Epithelium and Olfactory Receptor Neurons", *Neuroscience*, 2ª edição, Sinauer Associates (2001).

6 Reindert Nijland e Burgess, Grant, "Bacterial Olfaction", *Biotechnology Journal*, 5.9 (2010): 974–977.

7 Nagayama, S., Homma, R. e Imamura, F., "Neuronal Organization
of Olfactory Bulb Circuits", *Frontiers in Neural Circuits*, 8.98 (2014),
https://doi.org/10.3389/fncir.2014.00098

8 Li, Wen, et al., "Right Orbitofrontal Cortex Mediates Conscious Olfactory Perception", *Psychological Science*, 21.10 (2010): 1,454–63.

9 Bushdid, C., et al., "Humans Can Discriminate More Than 1 Trillion
Olfactory Stimuli", *Science*, 343.6177 (2014): 1,370–2.

10 Hoover, Kara C., et al., "Global Survey of Variation in a Human
Olfactory Receptor Gene Reveals Signatures of Non-Neutral Evolution", *Chemical Senses*, 40.7 (2015): 481–8.

NOTAS

11 "Evolution of Primate Sense of Smell and Full Trichromatic Color Vision", *PLoS Biology*, 2.1 (2004): e33; https://doi.org/10.1371/journal.pbio.0020033

12 Hughes, Graham M., Teeling, Emma C. e Higgins, Desmond G., "Loss of Olfactory Receptor Function in Hominin Evolution", *PloS ONE*, 9.1 (2014): e84714.

13 Lee, David S., Kim, Eunjung e Schwarz, Norbert, "Something Smells Fishy: Olfactory Suspicion Cues Improve Performance on the Moses Illusion and Wason Rule Discovery Task", *Journal of Experimental Social Psychology*, 59 (2015): 47–50.

14 Consulte, por exemplo, Schwarz, Norbert, et al., "The Smell of Suspicion: How the Nose Curbs Gullibility", *The Social Psychology of Gullibility: Fake News, Conspiracy Theories, and Irrational Beliefs*, Routledge (2019): 234–52.

15 Mainland, Joel D., et al., "The Missense of Smell: Functional Variability in the Human Odorant Receptor Repertoire", *Nature Neuroscience*, 17.1 (2014): 114–20.

16 Wedekind, Claus, et al., "MHC-Dependent Mate Preferences in Humans", *Proceedings of the Royal Society B: Biological Sciences*, 260.1359 (1995): 245–9.

17 Keller, Andreas, et al., "Genetic Variation in a Human Odorant Receptor Alters Odour Perception", *Nature*, 449.7161 (2007): 468–72; e a reportagem relacionada na *Nature*, https://www.nature.com/news/2007/070910/full/070910-15.html

18 Consulte Spinney, L., "You Smell Flowers, I Smell Stale Urine", *Scientific American*, 1º de fevereiro de 2011.

19 https://embryology.med.unsw.edu.au/embryology/index.php/Sensory_-_Smell_Development

20 Lipchock, Sarah V., Reed, Danielle R. e Mennella, Julie A., "The Gustatory and Olfactory Systems During Infancy: Implications for Development of Feeding Behaviors in the High-Risk Neonate", *Clinics in Perinatology*, 38.4 (2011): 627–41.

21 Mennella, J. A., Jagnow, C. P. e Beauchamp, G. K., "Prenatal and Postnatal Flavor Learning by Human Infants", *Pediatrics*, 107.6 (2001): e88, https://doi.org/10.1542/peds.107.6.e88

22 Majid, Asifa e Burenhult, Nicias, "Odors are Expressible in Language, as Long as You Speak the Right Language", *Cognition*, 130.2 (2014): 266–70.

23 Majid, Asifa, et al., "Olfactory Language and Abstraction Across Cultures", *Philosophical Transactions of the Royal Society B: Biological Sciences*, 373.1752 (2018): https://doi.org/10.1098/rstb.2017.0139

24 Majid, Asifa e Krupse, Nicole, "Hunter-Gatherer Olfaction is Special", *Current Biology*, 28.3 (2018): 409-413, https://doi.org/10.1016/j.cub.2017.12.014

25 *Corpus Hippocraticum, Prognóstico*, citado em Bradley, Mark, ed., *Smell and the Ancient Senses*, Routledge (2014).

26 Consulte: Bradley, Mark, ed., *Smell and the Ancient Senses*, Routledge (2014).

27 Consulte, por exemplo: Willis, Carolyn M., et al., "Volatile Organic Compounds as Biomarkers of Bladder Cancer: Sensitivity and Specificity Using Trained Sniffer dogs", *Cancer Biomarkers*, 8.3 (2011): 145–53.

28 https://www.parkinsons.org.uk/news/meet-woman-who-can-smell-parkinsons

29 Trivedi, Drupad K., et al., "Discovery of Volatile Biomarkers of Parkinson's Disease From Sebum", *ACS Central Science*, 5.4 (2019): 599–606.

30 Beauchamp, G., *Odor Signals of Immune Activation and CNS Inflammation*, Monell Chemical Senses Center Philadelphia, P.A. (2014).

31 Ferdenzi, Camille, Licon, Carmen e Bensafi, Moustafa, "Detection of Sickness in Conspecifics Using Olfactory and Visual Cues", *Proceedings of the National Academy of Sciences*, 114.24 (2017): 6,157–9.

32 Gervasi, S. S., et al., "Sharing an Environment With Sick Conspecifics Alters Odors of Healthy Animals", *Scientific Reports*, 8.1 (2018): 1–13.

33 Szawarski, Piotr, "Classic Cases Revisited: Oscar the Cat and Predicting Death", *Journal of the Intensive Care Society*, 17.4 (2016): 341–5.

34 Parmentier, M., Libert, F., et al., "Expression of Members of the Putative Olfactory Receptor Gene Family in Mammalian Germ Cells", *Nature*, 355.6359 (1992), 453–5.

NOTAS

35 Vanderhaeghen, P., et al, "Specific Repertoire of Olfactory Receptor Genes in the Male Germ Cells of Several Mammalian Species", *Genomics*, 39.3 (1997): 239–46.

36 Pluznick, Jennifer L., "Renal and Cardiovascular Sensory Receptors and Blood Pressure Regulation", *American Journal of Physiology-Renal Physiology*, 305.4 (2013): F439–44.

37 Abaffy, Tatjana, "Human Olfactory Receptors Expression and Their Role in Non-Olfactory Tissues: A Mini-Review", *Journal of Pharmacogenomics & Pharmacoproteomics*, 6.4 (2015): 1.

38 Zapiec, Bolek, et al., "A Ventral Glomerular Deficit in Parkinson's Disease Revealed by Whole Olfactory Bulb Reconstruction", *Brain*, 140.10 (2017): 2,722–36.

39 Acesse, por exemplo, https://www.monellfoundation.org/index.php/the-monell-anosmia-project/

40 Consulte, por exemplo: Seow, Yi-Xin, Ong, Peter K. C. e Huang, Dejian, "Odor-Specific Loss of Smell Sensitivity With Age as Revealed by the Specific Sensitivity Test", *Chemical Senses*, 41.6 (2016): 487–95.

41 Ibid.

42 Lecuyer Giguère, Fanny, et al., "Olfactory, Cognitive and Affective Dysfunction Assessed 24 Hours and One Year After a Mild Traumatic Brain Injury (mTBI)", *Brain Injury*, 33.9 (2019): 1,184–93.

43 A descrição de Thais feita por Marcial foi tirada de Bradley, Mark, ed., *Smell and the Ancient Senses* (2014).

44 Corbin, A, *Saberes e odores*, Companhia das Letras (1987).

45 Assim como qualquer idoso mal-humorado, Plínio reclamava até que os perfumes apreciados em Roma usavam ingredientes de países distantes: "Nada desse perfume é produzido na Itália, a conquistadora do mundo, nem dentro dos limites da Europa." E não posso deixar de mencionar este protesto maravilhoso: "Por Hércules, as pessoas colocam perfume até nas bebidas!"

46 http://www.sirc.org/publik/smell.pdf

47 Liu, Bojing, et al., "Relationship Between Poor Olfaction and Mortality Among Community-Dwelling Older Adults: A Cohort Study", *Annals of Internal Medicine*, 170.10 (2019): 673–81.

SUPERSENTIDOS

48 Holbrook, Eric H., et al., "Induction of Smell Through Transethmoid Electrical Stimulation of the Olfactory Bulb", *International Forum of Allergy & Rhinology*, 9.2 (2019): 158–64.

49 Bendas, J., Hummel, T. e Croy, I., "Olfactory Function Relates to Sexual Experience in Adults", *Archives of Sexual Behavior*, 47.5 (2018): 1333–9.

50 Acesse: http://centreforsensorystudies.org/occasional-papers/sensing--cultures-cinema-ethnography-and-the-senses/

51 Majid, Asifa e Levinson, Stephen C., "The Senses in Language and Culture", *The Senses and Society*, 6.1 (2011): 5–18.

Capítulo 4: Paladar

1 Spence, Charles, "Oral Referral: On the Mislocalization of Odours to the Mouth", *Food Quality and Preference*, 50 (2016): 117–28.

2 Breslin, Paul A. S., "An Evolutionary Perspective on Food and Human Taste", *Current Biology*, 23.9 (2013): R409–18.

3 Keast, Russell S. J. e Costanzo, Andrew, "Is Fat the Sixth Taste Primary? Evidence and Implications", *Flavour 4.1* (2015): 5; Besnard, Philippe, Passilly-Degrace, Patricia e Khan, Naim A., "Taste of Fat: A Sixth Taste Modality?", *Physiological Reviews*, 96.1 (2016): 151–76. Asifa Majid e Stephen Levinson analisaram dados interlinguísticos (tirados de contextos culturais extremamente diferentes) sobre sabores, e, curiosamente, esse trabalho defende a ideia de que doce, salgado, amargo e azedo são sabores básicos, e que umami e gorduroso provavelmente também são sabores básicos.

4 https://www.monell.org/news/fact_sheets/monell_taste_primer

5 Ibid.

6 Mainland, Joel D. e Matsunami, Hiroaki, "Taste Perception: How Sweet It Is (To Be Transcribed by You)", *Current Biology*, 19.15 (2009): R655–6.

7 Lindemann, Bernd, Ogiwara, Yoko e Ninomiya, Yuzo, "The Discovery of Umami", *Chemical Senses*, 27.9 (2002): 843–4.

8 https://www.sciencedirect.com/topics/neuroscience/tas1r1

9 Chandrashekar, Jayaram, et al., "The Cells and Peripheral Representation of Sodium Taste in Mice", *Nature*, 464.7286 (2010): 297–301;

NOTAS

Lewandowski, Brian C., et al., "Amiloride-Insensitive Salt Taste is Mediated by Two Populations of Type III Taste Cells With Distinct Transduction Mechanisms", *Journal of Neuroscience*, 36.6 (2016): 1,942–53.

10 Huang, Angela L., et al., "The Cells and Logic for Mammalian Sour Taste Detection", *Nature*, 442.7105 (2006): 934–8; Challis, Rosemary C. e Ma, Minghong, "Sour Taste Finds Closure in a Potassium Channel", *Proceedings of the National Academy of Sciences*, 113.2 (2016): 246–7.

11 Jaggupilli, A., et al., "Bitter Taste Receptors: Novel Insights into the Biochemistry and Pharmacology", *International Journal of Biochemistry & Cell Biology*, 77 (2016): 184–96.

12 Consulte Sagioglou, Christina e Greitemeyer, Tobias, "Individual Differences in Bitter Taste Preferences are Associated With Antisocial Personality Traits", *Appetite*, 96 (2016): 299–308.

13 Lachenmeier, Dirk W., "Wormwood (*Artemisia absinthium L.*) — A Curious Plant With Both Neurotoxic and Neuroprotective Properties?", *Journal of Ethnopharmacology*, 131.1 (2010): 224–27.

14 Laffitte, Anni, Neiers, Fabrice e Briand, Loïc, "Functional Roles of the Sweet Taste Receptor in Oral and Extraoral Tissues", *Current Opinion in Clinical Nutrition and Metabolic Care,* 17.4 (2014): 379.

15 Benford, H., et al., "A Sweet Taste Receptor-Dependent Mechanism of Glucosensing in Hypothalamic Tanycytes", *Glia*, 65.5 (2017): 773–89.

16 Lazutkaite, G., et al., "Amino Acid Sensing in Hypothalamic Tanycytes Via Umami Taste Receptors", *Molecular Metabolism*, 6.11 (2017): 1,480–92.

17 Kotrschal, K., "Ecomorphology of Solitary Chemosensory Cell Systems in Fish: A Review", em *Ecomorphology of Fishes*, ed. Luzkovich, Joseph J., et al., Springer (1995): 143–55.

18 Howitt, Michael R., et al., "Tuft Cells, Taste-Chemosensory Cells, Orchestrate Parasite Type 2 Immunity in the Gut", *Science*, 351.6279 (2016): 1,329–33.

19 Verbeurgt, C., et al., "The Human Bitter Taste Receptor T2R38 is Broadly Tuned for Bacterial Compounds", *PLoS One*, 12.9 (2017): e0181302.

SUPERSENTIDOS

20 Xu, J., et al., "Functional Characterization of Bitter-Taste Receptors Expressed in Mammalian Testis", *MHR: Basic Science of Reproductive Medicine*, 19.1 (2012): 17–28.

21 Maurer, S., et al., "Tasting Pseudomonas Aeruginosa Biofilms: Human Neutrophils Express the Bitter Receptor T2R38 as Sensor for the Quorum Sensing Molecule N-(3-oxododecanoyl)-l-homoserine lactone", *Frontiers in Immunology*, 6 (2015): 369, https://doi.org/10.3389/fimmu.2015.00369

22 Lin, W., et al., "Epithelial Na+ Channel Subunits in Rat Taste Cells: Localization and Regulation by Aldosterone", *Journal of Comparative Neurology*, 405.3 (1999): 406–20; Pimenta, E., Gordon, R. D. e Stowasser, M., "Salt, Aldosterone and Hypertension", *Journal of Human Hypertension*, 27.1 (2013): 1–6.

23 Rose, E. A., Porcerelli, J. H. e Neale, A. V., "Pica: Common but Commonly Missed", *Journal of the American Board of Family Practice*, 13.5 (2000): 353–8.

24 Knaapila, Antti, et al., "Genetic Analysis of Chemosensory Traits in Human Twins", *Chemical Senses*, 37.9 (2012): 869–81.

25 Dowd M., "'I'm President,' So no more broccoli!", *New York Times*, 23 de março de 1990, http://www.nytimes.com/1990/03/23/us/i--m-president-so-no-more-broccoli.html; consulte também Hall, T., "Broccoli, Hated by a President, is Capturing Popular Votes", *New York Times*, 25 de março de 1992, http://www.nytimes.com/1992/03/25/garden/broccoli-hated-by-a-president-is-capturing-popular-votes.html?pagewanted=all

26 Sandell, Mari A. e Breslin, Paul A. S., "Variability in a Taste-Receptor Gene Determines Whether We Taste Toxins in Food", *Current Biology*, 16 (2006): R792–4.

27 Lipchock, S. V., et al., "Human Bitter Perception Correlates With Bitter Receptor Messenger RNA Expression in Taste Cells", *American Journal of Clinical Nutrition*, 98. 4 (2013): 1,136–43.

28 Consulte Bartoshuk, L. M., "Comparing Sensory Experiences Across Individuals: Recent Psychophysical Advances Illuminate Genetic Variation in Taste Perception", *Chemical Senses*, 25.4 (2000): 447–60.

NOTAS

29 Miller Jr, I. J. e Reedy Jr, F. E., "Variations in Human Taste Bud Density and Taste Intensity Perception", *Physiology & Behavior*, 47.6 (1990): 1,213–19; para o teste em si, acesse https://www.scientificamerican.com/article/super-tasting-science-find-out-if-youre-a-supertaster/

30 Masi, Camilla, et al., "The Impact of Individual Variations in Taste Sensitivity on Coffee Perceptions and Preferences", *Physiology & Behavior*, 138 (2015): 219–26.

31 Lu, Ping, et al., "Extraoral Bitter Taste Receptors in Health and Disease", *Journal of General Physiology*, 149.2 (2017): 181–97.

32 Adappa, Nithin D., et al., "The Bitter Taste Receptor T2R38 is an Independent Risk Factor for Chronic Rhinosinusitis Requiring Sinus Surgery", *International Forum of Allergy & Rhinology*, 4.1 (2014): 3–7.

33 Choi, Jeong-Hwa, et al., "Genetic Variation in the TAS2R38 Bitter Taste Receptor and Gastric Cancer Risk in Koreans", *Scientific Reports*, 6.1 (2016): 1–8.

34 Reed, Danielle R. e McDaniel, Amanda H., "The Human Sweet Tooth", *BMC Oral Health*, 6.1 (2006), https://doi.org/10.1186/1472-6831-6-S1-S17

35 Mainland, Joel D. e Matsunami, Hiroaki, "Taste Perception: How Sweet It Is (To Be Transcribed by You)", *Current Biology*, 19.15 (2009): R655–6.

36 Haznedaroğlu, Eda, et al., "Association of Sweet Taste Receptor Gene Polymorphisms With Dental Caries Experience in School Children", *Caries Research*, 49.3 (2015): 275–81.

37 Raliou, M., Wiencis, A., et al., "Nonsynonymous Single Nucleotide Polymorphisms in Human tas1r1, tas1r3, and mGluR1 and Individual Taste Sensitivity to Glutamate", *American Journal of Clinical Nutrition*, 90.3 (2009): 789S–799S.

38 Sagioglou, Christina e Greitemeyer, Tobias, "Individual Differences in Bitter Taste Preferences Are Associated With Antisocial Personality Traits", *Appetite*, 96 (2016): 299–308.

39 Sagioglou, Christina e Greitemeyer, Tobias, "Bitter Taste Causes Hostility", *Personality and Social Psychology Bulletin*, 40.12 (2014):1,589–97.

40 Eskine, Kendall J., Kacinik, Natalie A. e Prinz, Jesse J., "A Bad Taste in the Mouth: Gustatory Disgust Influences Moral Judgment", *Psychological Science*, 22.3 (2011): 295–9.

SUPERSENTIDOS

41 Ruskin, J. *Traffic*. Penguin Classics, 2015
42 Chapman, Hanah A., et al., "In Bad Taste: Evidence for the Oral Origins of Moral Disgust", *Science*, 323.5918 (2009): 1,222–6.
43 Ren, Dongning, et al., "Sweet Love: The Effects of Sweet Taste Experience on Romantic Perceptions", *Journal of Social and Personal Relationships*, 32.7 (2015): 905–21.
44 Wang, Liusheng, et al., "The Effect of Sweet Taste on Romantic Semantic Processing: An ERP Study", *Frontiers in Psychology*, 10 (2019), https://doi.org/10.3389/fpsyg.2019.01573
45 Spence, C. *Gastrophysics: The New Science of Eating*, Viking (2017).
46 Velasco, Carlos, et al., "Colour–Taste Correspondences: Designing Food Experiences to Meet Expectations or to Surprise", *International Journal of Food Design*, 1.2 (2016): 83–102.
47 Consulte, por exemplo, Spence, C. e Parise, C. V., "The Cognitive Neuroscience of Crossmodal Correspondences", *i-Perception*, 3.7. (2012): 410–12.
48 Sievers, Beau, et al., "A Multi-Sensory Code for Emotional Arousal", *Proceedings of the Royal Society B*, 286.1906 (2019), https://doi.org/10.1098/rspb.2019.0513; https://digest.bps.org.uk/2019/08/28/heres-why-spiky-shapes-seem-angry-and-round-sounds-are-calming/
49 Morrot, Gil, Brochet, Frédéric e Dubourdieu, Denis, "The Color of Odors", *Brain and Language,* 79.2 (2001): 309–20; Spence, C., "The Colour of Wine — Part 1", *World of Fine Wine*, 28 (2010): 122–9.
50 Kaufman, Andrew, et al., "Inflammation Arising From Obesity Reduces Taste Bud Abundance and Inhibits Renewal", *PLoS Biology*, 16.3 (2018): e2001959; Majid, A. e Levinson, S. C., "Language Does Provide Support for Basic Tastes", *Behavioral and Brain Sciences*, 31.1 (2008): 86–7.

Capítulo 5: Tato

1 Böhm, Jennifer, et al., "The Venus Flytrap Dionaea muscipula Counts Prey-Induced Action Potentials to Induce Sodium Uptake", *Current Biology*, 26.3 (2016): R286–95.

NOTAS

2 Müller, J., trans. Baly, W. M., *Elements of Physiology*, vol. 2, Lea and Blanchard (1843).

3 Purves, D., et al., "Mechanoreceptors Specialized to Receive Tactile Information", *Neuroscience* (2001).

4 Bell, Jonathan, Bolanowski, Stanley e Holmes, Mark H., "The Structure and Function of Pacinian Corpuscles: A Review", *Progress in Neurobiology*, 42.1 (1994): 79–128.

5 Miller, L. E., et al., "Sensing With Tools Extends Somatosensory Processing Beyond the Body", *Nature*, 561.7722 (2018): 239–42.

6 Abraira, Victoria E. e Ginty, David D., "The Sensory Neurons of Touch", *Neuron*, 79.4 (2013), 618–39.

7 https://faculty.washington.edu/chudler/receptor.html

8 Maksimovic, Srdjan, et al., "Epidermal Merkel Cells are Mechanosensory Cells that Tune Mammalian Touch Receptors", *Nature*, 509.7502 (2014), 617–21.

9 Merkel, F., "Tastzellen und Tastkörperchen bei den Hausthieren und beim Menschen", *Archiv für mikroskopische Anatomie*, 11. 1 (1875): 636–52.

10 Hoffman, B. U., et al., "Merkel Cells Activate Sensory Neural Pathways Through Adrenergic Synapses", *Neuron*, 100. 6 (2018): 1,401–13.

11 Linden, David, J., *Touch: The Science of the Sense that Makes us Human*, Viking (2015).

12 Carpenter, Cody W., et al., "Human Ability to Discriminate Surface Chemistry by Touch", *Materials Horizons*, 5.1 (2018): 70–7.

13 Lieber, J. D. e Bensmaia, S. J., "High-Dimensional Representation of Texture in Somatosensory Cortex of Primates", *Proceedings of the National Academy of Sciences*, 116.8 (2019): 3,268–77.

14 https://www.illusionsindex.org/i/aristotle

15 Cicmil, N., Meyer, A. P. e Stein, J. F., "Tactile Toe Agnosia and Percept of a 'Missing Toe' in Healthy Humans", *Perception*, 45.3 (2016): 265–80.

16 http://www.ox.ac.uk/news/2015-09-22-confusion-afoot

17 Consulte, por exemplo: Ackerley, R., et al., "Touch Perceptions Across Skin Sites: Differences Between Sensitivity, Direction Discrimination and Pleasantness", *Frontiers in Behavioral Neuroscience*, 8. 54 (2014), https://doi.org/10.3389/fnbeh.2014.00054

SUPERSENTIDOS

18 Ackerley, Rochelle, et al., "Human C-Tactile Afferents Are Tuned to the Temperature of a Skin-Stroking Caress", *Journal of Neuroscience*, 34.8 (2014): 2,879–83.

19 Vallbo, Å. B., Olausson, Hakan e Wessberg, Johan, "Unmyelinated Afferents Constitute a Second System Coding Tactile Stimuli of the Human Hairy Skin", *Journal of Neurophysiology*, 81.6 (1999), 2,753–63.

20 McGlone, Francis, Wessberg, Johan e Olausson, Håkan, "Discriminative and Affective Touch: Sensing and Feeling", *Neuron*, 82.4 (2014), 737–55.

21 https://gupea.ub.gu.se/handle/2077/51879

22 Field, Tiffany M., et al. "Tactile/Kinesthetic Stimulation Effects on Preterm Neonates", *Pediatrics*, 77.5 (1986), 654–8.

23 Frenzel, Henning, et al., "A Genetic Basis for Mechanosensory Traits in Humans", *PLoS Biology*, 10.5 (2012), https://doi.org/10.1371/journal.pbio.1001318

24 Ranade, S. S., et al., "Piezo2 is the Major Transducer of Mechanical Forces for Touch Sensation in Mice", *Nature*, 516.7529 (2014): 121–5.

25 Chesler, A. T., et al., "The Role of PIEZO2 in Human Mechanosensation", *New England Journal of Medicine*, 375.14 (2016), 1,355–64.

26 Harrar, Vanessa, Spence, Charles e Makin, Tamar R., "Topographic Generalization of Tactile Perceptual Learning", *Journal of Experimental Psychology: Human Perception and Performance* 40.1 (2014), 15–23.

27 Muret, D. et al., "Neuromagnetic Correlates of Adaptive Plasticity Across the Hand-Face Border in Human Primary Somatosensory Cortex", *J. Neurophysiol.*, 115 (2016): 2,095–104.

28 Field, Tiffany, *Touch*, MIT Press, (2014).

29 Das respostas das entrevistas realizadas em 2018 e enviados para a autora. O trabalho do BitterSuite ainda não foi publicado.

30 Field, T. "American Adolescents Touch Each Other Less and Are More Aggressive Toward Their Peers as Compared With French Adolescents", *Adolescence*, 34.136 (1999): 753–8.

31 https://greatergood.berkeley.edu/article/item/why_physical_touch_matters_for_your_well_being

32 Sonar, Harshal Arun e Paik, Jamie, "Soft Pneumatic Actuator Skin with Piezoelectric Sensors for Vibrotactile Feedback", *Frontiers in Robotics and AI*, 2 (2016), https://doi.org/10.3389/frobt.2015.00038

NOTAS

33 Tee, B. C.-K., et al., "A skin-Inspired Organic Digital Mechanoreceptor", *Science*, 350.6258 (2015): 313–16.

34 Kim, Y., Chortos, et al., "A Bioinspired Flexible Organic Artificial Afferent Nerve", *Science*, 360.6392 (2018): 998–1,003.

35 Ptito, Maurice, et al., "Cross-Modal Plasticity Revealed by Electrotactile Stimulation of the Tongue in the Congenitally Blind", *Brain*, 128.3 (2005), 606–14; para conferir uma história maravilhosa sobre esse tema, acesse Twilley, N., "Seeing With Your Tongue", *New Yorker*, 8 de maio de 2017, https://www.newyorker.com/magazine/2017/05/15/seeing-with-your-tongue

36 https://www.smithsonianmag.com/innovation/could-this-futuristic-vest-give-us-sixth-sense-180968852/; acesse também *Neosensory*: https://neosensory.com

PARTE DOIS

1 Sloan, Phillip Reid, ed., *The Hunterian Lectures in Comparative Anatomy (May and June 1837)*, University of Chicago Press (1992).

Capítulo 6: Mapeamento corporal

1 Pearce, J. M. S., "Henry Charlton Bastian (1837–1915): Neglected Neurologist and Scientist", *European Neurology*, 63.2 (2010): 73–8.

2 Consulte: Liddell, Edward George Tandy, "Charles Scott Sherrington 1857–1952", *Obituary Notices of Fellows of the Royal Society*, 8.21 (1952): 241–70.

3 Sherrington, Charles, "The Integrative Action of the Nervous System", *Journal of Nervous and Mental Disease*, 34.12 (1907), 801–2; e consulte: Burke, Robert E., "Sir Charles Sherrington's the Integrative Action of the Nervous System: A Centenary Appreciation", *Brain*, 130.4 (2007), 887–94.

4 Sherrington, Charles, "The Integrative Action of the Nervous System", *Journal of Nervous and Mental Disease,* 34.12 (1907): 801–2.

5 Sarmadi, Alireza, Sharbafi, Maziar Ahamd e Seyfarth, André, "Reflex Control of Body Posture in Standing", *2017 IEEE-RAS 17th International Conference on Humanoid Robotics (Humanoids)*, IEEE, 2017.

6 Sherrington, *C. S., Yale University Mrs. Hepsa Ely Silliman Memorial Lectures. The Integrative Action of the Nervous System* (1906), https://doi.org/10.1037/13798-000

7 Purves, Dale et al., eds, *Neuroscience*, 2ª edição, Sinauer Associates (2001).

8 Eccles, John Carew, "Letters from CS Sherrington, FRS, to Angelo Ruffini between 1896 and 1903", *Notes and Records of the Royal Society of London*, 30.1 (1975), 69–88.

9 Eccles, J. C., "Letters from C. S. Sherrington, F. R. S., to Angelo Ruffini Between 1896 and 1903", *Notes and Records of the Royal Society of London*, 30.1 (1975): 69–88.

10 Gilman, S. "Joint Position Sense and Vibration Sense: Anatomical Organisation and Assessment", *Journal of Neurology, Neurosurgery & Psychiatry*, 73.5 (2002) 473–7.

11 Gandevia, Simon C., et al., "Motor Commands Contribute to Human Position Sense", *Journal of Physiology*, 571.3 (2006), 703–10.

12 Oby, E. R., Golub, et al., "New Neural Activity Patterns Emerge With Long-Term Learning", *Proceedings of the National Academy of Sciences*, 116.30 (2019): 15,210–15.

13 https://thebrain.mcgill.ca/flash/i/i_03/i_03_cl/i_03_cl_dou/i_03_cl_dou.html

14 Cole, Jonathan, *Pride and a Daily Marathon*, MIT Press (1995); consulte também McNeill, David, Quaeghebeur, Liesbet e Duncan, Susan, "IW — 'The Man Who Lost His Body'", *Handbook of Phenomenology and Cognitive Science*, Springer (2010), 519–43.

15 Woo, Seung-Hyun, et al., "Piezo2 is the Principal Mechanotransduction Channel for Proprioception", *Nature Neuroscience*, 18.12 (2015): 1,756–62.

16 Mehring, C., et al., "Augmented Manipulation Ability in Humans With Six-Fingered Hands", *Nature Communications*, 10.2401 (2019), https://doi.org/10.1038/s41467-019-10306-w

17 https://www.youtube.com/watch?v=Ks-_Mh1QhMc

18 Acesse: https://digest.bps.org.uk/2018/03/28/54-study-analysis-says--power-posing-does-affect-peoples-emotions-and-is-worth-researching-further/

NOTAS

19 https://www.telegraph.co.uk/rugby-union/2017/08/24/leading-
-haka-fires-like-adrenalin-rush/
20 https://www.sciencedaily.com/releases/2017/08/170801144247.htm;
consulte também: Liu, Y. e Medina, J., "Influence of the Body Sche-
ma on Multisensory Integration: Evidence From the Mirror Box Illusion", *Scientific Reports*, 7.1 (2017):1–11.
21 Botvinick, Matthew e Cohen, Jonathan, "Rubber Hands 'Feel' Touch that Eyes See", *Nature*, 391 (1998): 756.
22 https://www.tinyurl.com/hebarbie
23 Van Der Hoort, B., Guterstam, A. e Ehrsson, H. H., "Being Barbie:
The Size of One's Own Body Determines the Perceived Size of the
World", *PloS ONE*, 6.5 (2011): e20195.
24 Michel, Charles, et al., "The Butcher's Tongue Illusion", *Perception*
43.8 (2014): 818–24.
25 Sutton, J., "Interview: 'People have been ignoring the body for a long
time'", Psychologist, 27 (março de 2014): 177–8, https://thepsycholo-
gist.bps.org.uk/volume-27/edition-3/interview-people-have-been-
-ignoring-body-long-time
26 Moseley, G. Lorimer, et al., "Psychologically Induced Cooling of a
Specific Body Part Caused by the Illusory Ownership of an Artificial
Counterpart", *Proceedings of the National Academy of Sciences*, 105.35
(2008): 13,169–73.
27 Barnsley, N., et al., "The Rubber Hand Illusion Increases Histamine
Reactivity in the Real Arm", *Current Biology*, 21.23 (2011): R945–6.
28 Dieter, Kevin C., et al., "Kinesthesis Can Make an Invisible Hand
Visible", *Psychological Science*, 25.1 (2014): 66–75.
29 Fagard, J., et al., "Fetal Origin of Sensorimotor Behavior", *Frontiers in
Neurorobotics*, 12.23 (2018), https://doi.org/10.3389/fnbot.2018.00023
30 Howes, David e Classen, Constance, "Sounding Sensory Profiles",
Epilogue to The Varieties of Sensory Experience Howes, David, ed, University of Toronto Press (1991).
31 Shubert, Tiffany E., et al. "The Effect of an Exercise-Based Balance Intervention on physical and Cognitive Performance for Older
Adults: A Pilot Study", *Journal of Geriatric Physical Therapy* 33.4 (2010):
157–64; Alloway, Ross G. e Alloway, Tracy Packiam, "The Working

Memory Benefits of Proprioceptively Demanding Training: A Pilot Study", *Perceptual and Motor Skills*, 120.3 (2015): 766–75.

32 Ribeiro, Fernando e Oliveira, José, "Aging Effects on Joint Proprioception: The Role of Physical Activity in Proprioception Preservation", *European Review of Aging and Physical Activity*, 4.2 (2007): 71-76.

33 Liu, Jing, et al., "Effects of Tai Chi Versus Proprioception Exercise Program on Neuromuscular Function of the Ankle in Elderly People: A Randomized Controlled Trial", *Evidence-based Complementary and Alternative Medicine* (2012), https://doi.org/10.1155/2012/265486

34 Fritzsch, Bernd, Kopecky, Benjamin J. e Duncan, Jeremy S., "Development of the Mammalian 'vestibular' System: Evolution of Form to Detect Angular and Gravity Acceleration", Development of Auditory and Vestibular Systems, Academic Press (2014): 339–67.

Capítulo 7: Gravidade e mapeamento de corpo inteiro

1 Day, Brian e Fitzpatrick, Richard C., "The Vestibular System", *Current Biology*, 15.15 (2005): R583–6.

2 Loftus, Brian D., et al., em *Neurology Secrets*, 5ª edição, ed. Rolak, Loren A., Mosby/Elsevier (2010).

3 Romand, Raymond e Varela-Nieto, Isabel, eds., *Development of Auditory and Vestibular Systems*, Academic Press (2014), Capítulo 12.

4 Solé, M., et al., "Does Exposure to Noise From Human Activities Compromise Sensory Information From Cephalopod Statocysts?", *Deep Sea Research Part II: Topical Studies in Oceanography*, 95 (2013): 160–81.

5 Franklin, C. L., "An Unknown Organ of Sense", *Science*, 14.345 (1889): 183–5.

6 https://www.newyorker.com/magazine/1999/04/05/the-man-who--walks-on-air

7 https://www.theguardian.com/sport/video/2014/nov/03/nik-wallenda-skyscraper-tightrope-blindfold-twice-video

8 Hipócrates, trans. Jones, W. H. S., *Hippocrates Volume IV*, Loeb Classical Library 150 (1931). (A obra dessa coleção não necessariamente é atribuída ao próprio Hipócrates, mas à sua tradição.)

NOTAS

9 Kennedy, Robert S., et al., "Symptomatology Under Storm Conditions in the North Atlantic in Control Subjects and in Persons with Bilateral Labyrinthine Defects", *Acta oto-laryngologica*, 66.1–6 (1968): 533–40.

10 Scherer, H., et al., "On the Origin of Interindividual Susceptibility to Motion Sickness", *Acta oto-laryngologica*, 117.2 (1997): 149–53.

11 Perrault, Aurore A., et al., "Whole-Night Continuous Rocking Entrains Spontaneous Neural Oscillations With Benefits for Sleep and Memory", *Current Biology*, 29.3 (2019): R402–11.

12 Pasquier, Florane, et al., "Impact of Galvanic Vestibular Stimulation on Anxiety Level in Young Adults", *Frontiers in Systems Neuroscience* 13 (2019), https://doi.org/10.3389/fnsys.2019.00014

13 https://ich.unesco.org/en/RL/mevlevi-sema-ceremony-00100; http://mevlanafoundation.com/mevlevi_order_en.html

14 Cakmak, Y. O., et al., "A Possible Role of Prolonged Whirling Episodes on Structural Plasticity of the Cortical Networks and Altered Vertigo Perception: The Cortex of Sufi Whirling Dervishes", *Frontiers in Human Neuroscience* (2017), https://doi.org/10.3389/fnhum.2017.00003

15 Lopez, Christophe e Elzière, Maya, "Out-of-Body Experience in Vestibular Disorders — A Prospective Study of 210 Patients With Dizziness", *Cortex* 104 (2018): 193–206.

16 Blanke, Olaf, et al., "Stimulating Illusory Own-Body Perceptions", *Nature* 419.6904 (2002): 269–70.

17 Tianwu, H., et al., "Effects of Alcohol Ingestion on Vestibular Function in Postural Control", *Acta Oto-Laryngologica*, 115. 519 (1995): 127–31; consulte também, Shibano, Stacie, "The Vestibular System and the 'Spins': A Proposal" (2013), http://greymattersjournal.com/the-vestibular-system-and-the-spins-a-proposal

18 Rosenberg, Marissa J., et al., "Human Manual Control Precision Depends on Vestibular Sensory Precision and Gravitational Magnitude", *Journal of Neurophysiology*, 120.6 (2018): 3,187–97.

19 Bermúdez Rey, M. C., et al., "Vestibular Perceptual Thresholds Increase Above the Age of 40", *Frontiers in Neurology* (2016), https://doi.org/10.3389/fneur.2016.00162

SUPERSENTIDOS

20 Ibid.
21 https://www.sciencedaily.com/releases/2016/11/161128085345.htm
22 Ibid.
23 Agrawal, Y., et al., "Disorders of Balance and Vestibular Function in US Adults: Data from the National Health and Nutrition Examination Survey, 2001–2004", *Archives of Internal Medicine*, 169.10 (2009): 938–44.
24 Serrador, Jorge M. et al., "Vestibular Effects on Cerebral Blood Flow", *BMC Neuroscience* 10.119 (2009), https://doi:10.1186/1471-2202-10-119

Capítulo 8: Sensibilidade interior

1 https://www.health.harvard.edu/staying-healthy/understanding--the-stress-response; http://mcb.berkeley.edu/courses/mcb160/Fall-2005Slides/Wk12F_111805.pdf
2 Consulte: Holmes, F. L., "Claude Bernard, The 'Milieu Intérieur', and Regulatory Physiology", *History and Philosophy of the Life Sciences*, 8.1 (1986): 3–25.
3 Cannon, Walter, "Organization for Physiological Homeostasis", *Physiological Reviews*, 9:3 (1929): 399–431; consulte também Cooper, S. J., "From Claude Bernard to Walter Cannon: Emergence of the Concept of Homeostasis", *Appetite*, 51.3 (2008): 419–27.
4 Sherrington, C., *The Integrative Action of the Nervous System*, Scribner (1906).
5 Nonomura, Keiko, et al., "Piezo2 Senses Airway Stretch and Mediates Lung Inflation-Induced Apnoea", *Nature* 541.7636 (2017): 176–81.
6 Parkes, M. J., "Breath-Holding and Its Breakpoint", *Experimental Physiology* 91.1 (2006): 1–15.
7 de Wolf, Elizabeth, Cook, Jonathan e Dale, Nicholas, "Evolutionary Adaptation of the Sensitivity of Connexin26 Hemichannels to CO2", *Proceedings of the Royal Society B: Biological Sciences*, 284 (1848) (2017), https://doi.org/10.1098/rspb.2016.2723; consulte também: Jalalvand, Elham, et al., "Cerebrospinal Fluid-Contacting Neurons Sense pH Changes and Motion in the Hypothalamus", *Journal of Neuroscience* 38.35 (2018): 7,713–24.

NOTAS

8 Cannon, W. B., "Physiological Regulation of Normal States: Some Tentative Postulates Concerning Biological Homeostatics", Editions Médicales (1926).

9 Yuan, Guoxiang, et al., "Protein Kinase G–Regulated Production of H2S Governs Oxygen Sensing", *Sci. Signal*, 8.373 (2015): ra37–ra37.

10 Chapleau, M. W., "Cardiovascular Mechanoreceptors", in Ito, F., ed., *Comparative Aspects of Mechanoreceptor Systems: Advances in Comparative and Environmental Physiology*, 10 (1992): 137–164.

11 Zeng, Wei-Zheng, et al., "PIEZOs Mediate Neuronal Sensing of Blood Pressure and the Baroreceptor Reflex", *Science* 362.6413 (2018): 464–7; Xu, Jie, et al., "GPR68 Senses Flow and is Essential for Vascular Physiology", *Cell*, 173.3 (2018): 762–75.

12 A maioria dos detalhes sobre Nitsch e seus estudos e reflexões vem de conversas pessoais, porém, para mais informações, acesse www. herbertnitsch.com e assista ao documentário *Herbert Nitsch, Back from the Abyss* (2013).

13 Garfinkel, S. N., et al., "Knowing Your Own Heart: Distinguishing Interoceptive Accuracy From Interoceptive Awareness", *Biological Psychology*, 104 (2015): 65–74.

14 Herbert, Beate M., Ulbrich, Pamela e Schandry, Rainer, "Interoceptive Sensitivity and Physical Effort: Implications for the Self-Control of Physical Load in Everyday Life", *Psychophysiology*, 44.2 (2007): 194–202.

15 Para mais detalhes sobre o tema, consulte, por exemplo, Koch, A. e Pollatos, O., "Interoceptive Sensitivity, Body Weight and Eating Behavior in Children: A Prospective Study", *Frontiers in Psychology*, 5 (2014), https://doi.org/10.3389/fpsyg.2014.01003; Herbert, Beate M. e Pollatos, Olga. "Attenuated Interoceptive Sensitivity in Overweight and Obese Individuals", *Eating Behaviors*, 15.3 (2014): 445–8.

16 Critchley, Hugo D. e Harrison, Neil A., "Visceral Influences on Brain and Behavior", *Neuron*, 77.4 (2013): 624–38.

17 Consulte, por exemplo: Porges, S. W., "Cardiac Vagal Tone: A Physiological Index of Stress", *Neuroscience & Biobehavioral Reviews*, 19.2 (1995): 225–33.

SUPERSENTIDOS

18 Para mais informações sobre tônus vagal e saúde, consulte Young, Emma, "Vagus Thinking: Meditate Your Way to Better Health", *New Scientist*, 10 de julho de 2013.

19 Hansen, Anita Lill, et al., "Heart Rate Variability and Its Relation to Prefrontal Cognitive Function: The Effects of Training and Detraining", *European Journal of Applied Physiology*, 93.3 (2004): 263–72.

20 Thayer, Julian F. e Lane Richard D., "The Role of Vagal Function in the Risk for Cardiovascular Disease and Mortality", *Biological Psychology*, 74.2 (2007): 224–42.

21 Consulte Vince, Gaia, "Hacking the Nervous System", *Mosaic*, 25 de maio de 2015.

22 Oveis, Christopher, et al., "Resting Respiratory Sinus Arrhythmia is Associated with Tonic Positive Emotionality", *Emotion*, 9.2 (2009): 265–270.

23 Hansen, Anita Lill, Johnsen, Bjørn Helge e Thayer, Julian F., "Vagal Influence on Working Memory and Attention", *International Journal of Psychophysiology*, 48.3 (2003): 263–74.

24 Guiraud, Thibaut, et al., "High-Intensity Interval Exercise Improves Vagal Tone and Decreases Arrhythmias in Chronic Heart Failure", *Medicine & Science in Sports & Exercise*, 45.10 (2013): 1,861–7.

Capítulo 9: Temperatura

1 Fairclough, Stephen e King, Nicole, "Choanoflagellates: Choanoflagellida, Collared-Flagellates" (14 de agosto de 2006), https://tolweb.org/Choanoflagellates/2375/2006.08.14 no "Tree of Life Web Project"

2 Wang, H. e Siemens, J., "TRP Ion Channels in Thermosensation, Thermoregulation and Metabolism", *Temperature*, 2.2 (2015): 178–87.

3 Moparthi, L., et al., "Human TRPA1 is Intrinsically Cold and Chemosensitive With and Without Its N-terminal Ankyrin Repeat Domain", *Proceedings of the National Academy of Sciences*, 111.47 (2014): 16,901–6; Myers, B. R., Sigal, Y. M. e Julius, D., "Evolution of Thermal Response Properties in a Cold-Activated TRP Channel", PloS ONE, 4.5

NOTAS

(2009): e5741; Bautista, D. M., et al., "The Menthol Receptor TRPM8 is the Principal Detector of Environmental Cold", *Nature*, 448.7150 (2007): 204–8.

4 Kraft, K. H., et al., "Multiple Lines of Evidence for the Origin of Domesticated Chili Pepper, *Capsicum annuum*, in Mexico", *Proceedings of the National Academy of Sciences*, 111.17 (2014): 6,165–70.

5 Han, Y., Li, B., et al., "Molecular Mechanism of the Tree Shrew's Insensitivity to Spiciness", *PLoS Biology*, 16.7 (2018): e2004921.

6 Siemens, J., et al., "Spider Toxins Activate the Capsaicin Receptor to Produce Inflammatory Pain", *Nature*, 444.7116 (2006): 208–12.

7 http://blog.monell.org/02/22/introducing-marco-tizzano/

8 Smith, C. U. M., *Biology of Sensory Systems*, Wiley-Blackwell (2008) (também para as seções a seguir).

9 Morrison, S. F., "Central Control of Body Temperature", *F1000Research*, 5 (2016), https://doi.org/10.12688/f1000research.7958.1

10 Stevens, K. C. e Choo, K. K., "Temperature Sensitivity of the Body Surface Over the Life Span", *Somatosensory & Motor Research*, 15.1 (1998): 13–28.

11 https://www.heart.co.uk/showbiz/celebrities/definitive-list-worlds--sexiest-men-2020/

12 Relatório da conferência: https://www.newscientist.com/article/dn10213-women-become-sexually-aroused-as-quickly-as-men/

13 Stevens, J. C. e Green, B. G., "Temperature–Touch interaction: Weber's Phenomenon Revisited", *Sensory Processes*, 2.3 (1978): 206–219.

14 Frankmann, S. P. e Green, B. G., "Differential Effects of Cooling on the Intensity of Taste", *NYASA*, 510.1 (1987): 300–3.

15 Green, B. G., Lederman, S. J. e Stevens, J. C., "The Effect of Skin Temperature on the Perception of Roughness", *Sensory Processes*, 3.4 (1979): 327–33.

16 Stevens, J. C., "Temperature Can Sharpen Tactile Acuity", *Perception & Psychophysics*, 31.6 (1982): 577–80.

17 Gröger, Udo e Wiegrebe, Lutz, "Classification of Human Breathing Sounds by the Common Vampire Bat, Desmodus rotundus", *BMC Biology*, 4.1 (2006): 18.

SUPERSENTIDOS

18 Gracheva, Elena O., et al., "Ganglion-Specific Splicing of TRPV1 Underlies Infrared Sensation in Vampire Bats", *Nature* 476.7358 (2011): 88–91.

19 Story, Gina M., "The Emerging Role of TRP Channels in Mechanisms of Temperature and Pain Sensation", *Current Neuropharmacology*, 4.3 (2006): 183–96.

20 Acesse https://www.ncbi.nlm.nih.gov/gene/7442; Xu, H., et al., "Functional Effects of Nonsynonymous Polymorphisms in the Human TRPV1 Gene", *American Journal of Physiology-Renal Physiology*, 293.6 (2007): F1865–76.

21 https://www.guinnessworldrecords.com/world-records/hottest-chili

22 Spinney, J., "Consciousness Isn't Just the Brain", *New Scientist* (24 de junho de 2020).

23 https://www.ocregister.com/2016/09/30/how-to-survive-eating-a--carolina-reaper-the-worlds-hottest-pepper/

24 Gianfaldoni, Serena, et al., "History of the Baths and Thermal Medicine", *Open Access Macedonian Journal of Medical Sciences* 5.4 (2017): 566–568.

25 Fagan, Garrett, C., *Bathing in Public in the Roman World*, University of Michigan Press (2002).

26 Zaccardi, F., et al., "Sauna Bathing and Incident Hypertension: A Prospective Cohort Study", *American Journal of Hypertension*, 30.11 (2017): 1,120–5.

27 Cochrane, Darryl J., "Alternating Hot and Cold Water Immersion for Athlete Recovery: A Review", *Physical Therapy in Sport*, 5.1 (2004): 26–32.

28 https://www.bbc.co.uk/sport/tennis/40489130

29 Chang, T. Y. e Kajackaite, A., "Battle for the Thermostat: Gender and the Effect of Temperature on Cognitive Performance", *PloS ONE*, 14.5 (2019): e0216362.

30 Plínio, o Velho, *História natural*, https://doi.org/10.4159/DLCL. pliny_elder-natural_history.1938

31 Moussaieff, A., et al., "Incensole Acetate, an Incense Component, Elicits Psychoactivity by Activating TRPV3 Channels in the Brain", *FASEB Journal*, 22.8 (2008): 3,024–34.

NOTAS

32 Bargh, J. A. e Shalev, I., "The Substitutability of Physical and Social Warmth in Daily Life", *Emotion*, 12.1 (2012): 154–62.

33 https://digest.bps.org.uk/2020/01/27/cold-days-can-make-us-long-
-for-social-contact-but-warming-up-our-bodies-eliminates-this-
-desire/

Capítulo 10: Dor

1 Em 2019, a Associação Internacional para o Estudo da Dor (IASP) propôs uma nova definição de dor como "uma experiência sensorial e emocional desagradável associada com danos potenciais ou reais no tecido, ou descritos em termos de tais danos".

2 Descartes, *Treatise of Man*, Prometheus Books (2003).

3 Sherrington, C. S., "Qualitative Differences of Spinal Reflex Corresponding with Qualitative Difference of Cutaneous Stimulus", *Journal of Physiology*, 30 (1903): 39–46.

4 "50 Shades of Pain", *Nature* 535.200 (14 de julho de 2016), https://doi.org/10.1038/535200a

5 Dubin, Adrienne E. e Patapoutian, Ardem, "Nociceptors: The Sensors of the Pain Pathway", *Journal of Clinical Investigation*, 120.11 (2010): 3,760–72.

6 Tracey Jr, W. Daniel, "Nociception", *Current Biology*, 27.4 (2017): R129–33.

7 Jones, Nicholas G., et al., "Acid-Induced Pain and Its Modulation in Humans", *Journal of Neuroscience*, 24.48 (2004), 10,974–9.

8 Bryant, Bruce P., "Mechanisms of Somatosensory Neuronal Sensitivity to Alkaline pH", *Chemical Senses,* 30.1 (2005): i196–7, https://doi.org/10.1093/chemse/bjh182

9 Rivlin, R. S., "Historical Perspective on the Use of Garlic", *Journal of Nutrition*, 131.3 (2001): 951S–4S.

10 Sharp, O, Waseem, S. e Wong, K. Y., "A Garlic Burn: BMJ Case Reports", *BMJ Case Reports* 2018, https://doi.org/10.1136/bcr-2018-226027

11 https://nba.uth.tmc.edu/neuroscience/m/s2/chapter06.html

12 Benly, P., "Role of Histamine in Acute Inflammation", *Journal of Pharmaceutical Sciences and Research*, 7.6 (2015): 373–376.

13 Han, Liang, et al., "A Subpopulation of Nociceptors Specifically Linked to Itch", *Nature Neuroscience* 16.2 (2013): 174–182.

14 Benly, P., "Role of Histamine in Acute Inflammation", *Journal of Pharmaceutical Sciences and Research*, 7.6 (2015): 373–376.

15 https://www.ucl.ac.uk/anaesthesia/sites/anaesthesia/files/PainPathwaysIntroduction.pdf

16 Wager, T. D., et al., "An fMRI-Based Neurologic Signature of Physical Pain", *New England Journal of Medicine*, 368.15 (2013): 1,388–97.

17 https://mrc.ukri.org/news/blog/painless-a-q-a-with-geoff-woods/?redirected-from-wordpress

18 Ossipov, Michael H., Dussor, Gregory O. e Porreca, Frank, "Central Modulation of Pain", *Journal of Clinical Investigation*, 120.11 (2010): 3,779–87.

19 Livingstone, David, *Missionary Travels and Researches in South Africa*, Capítulo 1, https://www.gutenberg.org/files/1039/1039-h/1039-h.htm

20 https://www.theguardian.com/science/2019/mar/28/scientists-find-genetic-mutation-that-makes-woman-feel-no-pain

21 Critchley, H. D. e Garfinkel, S. N., "Interactions Between Visceral Afferent Signaling and Stimulus Processing", *Frontiers in Neuroscience*, 9 (2015), https://doi.org/10.3389/fnins.2015.00286

22 https://www.shu.ac.uk/research/in-action/projects/vr-and-burns

23 Keltner, John R., et al., "Isolating the Modulatory Effect of Expectation on Pain Transmission: A Functional Magnetic Resonance Imaging Study", *Journal of Neuroscience* 26.16 (2006): 4,437–43; Colloca, Luana e Benedetti, Fabrizio, "Nocebo Hyperalgesia: How Anxiety is Turned Into Pain", *Current Opinion in Anesthesiology*, 20.5 (2007), 435–9.

24 Petrovic, Predrag, et al., "Placebo and Opioid Analgesia — Imaging a Shared Neuronal Network", *Science* 295.5560 (2002), 1,737–40.

25 Stephens, Richard, Atkins, John e Kingston, Andrew, "Swearing as a Response to Pain", *Neuroreport* 20.12 (2009), 1,056–60.

26 https://thebrain.mcgill.ca/flash/i/i_03/i_03_cl/i_03_cl_dou/i_03_cl_dou.html

NOTAS

27 Goldstein, Pavel, Weissman-Fogel, Irit e Shamay-Tsoory, Simone G., "The Role of Touch in Regulating Inter-Partner Physiological Coupling During Empathy for Pain", *Scientific Reports*, 7.3252 (2017), https://doi.org/10.1038/s41598-017-03627-7

28 Lawler, Andrew, "Did Ancient Mesopotamians Get High? Near Eastern Rituals May Have Included Opium, Cannabis", *Science* (2018), https://doi.org/ 10.1126/science.aat9271; Ren, Meng, et al., "The Origins of Cannabis Smoking: Chemical Residue Evidence from the First Millennium BCE in the Pamirs", *Science Advances*, 5.6 (2019), https://doi.org/10.1126/sciadv.aaw1391

29 https://www.exeter.ac.uk/news/research/title_645441_en.html

30 DeWall, C. Nathan, et al., "Acetaminophen Reduces Social Pain: Behavioral and Neural Evidence", *Psychological Science* 21.7 (2010): 931–7.

31 Sznycer, Daniel, et al., "Cross-Cultural Invariances in the Architecture of Shame", *Proceedings of the National Academy of Sciences*, 115.39 (2018): 9,702–7.

32 https://news.feinberg.northwestern.edu/2015/02/garcia-auditory-pathway/; Okamoto, Keiichiro, et al., "Bright Light Activates a Trigeminal Nociceptive Pathway", *Pain*, 149.2 (2010): 235–42.

Capítulo 11: Frio na barriga

1 Pankhurst, E., *My Own Story*, Eveleigh Nash (1914), https://www.gutenberg.org/files/34856/34856-h/34856-h.htm

2 https://www.parliament.uk/about/living-heritage/transforming-society/electionsvoting/womenvote/overview/deedsnotwords/; https://www.theguardian.com/commentisfree/libertycentral/2009/jul/06/suffragette-hunger-strike-protest

3 https://spartacus-educational.com/Whunger.htm

4 Chantranupong, Lynne, Wolfson, Rachel L. e Sabatini, David M., "Nutrient-Sensing Mechanisms Across Evolution", *Cell*, 161.1 (2015): 67–83.

5 Osorio, Marina Borges, et al., "SPX4 Acts on PHR1-Dependent and Independent Regulation of Shoot Phosphorus Status in Arabidop-

sis", *Plant Physiology*, 181.1 (2019): 332–52; Chien, Pei-Shan, et al., "Sensing and Signaling of Phosphate Starvation: From Local to Long Distance", *Plant and Cell Physiology*, 59.9 (2018): 1,714–22.

6   Cannon, W. B. e Washburn, A. L., "An Explanation of Hunger", *American Journal of Physiology*, 29 (1912): 441–54.

7   https://ourworldindata.org/hunger-and-undernourishment

8   Santacà, Maria, et al., "Can Reptiles Perceive Visual Illusions? Delboeuf Illusion in Red-Footed Tortoise (Chelonoidis carbonaria) and Bearded Dragon (Pogona vitticeps)", *Journal of Comparative Psychology*, 133.4 (2019): 419–27.

9   Bai, L., et al., "Genetic Identification of Vagal Sensory Neurons That Control Feeding", *Cell*, 179.5 (2019): 1,129–43.

10 Van Dyck, Zoé, et al., "The Water Load Test as a Measure of Gastric Interoception: Development of a Two-Stage Protocol and Application to a Healthy Female Population", *PloS ONE*, 11.9 (2016), https://doi.org/10.1371/journal.pone.0163574

11 Cummings, D. E. e Overduin, J., "Gastrointestinal Regulation of Food Intake", *Journal of Clinical Investigation*, 117.1 (2007): 13–23.

12 Herbert, B. M., et al., "Interoception Across Modalities: On the Relationship Between Cardiac Awareness and the Sensitivity for Gastric Functions", *PloS ONE*, 7.5 (2012): e36646.

13 Koch, Anne e Pollatos, Olga, "Interoceptive Sensitivity, Body Weight and Eating Behavior in Children: A Prospective Study", *Frontiers in Psychology*, 5 (2014): 1,003.

14 https://digest.bps.org.uk/2017/12/13/imagining-bodily-states-like--feeling-full-can-affect-our-future-preferences-and-behaviour/

15 MacCormack, Jennifer K. e Lindquist, Kristen A., "Feeling Hangry? When Hunger is Conceptualized as Emotion", *Emotion*, 19.2 (2019): 301–19.

16 Kalra, Priya B., Gabrieli, John D. E. e Finn, Amy S., "Evidence of Stable Individual Differences in Implicit Learning", *Cognition* 190 (2019): 199–211.

17 Werner, Natalie S., et al., "Enhanced Cardiac Perception is Associated with Benefits in Decision-Making", *Psychophysiology*, 46.6 (2009): 1,123–9.

NOTAS

18 Dunn, Barnaby D., et al., "Listening to Your Heart: How Interoception Shapes Emotion Experience and Intuitive Decision Making", *Psychological Science*, 21.12 (2010): 1,835–44.

19 Kandasamy, Narayanan, et al., "Interoceptive Ability Predicts Survival on a London Trading Floor", *Scientific Reports*, 6.1 (2016): 1–7.

20 Mitchell, H. H., et al., "The Chemical Composition of the Adult Human Body and Its Bearing on the Biochemistry of Growth", *Journal of Biological Chemistry*, 158.3 (1945): 625–37.

21 Chumlea, W. Cameron, et al., "Total Body Water Data for White Adults 18 to 64 Years of Age: The Fels Longitudinal Study", *Kidney International*, 56.1 (1999): 244–52.

22 Verbalis, Joseph G., "How Does the Brain Sense Osmolality?", *Journal of the American Society of Nephrology*, 18.12 (2007): 3,056–9.

23 Zimmerman, Christopher A., et al., "A Gut-to-Brain Signal of Fluid Osmolarity Controls Thirst Satiation", *Nature*, 568.7750 (2019): 98–102.

24 https://www.sciencedaily.com/releases/2019/03/190327142026.htm

25 Valtin, Heinz e (com assistência técnica de Sheila A. Gorman), "'Drink at Least Eight Glasses of Water a Day.' Really? Is There Scientific Evidence for '8×8'?", *American Journal of Physiology-Regulatory, Integrative and Comparative Physiology*, 283.5 (2002): R993–1004.

26 Saker, P., et al, "Overdrinking, Swallowing Inhibition, and Regional Brain Responses Prior to Swallowing", *Proceedings of the National Academy of Sciences*, 113.43 (2016): 12,274–9.

27 https://www.sciencedaily.com/releases/2016/10/161007111027.htm

28 Miyamoto, Tatsuya, et al., "Functional Role for Piezo1 in Stretch-Evoked Ca2+ Influx and ATP Release in Urothelial Cell Cultures", *Journal of Biological Chemistry*, 289.23 (2014): 16,565–75.

PARTE TRÊS

1 Os estudos que cito sobre a área tendem a não reunir dados sobre gênero como diferente do sexo biológico. Quando um estudo faz relatos sobre homens e mulheres, parte-se do princípio de que os participantes são classificados de acordo com sua designação sexual ao nascer.

SUPERSENTIDOS

Capítulo 12: Senso de direção

1   Ishikawa, Toru e Montello, Daniel R., "Spatial Knowledge Acquisition from Direct Experience in the Environment: Individual Differences in the Development of Metric Knowledge and the Integration of Separately Learned Places", *Cognitive Psychology*, 52.2 (2006): 93–129.

2   Hegarty, M., et al., "Development of a Self-Report Measure of Environmental Spatial Ability", *Intelligence*, 30.5 (2002): 425–47.

3   O'Keefe, John e Dostrovsky, Jonathan, "The Hippocampus as a Spatial Map: Preliminary Evidence from Unit Activity in the Freely--Moving Rat", *Brain Research*, 34.1 (1971): 171–5.

4   Hafting, Torkel, et al., "Microstructure of a Spatial Map in the Entorhinal Cortex", *Nature*, 436.7052 (2005): 801–6.

5   Epstein, Russell A., et al., "The Cognitive Map in Humans: Spatial Navigation and Beyond", *Nature Neuroscience,* 20.11 (2017): 1,504–13.

6   Preston-Ferrer, Patricia, et al., "Anatomical Organization of Presubicular Head-Direction Circuits", *eLife*, 5 (2016): e14592.

7   Vélez-Fort, Mateo, et al., "A Circuit for Integration of Head-and Visual-Motion Signals in Layer 6 of Mouse Primary Visual Cortex", *Neuron*, 98.1 (2018): 179–91.

8   Guerra, Patrick A., Gegear, Robert J. e Reppert, Steven M., "A Magnetic Compass Aids Monarch Butterfly Migration", *Nature Communications*, 5.1 (2014): 1–8; Gegear, Robert, J., et al., "Demystifying Monarch Butterfly Migration", *Current Biology*, 28.17 (2018): R1009–22, https://doi.org/10.1016/j.cub.2018.02.067

9   Eder, Stephan H. K., et al., "Magnetic Characterization of Isolated Candidate Vertebrate Magnetoreceptor Cells", *Proceedings of the National Academy of Sciences*, 109.30 (2012): 12,022–7.

10 Lohmann, Kenneth J., Putman, Nathan F. e Lohmann, Catherine M. F., "Geomagnetic Imprinting: A Unifying Hypothesis of Long--Distance Natal Homing in Salmon and Sea Turtles", *Proceedings of the National Academy of Sciences*, 105.49 (2008): 19,096–101.

11 Gould, James L., "Animal Navigation: The Evolution of Magnetic Orientation", *Current Biology*, 18.11 (2008): R482–4; Sutton, Gregory

NOTAS

P., et al., "Mechanosensory Hairs in Bumblebees (*Bombus terrestris*) Detect Weak Electric Fields", *Proceedings of the National Academy of Sciences*, 113.26 (2016): 7,261–5.

12 Chong, Lisa D., et al., "Animal Magnetoreception", *Science*, 351.6278 (11 de março de 2016): 1,163–4.

13 Foley, Lauren E., Gegear, Robert J. e Reppert, Steven M., "Human Cryptochrome Exhibits Light-Dependent Magnetosensitivity", *Nature Communications*, 2.1 (2011): 1–3.

14 Nießner, Christine, et al., "Cryptochrome 1 in Retinal Cone Photo-receptors Suggests a Novel Functional Role in Mammals", *Scientific Reports*, 6 (2016), https://doi.org/10.1038/srep21848

15 Wang, Connie X., et al., "Transduction of the Geomagnetic Field as Evidenced from Alpha-Band Activity in the Human Brain", *eNeuro*, 6.2 (2019), https://doi.org/10.1523/ENEURO.0483-18.2019

16 Jacobs, L. F., et al., "Olfactory Orientation and Navigation in Humans", *PLoS ONE*, 10.6 (2015): e0129387.

17 Moser, May-Britt, Rowland, David C. e Moser, Edvard I., "Place Cells, Grid Cells, and Memory", *Cold Spring Harbor Perspectives in Biology*, 7.2 (2015), https://doi.org/10.1101/cshperspect.a021808

18 Dahmani, Louisa, et al., "An Intrinsic Association Between Olfactory Identification and Spatial Memory in Humans", *Nature Communications*, 9.1 (2018): 1–12.

19 https://jeb.biologists.org/content/222/Suppl_1/jeb186924

20 https://www.sciencedaily.com/releases/2015/06/150617175250.htm

21 Sharp, Andrew, "Polynesian Navigation: Some Comments", *Journal of the Polynesian Society* (1963): 384–96.

22 Lewis, D., *The Voyaging Stars: Secrets of the Pacific Island Navigators* (1978).

23 Souman, J. L., et al., "Walking Straight Into Circles", *Current Biology*, 19.18 (2009): R1,538–42.

24 Bestaven, Emma, Guillaud, Etienne e Cazalets, Jean-René, "Is 'Circling' Behavior in Humans Related to Postural Asymmetry?", *PloS ONE*, 7.9 (2012), https://doi.org/10.1371/journal.pone.0043861

25 Young, Emma, "The Disoriented Ape: Why Clever People Can be Terrible Navigators, *New Scientist* (12 de dezembro de 2018).

26 Gagnon, K. T., et al., "Sex Differences in Exploration Behavior and the Relationship to Harm Avoidance", *Human Nature*, 27.1 (2016): 82–97.

27 Cashdan, E. e Gaulin, S. J., "Why Go There? Evolution of Mobility and Spatial Cognition in Women and Men", *Human Nature*, 27.1 (2016): 1–15.

28 Patai, E. Z., et al., "Hippocampal and Retrosplenial Goal Distance Coding After Long-Term Consolidation of a Real-World Environment", *Cerebral Cortex*, 29.6 (2019): 2,748–58; Javadi, A. H., et al., "Hippocampal and Prefrontal Processing of Network Topology to Simulate the Future", *Nature Communications*, 8.1 (2017): 1–11.

29 https://www.ucl.ac.uk/news/2019/apr/key-brain-region-navigating-familiar-places-identified

30 Schumann, Frank e O'Regan, J. Kevin, "Sensory Augmentation: Integration of an Auditory Compass Signal Into Human Perception of Space", *Scientific Reports* 7 (2017), https://doi.org/10.1038/srep42197

Capítulo 13: A lacuna entre os sexos

1 Até onde pesquisei, todos os estudos que cito sobre o tema são de pessoas que se identificam com o gênero com o qual nasceram; estudos desse tipo com pessoas transgênero são dolorosamente raros.

2 Sorokowski, P., et al., "Sex Differences in Human Olfaction: A Meta-Analysis", *Frontiers in Psychology*, 10 (2019), https://doi.org/10.3389/fpsyg.2019.00242

3 https://www.perfumerflavorist.com/fragrance/research/The-National-Geographic-Smell-Survey----1The-Beginning-373559131.html

4 Oliveira-Pinto, A. V., et al., "Sexual Dimorphism in the Human Olfactory Bulb: Females Have More Neurons and Glial Cells Than Males", *PloS ONE*, 9.11 (2014): e111733.

5 https://www.scientificamerican.com/article/fertile-women-heightened-sense-smell/

6 Verma, P., et al., "Salt Preference Across Different Phases of Menstrual Cycle", *Indian J Physiol Pharmacol*, 49.1 (2005): 99–102.

NOTAS

7   Barbosa, Diane Eloy Chaves, et al., "Changes in Taste and Food Intake During the Menstrual Cycle", *Journal of Nutrition & Food Sciences*, 5.4 (2015), https://doi.org/10.4172/2155-9600.1000383

8   McNeil, Jessica, et al., "Greater Overall Olfactory Performance, Explicit Wanting for High Fat Foods and Lipid Intake During the Mid-Luteal Phase of the Menstrual Cycle", *Physiology & Behavior*, 112 (2013): 84–9.

9   Cameron, E. Leslie, "Pregnancy and Olfaction: A Review", *Frontiers in Psychology*, 5 (2014), https://doi.org/10.3389/fpsyg.2014.00067

10 Choo, Ezen e Dando, Robin, "The Impact of Pregnancy on Taste Function", *Chemical Senses*, 42.4 (2017): 279–86.

11 Yoshida, R., "Hormones and Bioactive Substances That Affect Peripheral Taste Sensitivity", *Journal of Oral Biosciences*, 54.2 (2012): 67–72.

12 Shigemura, Noriatsu, et al., "Angiotensin II Modulates Salty and Sweet Taste Sensitivities", *Journal of Neuroscience*, 33.15 (2013): 6,267–7.

13 https://www.who.int/whr/2005/chapter3/en/index3.html

14 Kinsley, Craig Howard, et al., "The Mother as Hunter: Significant Reduction in Foraging Costs Through Enhancements of Predation in Maternal Rats", *Hormones and Behavior*, 66.4 (2014): 649–54.

15 Barha, Cindy K. e Galea, Liisa A. M., "Motherhood Alters the Cellular Response to Estrogens in the Hippocampus Later in Life", *Neurobiology of Aging*, 32.11 (2011): 2,091–5.

16 Keogh, E. e Arendt-Nielsen, L., "Sex Differences in Pain", *European Journal of Pain*, 8.5 (2004): 395–6, https://doi.org/10.1016/j.ejpain.2004.01.004

17 https://www.nature.com/articles/d41586-019-00895-3

18 McFadden, D., "Sex Differences in the Auditory System", *Developmental Neuropsychology*, 14.2–3 (1998): 261–98.

19 Fider, N. A. e Komarova, N. L., "Differences in Color Categorization Manifested by Males and Females: A Quantitative World Color Survey Study", *Palgrave Communications*, 5.1 (2019): 1–10.

20 Abramov, I., et al., "Sex and Vision II: Color Appearance of Monochromatic Lights", *Biology of Sex Differences*, 31 (2012), https://doi.org/10.1186/2042-6410-3-21

21 https://www.ifst.org/sites/default/files/Is%20Gender%20a%20Challenge%20for%20Your%20Sensory%20Panel%20v9.pdf

Capítulo 14: A sensação da emoção

1 James, W., "What is an Emotion?", *Mind*, 9.34 (1884): 188–205, https://doi.org/10.1093/mind/os-IX.34.188

2 James, W., *The Principles of Psychology*, Henry Holt (1890).

3 Pessoa, Luiz, "Emotion and Cognition and the Amygdala: From 'What is it?' to 'What's to be Done?'", *Neuropsychologia*, 48.12 (2010): 3,416–29.

4 Hyman, Steven E., "How Adversity Gets Under the Skin", *Nature Neuroscience*, 12.3 (2009): 241–3; http://www.columbia.edu/cu/biology/courses/c2006/lectures08/xtra15-08.html

5 Cannon, W. B., "The James-Lange Theory of Emotions: A Critical Examination and an Alternative Theory" (1927), em *American Journal of Psychology*, 39: 106–124.

6 Seth, A. K., "Interoceptive Inference, Emotion, and the Embodied Self", *Trends in Cognitive Sciences*, 17.11 (2013): 565–73; Seth, Anil K. e Friston, Karl J., "Active Interoceptive Inference and the Emotional Brain", *Philosophical Transactions of the Royal Society B: Biological Sciences*, 371.1708 (2016), https://doi.org/10.1098/rstb.2016.0007; Seth, Anil K. e Critchley, Hugo D., "Extending Predictive Processing to the Body: A New View of Emotion?", *Behavioural and Brain Sciences*, 36.3 (2013): 227–8.

7 Nummenmaa, Lauri, et al., "Maps of Subjective Feelings", *Proceedings of the National Academy of Sciences*, 115.37 (2018): 9,198–203.

8 Critchley, H. D. e Garfinkel, S. N., "Interoception and Emotion", *Current Opinion in Psychology*, 17 (2017): 7–14.

9 Aristóteles, *Da alma*, Editora 34 (2006).

10 Dutton, Donald G. e Aron, Arthur P., "Some Evidence for Heightened Sexual Attraction Under Conditions of High Anxiety", *Journal of Personality and Social Psychology*, 30.4 (1974): 510–17.

11 Azevedo, Ruben T., et al., "Cardiac Afferent Activity Modulates the Expression of Racial Stereotypes", *Nature Communications*, 8.1 (2017): 1–9.

NOTAS

12 Nix, Justin, et al, "A Bird's Eye View of Civilians Killed by Police in 2015: Further Evidence of Implicit Bias", *Criminology & Public Policy*, 16.1 (2017): 309–40; sobre tiroteios envolvendo pessoas desarmadas entre negros e brancos, acesse, por exemplo, https://www.washingtonpost.com/investigations/protests-spread-over-police-shootings-police-promised-reforms-every-year-they-still-shoot-nearly-1000-people/2020/06/08/5c204f0c-a67c-11ea-b473-04905b1af82b_story.html

13 Sifneos, P. E, "Alexithymia, Clinical Issues, Politics and Crime", *Psychotherapy and Psychosomatics*, 69.3 (2000): 113–16.

14 Murphy, J., Catmur, C. e Bird, G., "Alexithymia is Associated with a Multidomain, Multidimensional Failure of Interoception: Evidence from Novel Tests", *Journal of Experimental Psychology: General*, 147.3 (2018): 398–408.

15 Brewer, R., Cook, R. e Bird, G., "Alexithymia: A General Deficit of Interoception", *Royal Society Open Science*, 3.10 (2016), https://doi.org/10.1098/rsos.150664

16 Hatfield, E., Cacioppo, J. T. e Rapson, R., *Emotional Contagion*, Cambridge University Press (1994).

17 Dalton, P., et al., "Chemosignals of Stress Influence Social Judgments", *PLoS ONE*, 8.10 (2013): e77144.

18 Stönner, Christof, et al., "Proof of Concept Study: Testing Human Volatile Organic Compounds as Tools for Age Classification of Films", *PLoS ONE*, 13.10 (2018), https://doi.org/10.1371/journal.pone.0203044

19 Singh, P. B., et al., "Smelling Anxiety Chemosignals Impairs Clinical Performance of Dental Students", *Chemical Senses*, 43.6 (2018): 411–17.

20 Gallese, V., et al., "Action Recognition in the Premotor Cortex", *Brain*, 119.2 (1996): 593–609.

21 Para uma discussão sobre neurônios espelhos, leia o livro muito divertido de Christian Keysers, *The Empathic Brain*, Social Brain Press (2011).

22 Özkan, D. G., et al., "Predicting the Fate of Basketball Throws: An EEG study on Expert Action Prediction in Wheelchair Basketball Players", *Experimental Brain Research*, 237.12 (2019): 3,363–73.

SUPERSENTIDOS

23 Dinstein I., et al., "Brain Areas Selective for Both Observed and Executed Movements", *Journal of Neurophysiolgy*, 98 (2007): 1,415–27; Molenberghs, P., Cunnington, R. e Mattingley, J. B., "Brain Regions with Mirror Properties: A Meta-Analysis of 125 Human fMRI Studies", *Neuroscience Biobehavioural Reviews*, 36 (2012): 341–9; Mukamel, R., et al., "Single-Neuron Responses in Humans During Execution and Observation of Actions", *Current Biology*, 20 (2010): R750–6.

24 See Jabbi, M., Bastiaansen, J. e Keysers, C., "A Common Anterior Insula Representation of Disgust Observation, Experience and Imagination Shows Divergent Functional Connectivity Pathways", *PloS ONE*, 3.8 (2008): e2939.

25 Calder, A. J., et al., "Impaired Recognition and Experience of Disgust Following Brain Injury", *Nature Reviews Neuroscience*, 3 (2000): 1,077–8.

26 Bird, G., et al., "Empathic Brain Responses in Insula Are Modulated by Levels of Alexithymia but Not Autism", *Brain*, 133.5 (2010): 1,515–25.

27 Cook, R., et al. "Alexithymia, Not Autism, Predicts Poor Recognition of Emotional Facial Expressions", *Psychological Science*, 24.5 (2013): 723–32; Bird, G., Press, C. e Richardson, D. C., "The Role of Alexithymia in Reduced Eye-Fixation in Autism Spectrum Conditions", *Journal of Autism and Developmental Disorders*, 41.11 (2011): 1,556–64.

28 Tottenham, N., et al., "Elevated Amygdala Response to Faces and Gaze Aversion in Autism Spectrum Disorder", *Social Cognitive and Affective Neuroscience*, 9.1 (2014): 106–117, https:/doi.org/10.1093/scan/nst050

29 Garfinkel, Sarah N., et al., "Discrepancies Between Dimensions of Interoception in Autism: Implications for Emotion and Anxiety", *Biological Psychology*, 114 (2016): 117–26.

30 Spinney, L., "Consiousness Isn't Just the Brain", *New Scientist* (24 de junho de 2020).

31 Consulte, por exemplo, Murphy, Jennifer, et al., "Interoception and Psychopathology: A Developmental Neuroscience Perspective", *De-*

NOTAS

velopmental Cognitive Neuroscience, 23 (2017), 45–56; Murphy, J., Viding, E. e Bird, G., "Does Atypical Interoception Following Physical Change Contribute to Sex Differences in Mental Illness?", *Psychological Review*, 126.5 (2019): 787–9, https://doi.org/10.1037/rev0000158

32 Singer, Tania e Frith, Chris, "The Painful Side of Empathy", *Nature Neuroscience*, 8.7 (2005): 845–6.

33 Grice-Jackson, T., et al., "Common and Distinct Neural Mechanisms Associated with the Conscious Experience of Vicarious Pain", *Cortex*, 94 (2017): 152–63.

34 http://www.alessioavenanti.com/pdf_library/avenanti2006psych-neurosci.pdf

35 Maister, Lara, Banissy, Michael J. e Tsakiris, Manos, "Mirror-Touch Synaesthesia Changes Representations of Self-Identity", *Neuropsychologia*, 51.5 (2013): 802–8.

36 Banissy, Michael J., et al., "Prevalence, Characteristics and a Neurocognitive Model of Mirror-Touch Synaesthesia", *Experimental Brain Research*, 198.2–3 (2009): 261–72.

37 Banissy, Michael J. e Ward, Jamie, "Mirror-Touch Synesthesia is Linked with Empathy", *Nature Neuroscience*, 10.7 (2007): 815–16; consulte também Keysers, C., Kaas, J. H. e Gazzola, V., "Somatosensation in Social Perception", *Nature Reviews Neuroscience*, 11.6 (2010): 417–28.

Capítulo 15: Sensibilidade

1 https://hsperson.com/test/highly-sensitive-test/

2 Para ter uma noção da pesquisa inicial sobre sensibilidade acentuada dos Aron, consulte Aron, E. N. e Aron, A., "Sensory-Processing Sensitivity and Its Relation to Introversion and Emotionality", *Journal of Personality and Social Psychology*, 73.2 (1997): 345–68.

3 Wilson, David S., et al., "Shy-Bold Continuum in Pumpkinseed Sunfish (*Lepomis gibbosus*): An Ecological Study of a Psychological Trait", *Journal of Comparative Psychology*, 107.3 (1993): 250–60.

4 Aron, Elaine N., Aron, Arthur e Jagiellowicz, Jadzia, "Sensory Processing Sensitivity: A Review in the Light of the Evolution of Bio-

SUPERSENTIDOS

logical Responsivity", *Personality and Social Psychology Review*, 16.3 (2012): 262–82.

5 Koolhaas, J. M., et al., "Individual Variation in Coping with Stress: A Multidimensional Approach of Ultimate and Proximate Mechanisms", *Brain, Behavior and Evolution*, 70.4 (2007): 218–26.

6 Wolf, Max, et al., "Evolutionary Emergence of Responsive and Unresponsive Personalities", *Proceedings of the National Academy of Sciences*, 105.41 (2008): 15,825–30.

7 Thomas, A. e Chess, S., "The New York Longitudinal Study: From Infancy to Early Adult Life", em *The Study of Temperament: Changes, Continuities, and Challenges*, Plomin, R. e Dunn, J., eds, Lawrence Erlbaum (1986): 39–52.

8 Kagan, Jerome, "Temperamental Contributions to Social Behavior", *American Psychologist*, 44.4 (1989): 668–74.

9 Kagan, J. e Snidman, N., *The Long Shadow of Temperament*, Harvard University Press (2009).

10 Boyce, T., *The Orchid and the Dandelion: Why Sensitive People Struggle and How All Can Thrive*, Alfred A. Knopf (2019).

11 Morgan, Barak, et al., "Serotonin Transporter Gene (SLC6A4) Polymorphism and Susceptibility to a Home-Visiting Maternal-Infant Attachment Intervention Delivered by Community Health Workers in South Africa: Reanalysis of a Randomized Controlled Trial", *PLoS Medicine*, 14.2 (2017), https://doi.org/10.1371/journal.pmed.1002237

12 Kumsta, Robert, et al., "5HTT Genotype Moderates the Influence of Early Institutional Deprivation on Emotional Problems in Adolescence: Evidence from the English and Romanian Adoptee (ERA) Study", *Journal of Child Psychology and Psychiatry*, 51.7 (2010): 755–62; e consulte Klein Velderman, Mariska, et al., "Effects of Attachment-Based Interventions on Maternal Sensitivity and Infant Attachment: Differential Susceptibility of Highly Reactive Infants", *Journal of Family Psychology*, 20.2 (2006): 266–74.

13 Pluess, Michael, et al., "Environmental Sensitivity in Children: Development of the Highly Sensitive Child Scale and Identification of Sensitivity Groups", *Developmental Psychology*, 54.1 (2018): 51–70.

NOTAS

14 Lionetti, Francesca, et al., "Dandelions, Tulips and Orchids: Evidence for the Existence of Low-Sensitive, Medium-Sensitive and High-Sensitive Individuals", *Translational Psychiatry*, 8.1 (2018): 1–11.

15 Aron, E., *The Highly Sensitive Child: Helping Our Children Thrive When the World Overwhelms Them*, Harmony (2002).

16 Trecho reproduzido com a permissão do blog de Carrie Little Hersh, http://www.relevanth.com/when-nature-has-to-conform-to-culture-highly-sensitive-people-in-a-nonsensitive-culture/

17 Chen, X., Wang, L. e DeSouza, A., "Temperament, Socioemotional Functioning, and Peer Relationships in Chinese and North American Children", *Peer Relationships in Cultural Context*, Chen, X., French, D. C. e Schneider, B. H., eds (2006): 123–47.

18 Spence, Charles, Youssef, Jozef e Deroy, Ophelia, "Where are all the Synaesthetic Chefs?", *Flavour*, 4.1 (2015): 29.

19 http://www.conforg.fr/internoise2000/cdrom/data/articles/000956.pdf

20 https://www.sarahangliss.com/portfolio/infrasonic; https://www.theguardian.com/science/2003/sep/08/sciencenews.science

21 Persinger, Michael A., "The Neuropsychiatry of Paranormal Experiences", *Journal of Neuropsychiatry and Clinical Neurosciences*, 13.4 (2001): 515–24.

22 Jung, C. G., *Tipos psicológicos*, Editoras Vozes (2013).

23 Aron, Elaine N., *Use a sensibilidade a seu favor*, Gente (2002).

24 https://hsperson.com/introversion-extroversion-and-the-highly-sensitive-person/

25 Marco, Elysa J., et al., "Sensory Processing in Autism: A Review of Neurophysiologic Findings", *Pediatric Research*, 69.8 (2011): 48–54.

26 Para pesquisas sobre TPS, acesse o site do STAR Institute: https://www.spdstar.org

27 Para trabalhos sobre alguns sintomas sensoriais compartilhados entre crianças diagnosticadas com um distúrbio e seus parentes, consulte, por exemplo, Glod, Magdalena, et al., "Sensory Atypicalities in Dyads of Children with Autism Spectrum Disorder (ASD) and Their Parents", *Autism Research*, 10.3 (2017): 531–8.

SUPERSENTIDOS

28 Para o motivo pelo qual pessoas com sensibilidades sensoriais podem sentir mais empatia, consulte Acevedo, Bianca P., et al., "The Highly Sensitive Brain: An fMRI Study of Sensory Processing Sensitivity and Response to Others' Emotions", *Brain and Behavior*, 4.4 (2014): 580–94.

29 Para a possível sobreposição entre TPS e TDAH, consulte, por exemplo, Ghanizadeh, Ahmad, "Sensory Processing Problems in Children with ADHD: A Systematic Review", *Psychiatry Investigation*, 8.2 (2011): 89–94; https://www.additudemag.com/sensory-processing-disorder-or-adhd/

30 https://www.rescuepost.com/files/library_kanner_1943.pdf

31 Robertson, Caroline E. e Baron-Cohen, Simon, "Sensory Perception in Autism", *Nature Reviews Neuroscience*, 18.11 (2017): 671–84.

32 Consulte Owen, Julia P., et al., "Abnormal White Matter Microstructure in Children with Sensory Processing Disorders", *Neuroimage: Clinical*, 2 (2013): 844–53; Chang, Yi-Shin, et al., "Autism and Sensory Processing Disorders: Shared White Matter Disruption in Sensory Pathways but Divergent Connectivity in Social-Emotional Pathways", *PloS ONE*, 9.7 (2014), https://doi.org/10.1371/journal.pone.0103038

33 Para mais trabalhos associando o processamento sensorial diretamente a dificuldades sociais no autismo, consulte, por exemplo, Thye, Melissa D., et al., "The Impact of Atypical Sensory Processing on Social Impairments in Autism Spectrum Disorder", *Developmental Cognitive Neuroscience*, 29 (2018): 151–67.

34 Cerliani, Leonardo, et al., "Increased Functional Connectivity Between Subcortical and Cortical Resting-State Networks in Autism Spectrum Disorder", *JAMA Psychiatry* 72.8 (2015): 767–7.

35 Puts, Nicolaas AJ, et al., "Impaired tactile processing in children with autism spectrum disorder." *Journal of Neurophysiology* 111.9 (2014): 1803-1811.

36 Kwon, Soo Hyun, et al., "GABA, Resting-State Connectivity and the Developing Brain", *Neonatology*, 106.2 (2014): 149–55.

37 Parush, S., et al., "Somatosensory Function in Boys with ADHD and Tactile Defensiveness", *Physiology & Behavior*, 90.4 (2007): 553–8;

NOTAS

Puts, Nicolaas A. J., et al., "Altered Tactile Sensitivity in Children with Attention-Deficit Hyperactivity Disorder", *Journal of Neurophysiology*, 118.5 (2017): 2,568–78.

38 Baron-Cohen, S., et al., "Prevalence of Autism-Spectrum Conditions: UK School-Based Population Study", *British Journal of Psychiatry*, 194.6 (2009): 500–9; Beau-Lejdstrom, R., et al., "Latest Trends in ADHD Drug Prescribing Patterns in Children in the UK: Prevalence, Incidence and Persistence", *BMJ Open*, 6.6 (2016): e010508.

39 Green, Shulamite A. e Wood, Emily T., "The Role of Regulation and Attention in Atypical Sensory Processing", *Cognitive Neuroscience*, 10.3 (2019): 160–2; consulte também Ben-Sasson, A., Carter, A. S. e Briggs-Gowan, M. J., "Sensory Over-Responsivity in Elementary School: Prevalence and Social-Emotional Correlates", *Journal of Abnormal Child Psychology*, 37.5 (2009): 705–16.

Capítulo 16: Senso de mudança

1 Barnes, Jonathan, ed., *Complete Works of Aristotle*, vol. 2, Princeton University Press (2014).

2 "Mythbusters: Playing Sound to Plants", https://mythresults.com/episode23; "Plant Genes Switched on by Sound Waves", *New Scientist* (29 de agosto de 2007).

3 Damasio, Antonio, *O mistério da consciência*, Companhia das Letras (2000); Damasio, Antonio, *E o cérebro criou o homem*, Companhia das Letras (2013).

4 Tanne, Janice Hopkins, "Humphry Osmond", *BMJ*, 328.7441 (20 de março de 2004): 713.

5 Huxley, A., *As portas da percepção*, Civilização brasileira (1957).

6 Tagliazucchi, Enzo, et al., "Increased Global Functional Connectivity Correlates with LSD-Induced Ego Dissolution", *Current Biology*, 26.8 (2016): R1,043–50.

7 Preller, Katrin H., et al., "Effective Connectivity Changes in LSD-Induced Altered States of Consciousness in Humans", *Proceedings of the National Academy of Sciences*, 116.7 (2019): 2,743–8.

SUPERSENTIDOS

8 Roseman, Leor, Nutt, David J. e Carhart-Harris, Robin L., "Quality of Acute Psychedelic Experience Predicts Therapeutic Efficacy of Psilocybin for Treatment-Resistant Depression", *Frontiers in Pharmacology*, 8 (2018), https://doi.org/10.3389/fphar.2017.00974; Griffiths, Roland R., et al., "Psilocybin Produces Substantial and Sustained Decreases in Depression and Anxiety in Patients with Life-Threatening Cancer: A Randomized Double-Blind Trial", *Journal of Psychopharmacology*, 30.12 (2016): 1,181–97.

9 A história do mosaico sobre psicodélicos como terapêutica foi criada por Sam Wong: https://mosaicscience.com/story/psychedelic-therapy/

Este livro foi composto na tipologia Bembo Std,
em corpo 11,5/14,7, e impresso em papel off-white,
no Sistema Cameron da Divisão Gráfica
da Distribuidora Record.